高分子材料分析与检测技术实践工作页

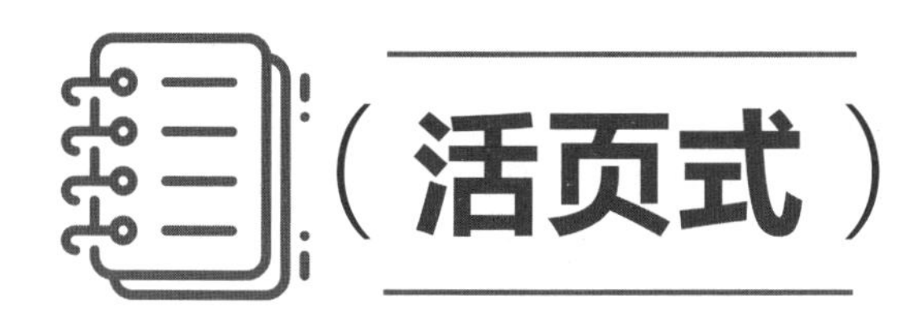

谢桂容　黄安民◎主编
童孟良◎主审

化学工业出版社
·北京·

目 录

项目一　高分子材料分析检测工作认知

高分子材料分析与检测通过对产品进行拉伸、冲击等性能测试，或者对材料的结构或组成成分进行分析，从而为材料质量控制、研发和加工工艺参数调整提供重要的参考。分析检测由具备一定条件和资质的实验室，依据选用的标准开展。

本项目基于高分子材料检测内容调研和产品标准检索设置了 2 个典型工作任务，请你根据所学知识完成任务，以对高分子材料分析与检测的任务、内容和标准等有更深的了解。

工作任务 1-1　高分子材料检测内容调研

【任务描述】

聚合物结构复杂，同种高分子材料有多种不同用途。如环氧树脂能在适当交联剂作用下形成三维交联网状固化物的有机高分子化合物，是一类重要的热固性树脂材料；具有机械强度高、收缩率低、粘接强度高、粘接面广、优良的电绝缘性和良好加工性等特点，可作为胶黏剂、密封剂、耐腐蚀涂料、电气绝缘材料等广泛应用于国民经济的各个领域，如电子电器、轨道交通、航空航天等。

作为不同用途的同一种高分子材料，其测试时的检测项目也不同。请选择一种高分子材料，通过查阅资料、调研等方式对比分析其应用于不同领域时的检测内容，列举典型的检测项目及其测试目的。

【任务实施】

总结你查阅的资料和考察结果，填写表 1-1。

表 1-1 ________________ 材料在不同领域中测试内容对比

用途/领域	典型检测项目	测试目的

【任务总结】

请对任务完成结果、问题等做自我总结，并反思改进。

【任务评价】

完成任务评价表 1-2。

表 1-2　任务评价表

序号	评价内容	操作要求	配分	考核记录	得分
1	用途分析(10 分)	所选聚合物材料用途/应用领域分析准确	10		
2	检测项目分析(40 分)	所列检测项目合理并具有典型性	40		
3	测试目的分析(30 分)	检测项目的测试目的分析合理	30		
4	职业素养(20 分)	态度认真、积极合作、善于提问	20		
总分					

工作任务 1-2　产品标准检索

【任务描述】

A 公司购买了一批新的双向拉伸聚酰胺（BOPA）薄膜用于真空包装袋，请你检索双向拉伸聚酰胺（BOPA）薄膜的产品标准，仔细阅读，确定拉伸强度、热收缩率和氧气透过量的试验标准和技术要求。

【任务实施】

1. 明确检索途径

选择的检索途径是______________________________。

2. 执行标准检索

（1）列出检索工具和检索结果

（2）下载相应标准

3. 获取标准信息

仔细阅读产品标准，将相应信息填入表 1-3 中。

表 1-3　BOPA 产品标准信息

性能	试验标准	技术要求
拉伸强度		
热收缩率		
氧气透过量		

【任务总结】

请对任务完成过程中遇到的问题做自我总结，并反思改进。

【任务评价】

完成任务评价表1-4。

表1-4　BOPA标准检索任务评价表

序号	评价内容	操作要求	配分	考核记录	得分
1	明确检索途径(10分)	检索途径选择合理	10		
2	执行标准检索(40分)	能有效利用网络、图书资源等快速查阅获取所需标准信息； 检索结果符合要求	40		
3	获取标准信息(30分)	试验标准正确； 技术标准准确	30		
4	职业素养(20分)	态度认真，能发现与解决问题； 积极与他人合作； 有探索意识、问题意识	20		
总分					

课堂笔记

项目二　测试准备与数据处理

在实施测试之前，需要准备检测样品和确认测试设备状态等。样品直接关系到最终检测结果的准确性，对性能检测试验，要制备试样并对其进行状态调节，对结构和成分分析试验，需要准备相应的试剂和样品等。检测完成后还需要对测试得到的数据整理，并编写报告单。

本项目设置了阻燃聚丙烯材料拉伸试样制备、聚丙烯包装膜重金属含量分析样品的预处理和拉伸性能检测报告的编写 3 个典型工作任务，请你根据所学知识完成任务，以掌握塑料标准试样制备、分析样品预处理和报告编写技能。

工作任务 2-1　阻燃聚丙烯材料拉伸试样制备

【任务描述】

阻燃聚丙烯塑料综合性能优异，被广泛用于电子电器、家电、汽车等行业。A 公司开发了一种新型的无卤阻燃聚丙烯材料，现需要评估聚丙烯阻燃改性后拉伸和冲击性能，在测试前需要制备测试试样。现从车间已取改性后的聚丙烯样料，请你根据所学知识制备测试试样并对试样进行状态调节。

【任务实施】

1. 制样方案

根据材料的特性，设计制样方案，将相关信息填入表 2-1。

表 2-1　制样方案信息表

使用原料		制样方法	
制样标准		制样条件	

2. 制样准备

（1）预处理　原料状态调节________________________。

（2）制样设备　将需要用到的仪器设备信息记录在表 2-2 中。

表 2-2　制样设备信息表

序号	设备名称	型号	备注

3. 制样操作

请以方框流程图记录制样操作流程。

4. 试样调节

请根据试样，设计试样的状态调节方案。

5. 填写制样报告

填写制样报告，如表 2-3 所示。

表 2-3　试样制备报告

原料		制样日期	
制样标准		制样方法	
材料状态调节		模具类型	
试样尺寸		试样状态调节条件	
试样外观状态			

【任务总结】

请对任务完成过程中遇到的问题、注意事项等方面做自我总结，并反思改进。

【任务评价】

完成任务评价表 2-4。

表 2-4　试样制备任务评价表

序号	评价内容	要求	配分	考核记录	得分
1	方案设计（20 分）	选择的制样方法、标准合理； 制样条件合理； 方案信息填写正确	20		
2	制样准备（10 分）	按要求进行原料状态调节； 能正确选择设备，并检查设备状态	10		
3	制样操作（45 分）	准确称量原料，并用量合理； 正确设置制样条件	15		
		根据状态，合理控制制样条件； 按照规程进行设备操作	20		
		检查试样表面状态； 试样尺寸等符合标准要求	10		
4	状态调节（5 分）	试样状态调节条件设置合理	5		
5	报告填写（10 分）	报告填写正确、整洁、规范； 报告信息完整	10		
6	职业素养（10 分）	着装规范、文明用语、态度认真； 工作环境保持清洁、垃圾分类正确； 操作过程安全意识强	10		
总分					

工作任务 2-2　聚丙烯包装膜重金属含量分析样品的预处理

【任务描述】

对于聚丙烯（PP）类高分子食品包装聚合材料，我国只要求测定浸泡液中（4%乙酸）重金属，标准要求≤1 mg/L（以铅含量计），而美日标准中，不仅要求测定 4%乙酸浸泡液中重金属（以铅含量计≤1 mg/L），还要求检测材料中铅、镉含量，日本贸易振兴机构（JETRO）要求铅和镉的含量均≤100 ppm，美国 21CFR177.1520 要求铅和镉的含量均≤30 ppm。现需要利用电感耦合等离子体光学发射光谱法（ICP-OES）测 PP 包装膜的铅、镉含量，请你利用微波消解法对样品进行预处理。

【任务实施】

1. 制定方案

查阅标准 GB/T 39560.5—2021/IEC 62321-5：2013《电子电气产品中某些物质的测定　第 5 部分：AAS、AFS、ICP-OES 和 ICP-MS 法测定聚合物和电子件中镉、铅、铬以及金属中镉、铅的含量》，设计试样预处理方案并填入表 2-5 中。

表 2-5　微波消解法预处理 PP 薄膜样品方案

所用试剂及其浓度	试剂 1	试剂 2	试剂 3
试剂用量			
消解条件	温度/℃	时间/min	功率/W

2. 仪器和试剂准备

（1）样品准备　将试样利用研磨、碾磨或切削等方式进行机械破碎至适当粒度。

（2）试剂准备　需要用到的试验试剂有________________________。

（3）设备准备　确认设备状态，并将仪器设备信息记录在表 2-6 中。

表 2-6　设备信息表

序号	设备名称	型号	备注

3. 微波消解操作

请以方框流程图记录预处理的操作过程。

4. 预处理报告编制

填写微波消解法预处理 PP 薄膜样品报告，如表 2-7 所示。

表 2-7　微波消解法预处理 PP 薄膜样品报告

样品状态		称样质量/g	
参考标准		日期	
所用试剂及其浓度	试剂 1	试剂 2	试剂 3
试剂用量			
消解条件	温度/℃	时间/min	功率/W
消解液状态			

【任务总结】

请从任务的难点、问题等方面对本次任务做自我总结，并反思改进。

【任务评价】

完成任务评价表 2-8。

表 2-8　微波消解法预处理 PP 薄膜样品任务评价表

序号	评价内容	操作要求	配分	考核记录	得分
1	方案制定(20 分)	能正确检索标准； 能解读标准,方案设计合理	20		
2	准备样品和试剂(15 分)	按要求准备样品和试剂； 能正确检查设备,填写设备信息	15		
3	微波消解操作(45 分)	正确、准确地称量样品； 合理加入消解试剂	15		
		正确组装消解罐； 按要求合理设置消解程序； 正确进行样品消解	15		
		安全、合理打开消解罐； 按要求完成清洗、消解液转移； 确认消解液的状态	15		
4	报告编写(10 分)	报告填写正确整洁、规范； 报告信息完整	10		
5	职业素养(10 分)	操作过程着装规范、文明用语； 台面清洁,废液处理合理； 具有安全意识、试剂节约意识	10		
总分					

工作任务 2-3　拉伸性能检测报告的编写

【任务描述】

A 公司检验员对任务 2-1 制备的试样进行了拉伸强度测试，得到的结果为 35.72MPa、32.95MPa、38.23MPa、39.19MPa 和 37.56MPa，在检测报告中的拉伸强度应为多少？请你编制一份检测报告单。

【任务实施】

1. 根据任务要求查询聚丙烯材料拉伸强度检测标准。
2. 阅读标准，确定结果取值和有效数字要求。
3. 按要求对检测数据进行计算，并确认是否符合标准的技术要求。
4. 参考图 2-9 检测报告单的一般格式，编制一份检测报告单（报告单内涉及的仪器型号、送样信息、技术要求等由教师提供）。

【任务总结】

请从任务完成过程遇到的问题、易错点等等方面对本次任务做自我总结，并反思改进。

【任务评价】

完成任务评价表 2-9。

表 2-9 检测报告编写任务评价表

序号	评价内容	要求	配分	考核记录	得分
1	标准查询(10 分)	检测标准正确	10		
2	数据计算(30 分)	正确进行计算; 按标准要求保留有效数字	30		
3	检测结果(15 分)	正确报告结果	15		
4	报告编写(30 分)	检测报告填写整洁、规范; 检测报告信息编制完整; 报告结论合理	30		
5	职业素养(15 分)	态度认真; 计算过程细致严谨; 善于提问、能主动解决问题	15		
总分					

项目三　物理性能测试

物理性能是高分子材料常见且重要的质量控制指标，对高分子材料的加工和应用有重要影响。本项目设置了聚乙烯密度测试、聚酰胺材料吸水性测试、聚合物溶液黏度测试和改性聚丙烯熔融温度测试4个典型工作任务，请你根据所学知识完成任务，掌握高分子材料典型物理性能测试的全流程。

工作任务3-1　聚乙烯密度测试

【任务描述】

聚乙烯（PE）是五大合成树脂之一，是我国合成树脂中产能最大、进口量最多的品种。按照聚合方法、分子量高低、链结构之不同，分为高密度聚乙烯（HDPE）、低密度聚乙烯（LDPE）及线性低密度聚乙烯（LLDPE）。为了对比三者明显的密度差异，请基于所学的知识对提供的三类材料进行密度测试。

【任务实施】

1. 制定方案

查阅标准《塑料　非泡沫塑料密度的测定　第1部分：浸渍法、液体比重瓶法和滴定法》(GB/T 1033.1—2008)，将聚乙烯材料密度测试标准、测试方法和测试条件填在表3-1中。

表3-1　聚乙烯材料密度的测试方案

测试标准		样品类型	
测试方法		测试条件	

测试方法可以选择浸渍法或液体比重瓶法。

2. 测试准备

（1）试样质量　__________ g。

（2）测试环境　____________________ 。

（3）测试仪器　测试需要用到的仪器设备信息记录在表3-2中。

表3-2　测试设备信息表

序号	设备	型号	检定有效期	备注
1				
2				
3				

3. 实施测试

请将测试操作过程以流程图记录。

4. 处理数据

将测试的原始数据记录在表 3-3 或表 3-4 中，并根据相应公式计算得到材料密度，结果保留到小数点后第三位。

表 3-3 浸渍法原始数据记录表

试样名称							
试样质量/g				浸渍液密度/(g/cm³)			
试样序号	m_1	m_2	m_3	m_4	m_5	m_6	试样密度/(g/cm³)
1							
2							
3							
平均密度/(g/cm³)							
检验				复核			

表 3-4 液体比重瓶法原始数据记录表

试样名称					
试样质量/g			浸渍液密度/(g/cm³)		
试样序号	m_1	m_2	m_3	m_4	试样密度/(g/cm³)
1					
2					
3					
平均密度/(g/cm³)					
检验			复核		

5. 复核结果

检验人员完成原始数据记录表后，须由复核人员对检验所用到的仪器设备是否在检定合格的有效期内、数据结果是否正确、是否采用法定计量单位等信息进行复核并签名。

6. 编写报告

请根据检测任务要求和原始数据记录表，参考图 2-9 编写检测报告单。

【任务总结】

请从任务的难点、问题、结果误差分析等方面对本次检验做自我总结，并反思改进。

【任务评价】

完成任务评价表 3-5。

表 3-5　密度测试评价表

序号	评价内容	操作要求	配分	考核记录	得分
1	方案制定(15 分)	能查阅相关标准； 按要求选择恰当的测试方法	15		
2	测试准备(5 分)	按要求进行试样选择； 正确记录检测环境； 能正确检查设备检定有效期	5		
3	测试实施(45 分)	按要求称量样品； 能正确选择样品量	10		
		能按要求设置合理的试验温度	10		
		正确进行设备恒温操作； 恒温时间合适	15		
		浸渍液充分注满比重瓶	10		
4	数据处理(10 分)	原始检验数据准确有效，在涂改或划改处签名； 计算过程正确； 正确保留有效数字	10		
5	结果复核(5 分)	能仔细复核检验结果； 复核后签名	5		
6	报告编写(10 分)	报告填写整洁、规范； 报告信息完整； 检验结论客观合理	10		
7	职业素养(10 分)	检验过程着装规范、文明用语； 台面清洁、垃圾分类正确； 检验过程客观公正	10		
总分					

工作任务 3-2　聚酰胺材料吸水性测试

【任务描述】

塑料粒子在包装前需要检测其水分，水分达到出厂要求后才能装袋；在注塑工艺中，检测烘干前和烘干后的塑料粒子，既能够保证塑料含水率达到注塑要求，还能最大程度控制烘料时间，节约能源，提升效率；一些注塑半成品也需要控制其水分含量，使其达到下一步工艺要求。请基于所学知识测定聚酰胺材料吸水性。

【任务实施】

1. 制定方案

测试聚酰胺的吸水性，参照标准是________________________________，选择的测试方法为__________________________，测试条件为__________________________。

2. 测试准备

（1）试样类型　__________________________。

（2）试样尺寸 ________________。

（3）测试环境 ________________。

（4）测试仪器设备　测试需要用到的仪器设备信息记录在表 3-6 中。

表 3-6　测试仪器设备信息表

序号	设备	型号	检定有效期	备注
1				
2				
3				

3. 实施测试

请以方框流程图记录测试操作过程。

4. 处理数据

将测试的原始数据记录在表 3-7 中。

表 3-7　聚酰胺材料吸水性测试原始数据记录表

试样名称		试样类型	
测试条件			
试样序号	1	2	3
m_1			
m_2			
m_3			
吸水性/%			
平均吸水性/%			
检验		复核	

5. 复核结果

检验人员完成原始数据记录表后，须由复核人员对检验所用到的仪器设备是否在检定合格的有效期内、数据结果是否正确、是否采用法定计量单位等信息进行复核并签名。

6. 编写报告

请根据检测任务要求和原始数据记录表，参考图 2-9 编写检测报告单。

【任务总结】

请从任务的难点、问题、结果误差分析等方面对本次检验做自我总结，并反思改进。

【任务评价】

完成任务评价表 3-8。

表 3-8　吸水性测试评价表

序号	评价内容	操作要求	配分	考核记录	得分
1	方案制定(15 分)	能查阅相关标准； 按要求选择恰当的测试方法	15		
2	测试准备(5 分)	按要求进行试样擦拭； 正确记录检测环境； 能正确检查设备检定有效期	5		
3	测试实施(45 分)	能按要求设置合理的试验温度； 能按要求设置合理的试验湿度	10		
		能合理选择不同类型的试样尺寸	10		
		恒温或恒湿条件合适； 恒温或恒湿时间合适	10		
		按精确要求称量样品； 按时间要求称量样品	15		
4	数据处理(10 分)	原始检验数据准确有效，未涂改或划改处签名； 计算过程正确； 正确保留有效数字	10		
5	结果复核(5 分)	能仔细复核检验结果； 复核后签名	5		
6	报告编写(10 分)	报告填写整洁、规范； 报告信息完整； 检验结论客观合理	10		
7	职业素养(10 分)	检验过程着装规范、文明用语； 台面清洁、垃圾分类正确； 检验过程客观公正	10		
总分					

工作任务 3-3　聚合物溶液黏度测试

【任务描述】

黏度是流体黏性的表现，溶液的黏度与聚合物的分子量有关，同时黏度能提供黏性液体性质、组成和结构方面的许多信息，是评定塑料和橡胶的重要指标，也是对塑料、合成树脂聚合度进行控制的一种方法，为塑料、合成树脂和橡胶的成型加工提供工艺参数。请基于所学知识，对特定聚合物溶液的黏度进行测试。

【任务实施】

1. 制定方案

测试聚合物溶液的黏度，选择的测试方法是____________________，参照标准是__________________，测试条件为__________________。

2. 测试准备

（1）溶液配制 ______________________。

（2）测试环境 ______________________。

（3）测试设备 测试需要用到的仪器设备信息记录在表 3-9 中。

表 3-9 测试设备信息表

序号	设备	型号	检定有效期	备注
1				
2				
3				

3. 实施测试

请以方框流程图记录测试操作过程。

4. 处理数据

填写原始数据记录表，如表 3-10 所示。

表 3-10 聚合物溶液黏度测试原始数据记录表（毛细管法）

<table>
<tr><td>试样名称</td><td colspan="2"></td><td colspan="2">测试标准</td><td colspan="2"></td></tr>
<tr><td rowspan="2">时间/s</td><td colspan="3">t_0</td><td colspan="3">t</td></tr>
<tr><td></td><td></td><td></td><td></td><td></td><td></td></tr>
<tr><td>平均值/s</td><td colspan="3"></td><td colspan="3"></td></tr>
<tr><td>黏度/(Pa·s)</td><td colspan="6"></td></tr>
<tr><td>检验</td><td colspan="2"></td><td colspan="2">复核</td><td colspan="2"></td></tr>
</table>

5. 复核结果

检验人员完成原始数据记录表后，须由复核人员对检验所用到的仪器设备是否在检定合格的有效期内、数据结果是否正确、是否采用法定计量单位等信息进行复核并签名。

6. 编写报告

请根据检测任务要求和原始数据记录表，参考图 2-9 编写检测报告单。

【任务总结】

请从任务的难点、问题、结果误差分析等方面对本次检验做自我总结，并反思改进。

【任务评价】

完成任务评价表 3-11。

表 3-11　黏度测试评价表

序号	评价内容	操作要求	配分	考核记录	得分
1	方案制定(15 分)	能查阅相关标准； 按要求选择恰当的测试方法	15		
2	测试准备(5 分)	按要求进行试样预处理； 正确记录检测环境； 能正确检查设备检定有效期	5		
3	测试实施(45 分)	按要求配制试样	10		
		按要求合理设置并控制试验温度	10		
		按操作规程操作黏度计	15		
		计时精准	10		
4	数据处理(10 分)	原始检验数据准确有效，未涂改或划改处签名； 计算过程正确； 正确保留有效数字	10		
5	结果复核(5 分)	能仔细复核检验结果； 复核后签名	5		
6	报告编写(10 分)	报告填写整洁、规范； 报告信息完整； 检验结论客观合理	10		
7	职业素养(10 分)	检验过程着装规范、文明用语； 台面清洁、垃圾分类正确； 检验过程客观公正	10		
总分					

工作任务 3-4　改性 PP 熔融温度测试

【任务描述】

熔融温度是结晶聚合物使用的上限温度，作为晶态聚合物材料最重要的耐热性指标，对理论研究及工业生产指导都具有重要意义。请基于所学知识，对某一改性 PP 进行熔融温度的测试。

【任务实施】

1. 制定方案

测试材料的熔融温度，选择的测试方法是＿＿＿＿＿＿＿＿＿＿＿＿＿＿＿＿，参照标准是＿＿＿＿＿＿＿＿＿＿＿＿＿，升温速率为＿＿＿＿＿＿＿＿＿＿＿＿。

2. 测试准备

（1）试样状态　＿＿＿＿＿＿＿＿＿＿＿。

（2）测试环境　＿＿＿＿＿＿＿＿＿＿＿。

（3）测试设备　测试需要用到的仪器设备信息记录在表 3-12 中。

表 3-12 测试设备信息表

序号	设备	型号	检定有效期	备注
1				
2				
3				

3. 实施测试

请以方框流程图记录测试操作过程。

4. 处理数据

填写原始数据记录表，如表 3-13 所示。

表 3-13 熔融温度测试原始数据记录表

<table>
<tr><td>试样名称</td><td></td><td colspan="2">试样状态</td><td></td></tr>
<tr><td>测试标准</td><td colspan="4"></td></tr>
<tr><td rowspan="3">熔融温度/℃</td><td colspan="2">试样 1</td><td colspan="2">试样 2</td></tr>
<tr><td colspan="2"></td><td colspan="2"></td></tr>
<tr><td colspan="4"></td></tr>
<tr><td>检验</td><td></td><td colspan="2">复核</td><td></td></tr>
</table>

5. 复核结果

检验人员完成原始数据记录表后，须由复核人员对检验所用到的仪器设备是否在检定合格的有效期内、数据结果是否正确、是否采用法定计量单位等信息进行复核并签名。

6. 编写报告

请根据检测任务要求和原始数据记录表，参考图 2-9 编写检测报告单。

【任务总结】

请从任务的难点、问题、结果误差分析等方面对本次检验做自我总结，并反思改进。

【任务评价】

完成任务评价表 3-14。

表 3-14　熔融温度测试评价表

序号	评价内容	操作要求	配分	考核记录	得分
1	方案制定(15 分)	能查阅相关标准; 按要求选择恰当的测试方法	15		
2	测试准备(5 分)	按要求进行试样状态调节; 正确记录检测环境; 能正确检查设备检定有效期	5		
3	测试实施(45 分)	按要求进行校准	10		
		按要求合理设置并控制升温速率	10		
		按操作规程操作仪器	15		
		两次结果之差不超过 3℃	10		
4	数据处理(10 分)	原始检验数据准确有效,未涂改或划改处签名; 计算过程正确; 正确保留有效数字	10		
5	结果复核(5 分)	能仔细复核检验结果; 复核后签名	5		
6	报告编写(10 分)	报告填写整洁、规范; 报告信息完整; 检验结论客观合理	10		
7	职业素养(10 分)	检验过程着装规范、文明用语; 台面清洁、垃圾分类正确; 检验过程客观公正	10		
总分					

课堂笔记

项目四　力学性能测试

随着高分子材料应用范围的不断扩大，人们只有掌握其力学性能的一般规律和特点，才能合理选择所需的高分子材料，而不同种类的高分子材料分子结构不同，力学性能各不相同，力学性能测试可以为评估材料是否能满足产品的受力要求提供参考。

本项目基于PC/ABS、增强阻燃PBT、阻燃ABS、HIPS和PMMA设置了5个典型工作任务，请你根据所学知识完成任务，以掌握拉伸性能、压缩性能、弯曲性能、冲击性能和硬度的测试。

工作任务4-1　PC/ABS拉伸性能测试

【任务描述】

PC/ABS拥有PC和ABS的综合特性，广泛应用于家电、玩具、电子电器、建筑及汽车工业等领域。因为PC/ABS是PC和ABS熔融共混的产物，所以其性能与相关组分的添加比例、型号及相界面的连接情况直接相关。

A塑料改性公司在生产PC/ABS的时候，发现原配方里所用天津大沽的ABS DG-417原料没有库存，只有上海高桥的ABS-8391，如果暂停生产就不能按时交货，不仅有损公司信誉还会面临赔偿，而此时负责该产品的工程师在外出差，无法现场调整配方，目前给出的处理方案是，用ABS-8391一比一替代配方中ABS DG-417，然后测试PC/ABS的相关性能，与产品标准进行对比，确定方案是否可行，而该产品中，拉伸性能是关键性能指标，所以请利用所学知识测试该产品的拉伸性能，用以评估该方案是否可行。

【任务实施】

1. 制定方案

查阅标准GB/T 1040.1—2018《塑料　拉伸性能的测定　第1部分：总则》、GB/T 1040.2—2022《塑料　拉伸性能的测定　第2部分：模塑和挤塑塑料的试验条件》，将PC/ABS拉伸性能的测试方案记录在表4-1中。

表4-1　PC/ABS拉伸性能的测试方案

测试标准		试样类型	
样品形态		试验速度	
制样方法			

2. 测试准备

（1）试样预处理　测试前样品状态调节条件为________________。

（2）测试环境条件　________________。

（3）测试设备 确认设备状态，并将测试需要用到的仪器设备信息记录在表 4-2 中。

表 4-2 测试设备信息表

序号	设备名称	型号	检定有效期	备注
1				
2				

3. 实施测试

请以方框流程图记录测试操作过程。

4. 处理数据

将测试的原始数据记录在表 4-3 和表 4-4 中，结果用三位有效数字表示，小数点后最多保留两位小数。

表 4-3 拉伸强度原始数据记录表

试样名称		试样制备方法	
试样类型		测试环境	
样条序号	测试数据/MPa		平均数据/MPa
1			
2			
3			
4			
5			
检验		复核	

表 4-4 断裂伸长率原始数据记录表

试样名称		试样制备方法	
试样类型		测试环境	
样条序号	测试数据/%		平均数据/%
1			
2			
3			
4			
5			
检验		复核	

5. 复核结果

检验人员完成原始数据记录表后，须由复核人员对检验所用到的仪器设备是否在检定合

格的有效期内、数据结果是否正确、是否采用法定计量单位等信息进行复核并签名。

6. 编写报告

请根据检测任务要求和原始数据记录表，参考图 2-9 编写检测报告单。

【任务总结】

请从任务的难点、问题、结果误差分析等方面对本次检验做自我总结，并反思改进。

【任务评价】

完成任务评价表 4-5。

表 4-5　拉伸性能测定任务评价表

序号	评价内容	操作要求	配分	考核记录	得分
1	方案制定(10 分)	查阅相关标准； 按要求选择恰当的测试方法	10		
2	测试准备(5 分)	按要求进行试样预处理； 正确记录测试环境； 正确检查设备检定有效期	5		
3	测试实施(50 分)	按要求打开电脑,链接软件； 按要求建立试验记录	5		
		准确测量试样尺寸； 按要求输入试样尺寸信息	5		
		安装拉伸夹具、调整横梁限位装置； 选择适当的速度试运行试验机,确保各系统运行正常	10		
		根据试验和塑料类型,设定合适的试验速度； 按要求安装试样	10		
		将试验力、变形、位移清零； 开始试验,观察试样过程	10		
		试验结束,保存试验曲线和分析结果； 退出试验操作软件,关闭电脑,关闭主机电源,按下“急停”按钮	10		
4	数据处理(10 分)	原始检验数据准确有效,未涂改或划改处签名； 计算过程正确； 正确保留有效数字	10		
5	结果复核(5 分)	仔细复核检验结果； 复核后签名	5		
6	报告编写(10 分)	报告填写整洁、规范； 报告信息完整； 检验结论客观合理	10		
7	职业素养(10 分)	检验过程着装规范、文明用语； 台面清洁、垃圾分类正确； 检验过程客观公正	10		
总分					

工作任务 4-2 增强阻燃 PBT 压缩性能测试

【任务描述】

聚对苯二甲酸丁二醇酯（PBT）作为一种半结晶型热塑性聚酯，具有蠕变小、耐热老化性优异、无应力开裂、耐化学腐蚀和低吸湿率等优良性能，广泛应用于电子电气、汽车部件及机械工业等领域，这些领域对 PBT 及其复合材料的阻燃性能和物理强度要求很高，而 PBT 强度不大且易于燃烧，所以为提高其在各领域的应用量，常对其进行增强和阻燃改性。

A 改性塑料公司开发了一款玻璃纤维增强阻燃 PBT（FR-GF/PBT），该产品应用于一款照明灯的灯座，灯座在安装过程中会受到挤压，且安装完后长期处于挤压状态，所以对于该 FR-GF/PBT 的压缩性能要求很高，由于玻璃纤维价格上涨，A 公司为了控制产品成本，打算另外采购一款玻璃纤维替代原配方中的玻璃纤维，请根据所学知识通过压缩测试判断该方案是否可行。

【任务实施】

1. 制定方案

查阅标准 GB/T 1041—2008《塑料 压缩性能的测定》，将增强阻燃 PBT 压缩性能测试方案记录在表 4-6 中。

表 4-6 增强阻燃 PBT 压缩性能的测试方案

测试标准		试样尺寸	
样品形态		试验速度	
制样方法			

2. 测试准备

（1）试样预处理 测试前样品状态调节条件为＿＿＿＿＿＿＿＿＿＿＿。

（2）测试环境条件 ＿＿＿＿＿＿＿＿＿＿＿。

（3）测试设备 确认设备状态，并将测试需要用到的仪器设备信息记录在表 4-7 中。

表 4-7 测试设备信息表

序号	设备名称	型号	检定有效期	备注
1				
2				
3				

3. 实施测试

请以方框流程图记录测试操作过程。

4. 处理数据

将测试的原始数据记录在表4-8中，结果用三位有效数字表示，小数点后最多保留两位小数。

表4-8 压缩测试原始数据记录表

试样名称		试样制备方法	
试样类型		测试环境	
样条序号	测试数据/MPa		平均数据/MPa
1			
2			
3			
4			
5			
检验		复核	

5. 复核结果

检验人员完成原始数据记录表后，须由复核人员对检验所用到的仪器设备是否在检定合格的有效期内、数据结果是否正确、是否采用法定计量单位等信息进行复核并签名。

6. 编写报告

请根据检测任务要求和原始数据记录表，参考图2-9编写检测报告单。

【任务总结】

请从任务的难点、问题、结果误差分析等方面对本次检验做自我总结，并反思改进。

【任务评价】

完成任务评价表4-9。

表4-9 压缩性能测定任务评价表

序号	评价内容	操作要求	配分	考核记录	得分
1	方案制定(10分)	查阅相关标准； 按要求选择恰当的测试方法	10		
2	测试准备(5分)	按要求进行试样预处理； 正确记录测试环境； 能正确检查设备检定有效期	5		

续表

序号	评价内容	操作要求	配分	考核记录	得分
3	测试实施(50分)	按要求打开电脑,链接软件; 按要求建立试验记录	5		
		准确测量试样尺寸; 按要求输入试样尺寸信息	5		
		安装压板; 按要求安装试样(把试样放在试验机两压板之间,使试样中心线与两压板中心连线一致,应保证试样的两个端面与压板平行)	10		
		调整试验机使试样端面刚好与压板接触,并把此时定为测定变形的零点; 根据试验和塑料类型,设定合适的试验速度	10		
		开动试验机; 按要求记录数据	10		
		试验结束,保存试验曲线和分析结果; 退出试验操作软件,关闭电脑,关闭主机电源,按下"紧停"按钮	10		
4	数据处理(10分)	原始检验数据准确有效,未涂改或划改处签名; 计算过程正确; 正确保留有效数字	10		
5	结果复核(5分)	仔细复核检验结果; 复核后签名	5		
6	报告编写(10分)	报告填写整洁、规范; 报告信息完整; 检验结论客观合理	10		
7	职业素养(10分)	检验过程着装规范、文明用语; 台面清洁、垃圾分类正确; 检验过程客观公正	10		
		总分			

工作任务 4-3 阻燃 ABS 弯曲性能测试

【任务描述】

ABS 是丙烯腈-丁二烯-苯乙烯的共聚物，不仅具有韧性、硬度、刚性相均衡的优良力学性能，而且具有较好的尺寸稳定性、表面光泽度和着色能力。作为一种重要的热塑性通用塑料，广泛应用于居民住宅、家电、电子电器和汽车工业等方面。然而 ABS 的氧指数仅为 18%，属于易燃材料，离火后继续燃烧并释放大量的浓烟和有毒气体，因此如何改善 ABS 的阻燃性能成为目前行业十分关注的问题。

A 改性塑料公司开发了一款高流动性阻燃 ABS，为提高阻燃 ABS 的流动性而同时不影响其阻燃性，在该阻燃 ABS 配方中加入了磷酸三苯酯（TPP），该助剂的加入会影响阻燃 ABS 的强度和刚性，ABS 的刚性与弯曲模量是正相关的，请根据所学知识通过弯曲性能测试判断 TPP 对 ABS 强度和刚性的影响趋势。

【任务实施】

1. 制定方案

该阻燃 ABS 的加工性较好，一般采用注塑的方法制得测试试样，查阅标准 GB/T 9341—2008《塑料　弯曲性能的测定》，将阻燃 ABS 弯曲性能测试方案记录在表 4-10 中。

表 4-10　阻燃 ABS 弯曲性能测试方案

测试标准		试样尺寸	
样品形态		试验速度	
制样方法			

2. 测试准备

（1）试样预处理　测试前样品状态调节条件为____________________。

（2）测试环境条件　____________________。

（3）测试设备　确认设备状态，并将测试需要用到的仪器设备信息记录在表 4-11 中。

表 4-11　测试设备信息表

序号	设备名称	型号	检定有效期	备注
1				
2				

3. 实施测试

请以方框流程图记录测试操作过程。

4. 处理数据

将测试的原始数据记录在表 4-12 中，结果用三位有效数字表示，小数点后最多保留两位小数。

表 4-12　弯曲测试原始数据记录表

试样名称		试样制备方法	
试样尺寸		测试环境	
样条序号	测试数据/MPa		平均数据/MPa
1			
2			
3			
4			
5			
检验		复核	

5. 复核结果

检验人员完成原始数据记录表后，须由复核人员对检验所用到的仪器设备是否在检定合

格的有效期内、数据结果是否正确、是否采用法定计量单位等信息进行复核并签名。

6. 编写报告

请根据检测任务要求和原始数据记录表，参考图 2-9 编写检测报告单。

【任务总结】

请从任务的难点、问题、结果误差分析等方面对本次检验做自我总结，并反思改进。

【任务评价】

完成任务评价表 4-13。

表 4-13 弯曲性能测定任务评价表

序号	评价内容	操作要求	配分	考核记录	得分
1	方案制定(10 分)	能查阅相关标准； 按要求选择恰当的测试方法	10		
2	测试准备(5 分)	按要求进行试样预处理； 正确记录测试环境； 能正确检查设备检定有效期	5		
3	测试实施(50 分)	按要求打开电脑，链接软件； 按要求建立试验记录	5		
		准确测量试样尺寸； 按要求输入试样尺寸信息	5		
		安装弯曲夹具，调节跨度； 选择适当的速度试运行试验机，确保各系统运行正常	5		
		根据试验和塑料类型，设定合适的试验速度； 按要求安装试样	10		
		将试验力、变形、位移清零； 开始试验，观察试样过程	10		
		观测试样断面，确定是否需要重新试验	5		
		试验结束，保存试验曲线和分析结果； 退出试验操作软件，关闭电脑，关闭主机电源，按下“紧停”按钮	10		
4	数据处理(10 分)	原始检验数据准确有效 ，未涂改或划改处签名； 计算过程正确； 正确保留有效数字	10		
5	结果复核(5 分)	能仔细复核检验结果； 复核后签名	5		
6	报告编写(10 分)	报告填写整洁、规范； 报告信息完整； 检验结论客观合理	10		
7	职业素养(10 分)	检验过程着装规范、文明用语； 台面清洁、垃圾分类正确； 检验过程客观公正	10		
		总分			

工作任务 4-4　HIPS 冲击性能测试

【任务描述】

聚苯乙烯（PS）是五大通用塑料之一，具有优良的力学性能、电绝缘性、阻隔性、加工性和尺寸稳定性，广泛应用于家电、电子、汽车及玩具等行业。每年因为各行业产品的更新换代及塑料的老化，产生的废塑料越来越多，废弃的 PS 也越来越多。怎么综合利用废塑料是塑料加工相关企业应该肩负的使命。

A 改性塑料公司利用废弃的 PS 机壳料为原料，开发了一款可用于制造 45 寸电视机后壳的 HIPS。电视机后壳在装配的过程中需要打螺丝，如果材料韧性不够，打螺丝时螺丝柱会爆裂，影响安装，而材料的韧性与冲击强度直接相关，所以冲击强度是该材料的关键指标。现该公司为了降低配方成本，打算用增韧剂 B 替代原配方中的增韧剂 A，请根据所学知识通过冲击性能测试评估该方案是否可行。

【任务实施】

1. 制定方案

查阅标准 GB/T 1843—2008《塑料　悬臂梁冲击强度的测定》，将 HIPS 的冲击强度测试方案记录在表 4-14 中。

表 4-14　HIPS 冲击强度检测方案

测试标准		试样尺寸	
样品形态		缺口类型	
制样方法			

2. 测试准备

（1）试样预处理　测试前样品状态调节条件为＿＿＿＿＿＿＿＿＿＿＿＿。

（2）测试环境条件　＿＿＿＿＿＿＿＿＿＿＿＿。

（3）测试设备　确认设备状态，并将测试需要用到的仪器设备信息记录在表 4-15 中。

表 4-15　测试设备信息表

序号	设备名称	型号	检定有效期	备注
1				
2				

3. 实施测试

请以方框流程图记录测试操作过程。

4. 处理数据

将测试的原始数据记录在表 4-16 中，结果用 2 位有效数字表示，小数点后最多保留两位小数。

表 4-16 冲击强度测试原始数据记录表

试样名称		试样制备方法	
缺口类型		测试环境	
试样尺寸			
样条序号	冲击强度(有缺口/无缺口)/(kJ/m^2)	破坏类型	平均数据/(kJ/m^2)
1			
2			
3			
4			
5			
检验		复核	

5. 复核结果

检验人员完成原始数据记录表后，须由复核人员对检验所用到的仪器设备是否在检定合格的有效期内、数据结果是否正确、是否采用法定计量单位等信息进行复核并签名。

6. 编写报告

请根据检测任务要求和原始数据记录表，参考图 2-9 编写检测报告单。

【任务总结】

请从任务的难点、问题、结果误差分析等方面对本次检验做自我总结，并反思改进。

【任务评价】

完成任务评价表4-17。

表4-17　冲击强度测定任务评价表

序号	评价内容	操作要求	配分	考核记录	得分
1	方案制定(10分)	查阅相关标准； 按要求选择恰当的测试方法	10		
2	测试准备(5分)	按要求进行试样预处理； 正确记录测试环境； 能正确检查设备检定有效期	5		
3	测试实施(50分)	准确测量试样尺寸	5		
		确认仪表的电源连线和信号连线连接无误，按下电源开关，使系统通电并预热1min； 将冲击锤置于零点位置，按清零按键	5		
		按“新建”键，依次输入试样的参数； 将冲击锤扬起到初始位置，角度显示－150	10		
		按要求安装试样(左手拿试样，右手拿对中样板，从试样右侧平行插入，使试样对中块的对中部分与试样缺口相吻合，相当于缺口的中心点与夹具上平面在一个面上，然后用右手旋转固定柄，把样条夹紧)	10		
		开始试验(按“test”摆锤落下打击试样。如果试样未被冲断将会向右回弹，回弹至最高点时摆锤速度最小，动能接近为零，此时迅速用手从摆锤的右上侧抓住摆杆，防止其二次冲击试样)	10		
		观察试样的断裂形式，给出准确判断	5		
		按要求记录数据	5		
4	数据处理(10分)	原始检验数据准确有效，未涂改或划改处签名； 计算过程正确； 正确保留有效数字	10		
5	结果复核(5分)	仔细复核检验结果； 复核后签名	5		
6	报告编写(10分)	报告填写整洁、规范； 报告信息完整； 检验结论客观合理	10		
7	职业素养(10分)	检验过程着装规范、文明用语； 台面清洁、垃圾分类正确； 检验过程客观公正	10		
总分					

工作任务 4-5　PMMA 的硬度测试

【任务描述】

聚甲基丙烯酸甲酯（PMMA）是一种高分子聚合物，又称亚克力或有机玻璃，具有高透明度、低价格、易加工等优点，是经常使用的玻璃替代材料。在建筑、卫生、洁具、照明及汽车等领域应用广泛。

A 改性塑料公司开发了一款用于广告牌的高透明 PMMA，但是客户应用该 PMMA 制造成广告牌后，在做擦拭试验时发现，广告牌在擦拭后会留下明显的擦痕，经技术人员分析，该产品之所以会有这种现象是因为 PMMA 的表面硬度不够，现负责该产品的技术员准备在 PMMA 中复配一部分丙烯腈-苯乙烯树脂（AS）用来增加产品的表面硬度，请根据所学知识通过硬度测试评估该方案是否可行。

【任务实施】

1. 制定方案

查阅标准 GB/T 3398.2—2008《塑料　硬度测定　第 2 部分：洛氏硬度》，将 PMMA 硬度测试方案记录在表 4-18 中。

表 4-18　PMMA 硬度测试方案

测试标准		试样尺寸	
样品形态		硬度类型	
制样方法		硬度标尺	

2. 测试准备

（1）试样预处理　测试前样品状态调节条件为____________________。

（2）测试环境条件　____________________。

（3）测试设备　确认设备状态，并将测试需要用到的仪器设备信息记录在表 4-19 中。

表 4-19　测试设备信息表

序号	设备名称	型号	检定有效期	备注
1				
2				

3. 实施测试

请以方框流程图记录测试操作过程。

4. 处理数据

将测试的原始数据记录在表 4-20 中，结果用 3 位有效数字表示，小数点后最多保留两位小数。

表 4-20　硬度测试原始数据记录表

试样名称		试样制备方法	
试样尺寸		测试环境	
硬度类型		硬度标尺	
样条序号	硬度/(　　)		平均数据/(　　)
1			
2			
3			
4			
5			
检验		复核	

5. 复核结果

检验人员完成原始数据记录表后，须由复核人员对检验所用到的仪器设备是否在检定合格的有效期内、数据结果是否正确、是否采用法定计量单位等信息进行复核并签名。

6. 编写报告

请根据检测任务要求和原始数据记录表，参考图 2-9 编写检测报告单。

【任务总结】

请从任务的难点、问题、结果误差分析等方面对本次检验做自我总结，并反思改进。

【任务评价】

完成任务评价表 4-21。

表 4-21 洛氏硬度测试任务评价表

序号	评价内容	操作要求	配分	考核记录	得分
1	方案制定(10 分)	查阅相关标准; 按要求选择恰当的测试方法	10		
2	测试准备(5 分)	按要求进行试样预处理; 正确记录测试环境; 能正确检查设备检定有效期	5		
3	测试实施(50 分)	按要求制备测试试样	5		
		根据材料软硬程度选择适宜的标尺; 校对主负荷、初负荷级压头直径是否与所用洛氏标尺相符合	10		
		根据试样形状和大小挑选、安装工作台; 安装试样,按要求施加初试验力	10		
		调节指示器,在 10s 内平稳施加主负荷; 主负荷保持 15s 后平稳卸除主负荷,15s 后读数	10		
		反方向旋转升降丝杠手轮,使工作台下降,更换测试点; 重复上述操作,每一个试样的同一表面上做 5 次测量	10		
		按要求记录数据	5		
4	数据处理(10 分)	原始检验数据准确有效,未涂改或划改处签名; 计算过程正确; 正确保留有效数字	10		
5	结果复核(5 分)	仔细复核检验结果; 复核后签名	5		
6	报告编写(10 分)	报告填写整洁、规范; 报告信息完整; 检验结论客观合理	10		
7	职业素养(10 分)	检验过程着装规范、文明用语; 台面清洁、垃圾分类正确; 检验过程客观公正	10		
总分					

项目五　热性能测试

热性能是评价高分子材料性能的主要参数之一，根据不同的用途，对高分子材料的热性能要求不同，因此，设计产品时必须了解产品的使用温度范围，不管任何时候产品都必须满足在使用温度范围内正常使用，热性能测试可以为评估材料是否满足产品的使用温度范围提供参考依据。

本项目基于填充 PP、无卤阻燃 PP 和阻燃高光 ABS 设置了 3 个典型工作任务，请你根据所学知识完成任务，以掌握负荷热变形温度、维卡软化温度和线膨胀系数的测试。

工作任务 5-1　填充 PP 负荷热变形温度测试

【任务描述】

聚丙烯（PP）是五大通用塑料之一，它的来源广泛、价格低廉，耐化学腐蚀、易成型加工、力学性能优良，被广泛应用于汽车零部件、家电制品、玩具及日常生活中。A 塑料改性公司开发了一款填充 PP，明显提高了 PP 的模量和负荷热变形温度，同时降低了收缩率，该产品成功用于制造电饭煲外壳。最近有客户投诉该产品制造的电饭煲外壳气孔处在煮饭过程中有变形现象，这是该填充 PP 投入市场以来第一次收到产品质量投诉，经调查发现是采购部在采购填料时更换了供应商，新的供应商发货时弄错了填料的粒径，把粒径小的型号误发给 A 公司，请利用所学知识测试该产品的负荷热变形温度，用以论证是否因为填料粒径问题导致负荷热变形温度降低，从而引起产品质量缺陷。

【任务实施】

1. 制定方案

查阅标准 GB/T 1634.1—2019《塑料　负荷变形温度的测定　第 1 部分：通用试验方法》、GB/T 1634.2—2019《塑料　负荷变形温度的测定　第 2 部分：塑料和硬橡胶》，将填充 PP 的 HDT 测试方案记录在表 5-1 中。

表 5-1　填充 PP 的 HDT 测试方案

测试标准		施加弯曲应力/MPa	
样品形态		标准挠度/mm	
制样方法		加热介质	
试样尺寸/mm			

2. 测试准备

（1）试样预处理　测试前样品状态调节条件为＿＿＿＿＿＿＿＿＿＿＿＿。

（2）测试环境条件　＿＿＿＿＿＿＿＿＿＿＿＿。

（3）测试设备　确认设备状态，并将测试需要用到的仪器设备信息记录在表 5-2 中。

表 5-2　测试设备信息表

序号	设备名称	型号	检定有效期	备注
1				
2				

3. 实施测试

请以方框流程图记录测试操作过程。

4. 处理数据

将测试的原始数据记录在表 5-3，结果表示为一个最靠近的摄氏温度整数值。

表 5-3　负荷热变形温度测试原始数据记录表

试样名称		试样制备方法	
试样尺寸		测试环境	
样条序号	测试数据/℃		平均数据/℃
1			
2			
3			
4			
5			
检验		复核	

5. 复核结果

检验人员完成原始数据记录表后，须由复核人员对检验所用到的仪器设备是否在检定合格的有效期内、数据结果是否正确、是否采用法定计量单位等信息进行复核并签名。

6. 编写报告

请根据测试任务要求和原始数据记录表，参考图 2-9 编写测试报告单。

【任务总结】

请从任务的难点、问题、结果误差分析等方面对本次检验做自我总结，并反思改进。

【任务评价】

完成任务评价表 5-4。

表 5-4　负荷热变形温度测试任务评价表

序号	评价内容	操作要求	配分	考核记录	得分
1	方案制定(10分)	查阅相关标准； 按要求选择恰当的测试方法	10		
2	测试准备(5分)	按要求进行试样预处理； 正确记录测试环境； 能正确检查设备检定有效期	5		
3	测试实施(50分)	准确测量试样尺寸； 按要求计算施加负荷	5		
		打开仪器，观察加热装置的初始温度； 按要求对试样支座的跨度进行调节	5		
		按要求将试样放在支座上； 将加荷装置放在热浴中，施加对应的负荷	10		
		让负荷作用5min，再将记录挠度装置的读数调整为零； 按要求升温	10		
		观察试验过程； 记录试样初始挠度净增加量达到标准挠度时的温度	10		
		按要求重复上述操作，直到达到要求的试验次数； 试验结束，保存试验曲线和分析结果	10		
4	数据处理(10分)	原始检验数据准确有效，未涂改或划改处签名； 计算过程正确； 正确保留有效数字	10		
5	结果复核(5分)	仔细复核检验结果； 复核后签名	5		
6	报告编写(10分)	报告填写整洁、规范； 报告信息完整； 检验结论客观合理	10		
7	职业素养(10分)	检验过程着装规范、文明用语； 台面清洁、垃圾分类正确； 检验过程客观公正	10		
总分					

工作任务 5-2　无卤阻燃 PP 维卡软化温度测试

【任务描述】

日常生活中使用的塑料杂件淘汰速度越来越快，产生的日杂 PP 废塑料越来越多。A 塑料改性公司利用日杂 PP 废塑料为基材开发了一款无卤阻燃 PP，该无卤阻燃 PP 尺寸稳定性好，热变形和维卡软化温度高，阻燃可达到 UL94 1.6mmV0 级，主要用于暖风机外壳。最近由于阻燃剂涨价，A 公司更换了原有的阻燃剂供应商，其在生产时注重产品阻燃性，认为产品阻燃性达到客户要求就可以出货，结果该批次产品发出后接到客户投诉，投诉内容是用该批次无卤阻燃 PP 做的暖风机外壳在做高低温循环实验时探针有压入现象，如装配成暖风机投入市场，会产生质量问题。技术部门怀疑是因为更换了阻燃剂供应商，导致产品维卡软化温度降低，所以请利用所学知识测试该产品的维卡软化温度。

【任务实施】

1. 制定方案

查阅标准 GB/T 1633—2000《热塑性塑料维卡软化温度（VST）的测定》，将无卤阻燃 PP 的 VST 测试方案记录在表 5-5 中。

表 5-5 无卤阻燃 PP 的 VST 测试方案

测试标准		施加力/N	
样品状态		加热速度/(℃ /h)	
制样方法		加热介质	
试样尺寸/mm			

2. 测试准备

（1）试样预处理　测试前样品状态调节条件为____________________。

（2）测试环境条件　____________________。

（3）测试设备　确认设备状态，并将测试需要用到的仪器设备信息记录在表 5-6 中。

表 5-6 测试设备信息表

序号	设备名称	型号	检定有效期	备注
1				
2				

3. 实施测试

请以方框流程图记录测试操作过程。

4. 处理数据

将测试的原始数据记录在表 5-7 中，结果表示为一个最靠近的摄氏温度整数值。

表 5-7 维卡软化温度测试原始数据记录表

试样名称		试样制备方法	
试样尺寸		测试环境	
样条序号	测试数据/℃		平均数据/℃
1			
2			
3			
4			
5			
检验		复核	

5. 复核结果

检验人员完成原始数据记录表后，须由复核人员对检验所用到的仪器设备是否在检定合格的有效期内、数据结果是否正确、是否采用法定计量单位等信息进行复核并签名。

6. 编写报告

请根据测试任务要求和原始数据记录表，参考图 2-9 编写测试报告单。

【任务总结】

请从任务的难点、问题、结果误差分析等方面对本次检验做自我总结，并反思改进。

【任务评价】

完成任务评价表 5-8。

表 5-8　维卡软化温度测试任务评价表

序号	评价内容	操作要求	配分	考核记录	得分
1	方案制定(10 分)	查阅相关标准； 按要求选择恰当的测试方法	10		
2	测试准备(5 分)	按要求进行试样预处理； 正确记录测试环境； 能正确检查设备检定有效期	5		
3	测试实施(50 分)	准确测量试样尺寸； 按要求将试样放在未加负荷的压针头下	5		
		按要求将组合件置于加热装置中； 启动搅拌器	5		
		观察加热装置的初始温度； 调节测温仪器的传感部件,使之与试样在同一水平面	10		
		5min 后,按要求在负荷板上加对应的砝码； 记录千分表的读数或将仪器调零	10		
		按要求设置升温速度,升温； 观察测试过程,当探头刺入试样达到规定位置时,记录下传感器测得的油浴温度	10		
		按要求重复上述操作,直到达到要求的试验次数； 试验结束,保存试验曲线和分析结果	10		
4	数据处理(10 分)	原始检验数据准确有效,未涂改或划改处签名； 计算过程正确； 正确保留有效数字	10		
5	结果复核(5 分)	仔细复核检验结果； 复核后签名	5		

续表

序号	评价内容	操作要求	配分	考核记录	得分
6	报告编写(10分)	报告填写整洁、规范； 报告信息完整； 检验结论客观合理	10		
7	职业素养(10分)	检验过程着装规范、文明用语； 台面清洁、垃圾分类正确； 检验过程客观公正	10		
总分					

工作任务 5-3　阻燃高光 ABS 线膨胀系数测试

【任务描述】

A 塑料改性公司利用一种锑的替代物与溴代三嗪及磷酸三苯酯复配，外加一些助剂，制备了一种超高流动阻燃高光 ABS，可用于制造 55 寸[1]电视机的大后壳。A 公司将该阻燃 ABS 送到 B 注塑厂注塑成 55 寸电视机后壳，后壳表面和尺寸符合装配要求，于是 B 公司将该后壳送至 C 家电公司用于组装 55 寸液晶电视，C 公司用该后壳装配好电视后进行高低温循环试验，试验过程中发现该后壳两螺丝固定的中间位置有凸起现象，经技术员分析，应该是该产品线膨胀系数过大所致，所以请利用所学的知识测试该产品的线膨胀系数，供技术部门参考。

【任务实施】

1. 制定方案

查阅标准 GB/T 1036—2008《塑料 −30℃～30℃线膨胀系数的测定　石英膨胀计法》，将阻燃高光 ABS 的线膨胀系数测试方案记录在表 5-9 中。

表 5-9　阻燃高光 ABS 线膨胀系数测试方案

测试标准		测试温度/℃	
样品形态		加热方式	
制样方法		加热介质	
试样尺寸/mm			

2. 检验准备

（1）试样预处理　测试前样品状态调节条件为____________________。

（2）测试环境条件　____________________。

（3）测试设备　确认设备状态，并将测试需要用到的仪器设备信息记录在表 5-10 中。

表 5-10　测试设备信息表

序号	设备名称	型号	检定有效期	备注
1				
2				

[1] 此处指平方英寸，$1in^2=6.45cm^2$。

3. 实施测试

请以方框流程图记录测试操作过程。

4. 处理数据

将测试的原始数据记录在表5-11中，结果用三位有效数字表示，小数点后最多保留两位小数。

表 5-11　线膨胀系数测试原始数据记录表

试样名称		试样制备方法	
试样尺寸		测试环境	
样条序号	测试数据/$℃^{-1}$		平均数据/$℃^{-1}$
1			
2			
3			
4			
5			
检验		复核	

5. 复核结果

检验人员完成原始数据记录表后，须由复核人员对检验所用到的仪器设备是否在检定合格的有效期内、数据结果是否正确、是否采用法定计量单位等信息进行复核并签名。

6. 编写报告

请根据测试任务要求和原始数据记录表，参考图2-9编写测试报告单。

【任务总结】

请从任务的难点、问题、结果误差分析等方面对本次检验做自我总结，并反思改进。

【任务评价】

完成任务评价表5-12。

表5-12 线膨胀系数测试任务评价表

序号	评价内容	操作要求	配分	考核记录	得分
1	方案制定(10分)	能查阅相关标准； 按要求选择恰当的测试方法	10		
2	测试准备(5分)	按要求进行试样预处理； 正确记录测试环境； 正确检查设备检定有效期	5		
3	测试实施(50分)	按要求准确测量试样尺寸； 按要求将贴片粘在试样底端，并重新测量试样长度	5		
		按要求将试样置于膨胀计中	5		
		按要求将膨胀计置于－25℃的液体浴中； 待试样温度与恒温浴温度平衡，测量仪读数稳定5～10min后，记录实测温度和测量仪读数	10		
		按要求将膨胀计置于60℃的液体浴中； 待试样温度与恒温浴温度平衡，测量仪读数稳定5～10min后，记录实测温度和测量仪读数	10		
		按要求将膨胀计置于－25℃的液体浴中； 待试样温度与恒温浴温度平衡，测量仪读数稳定5～10min后，记录实测温度和测量仪读数	10		
		按要求测量试样在室温下的最终长度； 重复上述操作，直至达到规定的试验次数	10		
4	数据处理(10分)	原始检验数据准确有效，未涂改或涂改处签名； 计算过程正确； 正确保留有效数字	10		
5	结果复核(5分)	仔细复核检验结果； 复核后签名	5		
6	报告编写(10分)	报告填写整洁、规范； 报告信息完整； 检验结论客观合理	10		
7	职业素养(10分)	检验过程着装规范、文明用语； 台面清洁、垃圾分类正确； 检验过程客观公正	10		
		总分			

项目六　老化性能测试

高分子材料在使用过程中，由于受到热、氧、水、光、微生物、化学介质等环境因素的综合作用会发生老化，引起性能下降，导致材料无法使用。通过老化性能测试，可预测高分子材料的正常使用期限、筛选材料和配方、比较同类产品、寻求失效机理和改善材料耐老化性能等。

本项目以聚酰胺材料为载体，设置 3 个典型工作任务，请你根据所学知识，完成相应任务，掌握老化性能测试全流程。

工作任务 6-1　聚酰胺材料自然老化测试

【任务描述】

塑料老化是一种不可避免、不可逆转的客观规律。但是科研工作者可以通过对高分子老化过程的研究，采取适当的防老化措施，提高材料的耐老化性能，从而达到延长使用寿命的目的。自然大气老化测试是研究塑料受自然条件作用的老化试验方法，某公司生产的聚酰胺材质的户外用品需改良其耐老化性能。请基于所学的知识对提供的聚酰胺材料进行自然老化测试。

【任务实施】

1. 制定方案

测试聚酰胺材料自然老化性能，参照标准是＿＿＿＿＿＿＿＿＿＿＿＿＿＿＿＿，选择的测试方法为＿＿＿＿＿＿＿＿＿＿＿＿＿，测试条件为＿＿＿＿＿＿＿＿＿＿＿＿＿。

2. 测试准备

（1）试样数量　＿＿＿＿＿＿。

（2）测试环境　＿＿＿＿＿＿＿＿＿＿＿＿。

（3）测试仪器　确认设备状态，并将测试需要用到的仪器设备信息记录在表 6-1 中。

表 6-1　检验设备信息表

序号	设备	型号	检定有效期	备注
1				
2				
3				

3. 实施测试

请以方框流程图记录测试操作过程。

4. 处理数据

将原始数据记录在表6-2中，结果用三位有效数字表示，小数点后最多保留两位小数。

表6-2 自然老化试验原始数据记录表

<table>
<tr><td>试样名称</td><td colspan="4"></td></tr>
<tr><td>试样状态</td><td colspan="2"></td><td>试样数量</td><td></td></tr>
<tr><td>暴露方向</td><td colspan="4"></td></tr>
<tr><td>暴露地点</td><td colspan="4"></td></tr>
<tr><td>暴露阶段</td><td colspan="4"></td></tr>
<tr><td>气候条件</td><td colspan="4"></td></tr>
<tr><td rowspan="2">性能变化</td><td colspan="2">暴露前</td><td colspan="2">暴露后</td></tr>
<tr><td colspan="2"></td><td colspan="2"></td></tr>
<tr><td>检验</td><td></td><td>复核</td><td colspan="2"></td></tr>
</table>

5. 复核结果

检验人员完成原始数据记录表后，须由复核人员对检验所用到的仪器设备是否在检定合格的有效期内、数据结果是否正确、是否采用法定计量单位等信息进行复核并签名。

6. 编写报告

请根据检测任务要求和原始数据记录表，参考图2-9编写检测报告单。

【任务总结】

请从任务的难点、问题、结果误差分析等方面对本次检验做自我总结，并反思改进。

【任务评价】

完成任务评价表6-3。

表 6-3　自然老化试验评价表

序号	评价内容	操作要求	配分	考核记录	得分
1	方案制定(15 分)	能查阅相关标准； 按要求选择恰当的测试方法	15		
2	测试准备(5 分)	按要求进行试样选择； 正确记录检测环境； 能正确检查设备检定有效期	5		
3	测试实施(45 分)	合理选择暴露方向； 合理确定暴露地点； 合理确定暴露阶段	15		
		准确记录气候条件	15		
		各项性能测试操作规范	15		
4	数据处理(10 分)	原始检验数据准确有效，未涂改或划改处签名； 计算过程正确； 正确保留有效数字	10		
5	结果复核(5 分)	能仔细复核检验结果； 复核后签名	5		
6	报告编写(10 分)	报告填写整洁、规范； 报告信息完整； 检验结论客观合理	10		
7	职业素养(10 分)	检验过程着装规范、文明用语； 台面清洁、垃圾分类正确； 检验过程客观公正	10		
总分					

工作任务 6-2　聚酰胺材料制品热老化测试

【任务描述】

热老化试验是用于评定材料耐热老化性能的一种简便的人工模拟试验方法，将材料放在高于使用温度的环境中，通过测试暴露前后性能的变化，在较短时间内评定材料对高温的适应性。请基于所学知识，测试聚酰胺材料制品的热老化性能。

【任务实施】

1. 制定方案

测试聚酰胺制品的热老化性能，参照标准是＿＿＿＿＿＿＿＿＿＿＿＿＿＿＿＿，选择的测试方法为＿＿＿＿＿＿＿＿＿＿＿＿＿＿，测试条件为＿＿＿＿＿＿＿＿＿＿＿＿＿＿。

2. 测试准备

(1) 试样数量　＿＿＿＿＿＿＿＿＿＿＿＿＿＿。

(2) 测试环境　＿＿＿＿＿＿＿＿＿＿＿＿＿＿。

(3) 测试设备　确认设备状态，并将测试需要用到的仪器设备信息记录在表 6-4 中。

表 6-4 测试仪器设备信息表

序号	设备	型号	检定有效期	备注
1				
2				
3				

3. 实施测试

请以方框流程图记录测试操作过程。

4. 处理数据

将测试的原始数据记录在表 6-5 中。

表 6-5 聚酰胺材料热老化测试原始数据记录表

<table>
<tr><td>试样名称</td><td colspan="4"></td></tr>
<tr><td>试样状态</td><td></td><td colspan="2">试样数量</td><td></td></tr>
<tr><td>测试条件</td><td colspan="4"></td></tr>
<tr><td>试验箱温度</td><td colspan="4"></td></tr>
<tr><td>试验箱风速</td><td colspan="4"></td></tr>
<tr><td>试验箱换气率</td><td colspan="4"></td></tr>
<tr><td rowspan="2">性能变化</td><td colspan="2">暴露前</td><td colspan="2">暴露后</td></tr>
<tr><td colspan="2"></td><td colspan="2"></td></tr>
<tr><td>检验</td><td></td><td colspan="2">复核</td><td></td></tr>
</table>

5. 复核结果

检验人员完成原始数据记录表后，须由复核人员对检验所用到的仪器设备是否在检定合格的有效期内、数据结果是否正确、是否采用法定计量单位等信息进行复核并签名。

6. 编写报告

请根据检测任务要求和原始数据记录表，参考图 2-9 编写检测报告单。

【任务总结】

请从任务的难点、问题、结果误差分析等方面对本次检验做自我总结，并反思改进。

【任务评价】

完成任务评价表 6-6。

表 6-6　热老化测试评价表

序号	评价内容	操作要求	配分	考核记录	得分
1	方案制定(10分)	能查阅相关标准； 按要求选择恰当的测试方法	10		
2	测试准备(5分)	按要求进行试样选择； 正确记录检测环境； 能正确检查设备检定有效期	5		
3	测试实施(50分)	试验箱温度符合要求； 试验箱风速符合要求； 试验箱换气率符合要求	15		
		准确安置试样	10		
		升温计时准确	5		
		周期取样规范	5		
		各项性能测试操作规范	15		
4	数据处理(10分)	原始检验数据准确有效，未涂改或划改处签名； 计算过程正确； 正确保留有效数字	10		
5	结果复核(5分)	能仔细复核检验结果； 复核后签名	5		
6	报告编写(10分)	报告填写整洁、规范； 报告信息完整； 检验结论客观合理	10		
7	职业素养(10分)	检验过程着装规范、文明用语； 台面清洁、垃圾分类正确； 检验过程客观公正	10		
总分					

工作任务 6-3　聚酰胺材料制品人工气候老化性能测试

【任务描述】

人工气候老化试验，是在自然气候暴露试验方法基础上，为克服自然气候暴露试验周期过长的缺点发展而来，可以实现在较短的时间内获得近似常规大气暴露结果。请基于所学知识，测试聚酰胺材料制品的人工气候老化性能。

【任务实施】

1. 制定方案

测试聚酰胺制品的人工气候老化性能，选择的测试方法是________________，参照标准是____________________，测试条件为___________________。

2. 测试准备

（1）试样数量　_________________。

（2）测试环境　_________________。

（3）测试设备　确认设备状态，并将测试需要用到的仪器设备信息记录在表 6-7 中。

表 6-7 测试设备信息表

序号	设备	型号	检定有效期	备注
1				
2				
3				

3. 实施测试

请以方框流程图记录测试操作过程。

4. 处理数据

填写原始数据记录表，见表 6-8。

表 6-8 人工气候老化试验原始数据记录表

<table>
<tr><td colspan="2">试样名称</td><td colspan="4"></td></tr>
<tr><td colspan="2">试样状态</td><td colspan="2"></td><td>试样数量</td><td></td></tr>
<tr><td rowspan="4">测试条件</td><td>光源</td><td colspan="4"></td></tr>
<tr><td>温度</td><td colspan="4"></td></tr>
<tr><td>相对湿度</td><td colspan="4"></td></tr>
<tr><td>喷水周期</td><td colspan="4"></td></tr>
<tr><td colspan="2">辐照量</td><td colspan="4"></td></tr>
<tr><td colspan="2" rowspan="2">性能变化</td><td colspan="2">暴露前</td><td colspan="2">暴露后</td></tr>
<tr><td colspan="2"></td><td colspan="2"></td></tr>
<tr><td colspan="2">检验</td><td colspan="2"></td><td>复核</td><td></td></tr>
</table>

5. 复核结果

检验人员完成原始数据记录表后，须由复核人员对检验所用到的仪器设备是否在检定合格的有效期内、数据结果是否正确、是否采用法定计量单位等信息进行复核并签名。

6. 编写报告

请根据检测任务要求和原始数据记录表，参考图 2-9 编写检测报告单。

【任务总结】

请从任务的难点、问题、结果误差分析等方面对本次检验做自我总结，并反思改进。

【任务评价】

完成任务评价表 6-9。

表 6-9　人工气候老化测试评价表

序号	评价内容	操作要求	配分	考核记录	得分
1	方案制定(10 分)	能查阅相关标准; 按要求选择恰当的测试方法	10		
2	测试准备(5 分)	按要求进行试样选择; 正确记录检测环境; 能正确检查设备检定有效期	5		
3	测试实施(50 分)	按要求选择光源; 按要求控制温度; 按要求控制相对湿度; 按要求选择喷水周期	20		
		辐照量计算准确	10		
		各项性能测试操作规范	20		
4	数据处理(10 分)	原始检验数据准确有效,未涂改或划改处签名; 计算过程正确; 正确保留有效数字	10		
5	结果复核(5 分)	能仔细复核检验结果; 复核后签名	5		
6	报告编写(10 分)	报告填写整洁、规范; 报告信息完整; 检验结论客观合理	10		
7	职业素养(10 分)	检验过程着装规范、文明用语; 台面清洁、垃圾分类正确; 检验过程客观公正	10		
		总分			

课堂笔记

项目七　工艺性能测试

工艺性能测试可以预测高分子材料在加工过程中的表现，是高分子材料产品质量控制的重要技术指标，也为成型加工工艺的优化、产品性能的改进提供依据，并为成型设备的优化设计提供理论指导。

本项目基于阻燃聚丙烯和天然橡胶材料设置了3个典型工作任务，请你根据所学知识完成任务，掌握熔体流动速率、未硫化橡胶塑性和橡胶硫化性能测试操作全流程。

工作任务7-1　阻燃聚丙烯材料熔体流动速率测试

【任务描述】

聚丙烯（PP）是全球用量最大的通用塑料之一，具有质轻、无毒、易加工、力学性能优异、耐化学腐蚀等优点，广泛应用于电子电器、汽车、建筑、包装等领域。但PP本身极易燃烧，燃烧时放热量大，并多伴有熔滴，极易传播火焰，引起火灾，因此，限制了其应用。为提高其阻燃性能，扩大应用范围，常添加阻燃剂对其进行阻燃改性。但阻燃剂的添加会对其他性能如加工性能产生一定的影响。

为了响应国家的环保号召，A塑料改性公司最近在聚丙烯体系中用一种新型环保的无卤阻燃剂代替了传统的卤系阻燃剂。熔体流动性能是塑料材料加工性能的重要评价指标，请你利用所学的知识测试该聚丙烯材料的熔体流动速率，以评估替换阻燃剂对聚丙烯材料加工性能的影响。

【任务实施】

1. 制定方案

查阅标准《塑料　聚丙烯（PP）模塑和挤出材料　第2部分：试样制备和性能测定》（GB/T 2546.2—2022），将聚丙烯材料*MFR*的测试方案记录在表7-1中。

表7-1　聚丙烯材料*MFR*的测试方案

测试标准		测试方法	
样品状态		试验温度/℃	
预估*MFR*值/(g/10min)		试验负荷/kg	
样品质量/g		切断时间间隔/s	

2. 测试准备

（1）试样预处理　测试前样品状态调节条件为________________。

（2）测试环境条件　________________。

（3）测试设备　确认设备状态，并将测试需要用到的仪器设备信息记录在表7-2中。

表 7-2 测试设备信息表

序号	设备名称	型号	检定有效期	备注
1				
2				

3. 实施测试

请以方框流程图记录测试操作过程。

4. 处理数据

将测试的原始数据记录在表 7-3 或表 7-4 中，并根据公式计算得到 *MFR* 和 *MVR*，结果用三位有效数字表示，小数点后最多保留两位小数。

表 7-3 质量测量法原始数据记录表

试样名称		口模内径/mm	
试样质量/g		试验温度/℃,负荷/kg	
样条序号	切断时间间隔/s	样条质量/g	平均质量/g
1			
2			
3			
4			
5			
MFR/(g/10min)			
检验		复核	

表 7-4 体积测量法原始数据记录表

试样名称		口模内径/mm		
试样质量/g		试验温度/℃,负荷/kg		
样条序号	行程/mm	平均行程/mm	测量时间/s	平均时间/s
1				
2				
3				
4				
5				
MVR/(g/10min)				
检验		复核		

5. 复核结果

检验人员完成原始数据记录表后，须由复核人员对检验所用到的仪器设备是否在检定合

格的有效期内、数据结果是否正确、是否采用法定计量单位等信息进行复核并签名。

6. 编写报告

请根据检测任务要求和原始数据记录表，参考图 2-9 编写检测报告单。

【任务总结】

请从任务的难点、问题、结果误差分析等方面对本次检验做自我总结，并反思改进。

【任务评价】

完成任务评价表 7-5。

表 7-5　熔体流动速率测定任务评价表

序号	评价内容	操作要求	配分	考核记录	得分
1	方案制定(15 分)	能查阅相关标准； 按要求选择恰当的测试方法； 合理选择温度、负荷、切断时间间隔	15		
2	测试准备(5 分)	按要求进行试样预处理； 正确记录检测环境； 能认真检查设备,并填写信息	5		
3	测试实施(45 分)	正确称量样品； 正确输入测试参数	5		
		正确进行设备恒温操作； 恒温时间符合要求	5		
		正确装料并压实； 装料时间控制合理	10		
		合理选择料条收集段； 选择 3 个以上无气泡料条	10		
		料条冷却后称量； 正确把握称量精确度	10		
		标准口模、活塞和料筒等清理干净； 样品、设备正确归位,及时关闭电源	5		
4	数据处理(10 分)	原始检验数据准确有效,最大值和最小值之差不超过平均值的 15%； 数据未涂改或划改处签名； 计算正确,有效数字合理	10		
5	结果复核(5 分)	能仔细复核检验结果； 复核后签名	5		
6	报告编写(10 分)	报告整洁、规范,信息完整； 检验结论客观合理	10		
7	职业素养(10 分)	检验过程着装规范、文明用语； 台面整洁、垃圾分类正确； 检验过程客观公正； 安全意识强	10		
		总分			

工作任务 7-2　天然橡胶 SCR 5 的塑性测试

【任务描述】

天然橡胶 SCR 5 具有强度好、密炼和挤压性能佳的特点，广泛应用于要求弹性好、强度高、耐磨的橡胶制品，如振动垫、防护胶垫、工业运输带、传动带、各种密封圈等。但未硫化的天然橡胶在加工运输贮存过程中，可能因混入金属离子、化学药品或者因过度的机械作用发生氧化而影响产品的塑性。某省市场监督管理局在省内监督抽查 25 批次产品时，就发现某公司一批产品的塑性保持率不合格。

A 公司前期客户的订单量减少，导致仓库积压了一批 SCR 5 天然橡胶，近期需要将其发货给客户，出货前需要对性能进行检测，请你根据所学的知识评估这批天然橡胶的塑性是否符合要求。

【任务实施】

1. 制定方案

要评估该天然橡胶 SCR 5 的塑性是否符合要求，查阅《天然生胶　技术分级橡胶（TSR）规格导则》（GB/T 8081—2018），参考其塑性初值 P_0 和塑性保持率 PRI 的要求和相关测试标准制定测试方案，填写表 7-6。

表 7-6　SCR 5 的塑性测试方案

P_0 最小值		PRI 最小值	
测试标准		样品状态	
试样制备标准		试样老化温度	
试验负荷		试验温度	

2. 检测准备

（1）试样制备与尺寸　天然橡胶 SCR 5 试样的均化操作过程＿＿；试样尺寸＿＿＿＿＿＿＿＿＿＿。

（2）试样预处理　＿＿＿＿＿＿＿＿＿＿＿＿。

（3）测试环境　＿＿＿＿＿＿＿＿＿＿＿＿。

（4）测试设备　测试需要用到的仪器设备信息记录在表 7-7 中。

表 7-7　测试设备信息表

序号	设备名称	型号	备注
1			
2			

3. 实施测试

请以方框流程图记录测试操作过程。

4. 处理数据

将测试的原始数据记录在表 7-8 中。

表 7-8　塑性测试原始数据记录表

试样名称				
试样序号	1	2	3	中值
塑性初值 P_0				
老化后塑性值 P_{30}				
塑性保持率 PRI				
检验		复核		

5. 复核结果

检验人员完成原始数据记录表后，须由复核人员对检验所用到的仪器设备是否在检定合格的有效期内、数据结果是否正确、是否采用法定计量单位等信息进行复核并签名。

6. 编写报告

请根据检测任务要求和原始数据记录表，参考图 2-9 编写检测报告单。

【任务总结】

请从任务的难点、问题、结果误差分析等方面对本次检验做自我总结，并反思改进。

【任务评价】

完成任务评价表 7-9。

表 7-9　塑性测试评价表

序号	评价内容	操作要求	配分	考核记录	得分
1	方案制定(10 分)	能查阅相关标准，找到性能要求； 合理选择测试方法，设置试验条件	10		
2	测试准备(10 分)	按要求进行制样，试样尺寸合适； 正确记录检测环境； 正确检查设备检定有效期	10		
3	测试实施(45 分)	一组试样在 140℃下老化 30min，老化温度和时间合理； 老化后能在 0.5～2h 内测试	5		
		按要求选择薄纸； 能正确进行设备校准调零	3		
		正确放置试样，并预热 15s； 施加负荷 15s，并立即读出厚度值	3		
		重复完成另外 5 个试样	5×6		
		设备清理干净； 样品、设备正确归位； 及时关闭电源	4		

续表

序号	评价内容	操作要求	配分	考核记录	得分
4	数据处理(10分)	原始检验数据准确有效,未涂改或划改处签名; 塑性值按要求取中值,塑性保持率计算正确,修约为整数	10		
5	结果复核(5分)	能仔细复核检验结果; 复核后签名	5		
6	报告编写(10分)	报告整洁、规范,信息完整; 检验结论客观合理	10		
7	职业素养(10分)	检验过程着装规范、文明用语; 台面清洁、垃圾分类正确; 检验过程客观公正	10		
总分					

工作任务 7-3　天然橡胶硫化性能测试

【任务描述】

硫黄是最常用的硫化剂之一，但其与天然橡胶的反应非常缓慢，通常需要加入促进剂。但目前生产上使用的橡胶硫化促进剂大多具有毒性，存在危害身体、污染环境的风险。A公司最近开发了一种新型的无毒环保硫化促进剂组氨酸镧，该促进剂无毒、无味、对环境友好，污染较小。为了研究其对天然橡胶体系的硫化促进作用，请你利用无转子硫化仪测定胶料的硫化曲线，记录相应硫化参数。

【任务实施】

1. 制定方案

查阅标准《橡胶　用无转子硫化仪测定硫化特性》(GB/T 16584—1996)，将橡胶硫化性能测试方案记录在表 7-10 中。

表 7-10　橡胶硫化曲线测试方案

测试标准		样品状态	
振荡幅度/°		试验温度/℃	
振荡频率/Hz		试验压力/kN	

2. 检测准备

(1) 试样尺寸与预处理　尺寸__________，状态调节条件为__________。

(2) 测试环境条件　______________。

(3) 测试设备　确认设备状态，并将测试需要用到的仪器设备信息记录在表 7-11 中。

表 7-11　测试设备信息表

序号	设备名称	型号	备注
1			
2			
3			

3. 实施测试

请以方框流程图记录测试操作过程。

4. 处理数据

附上测试得到的硫化曲线，并从曲线图中读取表7-12中的数据并填写完整。

表7-12　硫化性能测定原始数据记录表

试样名称		t_{10}/min	
硫化速率指数		t_{90}/min	
检验		复核	

5. 复核结果

检验人员完成原始数据记录表后，须由复核人员对检验所用到的仪器设备是否在检定合格的有效期内、数据结果是否正确、是否采用法定计量单位等信息进行复核并签名。

6. 编写报告

请根据检测任务要求和原始数据记录表，参考图2-9编写检测报告单。

【任务总结】

请从任务的难点、问题、结果误差分析等方面对本次检验做自我总结，并反思改进。

【任务评价】

完成任务评价表7-13。

表7-13　硫化性能测试任务评价表

序号	评价内容	操作要求	配分	考核记录	得分
1	方案制定(15分)	能查阅相关标准； 合理选择并设置振荡频率、振荡幅度、试验温度等条件	15		
2	测试准备(10分)	制样尺寸合适，并进行试样预处理； 正确记录检测环境； 能认真检查设备，并填写信息	10		

续表

序号	评价内容	操作要求	配分	考核记录	得分
3	测试实施(35分)	正确开启设备,并设置参数; 模腔加热,温度恒定	10		
		正确放入试样; 合模时间控制在5s以内	10		
		合理判断测试停止时间; 正确取出试样	10		
		正确清理溢出胶料等	5		
4	数据处理(15分)	正确打印硫化曲线; 读取并正确记录相应参数,原始记录未涂改或划改处签名; 硫化速率指数计算正确	15		
5	结果复核(5分)	能仔细复核检验结果; 复核后签名	5		
6	报告编写(10分)	报告整洁、规范,信息完整; 检验结论客观合理	10		
7	职业素养(10分)	测试过程着装规范、文明用语; 现场台面整洁、及时填写设备使用记录; 检验过程客观公正; 开闭模防止烫伤,安全意识强	10		
总分					

项目八　功能和降解性能测试

随着高分子材料的发展和人们健康环保意识的增强，功能高分子材料和可降解材料越来越受到市场的关注。材料阻燃、导电等功能性能和材料可降解性的测试，对选择、开发具有功能性和环保性材料具有重要指导意义。

本项目设置电动汽车用PC/ABS材料的阻燃性测试、导热硅胶热导率测试等4个典型工作任务，请你根据所学知识完成任务，掌握功能和降解性能测试的全流程。

工作任务8-1　电动汽车用PC/ABS材料的阻燃性测试

【任务描述】

在“双碳”背景下，新能源汽车快速发展。充电桩是新能源汽车重要的配套基础设施，为保证安全性，充电桩的壳体和充电枪外壳需选择阻燃、耐候、耐低温改性塑料材料，如阻燃PC/ABS合金材料。A公司生产了一批PC/ABS粒料，专用于电动汽车充电桩壳体，请根据标准进行质量检验。

【任务实施】

1. 制定方案

查阅测试标准《电动汽车充电桩壳体用聚碳酸酯/丙烯腈-丁二烯-苯乙烯（PC/ABS）专用料》（GB/T 39710—2020），将PC/ABS材料的测试方案记录在表8-1中。

表8-1　PC/ABS材料的燃烧性测试方案

测试标准		测试方法	
性能要求		试样要求	

2. 测试准备

（1）根据标准，确定试样制备方法与尺寸 ________________。

（2）试样预处理　试样测试前状态调节环境与时间为：________________。

（3）测试环境 ________________________________。

（4）测试设备　将测试需要用到的仪器设备信息记录在表8-2中。

表8-2　检验设备信息表

序号	设备	型号	检定有效期	备注
1				
2				

3. 测试实施

请以方框流程图记录测试操作过程。

4. 处理数据

将试样燃烧状态、余焰时间和余辉时间等记录在表 8-3 中。

表 8-3 燃烧试验记录表

序号	试样厚度/mm	t_1/s	t_2/s	t_f/s	(t_1+t_2)/s	燃烧现象
1						
2						
3						
4						
5						
评价等级						

5. 复核结果

检验人员完成原始数据记录表后，须由复核人员对检验所用到的仪器设备是否在检定合格的有效期内，报告结果是否正确，是否采用法定计量单位等信息进行复核并签名。

6. 编写报告

请根据检测任务要求和原始数据记录表，参考图 2-9 编写检测报告单。

【任务总结】

请从任务的难点、问题、结果误差分析等方面对本次检验做自我总结，并反思改进。

【任务评价】

完成任务评价表 8-4。

表 8-4 燃烧性能测定任务评价表

序号	评价内容	操作要求	配分	考核记录	得分
1	方案制定(5 分)	能查阅相关标准； 按要求选择恰当的测试方法； 能查询到性能要求	5		
2	测试准备(10 分)	按要求进行制样和试样预处理； 正确记录测试环境； 能正确检查设备检定有效期	10		

续表

序号	评价内容	操作要求	配分	考核记录	得分
3	测试操作(50分)	按要求夹持试样和铺置棉花垫； 能按要求点燃本生灯	10		
		施焰角度合适； 施焰时间控制合适； 正确计时			
		及时记录数据和现象； 试样处置合理； 及时关闭电源、设备正确归位			
		重复测试其余4根试样	4×10		
4	数据处理(10分)	原始检验数据准确有效，未涂改或划改处签名； 计算过程正确； 按照分级要求正确评定等级	10		
5	结果复核(5分)	能仔细复核检验结果； 复核后签名	5		
6	报告填写(10分)	报告填写整洁、规范； 报告信息完整； 检验结论客观合理	10		
7	职业素养(10分)	检验过程着装规范、文明用语； 台面清洁、垃圾分类正确、安全意识强； 检验过程客观公正	10		
总分					

工作任务 8-2　导热硅胶热导率测试

【任务描述】

截至2022年9月，我国的5G基站占全球5G基站总数的60%以上，已经建成全球最大规模的5G网络。随着5G通信技术的发展，传输速度进一步大幅提升，各类电子器件发热量更多，散热成为5G设备亟需解决的一大问题。导热硅胶片可广泛用于晶体管、CPU等各种电子产品和电器设备中的发热体与散热设施之间的接触面，起到传热媒介和防震等作用，从而防止电子产品因发热而受到损害。A公司生产了一批导热硅胶片，请你为其制定测试方案，测试热导率。

【任务实施】

1. 制定方案

① 根据材料特点，查阅测试标准，选择测试方法。

② 设定试验条件，记录在表8-5中。

表8-5　导热硅胶片热导率的测试方案

测试标准		测试方法	
样品尺寸	长：　　cm；宽：　　cm；厚：　　cm		
热面温度/℃		冷面温度/℃	
传热量/J		间隔时间/min	

2. 测试准备

（1）试样尺寸 ____________________。

（2）试样预处理　试样测试前状态调节环境与时间为：____________________。

（3）测试环境条件 ____________________________。

（4）测试设备　测试需要用到的仪器设备信息记录在表 8-6 中。

表 8-6　检验设备信息表

序号	设备	型号	检定有效期	电极尺寸信息
1				
2				

3. 实施测试

请以方框流程图记录测试操作过程。

4. 处理数据

将测试过程中的数据记录在表 8-7 中。

表 8-7　热导率测试记录

序号	试样厚度/cm	热流量/(W/m^2)	热面温度/K	冷面温度/K	热、冷面温差/K
1					
2					
3					
热导率					

5. 复核结果

检验人员完成原始数据记录表后，须由复核人员对检验所用到的仪器设备是否在检定合格的有效期内，报告结果是否正确，是否采用法定计量单位等信息进行复核并签名。

6. 编写报告

请根据检测任务要求和原始数据记录表，参考图 2-9 编写检测报告单。

【任务总结】

请从任务的难点、问题、结果误差分析等方面对本次检验做自我总结，并反思改进。

【任务评价】

完成任务评价表 8-8。

表 8-8　热导率测定任务评价表

序号	评价内容	操作要求	配分	考核记录	得分
1	方案制定(15 分)	能查阅相关标准; 按要求选择恰当的测试方法; 合理选择热板温度、冷板温度等试验条件	15		
2	测试准备(5 分)	按要求进行试样预处理; 正确记录测试环境; 能认真检查设备,并填写信息	5		
3	测试操作(45 分)	正确测试试样厚度; 合理选择温差	10		
		正确进行设备操作,保持温度稳定; 正确装载试样	10		
		热传导稳态后再进行测量; 每次测试间隔时间合适	15		
		正确处理样品、清理设备并正确归位; 及时关闭电源	10		
4	数据处理(10 分)	原始检验数据准确有效,各次测定值与平均值之差小于 1%,未涂改或划改处签名; 计算过程正确	10		
5	结果复核(5 分)	能仔细复核检验结果; 复核后签名	5		
6	报告编写(10 分)	报告填写整洁、规范; 报告信息完整; 检验结论客观合理	10		
7	职业素养(10 分)	检验过程着装规范、文明用语; 台面清洁、垃圾分类正确、安全意识强; 检验过程客观公正	10		
总分					

工作任务 8-3　橡胶体积电阻率测试

【任务描述】

一般高分子材料属于绝缘材料，电阻率高。通过添加一定量的炭黑等助剂，可使高电阻的高分子材料变成具有半导电性能或抗静电屏蔽性能的材料，用于制作高压电缆的导电屏蔽材料、油罐车的轮胎橡胶和高精度电子产品的防静电包装材料等。

现 A 公司研发了一种橡胶材料，拟用于汽车轮胎，请你为其设计体积电阻率测试方案。体积电阻率是了解轮胎电阻级别的有效途径，也是改善轮胎导电性能的关键因素。一般认为，电阻率小于 $1\times10^{8}\Omega\cdot cm$ 的胶料可以顺利导出汽车行驶中产生的静电，满足汽车安全性能要求。请你根据测试结果判断该材料是否符合要求。

【任务实施】

1. 制定方案

根据轮胎橡胶的材料特点，查阅测试标准《硫化橡胶　绝缘电阻率的测定》（GB/T 1692—2008），设定试验条件，记录在表8-9中。

表8-9　轮胎橡胶电阻率的测试方案

电极样式		电极尺寸/mm	
试样形状		试样尺寸/mm	
试验电压/V		测试时间/min	

2. 测试准备

（1）试样尺寸 ____________________。

（2）试样预处理　试样测试前状态调节环境与时间为________________________。

（3）测试环境条件 ____。

（4）测试设备　将测试需要用到的仪器设备信息记录在表8-10中。

表8-10　检验设备信息表

序号	设备	型号	检定有效期	电极尺寸信息
1				
2				

3. 测试实施

请以方框流程图记录测试操作过程 。

4. 处理数据

记录数据，并将测试原始数据记录在表8-11中。

表8-11　原始数据记录表

试样序号	电极尺寸/mm	试样厚度/mm	测试电压/V	R_v/Ω	$\rho_v/(\Omega \cdot cm)$	R_s/Ω	$\rho_s/(\Omega \cdot cm)$
1							
2							
3							
测试结果中位数				修约值			

5. 复核结果

检验人员完成原始数据记录表后，须由复核人员对检验所用到的仪器设备是否在检定合格的有效期内，报告结果是否正确，是否采用法定计量单位等信息进行复核并签名。

6. 编写报告

请根据检测任务要求和原始数据记录表，参考图2-9填写检测报告单。

【任务总结】

请从任务的难点、问题、结果误差分析等方面对本次检验做自我总结，并反思改进。

【任务评价】

完成任务评价表 8-12。

表 8-12　电阻率测定任务评价表

序号	评价内容	操作要求	配分	考核记录	得分
1	方案制定(15 分)	能根据材料特点选择标准； 按设定选择恰当的测试条件	15		
2	测试准备(5 分)	按要求进行试样尺寸测量和预处理； 正确记录测试环境； 能正确选择电极，记录电极信息和设备检定有效期等	5		
3	测试操作(45 分)	按测试要求连接电路； 能正确放置试样	15		
		按要求设定测试电压； 正确操作测试仪器			
		电流读数据时间合适； 正确记录数据			
		重复完成另外 2 个试样，每个试样操作过程 10 分	3×10		
4	数据处理(10 分)	原始检验数据准确有效，未涂改或划改处签名； 过程计算正确； 正确保留有效数字	10		
5	结果复核(5 分)	能仔细复核检验结果； 复核后签名	5		
6	报告编写(10 分)	报告填写整洁、规范； 报告信息完整； 检验结论客观合理	10		
7	职业素养(10 分)	检验过程着装规范、文明用语； 台面清洁、垃圾分类正确； 检验过程客观公正	10		
总分					

工作任务 8-4　聚乳酸生物降解性测试

【任务描述】

A 公司按照《生物降解饮用吸管》（GB/T 41008—2021）的要求开发了聚乳酸材料，拟投用为饮品的一次性吸管，现在委托第三方测试机构按照《受控堆肥条件下材料最终需氧生物分解能力的测定　采用测定释放的二氧化碳的方法　第 1 部分：通用方法》（GB/T 19277.1—2011）评价该吸管在受控工业堆肥条件下材料最终需氧生物分解能力，并出具检验报告。

【任务实施】

1. 制定方案

查阅标准 GB/T 41008—2021，熟悉标准内容。由于该材料中聚乳酸的含量大于 99.9%，因此将该材料按照单一成分来进行测试。查阅标准 GB/T 19277.1—2011，将聚乳酸材料的受控工业堆肥条件下材料最终需氧生物分解能力的测定方案记录在表 8-13 中。

表 8-13　聚乳酸材料受控工业堆肥条件下材料最终需氧生物分解能力的测定方案

试验材料		参比材料	
堆肥来源		堆肥肥龄	
试验容器容积/L		测定二氧化碳方法	
预计试验时间/d		预计平均生物分解百分率/%	

2. 测试准备

（1）试样预处理 ________________________________

（2）测试环境条件 ________________________________

（3）测试设备　确认设备状态，并将测试需要用到的仪器设备信息记录在表 8-14 中。

表 8-14　测试设备信息表

序号	设备名称	型号	检定有效期	备注
1				
2				
3				

3. 实施测试

请以方框流程图记录测试操作过程。

4. 处理数据

① 计算生物分解百分率。将测试的原始数据记录在表 8-15 中，并根据公式计算得到平均生物分解百分率。

表 8-15　根据释放出的二氧化碳量计算的生物分解百分率

试验材料或参比材料：______　TOC：______ g/g　$ThCO_2$：______ g/容器

日期	天数	$(CO_2)_{B_1}$	$(CO_2)_{B_2}$	$(CO_2)_{B_3}$	$(CO_2)_{B,mean}$	$(CO_2)_{t_1}$	$(CO_2)_{t_2}$	$(CO_2)_{t_3}$	D_{t_1}	D_{t_2}	D_{t_3}	$D_{t,mean}$

② 绘制生物分解曲线，并在曲线的平坦部分读取平均生物分解率值，将它标为最终试验结果。

5. 复核结果

检验人员完成原始数据记录表后，须由复核人员对检验所用到的仪器设备是否在检定合格的有效期内、数据结果是否正确、是否采用法定计量单位等信息进行复核并签名。

6. 编写报告

请根据测试任务要求和原始数据记录，填写检验报告单（表 8-16）。

表 8-16　检验报告单

样品名称		检验项目	
送检人/单位		检验依据	
送检日期		检验日期	
试验材料名称		参比材料名称	
堆肥来源		堆肥肥龄	
试验容器容积		测定二氧化碳方法	
试验条件	培养温度：　　培养周期：		
其他操作说明			
试验结果	根据释放出的二氧化碳计算平均生物分解百分率/%	试验时间/d	观测
试验材料			
参比材料			
有效性判断依据： 45d 后参比材料的生物分解百分率是否>70%？ □是　□否 试验结束时不同容器的参比材料的生物分解百分率的相对偏差是否<20%？ □是　□否 试验前 10d 内空白容器产生的二氧化碳量的平均值是否在 50～150mg CO_2/g 挥发性固体？ □是　□否			
检验		审核	

【任务总结】

请从任务的难点、问题、结果误差分析等方面对本次检验做自我总结，并反思改进。

【任务评价】

完成任务评价表8-17。

表8-17 塑料降解性能测试任务评价表

序号	评价内容	操作要求	配分	考核记录	得分
1	方案制定(10分)	能查阅相关标准； 按要求选择恰当的测试方法	10		
2	测试准备(10分)	按要求进行土壤预处理； 正确记录土壤存储测试环境； 能正确选取试验材料	10		
3	测试实施(45分)	按要求准备烧瓶； 能正确标识不同烧瓶； 正确称量并记录每个烧瓶重量	5		
		按要求称量样品； 能正确选择样品量	10		
		能正确连接密封试验瓶； 能正确连接烧瓶和呼吸计	15		
		能正确记录氧气消耗量； 能识别试验停止条件	10		
		清洗相关试验烧瓶； 样品、设备正确归位； 及时关闭电源	5		
4	数据处理(10分)	能用测试数据作图； 能正确计算生物分解百分率； 能根据图识别各阶段所用时间	10		
5	结果复核(5分)	能仔细复核检验结果； 复核后签名	5		
6	报告填写(10分)	报告填写整洁、规范； 报告信息完整； 检验结论客观合理	10		
7	职业素养(10分)	检验过程着装规范、文明用语； 台面清洁、垃圾分类正确； 检验过程客观公正	10		
总分					

项目九　结构分析

高分子材料的结构复杂，包括近程结构、远程结构和聚集态结构。通过对结构的控制和改性，可获得不同特性的高分子材料。通过结构分析，可以为选择合适的高分子材料、改善现有高分子材料的性能、设计合成具有特定结构的高分子材料等提供重要参考。

本项目设置了再生塑料粒子种类分析、高密度聚乙烯分子量及其分布测定等4个典型工作任务。请你根据所学知识，完成相应结构的分析任务。

工作任务 9-1　再生塑料粒子种类分析

【任务描述】

塑料工业是国民经济重要支柱产业，但塑料的回收再生循环利用是行业面临的重要问题。2021年9月8日，国家发改委、生态环境部联合印发了《“十四五”塑料污染治理行动方案》(以下简称《方案》)，部署了“十四五”时期塑料污染全链条治理工作。针对回收利用环节，《方案》提出了“加快推进塑料废弃物规范回收利用和处置”的重要任务。塑料的回收再生循环利用是塑料可持续发展的方式之一，同时也为解决“白色污染”等环保问题提供了有效途径。

A仓库库存有一批再生塑料粒子，由于疏于管理，产品标签已模糊不清。根据公司产品类别，可能是聚乙烯、聚丙烯、聚苯乙烯、聚酰胺材料中的一种。请你根据所学的知识，利用红外光谱分析判断该再生塑料粒子的类别。

【任务实施】

1. 制定方案

查阅《塑料　再生塑料》(GB/T 40006系列标准)，将利用红外光谱分析再生塑料种类的测试方案记录在表9-1中。试验方法有透射分析法或反射分析法，样品制备可以是固体或者液体。

表 9-1　再生塑料种类分析的测试方案

测试标准	试验方法	制样方法

2. 检测准备

(1) 需要准备的试剂 ________________。

(2) 测试环境条件 ________________。

(3) 测试设备　确认设备状态，并将测试需要用到的仪器设备信息记录在表9-2中(设备提前预热或设备附件装置等请在备注中说明)。

表 9-2 测试设备信息表

序号	设备	型号	检定有效期	备注
1				
2				
3				
4				

3. 实施测试

请以方框流程图记录测试操作过程。

4. 处理数据

将测试的原始数据记录在表 9-3 中，并根据红外数据库对比测试结果。

表 9-3 红外光谱测试原始数据记录表

试样名称		试样质量/g	
序号	红外数据库标准波数	测试所得波数	
1			
2			
3			
4			
5			
综合判据			
检验		复核	

5. 复核结果

检验人员完成原始数据记录表后，须由复核人员对检验所用到的仪器设备是否在检定合格的有效期内、数据结果是否正确、是否采用法定计量单位等信息进行复核并签名。

6. 编写报告

请根据检测任务要求和原始数据记录表，参考图 2-10 编写检测报告单。

【任务总结】

请从完成任务的难点、结果分析等方面对本次检验做自我总结，并反思改进。

【任务评价】

完成任务评价表 9-4。

表 9-4　红外光谱分析任务评价表

序号	评价内容	操作要求	配分	考核记录	得分
1	方案制定(10 分)	能查阅高分子材料红外测试的相关标准; 按要求针对不同的产品选择恰当的制样及测试方法; 制定实验流程	10		
2	测试准备(5 分)	按要求进行试样预处理; 正确记录检测环境; 能正确检查设备检定有效期	5		
3	测试实施(50 分)	仪器开机; 打开软件; 选择正确的测试附件; 设置合理的扫描波数范围	15		
		测试空白基线; 进行样品的红外光谱测试扫描; 标出特征峰; 列出特征峰及对应的基团; 保存数据	30		
		清理桌面,样品和设备正确归位; 正确关闭软件及仪器	5		
4	数据处理(10 分)	原始检验数据准确有效,数据未涂改或划改处签名; 特征峰的核对过程正确; 正确保留有效数字	10		
5	结果复核(5 分)	能仔细复核检验结果; 复核后签名	5		
6	报告编写(10 分)	报告填写整洁、规范; 报告信息完整; 检验结论客观合理	10		
7	职业素养(10 分)	学会多途径和思维解决遇到的问题; 检验过程着装规范、文明用语; 台面清洁、垃圾分类正确; 检验过程客观公正	10		
		总分			

工作任务 9-2　高密度聚乙烯分子量及其分布测定

【任务描述】

高密度聚乙烯（HDPE）柔软而且有韧性，硬度、拉伸强度和蠕变性优于低密度聚乙烯；耐磨性、电绝缘性、韧性及耐寒性较好；制备的薄膜对水蒸气和空气的渗透性小，吸水性低；但其耐老化性能差，尤其是热氧化作用会使其性能下降，通常须加入抗氧剂和紫外线吸收剂等来改善这方面的不足。

A 公司为了考察正在研发的耐老化 HDPE 薄膜材料的耐候性，设计在耐候试验的不同阶段取样进行 GPC 测试，根据材料在不同阶段的分子量及其分布的变化规律，为选择抗氧剂的品种和添加量提供依据。请你根据所学知识，测试材料在耐候测试开始阶段的分子量及其分布。

【任务实施】

1. 制定方案

查阅标准《塑料 体积排除色谱法测定聚合物的平均分子量和分子量分布 第 1 部分：通则》(GB/T 36214.1—2018)，将塑料材料体积排除色谱法测试方案记录在表 9-5 中。

表 9-5 塑料材料体积排除色谱法的测试方案

聚合物标样的多分散性范围	
$M_p < 2\times10^3$	$M_w/M_n < 1.20$
$2\times10^3 < M_p < 10^6$	$M_w/M_n < 1.10$
$10^6 < M_p$	$M_w/M_n < 1.20$
标样聚合物种类	
洗脱剂种类及纯度	
色谱柱温度/℃	
色谱柱规格(长度和柱径)	
色谱柱填充材料	

注：M_w 为重均分子量；M_n 为数均分子量；M_p 为最大峰值的分子量，$M_p=(M_n\times M_w)^{1/2}$。

2. 检测准备

(1) 洗脱剂准备与预处理 ______________。

(2) 测试设备 确认设备状态，并将测试需要用到的仪器设备信息记录在表 9-6 中（设备提前预热或设备附件装置等请在备注中说明）。

表 9-6 测试设备信息表

序号	设备	型号	检定有效期	备注
1				
2				

3. 实施测试

请以方框流程图记录测试操作过程。

4. 处理数据

将测试的原始数据记录在表 9-7 中，结果用三位有效数字表示，小数点后最多保留两位小数。

表 9-7　塑料材料体积排除色谱法原始数据记录表

试样名称			聚合物种类	
进样体积/μL			测试起始和结束压力/kPa	
洗脱剂种类			洗脱剂流速	
序号	数均分子量 M_n	重均分子量 M_w	多分散性系数 d	多次测试平均值
				$\overline{M_n}=$ $\overline{M_w}=$ $\overline{d}=$
检验			复核	

5. 复核结果

检验人员完成原始数据记录表后，须由复核人员对检验所用到的仪器设备是否在检定合格的有效期内，报告结果是否正确，是否采用法定计量单位等信息进行复核并签名。

6. 编写报告

请根据检测任务要求和原始数据记录表，参考图 2-10 编写检测报告单。

【任务总结】

请从完成任务的难点、结果分析等方面对本次检验做自我总结，并反思改进。

【任务评价】

完成任务评价表 9-8。

表 9-8　塑料材料体积排除色谱法测试任务评价表

序号	评价内容	操作要求	配分	考核记录	得分
1	方案制定(10 分)	能查阅聚合物分子量及分布的相关标准； 按要求选择恰当的测试方法	10		
2	测试准备(5 分)	对洗脱剂进行合理的预处理； 正确记录检测环境； 正确检查测试设备	5		
3	测试实施(50 分)	按要求称量样品； 能正确选择溶剂溶解样品； 能按要求设置合理的试验温度、标准曲线等参数； 能正确进样并进行正确的测试操作	35		
		正确设置测试时间； 及时处理测试过程中的相关问题	10		
		进样器、进样口等清理干净； 样品、设备正确归位； 及时关闭电源	5		

续表

序号	评价内容	操作要求	配分	考核记录	得分
4	数据处理(10分)	原始检验数据准确有效,误差在规定的范围内,未涂改或划改处签名; 数据处理正确	10		
5	结果复核(5分)	能仔细复核检验结果; 复核后签名	5		
6	报告编写(10分)	报告填写整洁、规范; 报告信息完整; 检验结论客观合理	10		
7	职业素养(10分)	学会辩证地看待问题; 检验过程着装规范、文明用语; 台面清洁、垃圾分类正确; 检验过程客观公正	10		
总分					

工作任务 9-3 聚丙烯结晶度测定

【任务描述】

聚丙烯（PP）具有综合性能优良、生产成本低等特点，广泛应用于包装、家电等领域。但 PP 在低温下的抗冲击性能差、耐候性差、表面装饰性差，限制了其应用范围，通常要对其进行改性。PP 改性可分为物理改性和化学改性，其中直接添加成核剂是常用的改性方法，其难度低、灵活性好，能明显加速 PP 的结晶速率，改善 PP 的光学性能、力学性能和热性能等。

A 公司研发人员正在对比有机磷酸盐类成核剂对聚丙烯材料结晶度和性能的影响，请你根据所学的知识，利用 DSC 测试该材料的结晶度。

【任务实施】

1. 制定方案

查阅标准《塑料 差示扫描量热法（DSC） 第 3 部分：熔融和结晶温度及热焓的测定》（GB/T 19466.3—2004），并查找资料了解被测塑料试样的熔融温度、结晶温度，被测材料的理论 100％结晶度熔融焓，将塑料材料结晶度测试方案记录在表 9-9 中。

表 9-9 聚丙烯结晶度的测试方案

项目	方案内容	项目	方案内容
熔融温度		测试标准	
熔融焓		试验升温速率	
试样质量		气氛及气流速率	

2. 检测准备

（1）试样预处理 所用的样品为固体，样品测试前状态调节条件为________________。

（2）测试设备 确认设备状态，并将测试需要用到的仪器设备信息记录在表 9-10 中

（设备提前预热或设备附件装置等请在备注中说明）。

表 9-10　测试设备信息表

序号	设备	型号	检定有效期	备注
1				
2				

3. 实施测试

请以方框流程图记录测试操作。

4. 处理数据

将测试的原始数据记录在表 9-11 中，并附上 DSC 曲线。

表 9-11　结晶度测试原始数据记录表

试样名称		试样质量/mg	
升温速率		气氛及气流速率	
熔融起始温度/℃		熔融峰值温度/℃	
熔融焓(J/g)		结晶度/%	
检验		复核	

5. 复核结果

检验人员完成原始数据记录表后，须由复核人员对检验所用到的仪器设备是否在检定合格的有效期内、数据结果是否正确、是否采用法定计量单位等信息进行复核并签名。

6. 编写报告

请根据检测任务要求和原始数据记录表，参考图 2-10 编写检测报告单。

【任务总结】

请从完成任务的难点、结果分析等方面对本次检验做自我总结，并反思改进。

【任务评价】

完成任务评价表 9-12。

表 9-12 结晶度测试任务评价表

序号	评价内容	操作要求	配分	考核记录	得分
1	方案制定（10 分）	能查阅聚合物结晶度测试的相关标准； 按要求选择恰当的测试方法	10		
2	测试准备（5 分）	按要求进行试样预处理； 正确记录检测环境； 能正确检查设备检定有效期	5		
3	测试实施（40 分）	能正确开机； 按要求称量样品； 能正确选择样品量； 能按要求设置合理的温度程序、气氛及其流速等参数	20		
		能正确开始测试； 能正确使用数据处理软件	20		
4	数据处理（20 分）	能准确出具原始记录，未涂改或划改处签名； 计算过程正确，正确保留有效数字	20		
5	结果复核（5 分）	能仔细复核检验结果； 复核后签名	5		
6	报告编写（10 分）	报告填写整洁、规范； 报告信息完整； 检验结论客观合理	10		
7	职业素养（10 分）	学会使用现代软件进行相关计算； 检验过程着装规范、文明用语； 台面清洁、垃圾分类正确； 检验过程客观公正	10		
总分					

工作任务 9-4 碳纤维微观形貌表征

【任务描述】

超高性能碳纤维具有超高拉伸强度和模量，是一种具有高韧性和高冲击强度的新材料。根据试验，当其复合材料（CFRP）用于坦克和装甲车的结构材料时，防穿甲弹能力提高约 6 倍，也可用于制造火箭和导弹的发动机壳体，实现远程发射。早期的碳纤维复合材料主要用于军事领域，随着材料性能、成型工艺的提高及价格成本的下降，碳纤维复合材料被越来越多地应用到一般工业和体育休闲等领域。

A 公司开发了一种碳纤维为增强相的复合材料，应用于热防护领域。但碳纤维在热载荷的作用下会出现拉伸性能的变化，通过查阅资料发现，碳纤维的微观结构变化是影响碳纤维拉伸性能的主要原因，请你根据所学知识，表征碳纤维在受 1000～1600℃热载荷作用后的微观形貌和直径。

【任务实施】

1. 制定方案

查阅标准《化学纤维　微观形貌及直径的测定　扫描电镜法》(GB/T 36422—2018),将采用扫描电镜法分析碳纤维微观结构的测试方案记录在表 9-13 中。

表 9-13　碳纤维微观形貌(采用扫描电镜法)测试方案

项目	测试标准	试样类型和尺寸	单位	试验条件
样品表面形貌		碳纤维	Å	
纤维直径			μm	

预估试样的表面较深处在(100Å～1μm,1Å＝10^{-10}m),碳纤维样品长度在 0.5～3mm,碳纤维直径可通过《化学纤维 微观形貌及直径的测定 扫描电镜法》(GB/T 36422—2018)中的公式计算获得。

2. 检测准备

(1)试样预处理　所用的样品为纤维条状,根据测试需要和样品座尺寸取样,一般不超过 1.0cm×1.0cm。

(2)设备和工具等准备　确认设备状态,并将测试需要用到的仪器设备、工具、材料等信息记录在表 9-14 中(设备提前预热或设备附件装置等请在备注中说明)。

表 9-14　测试设备信息表

序号	设备名称	型号	检定有效期	备注
1				
2				
3				

3. 实施测试

请以方框流程图记录测试操作过程。

4. 处理数据

将测试的原始数据记录在表 9-15 中,微观形貌见 SEM 图。根据公式计算得到碳纤维直径,结果用三位有效数字表示,小数点后最多保留两位小数。

表 9-15　原始数据记录表

试样名称		试样厚度	
测试放大倍数		测试亮度值	
测试对比度值		测试电压	
检验		复核	

5. 复核结果

检验人员完成原始数据记录表后，须由复核人员对检验所用到的仪器设备是否在检定合格的有效期内、数据结果是否正确、是否采用法定计量单位等信息进行复核并签名。

6. 编写报告

请根据检测任务要求和原始数据记录表，参考图 2-10 编写检测报告单。

【任务总结】

请从完成任务的难点、结果分析等方面对本次检验做自我总结，并反思改进。

【任务评价】

完成任务评价表 9-16。

表 9-16　碳纤维微观形貌测试任务评价表

序号	评价内容	操作要求	配分	考核记录	得分
1	方案制定（10 分）	能查阅聚合物复合材料形貌分析表征相关标准； 按要求对测试目标材料选择恰当的测试方法	10		
2	测试准备（5 分）	按要求进行复合材料测试前的试样预处理； 正确记录检测环境； 能正确检查设备检定有效期	5		
3	测试实施（50 分）	根据样品形态制成合适试样； 将制好的样品固定到导电胶上； 样品镀膜	15		
		根据设备操作流程，正确开启仪器，并将样品放入样品仓； 正确操作仪器参数（合适的放大倍数，调节焦距、亮度及对比度等），获得清晰的图像	20		
		获取清晰图片，观察形貌； 如需测量纤维直径，需先选择接近圆形或圆形的截面，获取清晰图片，按标准进行测量	10		
		正确按照操作规程，取出样品； 样品、设备正确归位，及时关闭电源	5		
4	数据处理（10 分）	将测试得到的图片保存，将测试数据列表记录； 计算过程正确； 正确保留有效数字	10		
5	结果复核（5 分）	能仔细复核检验结果； 复核后签名	5		
6	报告编写（10 分）	报告填写整洁、规范； 报告信息完整； 检验结论客观合理	10		
7	职业素养（10 分）	具备精益求精的工作态度； 检验过程着装规范、文明用语； 台面清洁、垃圾分类正确； 检验过程客观公正	10		
		总分			

项目十　成分分析

高分子材料除含有聚合物基体外，还添加有增塑剂、防老剂等助剂和碳酸钙、滑石粉等无机填料。通过对材料中聚合物基体的鉴别分析、有机助剂分析等了解材料成分，有利于产品质量控制和新产品开发。同时，由于高分子材料制品在使用过程中，会释放出一定量的VOC或含有一定量的重金属等有害物质，对环境和人体健康产生影响。通过VOC等成分分析，保证材料符合应用场合健康、环保要求。

本项目设置了常规法鉴别日杂废塑料材料类别、硬脂酸酸值分析、硫化橡胶中防老剂分析等6个典型工作任务，请你根据所学的知识，完成相应成分分析任务，掌握成分分析测试工作全流程。

工作任务10-1　常规法鉴别日杂废塑料材料类别

【任务描述】

2017年3月18日，国务院办公厅发布了《生活垃圾分类制度实施方案》，在全民垃圾分类的大环境下，城市生活垃圾分类后的处理问题受到关注，尤其是可回收垃圾的循环利用，而在可回收垃圾中废旧塑料占比很大。目前废旧塑料的处理方法主要有填埋、焚烧、化学回收和物理回收。其中物理回收简单可行，工业投资成本低，分为熔融再生和改性再生，无论哪种再生方法，为提高循环利用价值，关键在于得到单一组分的塑料材质。

A废塑料循环利用公司采购了一批日杂废塑料，为提高循环利用价值，需进行分离提纯，但要设计出合理的分离提纯工艺，首先要确认日杂废塑料所含材质种类，由于时间、场地等原因无法进行仪器分析，所以请利用非仪器法对此批日杂废塑料所含材质进行鉴别，为设计分离提纯工艺提供依据。

【任务实施】

查阅资料，了解可能用于制造日杂塑料制品的塑料材质类型。根据资料查询结果和该批次日杂废塑料的现状选择合适的方法进行塑料材料鉴别。如需多种方法进行综合分析，请用思维导图画出具体步骤和判断依据。

【任务总结】

请从任务的难点、问题、结果等方面对本次鉴别做自我总结，并反思改进。

【任务评价】

完成任务评价表10-1。

表10-1 日杂废塑料材质类别鉴定任务评价表

序号	评价内容	操作要求	配分	考核记录	得分
1	鉴别方法（30分）	根据资料和日杂废塑料现状，选择合适的鉴别方法	30		
2	实施鉴别（30分）	鉴别过程合理，操作规范	30		
3	鉴别结果（30分）	根据鉴别过程中的各种现象，正确判断材质类别	30		
4	职业素养（10分）	鉴别过程着装规范、文明用语； 合理处理废料、废水； 安全意识高	10		
总分					

工作任务10-2 硬脂酸酸值分析

【任务描述】

硬脂酸是橡塑产品中广泛应用的有机助剂。在塑料行业中，是PVC的热稳定剂，具有很好的润滑性和较好的光、热稳定作用，可应用于PVC塑料管材、板材、薄膜中。在橡胶工业中，硬脂酸是生产合成橡胶的乳化剂，是生产泡沫橡胶的起泡剂，还可用作橡胶制品的脱模剂。硬脂酸还可用在化妆品、日用品、造纸等行业。

酸值是硬脂酸的质量控制指标之一，酸值是指中和1g硬脂酸所需氢氧化钾的质量(mg)，现A公司购进一批橡塑级硬脂酸产品，用于PVC产品中，请你根据所学知识，测定该硬脂酸的皂化值。

【任务实施】

1. 制定方案

查阅标准《工业硬脂酸》(GB/T 9103—2013)，橡塑级硬脂酸酸值指标为____________，酸值的试验方法标准为________________。

2. 测试准备

将需要准备的试剂和仪器记录在表10-2中。

表10-2 试剂和仪器

试剂	浓度	仪器	规格

3. 实施测试

请以方框流程图记录测试操作过程。

4. 处理数据

将测试的原始数据记录在表 10-3 中。

表 10-3　硬脂酸酸值滴定原始数据记录表

平行测定次数	样品质量	消耗(　　　)标准溶液的体积/mL	酸值测量结果	酸值均值
1				
2				
空白	—			

5. 复核结果

检验人员完成原始数据记录表后，须由复核人员对检验所用到的仪器设备是否在检定合格的有效期内、数据结果是否正确、是否采用法定计量单位等信息进行复核并签名。

6. 编写报告

请根据检测任务要求和原始数据记录表，参考图 2-10 编写检测报告单。

【任务总结】

请从任务的难点、问题、结果误差分析等方面对本次检验做自我总结，并反思改进。

【任务评价】

完成任务评价表 10-4。

表 10-4　酸值测定任务评价表

序号	评价内容	操作要求	配分	考核记录	得分
1	方案制定（10 分）	能查阅相关标准； 正确选择试验方法标准	10		
2	测试准备（5 分）	按要求准备相应的试剂和仪器	5		
3	测试实施（40 分）	能对仪器状态进行规整性和密封性检查； 按要求清洗仪器	10		
		准确称量试样； 正确进行滴定操作； 正确判断滴定终点； 正确进行滴定测试数据处理和保存	30		

续表

序号	评价内容	操作要求	配分	考核记录	得分
4	数据处理（20 分）	原始检验数据准确有效，未涂改或划改处签名； 分析结果准确，无漏检或误判	20		
5	结果复核（5 分）	能仔细复核检验结果； 复核后签名	5		
6	报告编写（10 分）	报告填写整洁、规范； 报告信息完整； 检验结论客观合理	10		
7	职业素养（10 分）	检验过程着装规范、文明用语； 台面清洁、垃圾分类正确； 检验过程客观公正，及时记录试验数据	10		
总分					

工作任务 10-3　硫化橡胶中防老剂分析

【任务描述】

橡胶及其制品在使用过程中性能会逐渐降低以致完全失去使用价值。为了延长橡胶制品的使用寿命，就要在橡胶中配入适当防老剂，从而延长橡胶及其制品的贮存期和使用寿命。配方中防老剂的有效含量及纯度直接决定着其质量，如果防老剂不含有效成分或含量很低，将导致产品不合格，给企业造成不同程度的经济损失。

某橡胶制品厂生产的橡胶件，同样的配方原来产品可使用 3～4 年，而这批产品只能使用 1～2 年，老化后性能下降很大，请你利用气相色谱-质谱联用法对其防老剂 RD（2,2,4-三甲基-1,2-二氢喹啉聚合物）进行分析，确定该配方中使用的防老剂是否为真品。

【任务实施】

1. 制定方案

查阅标准《橡胶　防老剂的测定　气相色谱-质谱法》（GB/T 33078—2016），将硫化橡胶中防老剂的测试方案记录在表 10-5 中。

表 10-5　硫化橡胶中防老剂的测试方案

样品预处理方法			色谱柱规格		实验条件		进样	
热解析	温度		长度		热解析温度和时间		进样量	
	时间		直径		进样口温度		分流比	
溶剂抽提	溶剂		膜厚		柱箱温度			
	抽提时长		固定相		质谱的接口温度			
					离子源温度			
					扫描范围			

2. 测试准备

（1）样品准备　样品尺寸____________。

（2）测试设备　确认设备状态，并将测试需要用到的仪器设备信息记录在表10-6中（设备提前预热或设备附件装置等请在备注中说明）。

表 10-6　测试设备信息表

序号	设备名称	型号	检定有效期	备注
1				
2				
3				

3. 实施测试

请以方框流程图记录测试操作过程。

4. 处理数据

将测试的原始数据记录在表10-7中，并根据NIST谱库或者化学软件计算得到硫化橡胶中有机助剂分子结构式，进而分析出有机助剂种类。

表 10-7　气相色谱-质谱联用仪测试硫化胶中防老剂原始数据记录表

试样名称					
序号	防老剂名称	缩写	保留时间	被检测到的物质	特征质荷比(m/z)
1					
2					
3					
4					
5					
6					
检验			复核		

5. 复核结果

检验人员完成原始数据记录表后，须由复核人员对检验所用到的仪器设备是否在检定合格的有效期内、数据结果是否正确、是否采用法定计量单位等信息进行复核并签名。

6. 编写报告

请根据检测任务要求和原始数据记录表，参考图2-10编写检测报告单。

【任务总结】

请从任务的难点、问题、结果误差分析等方面对本次检验做自我总结，并反思改进。

【任务评价】

完成任务评价表10-8。

表10-8 硫化橡胶中防老剂测定任务评价表

序号	评价内容	操作要求	配分	考核记录	得分
1	方案制定（10分）	能查阅相关标准； 按要求选择合理的测试条件； 根据材料选择合理的预处理方法	10		
2	测试准备（5分）	按要求准备样品； 正确记录检测环境； 能正确检查设备检定有效期	5		
3	测试实施（40分）	能对仪器状态进行检查； 按要求设置气相色谱仪器条件； 按要求设置质谱仪器条件	25		
		正确进行进样操作； 正确处理和保存测试数据	15		
4	数据处理（20分）	原始检验数据准确有效，未涂改或划改处签名； 分析结果准确，无漏检或误判	20		
5	结果复核（5分）	能仔细复核检验结果； 复核后签名	5		
6	报告编写（10分）	报告填写整洁、规范； 报告信息完整； 检验结论客观合理	10		
7	职业素养（10分）	检验过程着装规范、文明用语； 台面清洁、垃圾分类正确； 检验过程客观公正	10		
总分					

工作任务10-4 填充聚丙烯灰分的测定

【任务描述】

聚丙烯树脂原料价格低廉，综合力学性能优异，应用广泛。但聚丙烯树脂的收缩率一般为1.5%～2.0%，收缩率较大，这对成型制品的尺寸稳定性带来一定挑战。填充碳酸钙、滑石粉、钛白粉等无机填料可降低其成型收缩率，减少成本，并有利于改善力学性能等。

A公司正在研发一款低收缩聚丙烯材料，为了了解市面上同类产品的无机填料大致含量，需测定同类产品的灰分。请你根据所学知识，测定其中一款材料的灰分。

【任务实施】

1. 制定方案

查阅标准《塑料　灰分的测定　第1部分：通用方法》（GB/T 9345.1—2008），将灰分测试方案记录在表10-9中。

表10-9　填充聚丙烯灰分的测试方案

项目	方案内容
测试方法	
灰分近似含量	
试样量	
测试条件	

2. 测试准备

（1）试样准备　按要求准备相应量的试样。

（2）设备准备　确认设备状态，并将测试需要用到的仪器设备信息记录在表10-10中（设备提前预热或设备附件装置等请在备注中说明）。

表10-10　检验设备信息表

序号	设备	型号	检定有效期	备注
1				
2				
3				

3. 实施测试

请以方框流程图记录测试操作过程。

4. 处理数据

将测试的原始数据记录在表10-11中，结果用三位有效数字表示，小数点后最多保留两位小数。

表10-11 橡胶中灰分测试原始数据记录表

<table>
<tr><td>试样名称</td><td></td><td>加热炉初始温度/℃</td><td colspan="2"></td></tr>
<tr><td>升温速率/（℃/min）</td><td></td><td>保护气体流速/（m^3/h）</td><td colspan="2"></td></tr>
<tr><td>保温温度/℃</td><td></td><td>保温时间/min</td><td colspan="2"></td></tr>
<tr><td>样品序号</td><td>试样质量/g</td><td>灰分质量/g</td><td>灰分含量/%</td><td>灰分平均含量/%</td></tr>
<tr><td>1</td><td></td><td></td><td></td><td rowspan="5"></td></tr>
<tr><td>2</td><td></td><td></td><td></td></tr>
<tr><td>3</td><td></td><td></td><td></td></tr>
<tr><td>4</td><td></td><td></td><td></td></tr>
<tr><td>5</td><td></td><td></td><td></td></tr>
<tr><td>检验</td><td></td><td>复核</td><td colspan="2"></td></tr>
</table>

5. 复核结果

检验人员完成原始数据记录表后，须由复核人员对检验所用到的仪器设备是否在检定合格的有效期内、数据结果是否正确、是否采用法定计量单位等信息进行复核并签名。

6. 编写报告

请根据检测任务要求和原始数据记录表，参考图2-10编写检测报告单。

【任务总结】

请从任务的难点、问题、结果误差分析等方面对本次检验做自我总结，并反思改进。

【任务评价】

完成任务评价表10-12。

表10-12 灰分测定任务评价表

序号	评价内容	操作要求	配分	考核记录	得分
1	方案制定（10分）	能查阅相关标准； 按要求选择恰当的测试方法； 测试方案合理	10		
2	测试准备（5分）	能正确检查设备检定有效期； 根据要求准备相应的试样和仪器设备	5		

续表

序号	评价内容	操作要求	配分	考核记录	得分
3	测试实施（50分）	按要求称量样品； 能正确选择样品量； 能按要求设置合理的试验温度、升温速率、保温时间等参数	25		
		正确进行设备升温和降温操作； 恒温时间合适	15		
		判断灰分冷却后再称量； 正确把握称量精确度	5		
		坩埚、桌面等清理干净； 样品、设备正确归位，及时关闭电源	5		
4	数据处理（10分）	原始检验数据准确有效，未涂改或涂改处签名； 计算过程正确； 正确保留有效数字	10		
5	结果复核（5分）	能仔细复核检验结果； 复核后签名	5		
6	报告编写（10分）	报告填写整洁、规范； 报告信息完整； 检验结论客观合理	10		
7	职业素养（10分）	检验过程着装规范、文明用语； 台面清洁、垃圾分类正确； 检验过程客观公正，具有防烫伤意识	10		
总分					

工作任务 10-5　汽车仪表盘用 PP 材料 VOC 含量测定

【任务描述】

汽车给人们出行带来极大便利，在“节能减排”的目标下，汽车“以塑代钢”减轻自重，目前汽车内饰材料基本都是高分子材料，这些材料在使用过程中，会释放出有毒害的气体，在汽车相对狭小的密闭空间内，这些气体对人的健康产生危害。A 公司在为某汽车公司研发用于汽车仪表盘的 PP 材料，请你根据所学知识，测定该材料的 VOC 含量。

【任务实施】

1. 制定方案

查阅《公路车辆内空气　第 2 部分：汽车内饰和材料散发挥发性有机化合物的测定筛选法　袋式法》（ISO 12219-2：2012）、《车内挥发性有机物和醛酮类物质采样测定方法》（HJ/T 400—2007 附录 B、C）等标准，进行测试。将汽车内饰材料测试标准和试验条件记录在表 10-13 中。

表 10-13　汽车内饰材料 VOC 的测试条件

性能	测试标准	试样类型和尺寸	单位	试验条件
五苯三醛的含量			mg/m^3	
TVOC 的含量			mg/m^3	

预估试样的TVOC含量为________、苯含量为________、甲苯含量为________、乙苯含量为________、二甲苯含量为________、苯乙烯含量为________、甲醛含量为________、乙醛含量为________、丙烯醛含量为________，样品尺寸为__________。可以采用热脱附-气相色谱质谱联用仪和高效液相色谱仪分别对采样管和洗脱液进行测试。

2. 测试准备

（1）试样准备　按要求准备相应研发配方所制成的汽车仪表盘，并进行状态调节。

（2）测试设备　将测试需要用到的仪器设备信息记录在表10-14中（设备提前预热或设备附件装置等请在备注中说明）。

表10-14　检验设备信息表

序号	设备	型号	检定有效期	备注
1				
2				
3				
4				

3. 检测实施

请以方框流程图记录测试操作过程。

4. 处理数据

将测试的原始数据记录在表10-15中。

表10-15　VOC含量的原始数据记录表

试样名称		样品尺寸	
试样质量/g		样品加热温度/℃	
样品序号	1#	2#	平均含量/(mg/m^3)
苯/(mg/m^3)			
甲苯/(mg/m^3)			
乙苯/(mg/m^3)			
二甲苯/(mg/m^3)			
苯乙烯/(mg/m^3)			
TVOC/(mg/m^3)			
检验		复核	

5. 复核结果

检验人员完成原始数据记录表后，须由复核人员对检验所用到的仪器设备是否在检定合格的有效期内，数据结果是否正确，是否采用法定计量单位等信息进行复核并签名。

6. 编写报告

根据检验任务单和原始数据填写检验报告单，如表 10-16 所示。

表 10-16　检验报告单

样品名称		检验项目	
送检人/单位		检验依据	
送检日期		检验日期	
样品信息	来源：　尺寸：　平衡条件：		
试验条件	样品加热温度：　加热时间： 采样泵流速：　采样时间： 热脱附条件： 温度条件：管　阀　传输线　捕集阱 热脱附时间：		
测定方法			
其他操作说明			
检验结果			
检验结论			
检验员		审核	

【任务总结】

请从完成任务的难点、结果分析等方面对本次检验做自我总结，并反思改进。

【任务评价】

完成任务评价表 10-17。

表 10-17 VOC 测定任务评价表

序号	评价内容	操作要求	配分	考核记录	得分
1	方案制定（10 分）	能查阅相关标准； 测试方案设计合理	10		
2	测试准备（5 分）	能正确检查设备检定有效期； 根据要求准备相应的试样和仪器设备	5		
3	测试实施（50 分）	正确进行 Tenax 管老化； 正确进行采样袋清洗； 合理校准采样泵	10		
		能按要求设置恒温的温度和时间； 正确进行样品的封装及恒温加热培养	10		
		能正确进行气体样品采集； 合理采集空白袋中气体制作空白样品	10		
		按要求设置热脱附 GC-MS 测试条件； 正确进行热脱附 GC-MS 测试操作； 合理进行结果分析	15		
		将设备和台面等清理干净； 样品、设备正确归位，及时关闭电源	5		
4	数据处理（10 分）	原始检验数据准确有效，未涂改或涂改处签名； 计算过程正确； 正确保留有效数字	10		
5	结果复核（5 分）	能仔细复核检验结果； 复核后签名	5		
6	报告编写（10 分）	报告填写整洁、规范； 报告信息完整； 检验结论客观合理	10		
7	职业素养（10 分）	检验过程着装规范、文明用语； 台面清洁、垃圾分类正确； 检验过程客观公正，具有安全意识	10		
		总分			

工作任务 10-6 电饭煲用增韧 PA6 材料有害物质分析

【任务描述】

A 公司一个月前收到一份来自 B 客户的开发需求，即开发一款用于电饭煲耐热部件的增韧 PA6 材料，开发需求中除了明确列出材料基本力学性能要求外，还标明该材料需要满足 RoHS 六项标准且需要提供相应的 RoHS 检测报告。目前材料性能已符合要求，需要对其进行 RoHS 检测中铅、镉、汞、铬、溴的筛选，请你根据所学知识完成该测试。

【任务实施】

1. 制定方案

对样品进行铅、汞、镉、总铬和总溴的筛选，查阅测试标准，选择的测试方法为____。

2. 测试准备

（1）样品状态　______________。

（2）样品质量　______________。

（3）测试设备　将测试需要用到的仪器设备信息记录在表 10-18 中（设备提前预热或设备附件装置等请在备注中说明）。

表 10-18　检验设备信息表

序号	设备	型号	检定有效期	备注
1				
2				

3. 实施测试

请以方框流程图记录测试操作过程。

4. 处理数据

将测试的原始数据记录在表 10-19 中。

表 10-19　铅、汞、镉、总铬和总溴筛选的原始数据记录表

试样名称		检验项目	
送检人/单位		检验依据	
送检日期		检验日期	
分析气氛		分析方法	
元素	测试结果/(mg/kg)	检出限/(mg/kg)	
铅			
镉			
汞			
铬			
溴			
检验员		复核人	

5. 复核结果

检验人员完成原始数据记录表后，须由复核人员对检验所用到的仪器设备是否在检定合格的有效期内，数据结果是否正确，是否采用法定计量单位等信息进行复核并签名。

6. 编写报告

根据检验任务单和原始数据填写检验报告单，如表 10-20 所示。

表 10-20 检验报告单

试样名称			检验项目	
送检人/单位			检验依据	
送检日期			检验日期	
元素	测试结果/(mg/kg)	筛选限值/(mg/kg)	检出限/(mg/kg)	筛选是否合格(Y/N)
铅				
镉				
汞				
铬				
溴				
样品状态/基体材料				
备注				
检验结论：				
检验员			审核	

【任务总结】

请从完成任务的难点、结果分析等方面对本次检验做自我总结，并反思改进。

【任务评价】

完成任务评价表 10-21。

表 10-21 铅、汞、镉、总铬、总溴筛选任务评价表

序号	评价内容	操作要求	配分	考核记录	得分
1	方案制定(10 分)	能查阅相关标准； 能选择恰当的基体材料筛选元素限值；	10		
2	检验准备(15 分)	正确记录样品状态； 正确记录样品的基体材料	15		
3	检验实施(40 分)	正确制作样品杯； 能正确称量样品质量； 能正确将样品杯放入设备	15		
		能按需要选择安装准直器； 能正确选择试验气氛； 能正确选择方法	25		
4	数据处理(10 分)	能正确记录检测结果； 能正确计算方法的检出限	10		
5	结果复核(5 分)	能仔细复核检验结果； 复核后签名	5		
6	报告编写(10 分)	报告填写整洁、规范； 报告信息完整； 检验结论客观合理	10		
7	职业素养(10 分)	检验过程着装规范、文明用语； 台面清洁、垃圾分类正确； 检验过程客观公正	10		
总分					

高等职业教育教材

高分子材料分析与检测技术

谢桂容　黄安民◎主编
童孟良◎主审

化学工业出版社
·北京·

内容简介

本书分为理论部分和实践工作页（活页式）。理论部分包含高分子材料分析检测基础、高分子材料典型性能测试、高分子材料结构与成分分析三大模块。分析检测基础模块包含高分子材料分析检测工作认知和测试准备与数据处理两个项目，为后续的两个模块奠定基础；典型性能测试模块主要介绍高分子材料常见的物理性能、力学性能、热性能、老化性能、工艺性能、功能和降解性能的检测方法；结构与成分分析模块打破传统注重分析仪器介绍的编写方式，以仪器分析目的为任务，介绍高分子链结构和聚集态结构的分析、高分子鉴别、有机助剂分析、VOC和有害物质成分分析等分析方法。实践工作页包含十个项目，每个项目下设若干个工作任务，采用活页式设计，使用灵活方便。

本书可作为高等职业教育高分子材料智能制造技术、高分子材料加工工艺及其他相关专业的教材，也可作为职业本科院校相关专业的教材或参考书，对从事高分子材料生产、分析检验的人员和相关工程技术人员也具有一定参考价值。

图书在版编目（CIP）数据

高分子材料分析与检测技术/谢桂容，黄安民主编.—北京：化学工业出版社，2024.4

ISBN 978-7-122-45460-7

Ⅰ.①高… Ⅱ.①谢…②黄… Ⅲ.①高分子材料-化学分析②高分子材料-检测 Ⅳ.①TB324

中国国家版本馆CIP数据核字（2024）第078213号

责任编辑：提 岩 旷英姿 熊明燕　　文字编辑：邢苗苗

责任校对：张茜越　　装帧设计：王晓宇

出版发行：化学工业出版社（北京市东城区青年湖南街13号 邮政编码100011）

印 装：中煤（北京）印务有限公司

787mm×1092mm 1/16 印张23 字数588千字 2024年9月北京第1版第1次印刷

购书咨询：010-64518888　　售后服务：010-64518899

网 址：http://www.cip.com.cn

凡购买本书，如有缺损质量问题，本社销售中心负责调换。

定 价：59.80元

前言

准确地对高分子材料进行性能测试和分析，是评价和应用各种高分子材料的前提条件，对研究新型高分子材料的组成与结构特点等具有重要意义。

随着高分子材料不断地向着绿色化、多功能化、高性能化和智能化的方向发展，高分子材料的分析检测技术、测试项目和测试标准等也在不断更新。为了紧跟行业发展，顺应高等职业院校学生的学习和认知特点，本书内容先设置了基础认知模块，便于读者熟悉高分子材料分析检测的内容和流程、检测实验室、检测前期制样和状态调节、检测后期的数据处理和报告填写等，为后续的应用模块奠定基础；之后遵循高等职业教育的特点，紧密对接分析检验岗位需求，根据材料质量控制和产品开发两大应用场景构建了性能测试、材料结构与成分分析两大应用模块。书中还增加了行业关注的降解性、有害物质、VOC等与环保相关的测试内容，以适应高分子材料绿色环保的发展趋势。

本书内容循序渐进，基础部分主要介绍完成相应分析检测任务所必备的测试方法及其原理、测试操作、影响因素分析和对应的关键设备等基础知识，应用部分的工作任务均来自企业实际分析检测任务，通过任务工单的形式，培养学生分析检测技术的应用能力。全书将分析测试理论与测试实践操作相结合，展示分析测试在确保材料质量、保障产品用料安全以及推动材料创新发展中的重要作用。

本书由湖南化工职业技术学院与国家轨道交通高分子材料及制品质量检验检测中心（湖南）（暨株洲时代新材材料技术与工程研究院检测分析中心）联合开发，是第二批国家级职业教育教师教学创新团队课题研究项目——高分子材料智能制造技术专业校企“双元”新形态教材开发研究与实践（ZI2021110105）的研究成果之一，也是湖南省应用化工技术专业群资源库“高分子材料分析与检测技术”课程的配套教材。

本书具有以下特色：

（1）以工作流程化设计任务工单。本书针对每个任务都设计了基于实际检测需求的工作任务单，包括“任务描述—任务实施—任务总结—任务评价”四个环节。在任务实施环节，基于检测典型工作流程，通过“制定方案—测试准备—实施测试—处理数据—复核结果—编写报告”等步骤，引导学生完成任务，在传统检测操作的基础上，提高学生解析标准和报告编制能力，强化检测工作全流程体验。在任务评价环节，结合检测标准和企业操作规范设计了任务评价表，助力提升测试操作规范性。工作任务单采用活页式设计，方便使用，同时可根据行业发展及时更新替换。

（2）以多元化教学资源助力提升学习效果。本书配套建设了微课、视频等数字化资源，以二维码的形式链接在相应内容中；配套的基础性考核习题和拓展性综合习题，便于学生及时练习、总结和提高。同时，在智慧职教平台建设有对应的在线开放课程，提供了更丰富的学习内容。

（3）以多维度素材实现价值引领。在每个任务后都设计了“素质拓展阅读”栏目，融入国家检测行业发展的政策文件、检测行业标准规范、检测新技术、检测标准国际化突破、新材料国产化突破、高分子材料领域优秀人物等多维度的思政素材，实现价值引领，贯彻党的二十大精神进教材，落实立德树人根本任务。

本书由湖南化工职业技术学院谢桂容、株洲时代新材料科技股份有限公司黄安民担任主编，湖南化工职业技术学院童孟良担任主审。具体编写分工为：项目一、项目十的任务四和任务五由黄安民编写，项目二、项目七由谢桂容编写，项目三、项目六由湖南化工职业技术学院江金龙编写，项目四、项目五、项目十的任务一由湖南化工职业技术学院李湘编写，项目八由谢桂容、黎明职业技术大学汪扬涛和曾安蓉编写，项目九、项目十的任务二和任务三由湖南化工职业技术学院刘海路编写，湖南化工职业技术学院段锦华、张翔、陈文娟、李志松、魏义兰参与了素质拓展内容的编写，湖南世鑫新材料有限公司黄彩霞、株洲时代新材料科技股份有限公司杨柳、周志诚、姜莹、梁小丹、邓凤阳、丁新艳和陶玲等参与了部分基础理论和工作任务的编写。全书由谢桂容、黄安民统稿。在编写过程中，得到了湖南化工职业技术学院唐淑贞、株洲时代新材料科技股份有限公司王进和刘国钧、湖南工业大学王雄刚的指导和宝贵意见，教材中配套的操作视频由黄安民和刘国钧统筹、国家轨道交通高分子材料及制品质量检验检测中心（湖南）员工拍摄，动画仿真资源由北京欧倍尔软件技术开发有限公司提供，在此对上述人员和公司的大力支持致以衷心的感谢！在编写过程中，还借鉴了部分检测标准和已出版的教材，在此一并致谢！

由于编者水平和时间所限，书中不足之处在所难免，殷切希望广大读者批评指正！

编者

2024 年 1 月

目录

模块一　高分子材料分析检测基础

模块二　高分子材料典型性能测试

模块三 高分子材料结构与成分分析

项目十 成分分析 213

参考文献 257

二维码资源目录

续表

模块一

高分子材料分析检测基础

项目一　高分子材料分析检测工作认知

项目导言

高分子材料是以高分子化合物（聚合物）为基体，再配合填料、颜料、增塑剂、稳定剂等助剂所构成的材料。与其他材料相比，高分子材料具有质轻、耐腐蚀、电气绝缘性好、隔热性能好、力学强度范围宽、成型加工性能好等特性，用途十分广泛，在现代化建设中起着极为重要的作用。因此，对高分子材料开展分析和检测工作，有着实质性的重要意义。

本项目主要是让学生通过查阅资料、调研等形式，了解高分子材料分析检测的内容与测试程序、检测实验室及其资质、相关试验标准，以对高分子材料的检测工作有基础认知。

项目目标

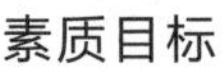

素质目标

- 认识高分子材料检测的重要性，提升课程兴趣，增强专业自信与职业自信。
- 具备检测人员严谨性、公正性与权威性的职业意识。
- 认识标准的严谨性与科学性，初步具有标准意识。
- 初步建立耐心、细致阅读标准的习惯。

知识目标

- 熟悉高分子材料检测的作用和特点。
- 掌握典型的高分子材料分析检测项目和测试基本程序。
- 掌握检测实验室的主要资质。
- 了解检测实验室的服务流程。
- 熟悉标准的类别和检索方法。

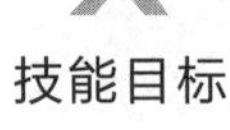

技能目标

- 会通过查阅资料、调研等方法熟悉不同高分子材料的主要检测项目及测试目的。
- 会分辨实验室的资质。
- 能初步根据需求选择合适的第三方检测实验室。
- 能根据要求检索相应的测试标准。

任务一
认识高分子材料分析检测

一、高分子材料分析检测的目的

高分子材料
分析检测认知

高分子材料分析检测是指按照规定程序，通过专业技术方法对给定高分子原材料和制品等进行分析或确定性能的技术操作，是沟通高分子的合成、产品设计和最终产品性能以及需求这一循环的桥梁。对高分子材料开展精准、高效的分析检测，能表征材料性能与组成、结构和加工条件之间的关系，评估材料质量与特性，为生产过程管理、产品性能改进、材料应用和新材料开发提供依据，对促进行业快速、健康发展起着至关重要的作用。

（1）把关产品质量　产品生产是一个复杂过程，其中涉及的人、机、料、法、环等要素，加上各工序的不稳定性都会使产品的质量有所波动。通过对高分子材料进行分析检测，能及时发现问题，确保产品性能符合相应的技术要求，控制产品质量。如改性塑料生产过程中，通过对塑料原材料的入厂检验，做到不合格的原料不投产；通过生产过程的在线检测，方便调整工艺参数，监测生产过程；通过对改性后塑料粒子的成品检测，能剔除不合格产品，保证产品符合客户的质量指标；改性塑料的加工者，借助分析检测精准掌握材料性质数据，分析塑料来料的品质稳定性，并指导设定加工条件。

（2）促进产品创新提升　通过对原料和产品进行分析与检测，有助于寻找出现质量问题的原因；对使用中的产品进行跟踪分析和市场同类产品对比评价，能发现不足之处与改进的方向，为产品性能改进、新产品的开发和基础理论研究积累数据，提高产品的竞争力和附加值。

（3）为产品设计和加工提供理论依据　对材料进行分析检测，能为材料配方设计、成型加工工艺条件设定提供数据，并指导试验工作。如塑料产品设计人员，需要了解材料的力学性能，才能设计出厚度分布、补强结构等符合应用强度要求的产品；深入了解材料的电气性质、耐化学品性质、耐候、抗老化、耐疲劳性等特定性质，才能设计出符合绝缘、耐介质等特殊应用要求的产品；成型加工人员需要对材料的加工性质数据有正确认识，包括特征温度、流动性、流变性、黏弹特性等，才能正确进行成型加工参数设定。

除此之外，高分子材料的检测还具有信息反馈功能，能为企业各部门的决策以及和客户之间的质量沟通提供依据。因此，高分子材料的分析检测是开展科学研究、产品开发、保证产品质量的必要步骤和手段，是材料标准化工作的一项重要内容，是在材料生产和施工中全面推行质量管理和建立质量保证体系的前提和基础。

二、高分子材料分析检测的特点

与其他材料相比，高分子材料结构复杂、多层次，性能多样且具有环境条件和工艺敏感性，因此高分子材料的分析检测具有其自身的一些特点。

（1）具有行业针对性　高分子结构与组成的多样性决定了其检测内容具有一定的行业针

对性，如透湿性、透气性、老化性、燃烧性、应力开裂、流变性、收缩率等性能检测项目，分子量及其分布、取向性、聚集态和织态结构分析等，都是高分子材料所特有的测试项目，对高分子材料的加工、应用和新材料开发具有重要意义。

（2）检测项目和方法多样　高分子材料包括塑料、橡胶、纤维、涂料、胶黏剂、聚合物基复合材料和功能高分子材料等，不同种类材料的测试项目不同，使得检测项目具有多样性。即使同是塑料材料，针对热塑性塑料和热固性塑料的工艺性能的测试项目和方法也不同。同时，高分子材料加工方法多样，如塑料可以采用模塑成型（包括模压、传递和注塑）、挤出成型（包括中空、吹膜、线缆包覆）以及压延、热成型发泡、覆层和喷涂等，不同工艺生产得到的制品性能千差万别，同一性能难以用同一种测试方法评价。如塑料的冲击性能测试，不仅有简支梁法、悬臂梁法、落锤法、拉伸法，还有薄膜摆锤法、中空容器自由落体法等。因此，要对材料进行全面评价，必须采用不同试验，从不同角度进行综合评价。

随着高分子材料向高性能化、功能化、智能化方向发展，与之相应的物性测试技术和方法也在不断开发和探索中。如 GB/T 19277.1—2011《受控堆肥条件下材料最终需氧生物分解能力的测定　采用测定释放的二氧化碳的方法 第 1 部分：通用方法》最常用，但此方法需要的降解周期长、操作烦琐、过程难控制、数据重复性差和检测成本高昂等。而现有的生物降解材料快速检测方法，仅通过化学分离和仪器分析的方法对材料各组分进行定性定量分析，并不能直接评估材料的生物降解性能。因此，需要进一步探索准确有效的测试方法。

（3）试验环境和条件要求严格　高分子材料具有黏弹性、吸湿性等，使得测试结果对温度、湿度及加载速率具有较大敏感性，因此高分子材料检测对制样方法、试验环境条件（如温度、湿度等）等有严格要求。为了保证测试结果较好的重现性和可信度，通常高分子材料性能测试都必须在测试前制备标准试样，按标准环境规定进行状态调节，并在严格的标准环境条件下进行试验。

三、高分子材料分析检测的内容

高分子材料分析检测的内容可以分为性能测试、组成与结构分析两大方面。

（1）性能测试　性能测试主要评估高分子材料的各方面性能，进行质量监控，包括物理性能、力学性能、热性能、老化性能、工艺性能、燃烧性能、电性能、光学性能、降解性能和耐化学性能等，不同性能下又有不同检测项目，如表 1-1 所示。

表 1-1　高分子材料检测项目举例

性能	测试项目
物理性能	密度、黏度、含水量、吸水率、熔融温度等
力学性能	拉伸性能、压缩性能、弯曲性能、冲击性能、硬度、撕裂性能、剪切性能、疲劳性能、耐磨性能等
热性能	热变形温度、维卡软化温度、线胀系数、马丁耐热温度、热分解温度等
老化性能	自然老化、氙灯老化、紫外老化、臭氧老化、湿热老化等
工艺性能	熔体流动速率、未硫化橡胶塑性、橡胶硫化性能等
燃烧性能	垂直燃烧、水平燃烧、氧指数试验、烟密度、闪点和自燃点、针焰试验等
电性能	电阻率、击穿电压、介电强度、介电常数、耐电弧性等
光学性能	透光率、雾度、折射率、白度、色泽、黄色指数等

（2）结构和成分分析　组成分析即成分分析，主要是高分子种类、助剂和填料的定性与定量分析，有助于了解材料的组成成分及含量。结构分析是对材料内部的分子化学结构、聚集态结构和织态结构等进行分析，从微观上分析其结构对性能的影响。如：结晶度会影响塑

料的力学性能，结晶度增大会使之变脆，韧性降低，延展性变差；开孔型材料有优良的吸收和穿透性能，另外还有质轻、机械强度高等特点；填充塑料中界面区的存在导致复合材料具有特殊复合效应，开孔材料或者界面区的形态都可以从形态测试照片中清晰反映出来。

对高分子材料组成和结构分析，能探索性能与结构的关系，对深入探索与改性产品性能、快速查找和解决质量问题、竞品对比和配方模仿、新材料研发等具有重要作用。

在本教材中以橡胶和塑料两种高分子材料为载体，在性能测试模块详细介绍了典型物理性能、力学性能、热性能、老化性能、工艺性能、功能和降解性能测试；在结构与成分分析模块，介绍了红外光谱仪、凝胶渗透色谱仪、差热扫描量热仪、扫描电子显微镜、气相色谱仪、气相色谱-质谱联用等分析仪器和化学滴定法在高分子材料近程和远程结构分析、助剂分析、高分子材料鉴别中的应用。纤维、胶黏剂和聚合物基复合材料等其它高分子材料的分析检测在测试方法和原理上与橡塑材料有一定的相似性，可根据需要进行深入学习。

四、高分子材料分析检测的一般程序

1. 高分子材料分析的程序

高分子材料的分析通常是采用红外光谱仪、凝胶渗透色谱仪等分析仪器对其结构或成分进行定性或定量分析，一般采用的步骤如图 1-1 所示。

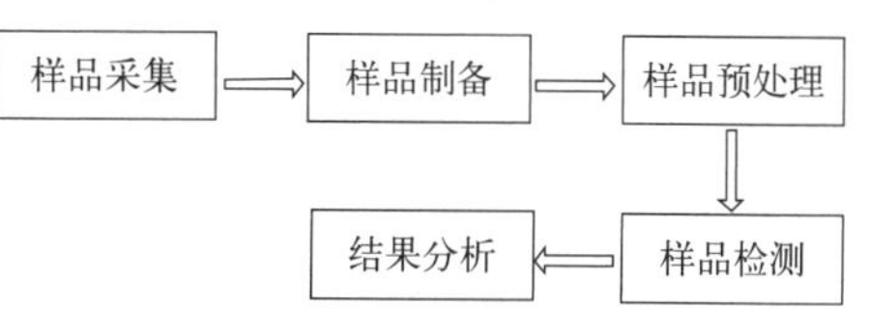

图 1-1　高分子材料分析一般程序

（1）采集　通常高分子材料的分析需要的样品量很少（几克即可），采集的试样应具有代表性，能反映材料整体的全部性质，并保证整体与抽样样本之间所处环境的一致性。同时，采集完成之后，对抽样样本进行妥善的保存。

（2）制备　在获取高分子材料样品后，需根据样本特点对待测样本进行制备。针对采样样本数量较多、样本不均匀、大小不相同的固体样品，就需要进行二次加工制备，即首先进行破碎与过筛，接下来混匀等待预处理。

（3）预处理（也叫前处理）　该步骤有时是和制备环节共同进行。由于高分子材料的待测组分可能以多相非均一态的形式存在，绝大多数情况下，受分析方法的选择性和灵敏度等的限制，须对试样进行预处理，使检测时样品能够适应分析仪器的进样需求，消除检测干扰，并使检测更加准确可靠。高分子材料常用的预处理技术有溶解法、索氏抽提法、超声萃取法、微波消解法和高温灰化法等。不同高分子材料的预处理方法可能存在一定差异，预处理方法选择和操作的正确性将直接影响分析结果的准确性、可靠性和分析速度。

（4）检测　灵活运用各种检测技术（气相色谱仪、红外光谱仪等）对高分子材料中的成分进行分离、检测，记录结果或含量。由于各种检测技术的应用条件和应用效果不同，检测时根据需要合理选择。

（5）结果分析　根据要求对结果进行分析，并按照要求选择适当的形式进行报告。

2. 高分子材料性能检测的程序

高分子材料性能检测同样遵循以上步骤，但其试样的制备和预处理的方式差别很大。

（1）制样方式　高分子材料的性能检测一般采用符合标准规定的试样，制样时依据标准选用特定的加工工艺，制备出指定规格的标准试样。如塑料材料拉伸性能测试，GB/T 1040 中对制样方法，试样尺寸、外观等都有详细严格要求，不同工艺、不同材料的标准试样也有差异。因此，在进行性能检测时，一定要仔细解读标准，根据要求进行制样。

（2）预处理方式 基于环境温度、湿度对高分子材料的影响，标准试样在进行性能测试前，通常需要在标准规定的环境条件下进行状态调节，并在严格的标准环境下进行测试，以尽量减少环境条件对测试结果的准确性的影响。

五、高分子材料分析检测的发展趋势

高分子材料的分析测试贯穿材料研发、生产和应用的全过程，是新材料产业发展的基础和关键环节。随着高分子及其复合材料的发展和深入研究，高分子分析和检测技术也将不断发展，主要表现在以下方面。

（1）方法创新 主要表现在分析检测方法的灵敏度、选择性和准确度不断优化。如高分子材料老化在诱导期可能发生急剧下降，因此对早期老化的灵敏表征非常重要，而常规的检测方法无法识别此阶段性能变化，研究发现荧光探针技术在表征早期老化方面具有潜力。智能高分子材料能识别响应各种刺激信号并将检测到的各类信号有效转化为便于读取的电信号、流量信号和光信号，可应用于微量生物或化学物质检测，在检测领域具有广阔的应用前景。

（2）多种分析方法的联合使用 多种方法的联合使用实现互补，是进行高分子材料成分定性和定量分析的重要方法，如热裂解-气相色谱-质谱联用（PyGC-MS）、热重-红外/质谱联用（TG-FTIR/MS）、热重-差示扫描量热联用（TG-DSC）、热重-红外-质谱联用（TG-FTIR-MS）、电感耦合等离子发射光谱-质谱联用（ICP-MS）等。

（3）分析检测设备的自动化、智能化 主要体现在微处理器、集成电路和微型计算机等微电子技术在分析检测中的广泛应用。各类仪器工作站的投入使用，不仅能完成分析数据的运算，还能够储存分析方法和标准数据，乃至自主设计检测方法，控制仪器的全部操作，从而实现分析操作自动化和智能化。

（4）分析测试服务平台化 新材料产业的发展对我国测试服务行业提出了更高的综合化发展要求。基于我国测试评价机构普遍规模较小、部分测试评价方法落后、对新材料缺少统一的测试方法和标准、新材料测试评价数据积累不足、缺乏共享等现状，目前我国已整合国内已有的优秀检测认证机构建立了国家新材料测试评价平台，形成“主中心＋行业中心＋区域中心”测试评价体系，目前主中心和部分区域、行业中心已完成验收。

（5）重视安全、环保方面检测 基于保护人类健康和环境的理念，与高分子材料相关的安全和环保监测得到重视，如高分子材料的可降解性测试、汽车内饰材料的挥发性有机化合物（VOC）含量分析、电子电器产品材料的有毒有害物质含量分析、医用高分子材料的安全性和生物相容性分析、食品接触用高分子材料中可溶出和迁移化学物质的限量和迁移量分析等。

任务考核

一、判断题

1. 某改性塑料生产公司通过检测产品熔体流动速率，能为生产时挤出机加工温度的设置提供依据。 （ ）

2. 塑料和橡胶流动性能的测试可以采用相同的方法。 （ ）

3. 高分子材料的分析检测需要在规定的标准环境下进行。 （ ）

4. 分析检测过程中所采集的样品必须能反映材料的平均组成。 （ ）

二、简答题

1. A 公司正在研发一款新型的生物基可降解材料，请你分析对新材料的分析检测有哪些作用。

2. 请你列举用于汽车保险杠的聚丙烯（PP）材料需要测试哪些性能。

3. 请以 PP 材料拉伸性能测试为例，阐述其测试流程。

素质拓展阅读

建设国家新材料测试评价平台，助力产业高质量发展

“一代材料，一代装备”，新材料已成为现代高技术和新兴产业的基础和先导，新材料的发展水平体现了一个国家的科技发展水平和综合国力，对经济发展和重大工程项目建设起着重要的支撑作用。目前，世界各国都十分重视新材料技术的发展，美国、欧洲、日本等发达国家和地区都把发展新材料作为科技发展战略的重要组成部分，分别制定相应的发展计划，予以重点支持和发展，以保持其经济和科技的领先地位，为抢占未来科技制高点，提升竞争能力争取主动权。

材料的测试评价始终贯穿新材料研究开发、生产制备、应用服役全过程，是新材料产业创新发展的基础和关键环节。新材料产业的飞速发展对我国的材料测试服务业提出了更高的综合化发展要求：一方面，新材料种类不断增加，对材料分析检测技术中的科学仪器装备、测试方法与标准提出了新的要求；另一方面，新材料产业与新能源、生物医药、电子信息、建筑、交通等产业的结合越来越紧密，对新材料在相关应用领域的模拟验证、服役评价、寿命预测、全尺寸零件考核等综合评价技术的研究亟待加强。

近年来，在我国倡导大力发展技术服务业的政策指引下，材料测试服务行业把握住了难得的发展机遇，实现了快速发展。尽管如此，材料测试服务业同样面临着快速发展中难以逾越的沟壑，主要表现在几个方面：一是新材料测试评价能力总体较弱。国内测试机构多、小、弱，技术服务能力不强。二是新材料测试评价体系不健全。新材料标准体系不统一、不互认。三是新材料测试评价数据积累匮乏、共享利用缺乏，大量具有潜在应用价值的海量数据未能得到高效利用。四是测试评价认证市场化服务能力相对不足，相当一部分材料检测机构仅在本省区域提供服务，提供全国性服务的机构数量偏少，国际化发展的机构更少。

为贯彻实施制造强国战略，加快推进新材料产业发展，全面提升我国新材料测试评价水平，2017 年，工业和信息化部、财政部联合印发《国家新材料测试评价平台建设方案》，该方案提出，要依托测试评价、认证、计量等机构，联合新材料生产企业、应用单位、科研院所，完善新材料测试评价方法及标准，提高测试评价仪器、装备和设施的能力，开展新材料测试、质量评估、模拟验证、数据分析、应用评价和认证计量等公共服务，形成公平公正、共享共用的“主中心＋行业中心＋区域中心”测试评价体系。到 2020 年，完成国家新材料测试评价平台总体布局，初步形成测试评价服务网络体系。到 2025 年，基本形成覆盖全国主要新材料产业集聚区和上下游市场的测试评价体系，新材料测试评价技术能力和服务水平达到国际先进水平。

资料来源：《新材料产业》2020 年第 1 期

任务二
认识高分子材料检测实验室

一、检测实验室及其分类

认识高分子材料检测实验室

检测实验室是根据相关标准或技术规范，利用仪器设备、环境设施等技术条件和专业技能，对产品进行分析检测的组织。

按所检测样品的来源，检测实验室分为第一方实验室、第二方实验室和第三方实验室，即通常所说的生产企业内部检测、采购方检测和第三方检测。第一方检测是生产者为了及时发现不合格品，确保出厂产品达到标准要求的措施，是企业质量体系的基本要素之一。第二方检测是买方为了保证所买的产品符合需要、保护自身利益，它有利于及时发现质量问题、分清质量责任。因此，第一方实验室和第二方实验室都是组织内的实验室，检测数据仅供单位内部使用，而第二方实验室是检测/校准供方提供的产品。第三方检测实验室是由处于产品的买方和卖方利益之外的第三方，以公正、权威的非当事人身份，根据有关法律、标准或合同对商品、服务或指定检测项目进行符合性检验、检测和认证活动的机构，又称公正检验机构，数据为社会所用，可作为公正和仲裁使用。

第三方检测具有专业、权威、独立、公正和客观等特点；专业、权威是指第三方检测机构既有专业的管理和经验，又有专业的检测技术人员队伍、业务标准以及较好的仪器设备和技术平台，可采用更科学的手段来进行检测；而作为一个以市场化原则运作的法人实体，第三方检测机构一般不隶属于政府部门或企业，具有独立性，能独立选择或承担检测项目，其研究方法和结果不受任何部门的约束和影响，保证了检测结果的客观、公正。

第三方检测机构弥补了公共资源不足，为国家监管工作发挥强有力支撑作用，也为企业客户产品质量的提高、为科学研究提供可靠的数据支持。我国第三方检测发展起步相对较晚，2011 年起，在国家政策的扶持下，第三方检测机构成为高新技术服务业，随着经济发展，检测服务领域不断扩展，我国第三方检测行业的市场规模正在不断扩大。

二、实验室的资质

第三方检测实验室要进行检测服务，出具具有公信力的检测报告，需要具备一定的资质。目前，我国实验室资质评价制度有计量认证（CMA）和实验室认可（CNAS），其标志如图 1-2 所示。审查认可（CAL）在 2018 年已被取消。

中国计量认证（CMA，China inspection body and laboratory mandatory approval）是依据《中华人民共和国计量法》《中华人民共和国计量法实施细则》等，由省级以上人民政府计量行政部门对检测机构的检测能力及可靠性进行的一种全面的认证及评价。取得计量认证合格证书的产品质量检测机构，可按证书上所限定的检测项目，在其检测报告上使用计量认证标志，具有 CMA 标识的检验报告可用于产品质量评价、成果及司法鉴定，具有法律效力，是仲裁和司法机构采信的依据。CMA 是政府强制性的行政认可，所有对社会出具公证数据的产品质量监督检验机构及其他各类实验室必须取得计量认证资质，才具备向用户、社会及政府提供公正数据的资格，因此CMA是国内第三方检测机构的准入门槛。

图1-2 CMA和CNAS标志

认可是国家质量基础设施的重要组成部分，也是国际通行的促进贸易便利化手段。中国合格评定国家认可委员会（CNAS，China national accreditation service for conformity assessment），是由国家认证认可监督管理委员会（CNCA）依据《中华人民共和国认证认可条例》规定，批准设立并授权的国家认可机构，统一负责对实验室、认证和检验等机构的认可工作。第一方、第二方、第三方实验室，企业甚至个人实验室等只要具备相应的检测/校准能力和管理水平都可以自愿申请认可，通过认可就可以在取得认可的范围内使用认可证书和认可标志。获得CNAS的实验室出具的检测报告具有权威性和国际公信力，能够获得众多签署互认协议方国家和地区认可机构的承认，为我国检验检测取得国际承认、为中国产品走出去提供了支持。

CMA和CNAS具有相同之处，都源自国际标准ISO/IEC 17025《检测和校准实验室能力的通用要求》；本质上都是对实验室的检测能力和管理体系是否满足标准要求的一项资质评价制度；目的是提高实验室管理水平和技术能力；实施模式（程序）也大体相同，都是基于评审员去现场评审合格之后发证。两者之间的区别如表1-2所示。

表1-2 CMA和CNAS的区别

项目	CMA	CNAS
评审依据	《检验检测机构资质认定评审准则》等	检测和校准实验室能力认可准则（CNAS-CL01及特殊领域应用说明）
性质	强制性认证行政许可	自愿申请
评价对象	向社会出具公证数据的产品质量监督检验机构及其他各类实验室	第一方、第二方、第三方检测/校准实验室等各类实验室
适用范围	基本上是中国境内	国际互认
实施机构	中国国家认证认可监督管理委员会、省级技术监督部门	中国合格评定认可委员会
批准结果	发证书，允许使用CMA标识	发证书，允许使用CNAS标识

据统计，截至2022年底，我国具有资质认定的检验检测机构超过5.2万家，CNAS累计认可检验检测认证机构超过1.5万家，很多是行业龙头检验检测机构和大型集团，涉及国民经济的大多数行业，如华测检测（CTI）、谱尼测试（PONY）、SGS通标、中国检验认证集团（CCIC）、深圳市计量质量检测研究院（SMQ）等。表1-3列举了部分高分子材料领域相关的国家质检中心。

表1-3 部分高分子材料领域相关的国家质检中心

序号	机构名称	承担单位	主要产品
1	国家高分子工程材料及制品质量检验检测中心（广东）	广州质量监督检测研究院	高分子工程材料及制品
2	国家高分子材料质量检验检测中心（安徽）	安徽省包装印刷产品质量监督检验中心	高分子材料
3	国家高分子材料与制品质量检验检测中心	中国石油化工股份有限公司北京化工研究院	高分子材料与制品

续表

序号	机构名称	承担单位	主要产品
4	国家轨道交通高分子材料及制品质量检验检测中心(湖南)	株洲轨道交通高分子材料及制品质量监督检验中心	轨道交通高分子材料及制品
5	国家乳胶制品质量检验检测中心	中国化工株洲橡胶研究设计院有限公司	乳胶制品
6	国家橡胶及乳胶制品质量检验检测中心	西双版纳州质量技术监督综合检测中心	橡胶及乳胶制品
7	国家橡胶轮胎质量检验检测中心	北京橡院橡胶轮胎检测技术服务有限公司	橡胶轮胎
8	国家橡胶及橡胶制品质量检验检测中心(广西)	桂林市产品质量检验所	橡胶及橡胶制品
9	国家轮胎及橡胶制品质量检验检测中心	青岛市产品质量检验研究院	轮胎及橡胶制品
10	国家合成树脂质量检验检测中心	中蓝晨光成都检测技术有限公司	合成树脂
11	国家石化有机原料合成树脂质量检验检测中心	中国石油化工股份有限公司北京化工研究院燕山分院	石化有机原料合成树脂
12	国家塑料制品质量检验检测中心(北京)	轻工业塑料加工应用研究所	塑料制品
13	国家塑料制品质量检验检测中心(福州)	福建省产品质量检验研究院	塑料制品

注：来自国家市场监督管理总局。

三、第三方检测实验室的选择

目前第三方检测实验室众多，选择时通常需要关注以下几方面。

(1) 资质　资质是第三方检测机构技术水平的代表，根据需求选择具有相应资质的第三方检测实验室。当需要出具国内具有法律效力的检测报告，则应选择取得CMA资质的实验室；若需要向国际地区出具有效的检验报告时，则优先选择取得CNAS资质的实验室。同时确认资质的有效期限。

(2) 服务范围与检测需求的匹配性　CMA和CNAS标识需在取得认可的范围内使用，因此在选择第三方检测机构时，需要确认其是否具有相应项目的检测能力，且检测项目是否属于其资质覆盖的范围。

(3) 公信力　公信力是建立在先进的检测技术、准确的检测数据的基础上长期积累起来的，优先选择拥有社会各界尤其是众多大型跨国企业客户广泛认可的技术能力和公正性的第三方检测机构。

(4) 性价比和服务效率　合理的价格和检测服务周期也是选择第三方检测时需要考虑的因素。根据检测实验的复杂程度，服务费用要符合国家及省、市物价部门批准的收费标准，并且能方便送样和获取检测报告，出具报告周期合理等。

四、第三方检测实验室服务程序

第三方检测实验室委托检验服务的一般工作程序包括检测受理单接收、检测样品登记、检测任务下达、检测工作实施、检测报告的签发。

(1) 检测受理单接收　通常由综合业务部受理检测申请和样品，对委托方的检验需求、检验依据、样品以及检验能力满足委托方要求等评估通过后，与委托方签订委托检验合同(协议)。核对合同内容的完整性、样品是否符合要求、样品信息是否齐全等，核对无误后，双方签订合同，委托方根据检验项目缴纳检验费用。

（2）检测样品登记 样品管理员及时在样品明细登记簿上登记样品相关信息，并对委托样品进行唯一编号同时加贴检验样品卷标和备样卷标，备查样品按要求保存在样品库。

（3）检测任务下达 综合业务部根据委托检验合同的信息，下达检验任务通知书（如表1-4所示），并将样品交给检测室，由检测室签字确认。

表 1-4 检验任务通知书

承检部门		样品名称	
检验编号		样品数量	
检验依据		样品状态	
检验项目			
送检日期		检验完成日期	
送检人/单位		备注	

（4）检测工作实施 检测室领取检验任务后，应当依据检验任务要求，在规定检验周期内开展检验。检验员必须依据有关标准、委托合同约定的检验方法进行检验，做好可以溯源的检验原始记录，根据记录真实、客观、公正、准确地出具检测报告。

（5）检测报告的签发 检测报告经检验员、审核员签字和授权签字人审核签发，由综合业务部通知客户按合同约定领取或寄出，检测报告及检验原始记录应按相关规定保存。剩余样品按相关规定进行管理。

对于检测结果有异议时，可进行复检等，检测实验室一般工作程序如图1-3所示。

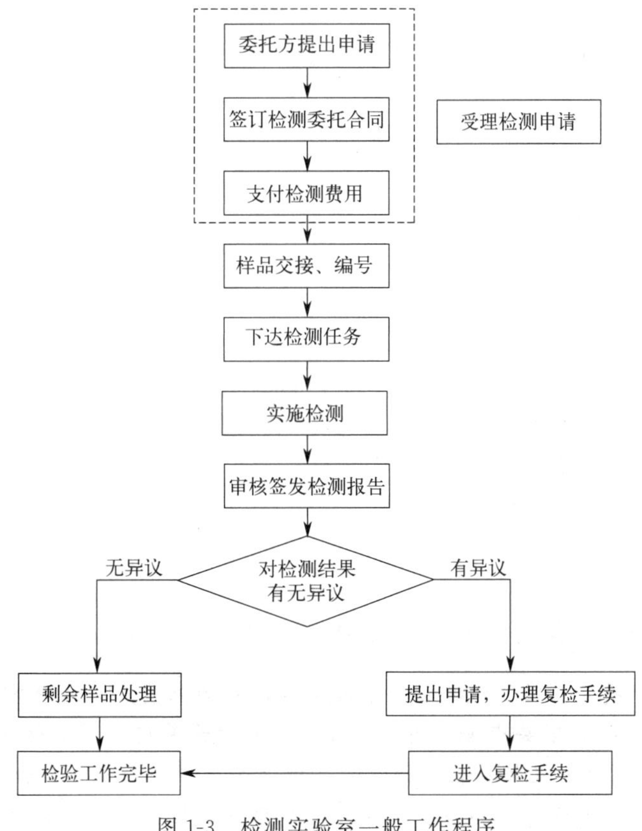

图 1-3 检测实验室一般工作程序

任务延伸

高分子材料检验员的工作职责有哪些？需要具备哪些素质？

工作职责通常包括：按照设备操作规程进行作业，根据标准执行检测，真实、及时、完整地记录检验数据，认真填写原始记录表，编制检测报告；及时联系客户或相关部门发放检测报告；如检测过程中出现异常现象，须及时记录并反馈；维护检测设备清洁并定期保养，发现异常及时停机，并上报处理；合理管理各种试剂和样品，防止泄漏、过期等异常情况的出现；完成上级安排的其他工作。

具备的素质：具有敬业、认真、细致、爱岗的工作态度，具有客观公正、诚实守信的职业素养，熟悉测试标准，严格遵守设备操作规程，善于观察、分析试验过程的现象，善于利用各种工具整理并分析各种试验数据，判断结果，善于总结各种试验方法的特点，并具有创新分析检验方法的意识。

任务考核

一、判断题

1. 甲公司购买了乙公司的阻燃 PC/ABS 材料，甲公司对该产品的检测为第三方检测。（ ）
2. 与企业内部检测机构相比，第三方检测具有权威性和客观性，所以公信力更强。（ ）
3. 第三方检测机构必须取得 CMA 资质才能向社会出具具有法律效应的检测报告。（ ）
4. 取得 CNSA 资质的检测机构所出具的检测报告，可以得到国际上所有国家的认可。（ ）
5. 取得 CMA 资质的第三方检测机构可以承接所有检测项目。（ ）

二、简答题

A 公司为 B 公司供应汽车波纹管，产品在 A 公司内部进行老化性能检测时，在 125℃条件下 3100h 老化后未有脆裂，符合客户 B 的技术指标（不低于 3000h）；而 B 公司实验室对波纹管产品检测时发现，相同条件下的老化时间仅有 2850h，低于技术指标要求，两公司为此争执不下，决定将产品委托给第三方实验室检测，请你查阅资料，为其选择一个合适的检测机构，并阐述选择的原因。

素质拓展阅读

进一步深化改革，促进检验检测行业做优做强

检验检测是国家质量基础设施的重要组成部分，是国家重点支持发展的高技术服务业和生产性服务业。2017 年，中共中央、国务院出台《关于开展质量提升行动的指导意见》（中发〔2017〕24 号），提出要支持发展检验检测认证等高技术服务业，提升战略性新兴产业检验检测认证支撑能力。国务院也出台政策文件，提出要营造行业发展良好环境，推动检验检测服务业做强做优做大。但是，对标高质量发展，目前检验检测行业还存在高端服务供给不足、创新能力和品牌竞争力有待增强、市场化集约化水平有待提升、市场秩序需要进一步规

范等问题。为贯彻落实党中央、国务院决策部署，坚定不移推进质量强国、制造强国建设，完善国家质量基础设施，根据党中央、国务院有关文件精神，结合近年来检验检测领域改革发展的实践经验，2021 年 9 月，国家市场监督管理总局印发了《关于进一步深化改革促进检验检测行业做优做强的指导意见》（以下简称《指导意见》）。

《指导意见》明确了促进检验检测行业做优做强的指导思想，以习近平新时代中国特色社会主义思想为指导，全面贯彻党的十九大和十九届二中、三中、四中、五中全会精神，坚定不移贯彻新发展理念，以推动高质量发展为主题，以深化供给侧结构性改革为主线，以改革创新为根本动力，围绕建设质量强国、制造强国，服务以国内大循环为主体、国内国际双循环相互促进的新发展格局，加快建设现代检验检测产业体系，推动检验检测服务业做优做强，实现集约化发展，为经济社会高质量发展提供更加有力的技术支撑。

《指导意见》把坚持创新驱动列为促进检验检测行业做优做强的四项工作原则之一，提出要坚持把创新作为驱动检验检测发展的第一动力，完善检验检测创新体系，加强共性技术平台建设，提升自主创新能力。

资料来源：国家市场监督管理总局

任务三 检测标准

一、标准的定义

标准是高分子材料分析检测的依据，是检验人员进行检测活动的主要依据。GB/T 20000.1—2014《标准化工作指南 第 1 部分：标准化和相关活动的通用术语》对标准的定义为“通过标准化活动，按照规定的程序经协商一致制定，为各种活动或其结果提供规则、指南或特性，供共同使用和重复使用的文件”。国际标准化组织（ISO）的国家标准化管理委员会（STACO）先后以“指南”的形式给“标准”的定义作出统一规定，即标准是由一个公认的机构制定和批准的文件。它对活动或活动的结果规定了规则、导则或特殊值，供共同和反复使用，以实现在预定领域内最佳秩序的效果。

标准及其分类

高分子材料分析检测要以相关标准为依据进行，在一定范围内采用特定测试标准，对提升材料质量和安全性、促进材料创新、对接国际需求、加强国际的合作交流具有重要意义。

二、标准的分类

标准的分类多种多样，如国际标准、国家标准、行业标准、地方标准、团体标准以及企业标准等。根据 2017 年修订的《中华人民共和国标准化法》，我国标准按制定主体分为国家标准、行业标准、地方标准和团体标准、企业标准，其中前三者属于政府主导制定的标准，其余两种属于市场主体自主制定的标准。按实施效力分为强制性标准和推荐性标准，这种分类只适用于政府制定的标准。强制性标准仅有国家标准一级，推荐性标准包括推荐性国家标准、行业标准和地方标准。强制性标准必须执行，国家鼓励采用推荐性标准。

1. 国际标准

国际标准是指国际标准化组织（ISO，International Organization for Standardization）、国际电工委员会（IEC，International Electrical Commission）和国际电信联盟（ITU，International Telecommunication Union）制定的标准，以及国际标准化组织确认并公布的其他国际组织制定的标准。

国际标准号由顺序号及批准或修订年份组成，前面冠以“ISO”。其中带 R 为推荐性标准，ISO/TR 为 ISO 技术报告，ISO/TS 为 ISO 技术规范，ISO/PAS 为 ISO 公用规范，如 ISO 294-5—2017《塑料 热塑材料试样的注塑 第 5 部分：各向异性研究用标准样品的制备》、ISO/TR 10358—2021《塑料管材和管件 综合抗化学性能分类表》。ISO 推荐的标准，其成员国组织可以认可通过，也可以否决，凡认可的国家，将根据国情，以 ISO 标准作为最高标准。

2. 国家标准

国家标准是由国家标准机构通过并发布的标准。我国国家标准由国务院标准化行政主管部门（国家标准化管理委员会，隶属国家市场监督管理总局）制定，分为强制性国家标准（代号 GB）和推荐性国家标准（代号 GB/T），强制性国家标准限定在保障人身健康和生命财产安全、国家安全、生态环境安全和满足社会经济管理基本需求的范围之内。其他则为推荐性国家标准，鼓励企业自愿采用。

我国国家标准序号由国家标准代号、国家标准发布的顺序号及发布的年号构成，如 GB 3778—2021《橡胶用炭黑》、GB/T 40006.5—2021《塑料 再生塑料 第 5 部分：丙烯腈-丁二烯-苯乙烯（ABS）材料》。其他国家标准有美国标准协会标准 ANSI、德国工业标准 DIN、英国国家标准 BS、日本工业标准 JIS、法国国家标准 NF 等。另外需提到的是美国材料与试验协会标准（ASTM），该标准在全球塑料行业有较大影响，也是美国国家标准的来源之一。

本书中进行材料性能测试时，如没有特别说明，一般均采用中国国家标准。

3. 行业标准

行业标准是行业机构通过并公开发布的标准，由国务院有关行政主管部门制定，适用于没有推荐性国家标准，而又需要在某行业范围内确立统一技术要求的情形。目前我国有六十七个行业标准代号，分别由四十二个国务院行政主管部门管理，例如 HG 化工行业标准、JB 机械行业标准、JC 建材行业标准、QB 轻工行业标准、SJ 电子行业标准、YY 医药行业标准等。行业标准也分为强制性行业标准和推荐性行业标准两类。在标准代号后加“T”者为推荐性标准。

塑料和橡胶行业标准由国家塑料和橡胶行业管理协会编制计划、组织草拟，审批、编号，并报国务院标准化行政主管部门备案。如 HG/T 3938—2007《彩色喷墨打印用聚氯乙烯（PVC）证卡材料》，QB/T 2479—2005《埋地式高压电力电缆用氯化聚氯乙烯（PVC-C）套管》。

4. 地方标准和团体标准

地方标准是在国家的某个地区通过并公开发布的标准，由省、自治区、直辖市以及设区的市人民政府标准化行政主管部门制定，并报国务院标准化行政主管部门备案，以满足地方自然条件、风俗习惯等特殊技术要求。它在相应的国家标准和行业标准实施后，自行废止。地方标准以“DB”为代号，加上省划分代号，如上海市地方标准 DB31/608—2020《塑料薄膜单位产品能源消耗限额》。

团体标准是市场自主制定的标准，由学会、协会、商会、联合会、产业技术联盟等社会团体制定。其目的是激发社会团体制定标准、运用标准的活力，充分发挥市场在标准化资源配置中的决定性作用，快速响应创新和市场对标准的需求，增加标准的有效供给。团体标准可以是本团体成员约定采用，或者按照本团体的规定供社会自愿采用。如深圳市高分子行业协会发布的 T/SGX 013—2022《聚对苯二甲酸-己二酸丁二酯/聚乳酸薄膜专用料》。

5. 企业标准

企业标准是由企业使用的标准，由企业或多家企业联合制定。企业标准是为了解决产品设计、生产以及服务过程中出现的某一具体问题而确立的解决方案。企业标准有两项基本功能：第一是企业进行技术积累和存档的一种方式；第二是当一项企业标准需要在某一产品中实施的时候，它即成为企业中的一项强制执行的技术指令。有的产品虽已有国家标准，但为了强化质量管理，保证产品的合格率，也制定了严于国家标准及其他国内标准要求的企业标准，在企业内部使用。

企业标准由企业组织制定，并报省、自治区、直辖市人民政府的标准行政管理部门备案。企业标准的代号为“Q”。

三、标准的检索

标准具有创造性智力成果属性，依法受著作权法保护，强制性标准必须强制执行，社会公众必须知晓强制性标准内容，因此，强制性标准文本免费公开，推荐性标准属于政府主导制定（非采标），免费公开，但采用国际标准制定的推荐性标准（采标）的免费公开，还应当遵循国际标准组织的版权政策。

2017 年 3 月 16 日，“国家标准全文公开系统”正式上线运行。目前强制性国家标准文本和非采标的推荐性国家标准能在系统查阅全文。采标的推荐性国家标准的相关题录信息也已公开。新批准发布的国家标准一般在发布后 20 个工作日内公开。

检索途径可以选择主题、关键词、标准名称、摘要或标准号等，通常标准具体信息未知时，最常采用的方法是主题和关键词途径。标准的检索工具包括标准的纸质书籍和网络检索工具。纸质书籍有《国际标准化组织标准目录》《中国标准化年鉴》《中华人民共和国国家标准目录》《中国国家标准汇编》等。网络检索工具包括全国标准信息公共服务平台、中国标准服务网、中国标准化研究院、国家标准馆等。

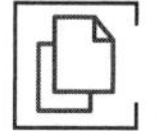

任务考核

判断题

1. 标准按照实施效力分为强制性标准和推荐性标准，GB 3778—2021 属于推荐性国家标准。 （ ）

2. GB/T 40006.5—2021 中 2021 代表标准发布的年号。 （ ）

3. QB 是企业标准的代号。 （ ）

4. 相比于国家和行业标准，团体标准能快速响应创新和市场对标准的需求。 （ ）

素质拓展阅读

以高标准引领高质量发展

标准被视为“世界通用语言”。长期以来，特别是党的十八大以来，党中央、国务院高度重视标准化工作。党的十八届二中全会将标准纳入国家基础性制度范畴。党的十八届三中全会提出政府要加强战略、政策、规划、标准的制定与实施。习近平总书记在致第三十九届国际标准化组织（ISO）大会贺信中指出：“伴随着经济全球化深入发展，标准化在便利经贸往来、支撑产业发展、促进科技进步、规范社会治理中的作用日益凸显。”并面向全世界庄严宣告：“中国将积极实施标准化战略，以标准助力创新发展、协调发展、绿色发展、开放发展、共享发展。”在“一带一路”国际合作高峰论坛上，习近平总书记再次面向全世界号召“努力加强政策、规制、标准等方面的‘软联通’”，要求“加强规则和标准体系相互兼容”。在党的十九大报告中，习近平总书记专门就“瞄准国际标准提高水平”等提出明确要求。国务院总理李克强也指出“标准化日益成为全世界面临的重大战略问题，也越来越受到国际社会的高度重视”，并要求“要强化标准引领，提升产品和服务质量，促进中国经济迈向中高端”。

资料来源：《中华人民共和国标准化法》释义，中国标准化，2018（03）：18-23.

拓展练习

1. 请谈谈你对高分子材料分析与检测发展趋势的观点。

2. 失效是指产品丧失功能或性能降低到不能满足规定要求的状态，近年来，失效分析在材料领域应用越来越广泛。请查阅资料，说明失效分析的意义及其常用的技术手段。

3. 第三方检测实验室在产品研发、生产、销售等各个环节中扮演着重要的角色，除测试服务外，第三方检测实验室的主要服务内容还包括哪些？

4. 2023 年 2 月，中共中央、国务院印发了《质量强国建设纲要》，请你结合文件，谈谈检验检测服务对实现质量强国建设目标的重要作用。

5. 标准引领是一个国家步入高质量发展、参与高质量竞争的重要标志。大力推动中国标准“走出去”，让更大范围的国际市场接受和采用中国标准，是提高我国国际话语权的重要抓手。请查阅资料，列举 2～5 个由我国制定的国际标准。

项目二　测试准备与数据处理

项目导言

在正式实施检测之前，要做好相应的准备，包括测试试样、测试环境和测试设备等。试样是测试的对象，是反映材料或制品的“代表”，为了获得准确的分析检测结果，要根据要求制备试样，并采用合适的预处理方法排除测试干扰。对于高分子材料的性能检测而言，就是要根据标准采用特定的成型加工方法制备测试试样，并对试样进行状态调节，排除环境温度、湿度对材料性能的影响；对于高分子材料的分析测试而言，关键是选择合适的预处理方法，减少其他组分对测试的干扰。

测试设备是分析检测的关键工具，设备的准确性会受到机器磨损、灰尘、设备性能和使用频次等影响，因此日常使用中要注意维护保养。对于向社会出具具有证明作用的检验报告的第三方检测机构，必须按照要求定期对设备进行校准或检定，使用未经检定或校准的仪器、设备所得到的检验报告属于不实检验检测报告。

数据整理包括数据记录与处理、检测报告填写等。在实施检测时，要如实地记录测试结果数据，并按要求进行数据处理，再根据复核后的原始数据编制检测报告，是分析检测的重要环节。

本项目主要介绍橡胶、塑料材料性能检测试样的制备与试样的状态调节，高分子材料分析样品的预处理方法以及测试后期的数据处理和报告编写。测试设备会在后面测试任务中涉及，本项目中不作介绍。

项目目标

素质目标

- 具备试样制备过程的安全意识和吃苦耐劳的劳动精神。
- 形成环境条件影响测试结果的意识。
- 具备真实、客观记录检测结果的意识。

知识目标

- 理解试样制备和环境因素对测试结果的影响。
- 熟悉高分子材料测试试样的制备和分析样品的预处理方法。
- 掌握典型制样设备和预处理设备的基本操作。
- 理解误差产生的原因和有效数字的修约规则。
- 掌握原始记录表和检测报告的填写要求。

技能目标

- 能初步分析环境条件对测试的影响。
- 能根据要求，合理选择试样制备方法和分析样品的预处理方法。
- 能根据操作规程进行样品制备与预处理。
- 能分析测试数据产生误差的原因，并进行数据处理。
- 能完整、规范地填写原始数据记录表，并编写检测报告。

任务一 试样制备与状态调节

一、试样制备对测试结果的影响

高分子材料试样的制备通常采用机械加工法或注塑、模塑工艺。制样方法的选择对试样的测试结果有影响。如利用机械加工制备结晶性或热固性塑料试样时，割、锯、钻、铣等操作会影响试样表面，同时由于摩擦热的作用，试样的内部结晶度等也会发生变化。利用冲片机取橡胶试样时，试样切口可能会不平整，导致“应力集中”，降低力学强度。模塑过程会使聚合物分子产生定向作用，塑料制品中分子链大多数是各向异性的，截取试样时，往往需注明方向，如在测定吹塑薄膜的拉伸强度、直角撕裂强度时，就需注明是纵向强度还是横向强度。

成型工艺条件如模具结构、成型温度、成型压力、冷却速率及模具内试料的分布等，与测试结果也有很大关系。模具设计不当，如浇口、流道太小等，会使试样产生各种缺陷；试样的冷却速率影响其内部的内应力；制样原料内含有的水分、溶剂及其他易挥发物质，在料筒或模具内受热时会产生一些气态物质，有可能在试样内部形成气泡等，由此产生的缺陷、内应力、气泡都会削弱材料的强度。表 2-1 表示同一牌号的聚苯乙烯（PS）注塑与压制成型试样性能的比较，表 2-2 为成型条件对同一牌号 PS 性能的影响。

表 2-1 不同成型方法的 PS 试样性能比较

项目	弯曲强度/MPa	拉伸强度/MPa
压制成型	57.0	32.8
注塑成型	83.8	46.0

表 2-2 不同成型条件的 PS 试样性能比较

注射温度/℃	注射压力/MPa	拉伸强度/MPa
180	69.0	56.3
220	34.0	51.5
240	31.0	48.3

由此可知，材料性能的对比要基于相同成型方法和工艺制备的试样。为此，一般的产品测试标准对试样的制备都有严格的规定。各国也对每个产品的试样制备提出了一些指导性的通则，制定了试样制备方面的标准。目前我国塑料和橡胶类试样制备方法标准见表 2-3。

表 2-3 我国塑料和橡胶类试样制备方法标准

材料	制样标准
塑料	GB/T 17037.1—2019《塑料 热塑性塑料材料注塑试样的制备 第1部分：一般原理及多用途试样和长条试样的制备》； GB/T 17037.3—2003《塑料 热塑性塑料材料注塑试样的制备 第3部分：小方试片》； GB/T 9352—2008《塑料 热塑性塑料材料试样的压塑》； GB/T 5471—2008《塑料 热固性塑料试样的压塑》； GB/T 11997—2008《塑料 多用途试样》； GB/T 39812—2021《塑料 试样的机加工制备》
橡胶	GB/T 15340—2008《天然、合成生胶取样及其制样方法》； GB/T 6038—2006《橡胶试验胶料的配料、混炼和硫化设备及操作程序》； GB/T 2941—2006《橡胶物理试验方法试样制备和调节通用程序》

二、塑料试样的制备

塑料试样的制备有两种途径：一种是用模塑成型方法制备试样；另一种是直接从塑料制品上合理裁取，经机械加工成测试试样。其中模塑成型包括注塑成型和压塑成型两种工艺，对于热塑性塑料，两种工艺都可采用；对热固性塑料，只能采用压塑成型。

1. 热塑性塑料注塑成型试样的制备

注射成型又称为注射模塑成型，简称注塑成型，是指将固态聚合物材料（粒料或粉料）加热塑化成熔融状态，在高压作用下，高速注射入模具中，赋予熔体模腔的形状，经冷却（对于热塑性塑料）、加热交联（对于热固性塑料）或热压硫化（对于橡胶）而使聚合物固化，然后开启模具，取出制品。热塑性塑料注塑成型试样的制备一般按塑料材料的产品标准或参照 GB/T 17037.1—2019（对于部分情况下用到的小方试片可参照标准 GB/T 17037.3—2003，此处对此不作详细介绍）。

在试样制备过程中，影响试样性能的因素很多，如注塑机类型、加料口尺寸、模具结构、流道及浇口的尺寸和形状、料筒及模具各部位的温度、注塑过程的压力及成型周期等。其中温度条件与成型周期影响试样的结晶度；而压力条件及模具流道、浇口尺寸与形状主要影响试样内分子、填料的取向程度，特别是纤维增强塑料的注塑成型。因此，必须使用统一规定的设备（包括模具和注塑成型机），并在报告中标明材料注塑成型工艺条件。

塑料标准试样制备操作

（1）模具 模具设计是保证试样的可再现性制备的重要因素之一。通常模具有单型腔、多型腔和家族式三种基本类型，为了解决执行不同标准的争议，可以采用 GB/ISO 标准模具，示意图和特点如表 2-4 所示。

表 2-4 不同类型模具对比

模具类型	型腔板示意图	特点
单型腔	S_p (a) S_p (b)	哑铃形、圆形或其他形状，注塑体积较小，试样性能测定结果可能与标准试样有差异[(a)的主流道 S_p 垂直于模塑试片，(b)的 S_p 与分型面平行]

续表

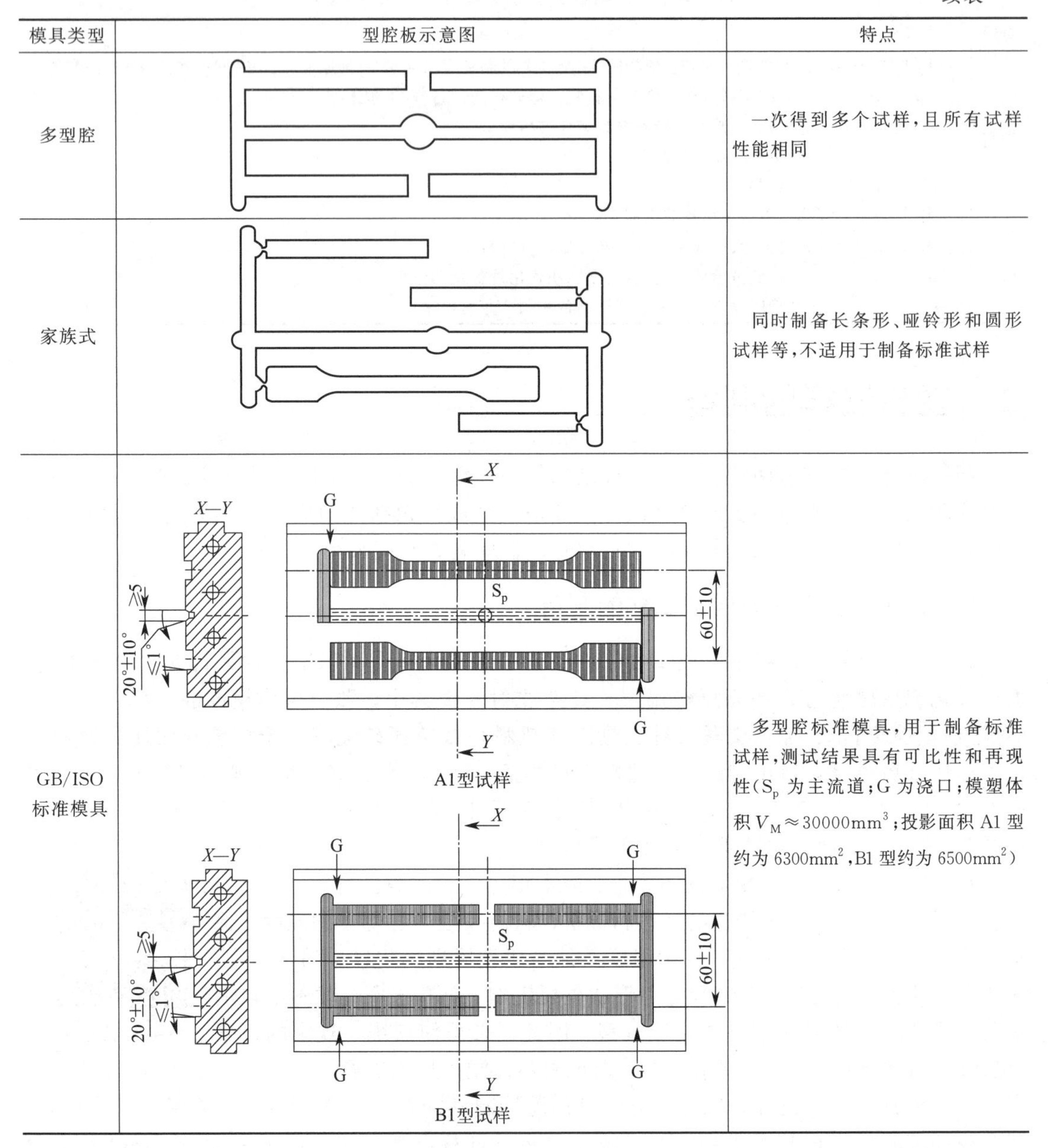

模具类型	型腔板示意图	特点
多型腔		一次得到多个试样，且所有试样性能相同
家族式		同时制备长条形、哑铃形和圆形试样等，不适用于制备标准试样
GB/ISO标准模具	A1型试样 B1型试样	多型腔标准模具，用于制备标准试样，测试结果具有可比性和再现性（S_p 为主流道；G 为浇口；模塑体积 $V_M \approx 30000mm^3$；投影面积 A1 型约为 $6300mm^2$，B1 型约为 $6500mm^2$）

（2）注塑机　为制备具有可再现性的试样使测试结果具有可比性，要使用能控制注塑条件的往复式螺杆注塑机。通常要求模塑体积与注塑机最大注射量之比在 20%～80%，控制系统应该能够使操作条件保持在下列允许的偏差内。注射时间：±0.1s；保压压力：±5%；保压时间：±5%；熔体温度：±3℃；模具温度：±3℃（≤80℃时），±5℃（>80℃时）；模具件质量：±2%。推荐使用直径为 18～40mm 的螺杆，锁模压力 F_M 按标准进行计算。

（3）制备步骤

① 粒料预处理。热塑性塑料的粒料应按材料的要求，在注塑前进行状态调节。在其温度明显低于室温时，物料应避免直接暴露在空气中，以防止湿气在物料上冷凝。吸湿性强的塑料，在试样制备前，必须经过干燥处理，使其中的水分含量限制在允许范围内，干燥过的塑料，在试样制备过程中应予以保温，防止重新吸湿。

② 注塑。根据有关材料标准的规定或约定设置注塑机的操作条件，如注射速率、保压压力；没有相关规定时，按双方约定设置。

对于很多热塑性塑料，当使用 GB/ISO 模具时，注射速率的适用范围是（200±100）mm/s，注塑时应尽可能保持注射速率稳定。当使用不同保压压力制得的试样可获得相似性能时，推荐使用低压力。确保材料在浇口区域凝固前保持恒定的保压压力。

③ 收集试样。当注射条件达到稳定后，开始收集试样。使用新材料注塑试样时，在收集前应至少弃去 10 模试样。

④ 后处理。为了避免各个试样脱模后热历史的差异，脱模后的试样可放在实验室内逐渐冷却到实验室的环境温度。对大气暴露敏感的热塑性塑料试样应保存在加入干燥剂的密闭容器中。

2. 热塑性塑料压塑成型试样的制备

压塑成型是将粉状或松散粒状的固态塑料直接加入模具中，通过加热、加压的方法使它们逐渐软化熔融，然后根据模腔形状成型，经固化成为塑件，主要用于成型热固性塑料，也可用于热塑性塑料。与注塑相比，压塑的目的是制备均匀和各向同性的试样和片材，在压塑过程中，颗粒料和粉料的熔融仅发生在表面，材料发生混合的程度很小。当由于各种原因，无法由注塑成型试样时，需要以压制方法制备试样，参照 GB/T 9352—2008。

（1）主要试验设备　模压机要求能够提供 10MPa 的合模压力，压板温度 240℃，并能提供急冷、缓冷等几种冷却方式。

模具一般分为溢料式模具（见图 2-1）和非溢料式模具（见图 2-2）。溢料式模具适合制备厚度相近或具有可比性的低内应力的试样及片料，非溢料式模具适合制备表面坚固平整、内部没有孔隙的试样。可在模板上覆一层铝箔或聚酯膜防止粘模具，但不允许使用脱模剂。

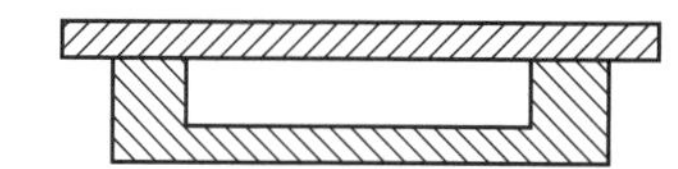

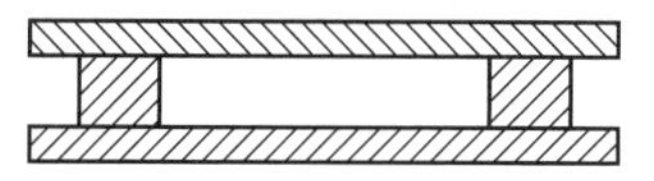

图 2-1　溢料式模具示意图

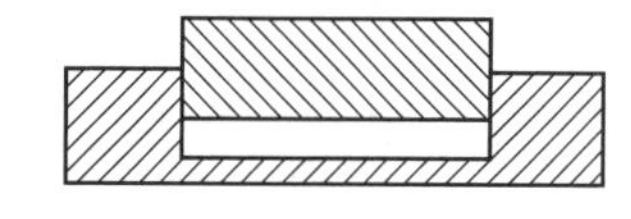

图 2-2　非溢料式模具示意图

（2）制备步骤

① 预处理。按有关标准的规定或材料提供者的说明干燥物料，若无规定，则应在（70±2)℃的烘箱内干燥（24±1)h。

② 预成型。通常塑料材料直接模塑能得到平整均匀的片料。如果塑料需要均匀塑化，可以用热熔辊或混炼的预成型方法使之均匀塑化。混炼时物料的熔融状态时间不要超过 5min。

③ 模塑。调节压板或模具的温度至规定温度±5℃，并恒温。向模具型腔加入称量过的足量物料，把模具置于模压机的压板上。闭合压板，在接触压力下对材料预热 5min，然后施加全压 2min。

④ 脱模冷却。按要求冷却后脱模，取出压制的试样。试样冷却条件见表 2-5。

表 2-5　试样冷却条件

冷却方法	平均冷却速率/(℃/min)	冷却速率/(℃/h)	备注
A	10±5		
B	15±5		
C	60±30		急冷
D		5±0.5	缓冷

⑤ 检查试片。试片冷却后检查其外观与尺寸，舍弃有缩痕、收缩孔、变色的试样。同

时，还要按有关标准的规定，确认材料没有降解或交联现象。

3. 热固性塑料压塑成型试样的制备

热固性塑料试样一般采用压塑成型方法参照 GB/T 5471—2008 产品标准进行制备，适用于以热固性塑料酚醛树脂、氨基树脂、三聚氰胺/酚醛、环氧树脂及不饱和聚酯树脂为基料的热固性粉状模塑料（PMCs）。

（1）主要设备 压塑模具用能承受模塑温度和压力的钢材制备，可以是单腔模或多腔模，模腔有足够的空间将模塑料一次性装入，其大小为模塑试样体积的 2～10 倍。模具表面不能存在任何损伤或污染，且镀铬可以防止粘连。模温稳定且分布均匀，瞬时模温或空间模温变化不超过 3℃。

压机在整个模塑期间，能对模塑料施加并保持规定的压力，其最好拥有两种闭模速度：为了避免模塑料在闭模前开始固化，采用快速闭模（200～400mm/s）；为了防止空气及挥发分气体包入材料中，后期采用慢速闭模（5mm/s）。

（2）制备步骤

① 预处理。物料按要求储存、干燥，部分需要密封储存，以防其挥发物变化或吸潮。

② 预压。当模塑料体积大大超过模具装料室的容积时，允许将模塑料预压成锭片。

③ 模塑。待温度恒定至±3℃以内时，将称量后的物料加入模腔内，立即合模。当压力达到规定的模塑压力值时，启动秒表开始计时（模塑温度和压力以及交联时间等模塑条件参考各材料标准）。

④ 取样检查。固化结束时，打开压机取出试样，检查是否完全固化，充模是否完整，外观是否合格，包括有无空隙、颜色有无变化，是否有飞边或翘曲等。对不符合质量要求的试样要重新制备。

4. 机加工制备试样

在测定塑料板、片、膜、棒等制品的性能时，要从产品上截取样品块，并采用冲压工具、锯削机等工具机械加工制备测试试样；对压塑成型的热塑性、热固性的片材需要用机械加工的方法制成测试试样。机械加工的方法要根据材料选取，具体可参照 GB/T 39812—2021 制备获得矩形样条、带缺口样条、矩形板、盘或哑铃形试样，在此不作详细介绍。

对于塑料而言，性能测试项目多，需要多种类型试样。为了消除制备条件差异对测试结果的影响，可参照 GB/T 11997—2008，按上述注塑或模塑方法制备 A 型或 B 型多用途试样，基本形状和尺寸如图 2-3 和表 2-6 所示，标准推荐的多用途试样是 A 型样。多用途试样本身是拉伸试样，但直接或经过简单的机械加工即可用于多种力学性能及热性能的测试，如弯曲弹性模量、断裂/屈服弯曲应力、悬臂梁冲击强度、球压痕硬度、环境应力开裂、热变形温度、维卡软化点、燃烧性能测试等。

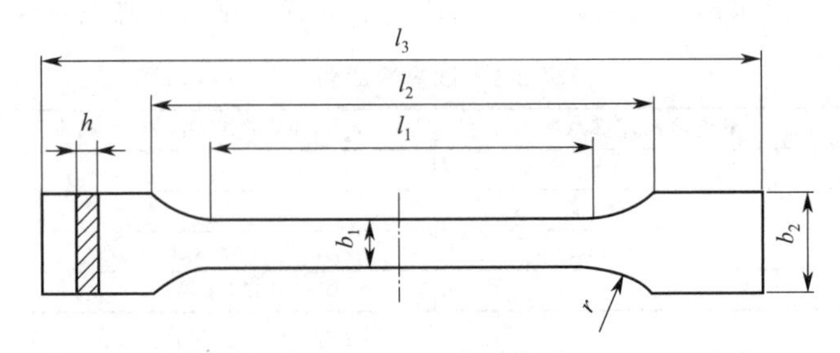

图 2-3 A 型和 B 型多用途试样

表 2-6 A 型和 B 型多用途试样尺寸 单位：mm

项目		A 型样	B 型样
l_3	总长度	≥150	≥150
l_2	宽部平行部分之间的距离	104～113	106～120
l_1	窄部平行部分长度	80±2	60.0±0.5
r	圆弧半径	20～25	≥60
b_1	窄部平行部分宽度	10.0±0.2	
b_2	端部宽度	20.0±0.2	
h	厚度	4.0±0.2	

三、橡胶硫化试样的制备

橡胶性能测试需要从硫化后的橡胶试片或制品上裁取试样，硫化橡胶的制备程序和橡胶试样的制备参考 GB/T 6038—2006 和 GB/T 2941—2006。

橡胶试样制备操作

1. 硫化橡胶制备程序

硫化橡胶试样制备的加工工艺方法和工艺条件对橡胶性能的影响较大。橡胶硫化试样的制备主要包括配料、混炼、硫化等工序。

（1）配料　根据一次加工所制得的胶料总量，计算出生胶和各种配合剂的实际用量，采用合适的衡器称量，控制称量误差。一般实验室开放式炼胶机标准批混炼量应为基本配方量的 4 倍。配料在标准温度和湿度下进行，当日配完的实验胶料当日用完。若确实需要过夜，应存放于干燥器内。

（2）混炼　混炼是在机械的作用下，将各种配合剂均匀分散在橡胶中的工艺过程。采用的设备主要为实验室用开炼机和小型密炼机。按照规定的加料顺序和时间进行胶料混炼，开始实验前将炼胶设备调整到规定的工艺条件（如温度、辊距、转速等）。为了使试验结果具有重现性和可比性，同一批混炼的不同配方胶料要严格控制工艺条件和操作过程，混炼时的辊距、辊温、加料顺序和加料方式、切割翻炼次数、混炼时间等都要相同。

开炼机混炼的辊距大小根据炼胶量确定，或调节挡胶板距离，以保持适宜的堆积胶。辊筒的温度要根据胶料种类进行设置，如天然橡胶混炼时，前辊温度为 55～60℃，后辊温度为 50～55℃；氯丁橡胶混炼时，前辊温度为 35～45℃，后辊温度为 40～50℃。辊筒温度会随着胶料的剪切摩擦生热而不断变化，通过调节冷却水的流量控制辊筒温度。混炼时加料顺序应遵循以下原则：用量少、作用大的配合剂先加；难分散的配合剂如氧化锌和固体软化剂（如石蜡、松香、树脂）先加；临界温度低、化学活性大、对温度敏感的配合剂则后加；注意硫化剂和促进剂要分开加。通常，天然橡胶开炼机混炼的加料顺序如图 2-4 所示。

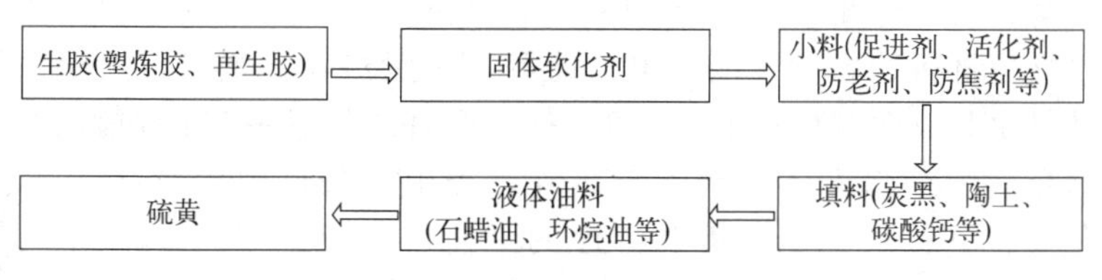

图 2-4 天然橡胶混炼的加料顺序

混炼过程应注意：①胶料需包在前辊上，配合剂沿着整个辊筒长度加入；②连续做 3/4

割刀（切割包辊胶宽度的3/4，同时割刀保持在这一位置，直到积胶全部通过辊筒间隙），并交替方向进行，两次连续割刀之间允许间隔20s。

混炼后，胶料质量与所有原材料总质量之差不应超过+0.5%或不应低于−1.5%。混炼完成后放置在平整、干净、干燥的金属表面上冷却至室温，用铝箔或塑料薄膜包好，以防污染，并贴标签注明胶料配方编号、混炼日期。

(3) 硫化 硫化是在一定的温度和压力下，使橡胶大分子由线型结构转变为网状结构的过程。硫化使橡胶在加工过程中失去的弹性重新恢复，力学性能大大提高。

混炼后的胶料要在标准温度［(23±2)℃/(27±2)℃］、湿度（35%±5%）下调节2～24h，才可进行硫化操作。采用平板硫化机硫化哑铃状标准硫化胶片操作过程为：

① 先根据模具尺寸，将胶料裁切成胶坯，并标明压延方向；

② 硫化机升温至设定温度，注意模具也要放在硫化机闭合平板之间至少20min；

③ 开启平板并在尽可能短的时间内将准备好的胶坯装入模具并闭合；

④ 达到硫化时间后，打开平板立即取出胶片后冷却，并保存在标准温度下。硫化与试验之间的时间间隔应在16～96h。

2. 橡胶试样的制备

橡胶试样的制备需从模压胶片上用裁刀进行裁切，有以下几点需要注意。

① 试样厚度。一般模压胶片的试样首选下列厚度：(1±0.1)mm、(2±0.2)mm、(4±0.2)mm、(6.3±0.3)mm、(12.5±0.5)mm。当试验材料，尤其是成品厚度不符合规定的厚度时，应在裁切试样前采用去除与橡胶相黏合的纺织物、裁切、打磨方法调整厚度。

② 根据试验样品的厚度和硬度选择不同结构和型号的裁刀。

③ 片状试样受力方向应与压延方向一致。

④ 试样的工作部分不应有任何缺陷和机械损伤，在停放过程中不应受机械应力、热的作用及阳光直接照射，不与溶剂及腐蚀性介质接触。

⑤ 同一批试样要用同一方法、同一设备制备，试样规格要一样，使用同一裁刀裁切样品，其实验结果才有可比性。

四、试样调节的必要性

环境温度会影响高分子材料内部的分子形态和分子链的热运动。温度上升时，分子链的热运动容易消除试样在注塑、压塑、机械加工等制备过程中产生的应力，可能减弱分子链的取向程度，使分子间作用力减小，从而使材料的拉伸强度、弯曲强度、硬度等力学性能测试结果偏低。图2-5是测试温度对聚氯乙烯（PVC）力学性能的影响。

制备完的试样在存放过程中，环境中的水分子会从试样表面向内部扩散，直到两者的水分达到一定的平衡。当环境湿度大时，某些材料还将吸收水分，而水分子在其内部会起到增塑的作用，从而影响材料的力学性能和电性能等。一般热固性塑料比热塑性塑料对湿度敏感，极性分子材料比非极性材料敏感，图2-6是湿度对部分塑料力学性能的影响。

因此，试验前为了消除试样在制备与存放过程中各条件因素对试样性能的影响，使样品或试样达到温度和湿度的平衡状态所进行的一种或多种操作，称为状态调节。试验时采用标准的测试环境，避免温度和湿度对测试结果的干扰。表2-7是聚氯乙烯试样经状态调节前后拉伸强度测试结果的比较。

试样的状态调节

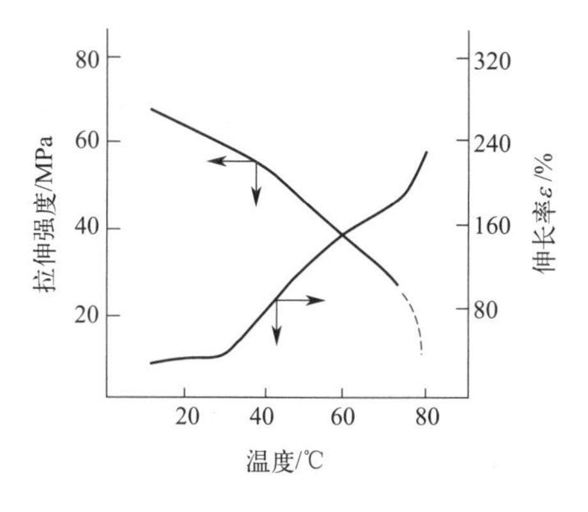

图 2-5 测试温度对 PVC 力学性能的影响

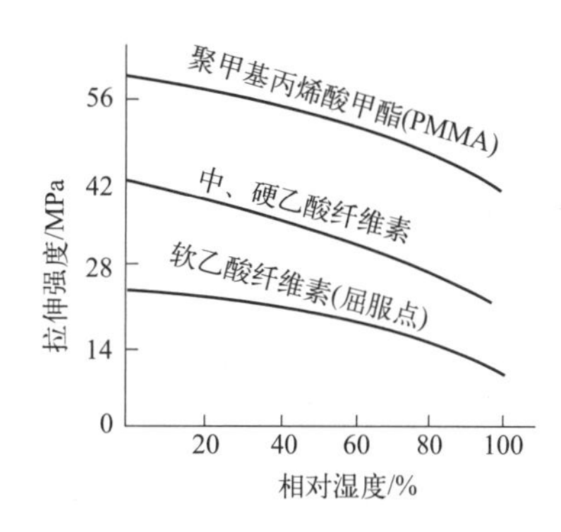

图 2-6 湿度对部分塑料力学性能的影响

表 2-7 状态调节对聚氯乙烯试样拉伸强度测试的影响

项目	纵向拉伸强度/MPa	横向拉伸强度/MPa
未调节	58.9	54.1
调节后	60.2	56.8

五、塑料状态调节和试验标准环境

一般塑料状态调节和试验标准环境参照 GB/T 2918—2018《塑料 试样状态调节和试验的标准环境》，需要特殊状态调节条件的参照相关材料标准进行。表 2-8 列出了国家标准要求的塑料试样状态调节的条件，其中标准环境符号 23/50 表示温度为 23℃，相对湿度 50%；27/65 表示温度为 27℃，相对湿度 65%。

表 2-8 国家标准要求的塑料试样状态调节的条件

标准环境符号	标准环境等级	温度/℃	相对湿度/%	备注
23/50	1	23±1	50±5	非热带地区
	2	23±2	50±10	
27/65	1	27±1	65±5	热带地区
	2	27±2	65±10	

当所测的性能不需要控制温度和湿度时，一般采用室温，即空气温度范围为 18～28℃。状态调节时间参照相关材料标准或以下周期：

① 对于标准环境 23/50 和 27/65，不少于 8h；

② 对于 18～28℃的室温，不少于 4h。

状态调节通常在空调实验室中进行，也可以使用恒温恒湿箱或其他简易的恒温恒湿装置，注意温湿度波动不得超过规定的范围。对于特殊的试验和已知能够很快或很慢达到温度和湿度平衡的塑料或试样，可以按照相应的材料标准规定一个较短或较长的状态调节时间，具体参考 GB/T 2918—2018 的附录 A。

状态调节后的试样应在与状态调节相同的环境或温度下进行试验。在任何情况下，试验都应在将试样从状态调节环境内取出后立即进行，标准测试环境基本上都是空调实验室。

六、橡胶状态调节和试验标准环境

橡胶的状态调节和试验标准环境参照 GB/T 2941—2006《橡胶物理试验方法试样制备

和调节通用程序》。

硫化完的胶片尚有一个剩余硫化过程，由于橡胶的热导率大，需要一定时间，使内外温度达到平衡；对橡胶胶片进行机械加工成橡胶试样后，也需要一个充分的停放时间，以消除制备过程中的应力。

如果没有特殊的规定，试验与硫化之间的时间间隔应符合以下要求：所有试验，试样形成与试验之间的时间间隔最短是16h；对非成品试验，该时间间隔最长为四个星期，比较试验应在相同的时间间隔内进行；对成品试验，通常时间间隔不得超过三个月。

在试验之前，试样要在标准环境下调节，当温度和湿度已规定时，试样在标准温度和湿度下停放不少于16h；当采用标准温度且无需控制湿度时，调节时间不少于3h；当采用非标准温度且无需控制湿度时，应经过足够长的调节时间，以使试样与环境温度相平衡，或者根据试验材料和产品的规定处理。

在大多数橡胶试验中，一般只控制温度。当温度和湿度都要控制时，从表2-9橡胶的标准实验室条件中选择。需要高温或低温试验的具体要求参见GB/T 2941—2006。

表2-9 橡胶的标准实验室条件

要求级别	温度/℃	相对湿度/%	备注
严格要求	23±1	50±5	温带地区
一般要求	23±2	50±10	
严格要求	27±1	65±5	热带和亚热带地区
一般要求	27±2	65±10	

任务考核

一、判断题

1. 对比不同材料的性能，测试试样的制备需采用相同加工工艺和加工条件。 （ ）
2. 制备塑料试样时，吸湿性高的原材料需要经过干燥处理，否则试样内会存在内应力。 （ ）
3. 热固性塑料的试样制备可采用注塑成型、压塑成型或机械加工方法。 （ ）
4. 多型腔注塑模具能同时制备长条形、哑铃形和圆形试样等。 （ ）
5. 注塑制样时，注塑机的模塑体积与注塑机最大注射量之比应在20%～80%。 （ ）
6. 悬臂梁冲击强度、球压痕硬度、热变形温度、维卡软化点等测试试样可对多用途A型或B型试样进行机械加工制得。 （ ）
7. 橡胶试样在试验前需要一个充分的停放时间，以消除制备过程中的应力。 （ ）

二、不定项选择题

1. 国家标准规定，在亚热带地区塑料标准状态调节条件为（ ）。

A. 温度23℃、相对湿度50%　B. 温度25℃、相对湿度50%
C. 温度23℃、相对湿度70%　D. 温度27℃、相对湿度50%

2. 国家标准要求，塑料试样在标准环境23/50和27/65下的状态调节时间为（ ）。

A. 不少于6h　B. 不少于7h　C. 不少于8h　D. 不少于5h

3. 对于硫化得到的橡胶，橡胶试样形成到试验之间的时间间隔（ ）。

A. 不少于16h　B. 不超过3个月　C. 不超过2个月　D. 不少于96h

4. 选用注塑法制备热塑性塑料试样时，会影响试样性能的因素有（ ）。

A. 模具结构　B. 硫化温度　C. 注塑压力　D. 注塑机类型

5. 当要注塑得到标准试样时，需选择的模具是（　　）。

A. 单型腔　　B. 多型腔　　C. 家族式　　D. GB/ISO 模具

三、简答题

1. 简述热固性塑料试样制备的方法和制备过程。
2. 参考 GB/T 6038—2006 和 GB/T 2941—2006，简述橡胶硫化试样的制备过程。

素质拓展阅读

基于问题导向思维，分析测定结果异常的原因

逐一从冲击强度测试结果影响因素中的人、机、料、法、环 5 个方面进行排查分析，具体如下。

A（人）：人员操作（测试条件设置、样品倾斜或未居中放置等测试手法问题）；

B（机）：机台原因（设备差异、摆锤能量、冲击速度、摆锤角度、悬臂梁冲击对中、摩擦损失等情况）；

C（料）：测试样品波动情况；

D（法）：采用的测试方法是否准确一致；

E（环）：测试环境是否在标准环境内。

具体分析过程如下。

（1）现场测试，数据比对分析　对异常结果实验室的设备及测试方法进行了现场分析，了解到其测试设备与正常结果实验室设备虽然结构上有一定的差异，但是机理一致，同时，设备冲击速度、摆锤角度、悬臂梁冲击对中装置、摩擦损失等均无大的差异，但两者选择的摆锤能量不一样，正常结果实验室采用的是 2.75J 的摆锤，异常结果实验室采用的是 5.5J 的摆锤，根据本次实验室比对依据 GB/T 1843—2008 要求，选择摆锤能量范围在 2.7～21.7J，冲断试样吸收的能量应在摆锤标称能量 10%～80%范围内。对于此款塑料而言，两者选择的摆锤均符合要求。

为了确认两种摆锤测试结果是否存在差异性，选用质量控制样品 ABS 及 PS 进行比对测试，结果见表 2-10，使用 2.75J 摆锤与 5.5J 摆锤测试的结果差异不大，所以确认两方选择的摆锤差异可忽略。在现场测试时，参数设置、样品摆放对中，双方使用的测试方法一致，可排除 A、B 及 D。

表 2-10　摆锤能量为 2.75J 与 5.5J 对不同材料测试结果的比对

样品名称	摆锤能量/J	冲击强度/(kJ/m²)					平均值/(kJ/m²)
ABS	2.75	18	18	18	18	18	18
	5.5	18	17	18	17	18	18
PS	2.75	13	12	12	12	13	12
	5.5	13	13	13	13	13	13

（2）测试样品确认　异常结果实验室测试样品为本次实验室比对统一发放的样品，为同等条件下注塑的标准样条，其长度为（80±2)mm，缺口剩余宽度为（8.0±0.2)mm，厚度为（4.0±0.2)mm。样品制备方式为注塑缺口，缺口类型为 A 型单缺口，可排除 C。

（3）现场环境确认　在测试前被测试样必须按照 GB/T 2918—2018 的规定在标准状态下进行状态调节，并且在试验过程中，实验室的温度和湿度也要达到规定的数值。经了解，异常结果实验室在测试前未根据要求在（23±2)℃、相对湿度（RH）（50±10)%的环境下

对样条进行48h调节，且在调查过程中实验室环境温度不满足标准规定的标准状态。因此，可确认环境的影响是导致本次冲击强度测试结果异常的主要原因。

综上所述，为了确保测试结果的准确性和可靠性，实验室应严格遵守标准规定的环境条件，确保样品在标准状态下进行测试。今后出现类似测试问题时，学会运用问题导向思维，从人、机、料、法、环五个方面逐一排查和验证，最终找到结果异常的主要原因。

资料来源：国高材分析测试中心公众号

任务二 高分子材料分析样品的预处理

高分子材料分析样品的预处理

在使用仪器对高分子材料样品进行分析测试时，如组成成分的定性鉴定和定量测定、材料的微观结构剖析等，往往需要对样品进行适当的物理或化学的处理，这一过程称作样品预处理。在高分子材料实际分析过程中，样品预处理是一个非常重要的环节，它在很大程度上决定了分析结果的准确性。

一、样品预处理的目的

样品预处理的主要目的可以归纳为以下5个方面。

（1）适应分析仪器的进样方式　目前分析仪器的进样方式大多数为溶液进样，固体样品就需要通过分解或溶剂提取等技术将目标组分转移至溶液中，而气体样品需要用适当的溶液吸收。气体直接进样只适合气相色谱法等少数分析方法，而固体直接进样也只适合红外光谱或具有特殊进样口的质谱等少数分析方法。

（2）消除样品基体物质的干扰　构成样品的主体成分往往会对目标组分的测定产生干扰，尤其是目标组分含量很低时更加明显。将目标组分从样品基体中提取出来或将基体物质消解是最常用的消除基体干扰的两个策略。

（3）消除共存组分的干扰　经提取和消解后得到的样品溶液通常情况下会含有多种共存组分以及残留基体物质或其降解产物。消除共存组分干扰是样品净化的主要任务之一。涉及的分离技术也较多，溶剂萃取和固相萃取就是目前使用最多的样品净化技术。

（4）适应测定方法的灵敏度　任何一个分析方法的检测下限和工作曲线的线性可测范围都是有限的，当样品溶液中目标组分含量高的场合仅需适当稀释；而对于痕量组分分析则可能需要进行适当的浓缩或富集。很多分离技术是在净化的同时实现目标组分的富集。

（5）解决样品分布不均的问题　目标组分在固体样品中往往会存在分布不均匀的现象，除了在制样环节采用大体积采样和多点采样并逐级浓缩组分外，通过制备样品溶液也能使目标组分均匀分布于溶液中。

二、典型的预处理技术

超声萃取操作

在仪器分析中的预处理方法有干法灰化法、湿式消解法、微波消解法、蒸馏法、溶剂溶解法和沉淀分离法等经典分析方法，还有现代的超声辅助提取法、超高压提取法、反胶束萃取法、超临界萃取法、柱层分析法等。目前常用的高分子材料样品预处理技术分别有超声萃取法、索氏抽提法、溶剂溶解法、微波消解法以及氧弹燃烧法等，具体应用见表 2-11。

表 2-11 高分子材料常用样品预处理技术及应用案例

预处理技术	应用实例	相关标准	测定仪器
超声萃取法	橡胶中有机助剂定量分析	EPA 3550C:2007	气相色谱-质谱联用仪(GC-MS)
	PVC 中邻苯二甲酸酯类含量的测定	GB/T 39560.8—2021 IEC 62321-8:2017	
	硫化橡胶中多环芳烃含量的测定	GB/T 29614—2021	
索氏抽提法	聚合物化学成分分析	EPA 3540C:1996	气相色谱-质谱联用仪(GC-MS)
	橡胶制品中邻苯二甲酸酯类含量的测定	GB/T 29608—2013	
	聚合物及电子电器产品中多溴联苯和多溴联苯醚的测定	GB/T 39560.6—2020 IEC 62321—6:2015	
	橡胶抽出物的测定	GB/T 3516—2006	—
溶剂溶解法	聚酰胺黏数测定	GB/T 12006.1—2009	数字式自动黏度仪
	有机硅树脂分子量测定	GB/T 21863—2008	凝胶渗透色谱仪(GPC)
微波消解法	橡胶中无机填料定量分析	US EPA 3052:1996	电感耦合等离子体发射光谱仪(ICP-OES)
	聚合物及电子电器产品中铅、镉、汞、铬含量的测定	IEC 62321—4:2017 IEC 62321—5:2013	
氧弹燃烧法	橡胶中卤素及全硫含量测定	GB/T 34692—2017 EN14582:2016(E)	离子色谱仪(IC)

1. 分析有机成分的样品预处理方法

溶剂溶解法是分析高分子材料中有机成分的典型预处理方法，根据“相似相溶”原则，选择对目标分析成分溶解度大而对其他成分溶解度小的溶剂，从而将目标成分提取出来。选择适当的溶剂是提高提取效率的关键，要求所用溶剂不能与待测成分起化学反应，且经济、易得、使用安全、易于浓缩和回收。如测定聚酰胺（PA）6、PA46、PA66、PA69、PA610及其相应的共聚酰胺的黏数时，可使用甲酸溶液或硫酸作溶剂，对于含有添加剂的聚酰胺，若在酸性溶剂中释放气体，则使用间甲酚作溶剂。

索氏抽提法是典型的溶剂提取方式之一，是一种连续的回流提取法，利用溶剂回流和虹吸原理，使固体样品连续不断地被烧瓶内所蒸发出来的纯有机溶剂提取，样品中的可溶性物质被富集到烧瓶内。该方法提取效率高且节省溶剂，适用于热稳定性好、脂溶性较强的成分。

具体方法是：将样品移入滤纸筒内，再置于萃取室中，安装好仪器。当水浴/油浴温度达到易挥发性溶剂沸点后，溶剂蒸气通过导管上升，在冷凝管中被冷凝为液体滴入提取器内。当液面超过虹吸管最高处时，发生虹吸现象，溶液又回流至烧瓶中。溶剂反复萃取、虹吸回流，使样品中的可溶成分富集到烧瓶内。

超声萃取法是利用超声波辅助溶剂提取：向样品中加入合适的溶剂，施加一定剂量的超声波，利用超声波的机械效应、空化效应和热效应，辅助有效成分的释放与溶出，有效提取样品中的待测成分。超声辅助提取法具有操作简便安全、提取效率高、速度快、节省溶剂、可批量处理样品等优点。

2. 分析无机成分的样品预处理方法

高分子材料中的无机成分主要是无机填料和金属元素的分析，常用的预处理方法是微波消解法和氧弹燃烧法，其中氧弹燃烧法属于干法灰化法的一种。

微波消解法是将试样与适当溶剂（主要是无机酸）放入耐高压密封罐中，置于微波消解仪内，在一定温度、微波功率和压力下消解一定时间，使固体样品溶解成澄清透明的溶液。微波消解具有消解速度快、效率高、溶剂用量少、污染少、操作简便安全、避免易挥发元素的损失、可精确控制温度等优点，但不适用于热稳定性差的物质。

氧弹燃烧法是取一定量样品置于密闭的含有高压氧气的氧弹系统内燃烧，从而使待测物质转化成氧化物或气态化合物后被吸收液吸收，然后采用适当的方法对吸收液进行分析。该方法快速简单，待测元素没有损失，环保性、准确性和重现性好，适用于聚合物中微量卤素、硫、磷等易氧化元素的分析。

三、微波消解法在高分子材料样品预处理中的应用

利用微波消解法处理高分子材料样品常用于分析材料中金属元素含量，可参考 US EPA 3052：1996《硅酸盐和有机物基质微波辅助酸消解法》。

微波消解操作

1. 原理

微波消解主要利用微波的穿透性和激活反应能力加热密闭容器内的试剂和样品，容器内产生的高压力提高了溶样酸的沸点，可允许在更高的温度时溶样，从而使样品中的有机物分解，得到澄清的样品溶液，在此基础上对样品中的目标组分进行精密仪器的定量分析。微波消解能应用于一般湿法消解不能消解的样品，而且在密闭体系进行微波消解还可防止挥发性元素的损失，进行一些常规湿法消解不能进行的项目。

图 2-7　微波消解仪

2. 主要设备

样品预处理的主要设备是微波消解仪（见图 2-7），适用于橡胶、塑料、芳纶等高分子材料的消解。

3. 预处理试样

① 橡胶、塑料等固体样品，用剪刀剪成直径＜1mm 的碎片。

② 含溶剂的液体样品，需提前在电热板上将样品中的溶剂蒸干，再取样进行消解。

4. 微波消解条件

（1）加入酸的种类和体积　各类材料加入酸的种类和体积可参考表 2-12，不同的微波消解仪对同一样品的消解程度可能有差异，可根据实际情况进行调整。

表 2-12　不同材料微波消解加入酸的种类和体积

样品基材	预消解	浓盐酸/mL	浓硫酸/mL	浓硝酸/mL	双氧水/mL
橡胶	—	—	2	7	1
芳纶	—	—	2	7	1
聚酰亚胺薄膜	—	—	2	7	1
PVC	—	6	—	6	1
ABS	电热板 100℃加热 30min	—	2	7	1
含溶剂样品	电热板 180℃加热，将溶剂蒸发至干	—	2	7	1

（2）消解程序设定 以芳纶样品为例，如果是8个消解罐同时消解，温度程序设置如表2-13所示。

表 2-13 微波消解仪常用消解程序

步数	温度/℃	时间/min	功率/W
1	150	10	1000
2	180	5	1000
3	210	30	1000

消解程序设定需要注意以下几个问题：

① 功率设置按照 $n+2$ 原则（n=消解罐个数）。

② 针对难以消解的样品，可将210℃的时间适当延长，比如40min，功率可设置成 $n+3$，以4个罐为例，程序设置如下：150℃（10min，600W）—180℃（5min，600W）—210℃（40min，700W）。

5. 微波消解步骤

① 检查仪器是否运行正常，检查转子是否干净，容器是否已经清洗。

② 准确称取约0.1g样品置于消解罐中。

③ 加入2mL浓硫酸，再加入7mL硝酸，最后缓慢滴加1mL双氧水（此反应比较剧烈，双氧水建议先加0.5mL，待反应黄烟消失后，再加0.5mL）。

④ 待其完全反应后，组装消解罐，并用扭矩扳手拧紧（扭矩扳手设置为4N）。

⑤ 打开电源，设置消解程序，按照程序进行消解。

消解程序：150℃（10min）—180℃（5min）—210℃（30min）—冷却；功率：$n+2$ 原则（n 代表消解罐个数）。

⑥ 消解结束后，冷却至室温，泄压，并用蒸馏水冲洗消解罐内壁。根据分析方法的不同，将溶液转移至不同体积的容量瓶定容后进行分析。

技术提示

（1）取样品称重量最高的消解罐作为主控罐，且空白样品罐应放置于同一批次消解罐位置中的最大位，所有消解罐应尽量对称放置。

（2）待设备显示温度降至60℃以下才能进行泄压操作，泄压时蒸气压较大，需在通风橱进行，避免蒸气溅入眼睛。

（3）由于该设备工作时，温度最高可达到210℃，最高压力达3MPa，且溶样常接触腐蚀性强酸，潜在危险性较多，因此在进行样品预处理和设备操作之前，所有人员必须进行相关操作培训，操作人员必须具备化学专业背景，熟悉各种化学试剂的性质。

（4）对于某些含有强氧化剂，或者无机填料含量较高的样品，在消解罐中高温高压条件下反应剧烈，建议在正式消解之前先在电热板上进行预消解，以降低反应强度，减少爆罐的风险。

6. 主要影响因素

影响微波消解效率的因素有样品取样量、溶剂及其用量、消解温度、消解压力、消解时间等条件。

（1）样品取样量　样品剪碎之后，取样量一般不超过 0.1g，取样量太大一方面容易导致样品消解不完全，造成测定结果偏低；另一方面，导致反应太剧烈，消解罐内压力太高，容易引起爆罐。

（2）酸的种类和体积　建议总试剂量至少 8mL（不超过 15mL，一般 10mL 为宜），同时确保每一消解罐内溶剂体积和溶剂（酸）类型保持一致。注意尽量将粘在管壁的样品淋洗至罐底。

（3）消解程序的设置　可根据样品消解的难易程度去设置消解程序，但是最高温度设置一般不超过 220℃。对于难消解的样品，可适当延长最高温度的消解时间及功率，实现样品的完全消解，达到准确定量的目的。

任务延伸

简述操作安全和设备维护关键点。

（1）每次使用过后，应用湿毛巾将炉腔内壁擦拭一遍，然后待其干燥后使用。

（2）主机如长时间不使用，不宜放在通风柜里，以免受到腐蚀而损坏，并应定期通电保养。

（3）若外罐内壁出现裂缝请勿使用；爆裂块长时间使用之后容易老化导致漏气引发爆罐，一旦发现爆裂块导向头变形，需要立即更换。

（4）自来水吸收微波较强，可用来作为设备运行检查的样品，但超纯水基本上不吸收微波，加热时温度会上升至比实际温度高很多，容易发生爆罐，不建议直接消解超纯水。

任务考核

一、判断题

1. 索氏抽提法利用了相似相溶原理和虹吸原理。（　　）

2. 超声萃取法利用了超声波的机械效应、空化效应和热效应，辅助有效成分的释放与溶出。（　　）

3. 微波消解法常用于分析有机成分时的样品预处理。（　　）

4. 微波消解法中存在高温和强腐蚀性酸的风险，因此操作前要经过培训。（　　）

二、单项选择题

1. 以下对于样品预处理目的描述不正确的是（　　）。

A. 消除其他组分的干扰　　B. 提高待分析组分的浓度

C. 消除样品加工工艺的影响　　D. 符合分析仪器的进样方式

2. 利用 GC-MS 分析测定塑料产品中增塑剂时，较优的样品预处理方式为（　　）。

A. 灰化法　　B. 蒸馏法　　C. 沉淀分离法　　D. 索氏抽提法

3. 以下分析预处理方法适用于聚合物中微量卤素、硫等元素分析样品处理的是（　　）。

A. 蒸馏法　　B. 氧弹燃烧法　　C. 微波消解法　　D. 索氏抽提法

4. 对于微波消解法描述不正确的是（　　）。

A. 用于聚合物中微量卤素元素分析样品的预处理

B. 避免了易挥发元素的损失

C. 利用微波的穿透性和激活反应能力对样品加热

D. 高压力提高了溶样酸的沸点

三、简答题

1. 什么是样品的预处理？
2. 微波消解试样主要优点有哪些？
3. 怎样避免样品预处理过程中被沾污？

素质拓展阅读

样品预处理技术的发展

提高样品预处理效率的关键在于工艺和设备的改进。近年来，国内分析仪器行业逐渐认识到样品预处理的重要性和发展前景，并基于新原理或传统技术的改进，开发了许多样品预处理新技术和仪器。如微波萃取、超临界流体萃取、固相萃取等技术得到广泛应用，样品预处理仪器如微波消解仪、超临界萃取仪等得到应用。然而，总体而言，我国样品预处理技术和仪器仍有很大的发展空间。

目前，样品预处理领域的两个主要研究方向是高通量和自动化。由于分析测试工作日益繁重，实验人员往往有大量的样品需要快速处理，人工操作远远不能满足这一需求。高通量自动化仪器和软件的诞生为实验人员解决了这个问题。用户可以通过软件操作仪器设备，针对不同的样品配置不同的预处理方法。一方面可以减少实验人员的工作量，避免试剂耗材的浪费，降低实验成本；另一方面，也可以减少不同批次样品预处理带来的误差，保证实验结果的可靠性。毫无疑问，高通量和自动化仍然是未来样品预处理领域的主要发展方向。

因此，在今后的学习和工作中，应始终保持好奇心和学习的态度，秉持终身学习理念，积极跟进新技术的发展，持续更新自己的知识和技能，以适应分析检验智能化、数字化的发展。

任务三 数据处理与报告编写

试验数据是用有限的试样进行有限次试验得到的，而且无论测量仪器多么精密，观测多么仔细，多次的测量结果不可能完全一致，即误差自始至终存在于一切科学实验中。因此，为了保证测试结果的准确性，需对测试原始数据进行误差分析。

测试数据分析与处理

一、误差分析

1. 误差的概念

误差是指分析结果与真实值之间的差值，用于衡量测定结果的准确性。误差一般用绝对误差和相对误差表示。

（1）绝对误差　绝对误差 E 是某量的给出值与它的真实值之差，即：

$$E=\bar{x}-T$$

$$\bar{x}=\frac{x_1+x_2+x_3+\cdots+x_n}{n}=\frac{\sum x_i}{n}$$

式中，$\bar{x}$ 通常是指测量结果的算术平均值；T 为真实值，是指研究某量时在所处条件下完善地确定的量值，它是一个理想的概念，一般不可能准确知道。工厂、学校和科研机构，通常从高一级的计量机构获得向下传递的量值，把传递得到的量值替代真值，称为约定真值。约定真值是非常接近真实值的，其误差可以忽略不计。

（2）相对误差　相对误差 RE 是绝对误差 E 与真实值 T 的比值，反映误差在测定结果中的比例，即：

$$RE=\frac{E}{T}\times 100\%$$

相对于绝对误差而言，相对误差，更能反映检测结果的准确性。当两个样品的绝对误差相同时，由于样品含量大小不一样，其相对误差可差若干倍。分析结果的准确度常用相对误差表示，RE 越大，则测定值偏离真实值越远，检测的准确度就越差。

2. 误差类别与原因分析

根据误差产生的原因和性质，将误差分为系统误差、随机误差和过失误差三类。

（1）系统误差　系统误差是由检验操作过程中某种固定原因造成的、按照某一确定的规律发生的误差。其特点是大小相对固定，具有重现性，且相对真实值来说具有单一方向性。一般可以找出原因，设法消除或减少。根据其产生的原因，系统误差主要分为方法误差、仪器误差、操作误差和试剂误差。

① 方法误差是由于分析方法本身所造成的，如在重量分析中，沉淀的溶解损失或吸附某些杂质而产生的误差；在滴定分析中，反应进行不完全、干扰离子的影响、滴定终点和化学计量点的不符合以及其他副反应的发生等产生的误差。

② 仪器误差主要是仪器本身不够准确或未经校准所引起的。如天平、砝码和量器刻度不够准确等，在使用过程中就会使测定结果产生误差。

③ 操作误差主要是指在正常操作情况下，由于分析工作者掌握操作规程与正确控制条件稍有差别而引起的。例如，使用了缺乏代表性的试样、试样分解不完全或反应的某些条件控制不当等。

④ 试剂误差是由于试剂不纯或蒸馏水中含有微量杂质所引起的。

（2）随机误差　随机误差也称偶然误差，是由于某些无法控制和预测的因素随机变化而引起的误差。其特点是大小正负不固定，无法控制和测定。

随机误差产生的原因主要有：观察者感官灵敏度的限制或技巧不够熟练，实验条件的变化（如实验时温度、压力都不是绝对不变的）等。

随机误差是实验中无意引入的，单次测量没有规律，但在相同实验条件下进行多次测量，它会呈现正态分布。绝对值相同的正、负误差出现的可能性是相等的，所以在无系统误差存在时，取多次测量的算术平均值，就可消除误差，使结果更接近于真实值，且测量的次数愈多，也就愈接近真实值。因此实际测试时的结果常取多次测量的算术平均值。

（3）过失误差　过失误差又称粗大误差，是指由于在操作中犯了某种不应犯的错误而引起的误差，如加错试剂、看错标度、记错读数、溅出分析操作液等错误操作。这类错误是非客观误差，认真注意是可以避免的。在数据分析过程中对出现的个别离群的数据，若查明是由于错误引起的，应弃去此测定数据。分析人员应加强工作的责任心，严格遵守操作规程，做好原始记录，反复核对，就能避免这类错误的发生。

3. 准确度与精密度

在实际分析测定中，分析者总是要平行测定几次，得到测试结果的平均值。为了定性地描述测试结果与真值的接近程度和各个测量值分布的密集程度，引入了准确度和精密度。

（1）准确度 准确度指测定值与真实值的接近程度，反映测定结果的可靠性。准确度越高，表明测量值越接近真实值，误差越小，通常相对误差更能表示测试结果的准确度。

（2）精密度 精密度是相同条件下同一试样多次测量结果分布的密集程度，代表测定方法的稳定性和重现性。精密度可以通常用单次测量值的平均偏差或相对平均偏差、标准偏差或相对标准偏差衡量，其中标准偏差或相对标准偏差能更好地反映分析结果的精密度。偏差越小，说明多次测定结果接近程度越高，精密度也越高。

单次测量值的平均偏差：$\bar{d}=\dfrac{\sum_{i=1}^{n}(x_i-\bar{x})}{n}$

单次测量值的相对平均偏差：$\overline{d\bar{x}}=\dfrac{\bar{d}}{\bar{x}}\times100\%$

精密度的另一个表示方法是用单次测量值的标准偏差：$s=\sqrt{\dfrac{\sum(x_i-\bar{x})}{n-1}}$

相对标准偏差：$CV=\dfrac{s}{\bar{x}}\times100\%$

（3）准确度与精密度的关系 在分析测定过程中，由于存在两类不同性质的误差，且具有传递性，会直接影响分析结果的精密度和准确度，其中随机误差影响精密度和准确度，系统误差只影响准确度。

分析结果必须从准确度和精密度两个方面来衡量。理想的测定结果，既要求精密度高，又要求准确度高。在实际分析中，评价分析结果应先看精密度，后看准确度，精密度高表示分析测定条件稳定，随机误差得到控制，数据有可比性，是保证准确度的先决条件；在精密度高的基础上，再找到产生误差的原因并加以校正，就有可能得到较准确的结果。

二、有效数字与数据处理

1. 有效数字

有效数字就是实际能测量到的数字，其最后一位是不确定的可疑数字，不能随意舍去或保留。有效数字表示了数字的有效意义和准确程度，在检测分析过程中，注意事项如下。

① 记录测量数据时，只允许保留一位可疑数字。

② 有效数字的位数反映了测量的相对误差。

③“0”在数字中不同位置的不同作用：“0”在数字之间和数字后面，均为有效数字；“0”在数字前面，仅起定位作用，不算有效数字。

④ 用“四舍六入五成双”规则进行有效数字修约，当所拟舍弃的数字为两位以上数字时，不得连续进行多次修约，应根据所拟舍弃数字中左边第一个数字的大小，按上述规定一次修约出结果。

⑤ 当几个数字相加或相减时，它们的和或差应以小数点后位数最少的数字为依据，来确定有效数字的保留位数。如 0.0121＋12.56＋7.8432＝0.01＋12.56＋7.84＝20.41。

⑥ 当几个数字相乘或相除时，它们的积或商应以有效数字位数最少或相对误差最大的数字为依据，来确定有效数字的保留位数。如 (0.0142×24.43×305.84)/28.7=(0.0142×24.4×306)/28.7=3.69。

2. 数据处理

标准中规定用算术平均值或中位数表示检测结果时，按以下规定进行。

① 用算术平均值表示时，各检测数据对计算得到的算术平均值的偏差不能超过标准规定，否则应把这个数据舍去，取舍后，剩下的数据不应少于原数据的60%，然后再计算平均值，直到每一数据对算术平均值的偏差都符合规定为止。

② 用中位数表示时，检测数据应按数值递增顺序排列。若数据个数为奇数，取中间一个数值为中位数，如拉伸强度为10MPa、11MPa、12MPa、13MPa、14MPa，取12MPa为中位数；若实验数据个数为偶数，则取中间两个数值的平均值为中位数，如10MPa、11MPa、12MPa、13MPa，中位数为11.5MPa。

三、检测报告编写

1. 原始记录

在分析检测过程中，为了保证检测结果的准确性、公正性，需要把检测数据记录在检测原始记录中。检测原始记录是检测报告的重要记录凭证，是出具检测报告的依据。检测报告的质量往往受检测原始记录表真实性、完善性和准确性的影响，因此要保证检测原始记录的规范、准确。检验检测原始记录的基本要求如下。

（1）原始性　要求原始记录应体现检测过程的原始性。观察结果和数据应在检测时就及时予以记录，不得事后回忆、另行整理记录、誊抄或无关修正，但具体的计算步骤可根据需求后续再实施。

（2）可操作　要求使用规范的语言文字、检测依据的规范描述语句、简单易用或尺寸合适的数据表格，并给每个检测数据留出足够的填写空间等，确保原始记录的可操作性。进一步依据检测项目特点，按照检测流程顺序等安排各检测项目在原始记录表中的位置顺序，提升原始记录的可操作性。

（3）真实性　要求记录的数据必须是真实的，包括数值、有效位数、单位，必要时还需要记录测量仪器的误差。

（4）溯源性　要求完整记录检测中各种方法条件，包含足够充分的信息，包括但不限于测试环境、测试条件、使用仪器、仪器设置、每项试验测试日期和人员、审查数据结果的日期和负责人等，若记录有误的过程数据需按要求签名，以便在可能时识别不确定度的影响因素，并确保该检测在尽可能接近原条件的情况下能够重复。整改后合格的试验项目，记录中仍须保留原不合格的原始数据以及整改的方法。

（5）完整性　原始记录的内容是检测报告的重要来源。为了方便检测报告的生成，原始记录内容应完整地体现检测依据、检测项目、检测方法、检测数据和必要的过程数据。

（6）有效性　要求实验室应确保使用的原始记录格式为有效的受控版本。图2-8为力学性能检测原始记录表示例。

2. 检验报告

检验报告是质量检验的最终产物，其反映的信息和数据必须真实、客观、准确、完整，

物理试验原始记录																	
样品名称			样品状况			来样日期				检验日期					仪器设备	裁刀____ No____ 厚度计____ No____ 拉力机____ No____ 硬度计____ No____	
检验编号			检验依据			试样制备和调节				检验环境							
			拉断伸长率			强度		硬度		拉断永久变形			__%定伸应力		撕裂强度		备注
检验项目	厚度/mm	中值/mm	伸长率/%	中值/%	拉伸负荷/N	拉伸强度/MPa	中值/MPa	硬度（邵氏A）	中值（邵氏A）	3min后标距/mm	永久变形/%	中值/%	定伸应力/MPa	中值/MPa	撕裂强度/kN/m	中值/(kN/m)	裁刀平行部分宽度：__mm 样品硬度检测：读数时间__，叠层层数寸__，样品尺寸__

图 2-8 力学性能检测原始记录表示例

填写要清晰、简洁和规范。报告的内容一般包括送检单位、样品信息（名称、包装、批号、生产日期等）、取样日期、检测日期、检测项目、检测依据、检测结果、报告日期、检验员签字、签字授权人签字、签发日期等。报告要由检验人员校核签字，由签字授权人审核签发。

高分子材料性能测试类检验报告可参考图 2-9 所示的格式，利用分析仪器对高分子材料进行成分和结构分析时的检验报告参考图 2-10 所示的格式，在检验结果处还需附上测试得到的曲线或谱图等。

××××××(检验单位名称)

检 验 报 告

检验编号：×××

样品名称		规格型号/数量	
送样人/单位		样品状态	
收样日期		样品批号	
检验日期		检验依据	
环境条件		检验方法	
试验条件			
检验项目	技术要求	检验结果	结论
检验结论/结果: 签发日期： 年 月 日			
备注：			

检验: 批准: 审核:

图 2-9 性能测试类检验报告一般格式

××××××(检验单位名称)

检 验 报 告

检验编号：×××

样品名称			
送样人/单位		规格型号/数量	
样品状态		样品批号	
收样日期		检验日期	
检验项目		检测设备	
检验标准/方法			
试验条件			
其他操作说明			
检验结果			
检验结论/结果： 签发日期：　　年　月　日			
备注：			

检验：　　批准：　　审核：

图 2-10 成分和结构分析类检验报告一般格式

3. 原始记录和检验报告的填写

① 各栏目应当填写齐全，不适用的信息填写“—”。

② 填写要求字迹清楚整齐，文字、数字、符号应当易于识别，无错别字。

③ 书写信息若发生错误需要更正时，应当在错误的文字上，用平行双横划改线“＝”划改，并在近旁适当位置上（避免与其他信息重叠）填写正确的内容、划改人的签名和划改日期，不得涂改、刮改、擦改，或者用修正液修改。

④ 对于要求测试数据的项目，应在“检验结果”栏目中填写实际测量或者统计、计算处理后的数据。

⑤ 对于无量值要求的定性项目，应在“检验结果”栏目中做简要说明。如：合格的项目，填写“符合”“有效”“完好”；不合格的项目，应进行简要描述，填写“缺少……标志”“……损坏”等。

⑥“结论”栏目中只填写“合格”“不合格”“复检合格”“自检不合格”和“无此项”等单项结论。

任务考核

一、判断题

1. 砝码腐蚀所引起的误差不是系统误差。 （　）

2. 试剂中含有微量的被测组分所导致的误差属于系统误差。 （　）

3. 系统误差只能找到导致误差的原因，并加以扣除校正，不能通过多次测定消除。（ ）

4. 系统误差同时影响准确度和精密度，随机误差只影响准确度。（ ）

5. 检验报告反映的信息和数据必须真实、客观、准确、完整。（ ）

二、填空题

1. 随机误差是由不确定的因素造成的，它的出现符合正态统计规律，即同样大小的正误差与负误差出现的机会__________。

2. 结果保留3位有效数字，9.7650可修约为__________。

3. 准确度可用____________的大小来衡量。

4. pH＝11.46的有效数字是___________位。

三、不定项选择题

1. 滴定管读数，最后一位数字估计不准会引起什么误差？（ ）

A. 随机误差　B. 系统误差　C. 过失误差　D. 不确定

2. 下列关于平行测定结果准确度与精密度的描述正确的有（ ）。

A. 精密度高表明方法的重现性好　B. 高精密度一定能保证高准确度

C. 精密度高是准确度高的前提　D. 存在系统误差则精密度一定不高

3. 以下对（a）～（d）的描述正确的是（ ）。

(a)　(b)　(c)　(d)

A.（a）高准确度，高精密度　B.（b）高准确度，高精密度

C.（c）高准确度，低精密度　D.（d）低准确度，高精密度

4. 检测原始记录要符合以下要求（ ）。

A. 真实性　B. 溯源性　C. 完整性　D. 原始性

素质拓展阅读

恪守职业道德，强化责任意识

2021年，浙江省某市场监管局依法对某检测公司的检测情况进行复核时，发现2份检测报告的仪器使用记录本，对应日期内未有设备使用记录；同时，根据测试标准要求：每块实验室样品截取两组试样，一组为经向，另一组为纬向。每组试样应至少有五块试样或按协议更多一些，但是该机构仅做了四组试样的8次试验，而且在所使用的主要仪器设备电子强力机上，个别检测数据无法查实，仪器使用记录本也没有相关使用登记，且机构留样不足以做重复试验，导致相关试验数据无法复核。依据《检验检测机构监督管理办法》第二十六条第一款规定，责令其限期改正，并处罚款3万元。

为了促进检验检测行业健康、有序发展，2021年国家市场监督管理总局发布了《检验检测机构监督管理办法》（以下简称《办法》），并于同年6月1日起施行。《办法》明确检验检测机构及其人员应当对所出具的检验检测报告负责，并对不实检验检测、虚假检验检测情形进行了说明，规定了罚则。

同学们也要积极学习《办法》，在学习过程中不断践行，主动秉持科学、客观、公正、诚实的原则，以强烈的责任感完成每一次的测试任务，养成良好的职业道德。

资料来源：国家市场监督管理总局

拓展练习

1. 请查询 GB/T 2546.2—2022，说明填充聚丙烯材料标准试样的状态调节条件。

2. 超临界流体萃取法是近年来发展较快的样品预处理技术之一，请查阅资料，说明采用该方法的原理与优势。

3. 在橡胶混炼中添加抗氧化、抗老化的含铅助剂，可以提高橡胶的热稳定性。但其对环境有污染，各国对其限定值均有相关规定。现需测定一丁腈橡胶产品的铅含量，请根据 GB/T 9874—2001 说明预处理方法与过程。

4. 空白试验与对照试验有何区别？什么情况下需要做空白试验？

5. 在评价分析结果时，准确度、精密度和精确度有何不同？

模块二

高分子材料典型性能测试

项目三　物理性能测试

项目导言

塑料或橡胶制品在不同场合使用时，所要考量的材料性能也有所不同。通常根据使用目的不同，考量制品相应的力学性能、热性能、电性能、耐老化性能、光学性能、燃烧性能、降解性能等，还有最基本的物理性能，包括密度、含水量、黏度、收缩率、透气性与透湿性等。

本项目基于实际应用需求，主要介绍高分子材料的密度、吸水性与含水量、黏度、熔融温度等物理性能测试方法。

项目目标

素质目标

- 树立团队协作意识。
- 树立质量意识、安全与环保意识。
- 培养客观公正、严谨认真的工作作风。

知识目标

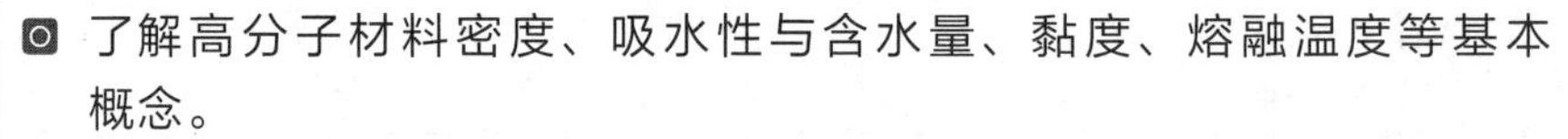

- 了解高分子材料密度、吸水性与含水量、黏度、熔融温度等基本概念。
- 掌握密度、吸水性与含水量、黏度、熔融温度测试原理和方法。
- 熟知密度、吸水性与含水量、黏度、熔融温度等性能测试标准。

技能目标

- 能根据材料性质选择相应的物理性能测试方法。
- 能规范操作密度、吸水性与含水量、黏度、熔融温度等物理性能测试设备，并按照标准进行测试。
- 能整理、分析数据，编写检测报告。

任务一
密度测试

一、密度概述

密度是高分子材料重要的物理参数之一，可用来考察材料的物理结构或组成的变化、评价样品的均一性，通常还作为橡塑材料的鉴别、分类、命名、划分牌号和质量控制的重要依据，为产品加工应用及科研提供基本性能指标。

1. 密度

密度是指在规定温度下单位体积物质的质量。可以用符号 ρ 表示，国际单位制和中国法定计量单位中，密度的单位为 kg/m^3。密度随温度的变化而变化，因此，引用密度时必须指明温度。温度为 t 时的密度用 ρ_t 表示。

2. 相对密度

相对密度是指一定体积物质的质量与同温度条件下等体积的参比物质质量之比（常用的参比物为水）。温度为 t 时的相对密度用 d_t^t 表示。

二、密度的测试方法

密度的测试方法有浸渍法、液体或气体比重瓶法、滴定法、密度梯度法等，应根据实际情况进行合理选择。浸渍法，适用于除粉料外无气孔的固体塑料；液体比重瓶法，适用于粉料、片料、粒料或制品部件的小切片；气体比重瓶法适用于内部不含孔隙的任何形状的固体非泡沫塑料；滴定法，适用于无孔的塑料；密度梯度法适用于模塑或挤出的无孔非泡沫塑料固体颗粒。具体可参照《塑料　非泡沫塑料密度的测定　第 1 部分：浸渍法、液体比重瓶法和滴定法》(GB/T 1033.1—2008)、《塑料　非泡沫塑料密度的测定　第 2 部分：密度梯度柱法》(GB/T 1033.2—2010)、《塑料　非泡沫塑料密度的测定　第 3 部分：气体比重瓶法》(GB/T 1033.3—2010) 等进行测量。

1. 浸渍法

(1) 原理　基于阿基米德定律，将体积的测量转换为浮力的测量。只要测得该试样全浸没在已知密度的浸渍液中的浮力，就能计算出该试样的体积，进而计算出该试样的密度。而浮力的大小可以通过测量试样的质量与试样在浸渍液中的表观质量求得。

密度测试——浸渍法

(2) 主要仪器

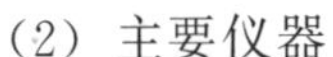

① 分析天平：精确度为 0.1mg。

② 浸渍容器：烧杯或其他适于盛放浸渍液的大口径容器。

③ 固定支架：可将浸渍容器支放在水平面板上，如容器支架。

④ 温度计：最小分度值为0.1℃，范围为0～30℃。

⑤ 金属丝：具有耐腐蚀性，直径不大于0.5mm，用于浸渍液中悬挂试样。

⑥ 重锤：具有适当的质量，当试样的密度小于浸渍液的密度时，可将重锤悬挂在试样托盘下端，使试样完全浸没于浸渍液中。

⑦ 比重瓶：带侧臂式溢流毛细管，当浸渍液不是水时，用来测定浸渍液的密度。比重瓶应配备分度值为0.1℃，范围为0～30℃的温度计。

⑧ 水浴：在测定浸渍液的密度时，可以恒温在±0.5℃范围内。

（3）测试试样　试样为除粉料以外的任何无气孔材料，试样尺寸应适宜，从而在样品和浸渍液容器之间产生足够的间隙，质量不小于1g。

当从较大的样品中切取试样时，应使用合适的设备以确保材料性能不发生变化。试样表面应光滑、无凹陷，以减少浸渍液中试样表面凹陷处可能存留的气泡，避免引入误差。

（4）测试条件

① 浸渍液：采用新鲜的蒸馏水或去离子水，或其他适宜的液体（含有质量分数不大于0.1%的润湿剂以除去浸渍液中的气泡）。在测试过程中，试样与该液体或溶液接触时，对试样应无影响。

如果除蒸馏水以外的其他浸渍液来源可靠且附有检验证书，则不必再进行密度测试。

② 环境温度：如果在温度控制的环境中测试，整个仪器的温度，包括浸渍液的温度都应控制在23℃±2℃（或27℃±2℃）范围内。

（5）测试步骤

① 测量浸渍液密度 ρ_j（如果浸渍液为蒸馏水或去离子水，则直接用 ρ_w 计算）

a. 称量比重瓶质量 m_1；b. 称量充满蒸馏水或去离子水后的比重瓶质量 m_2；c. 称量充满浸渍液的比重瓶质量 m_3。

② 在空气中称量用金属丝悬挂的试样的质量 m_4。试样质量不大于10g，精确到0.1mg；试样质量大于10g，精确到1mg，并记录。

③ 测量试样密度 ρ_s。将用细金属丝悬挂的试样浸入装满浸渍液且置于固定支架上的容器里，可用其他细金属丝除去粘附在试样上的气泡，称量此时试样的质量 m_5，精确到0.1mg。

如果试样密度小于浸渍液密度，需要用重锤挂在金属丝上，随同试样一起沉于液面下。测量重锤质量 m_6。

（6）测试结果

① 浸渍液密度：

$$\rho_j=\rho_w(m_2-m_1)/(m_3-m_1) \tag{3-1}$$

② 试样密度：

$$\rho_s=m_4\rho_j/(m_4-m_5) \tag{3-2}$$

③ 试样密度（使用重锤）：

$$\rho_s=m_4\rho_j/[m_4-(m_5-m_6)] \tag{3-3}$$

对于每个试样的密度，至少进行三次测定，取平均值作为试验结果，结果保留到小数点后第三位。

技术提示

（1）悬丝的种类和粗细度的要求　用浸渍法测定塑料的密度和相对密度时所用的悬丝，

通常选择不带漆膜的铜丝。同时，悬丝的直径在 0.10～0.13mm 比较合适，太细或太粗，在浸渍液中称重时会影响准确性。

（2）试样在浸渍液中距液面高度的要求 试样浸入液体中距液面应在 10mm 以下，此时测量比较准确。

（3）试样吸附的气泡 试验时如果试样表面吸附有气泡，会影响试验结果的准确性，因此一定要彻底排除吸附的气泡。可以通过多次浸润试样以减少或去除表面的气泡，或者使用合适类型（如无水乙醇）的浸渍液，以减少气泡；试样本身有气泡的，应重新选择制样。

（4）在试验过程中，轻拿轻放试样，避免猛烈撞击天平，避免损坏天平。

（5）在试验过程中，尽量避免将浸渍液掉在天平上，减少对天平的不良影响。

2. 液体比重瓶法

（1）原理 通过测量密度瓶中试样所排开的浸渍液的体积所具有的质量，计算出试样的体积，进而由试样的质量和体积计算出该试样的密度。

密度测试——液体比重瓶法

（2）主要仪器

① 分析天平：精确度为 0.1mg。

② 固定支架：可将浸渍容器支放在水平面板上，如容器支架。

③ 比重瓶：带侧臂式溢流毛细管，当浸渍液不是水时，用来测定浸渍液的密度。比重瓶应配备分度值为 0.1℃、范围为 0～30℃的温度计。

④ 水浴：在测定浸渍液的密度时，可以恒温在±0.5℃范围内。

⑤ 干燥器：与真空体系相连。

（3）测试试样 试样为粉料、颗粒或片状材料，试样质量应在 1～5g 范围内。

（4）测试条件

① 浸渍液：采用新鲜的蒸馏水或去离子水，或其他适宜的液体（含有质量分数不大于 0.1%的润湿剂以除去浸渍液中的气泡）。在测试过程中，试样与该液体或溶液接触时，对试样应无影响。

如果除蒸馏水以外的其他浸渍液来源可靠且附有检验证书，则不必再进行密度测试。

② 环境温度：如果在温度控制的环境中测试，整个仪器的温度，包括浸渍液的温度都应控制在 23℃±2℃（或 27℃±2℃）范围内。

（5）测试步骤

① 首先称量干燥的空比重瓶质量 m_1；再将试样装入密度瓶中，称量含有试样的比重瓶质量 m_2；然后在比重瓶中注入浸渍液直至浸没试样，将比重瓶置于干燥器中，抽真空后继续注满浸渍液，再将其放入恒温水浴中（23℃±0.5℃或 27℃±0.5℃）恒温 30min，最后将浸渍液准确注满至比重瓶容量所能容纳的极限处，擦干比重瓶，称量盛有试样和浸渍液的比重瓶 m_3。

② 将比重瓶倒空、清洁、烘干，装入煮沸过的蒸馏水或去离子水，按上述方法抽真空，再称量此时比重瓶和内容物的质量 m_4。

③ 如果浸渍液不是水，还应按照浸渍法中测量浸渍液密度的方法测量计算浸渍液密度 ρ_j。

（6）测试结果 试样密度：

$$\rho_s=(m_2-m_1)/(m_4-m_3+m_2-m_1) \tag{3-4}$$

对于每个试样的密度，至少进行三次测定，取平均值作为试验结果，结果保留到小数点后第三位。

任务考核

一、判断题

1. 表观密度是指在规定温度下单位体积内所含有物质的质量。 （ ）

2. 密度不随温度变化而变化。 （ ）

3. 用浸渍法测定塑料的密度和相对密度时所用的悬丝，通常选择不带漆膜的铜丝。 （ ）

二、简答题

1. 已知某试样密度小于水，现有部分简单设备：电子天平、水、装水的容器、筷子和细金属丝（直径小于 0.13mm）。可以采用哪种方法测试该试样的密度 ρ？简述测试步骤，并给出计算公式。

2. 采用浸渍法测试某试样密度，空气中称量得到的质量为 8.403g，在浸渍液中称量得到的质量为 1.359g，浸渍液的密度为 0.895g/cm^3，请计算试样的密度。

素质拓展阅读

新技术：密度连续在线测试系统设计

乳液聚合工艺凭借聚合速度快、产品分子量高的优点，在化工行业中得到较为广泛的应用，例如乳聚丁苯橡胶、聚丙烯酸酯乳液等工业化产品被广泛应用于国民经济的各个领域。在乳液聚合反应过程中，聚合釜内乳液密度是监测釜内聚合反应进程及最终产品质量的重要过程变量，对其数据进行测量采集十分必要。当前聚合釜内乳液密度的测试多为相关工作人员接到指令后前往现场进行手动测量，并在测量后将废弃乳液倒入废液收集器中。这种人工手动操作方式会受到职工责任心、操作熟练程度及环境温度等多种因素影响，无法实现高精度连续在线测试以及中央集中自动化控制，在测试过程中不仅会浪费乳液，而且逸出的有毒气体还会对现场测试人员的身体健康造成危害。

为了对聚合釜内高温乳液的真实密度进行测定，并提高乳液密度的检测效率和检测质量，降低现场测量人员的工作强度，针对化工行业中聚合釜内乳液密度测试的需求，山西大同大学研究人员设计了聚合釜内乳液密度连续在线测试系统，可连续在线、高精度、全自动、无损耗、无污染地对聚合釜内乳液密度进行测试。该系统的工作原理如图 3-1 所示。用高压氮气将聚合釜内乳液压出，乳液经电磁截止阀进入乳液密度传感器总成内部，由内部的上、下压力传感器测得压差信号，该信号被转换成密度信号，并被实时输送至近地显示面板和远端工控电脑进行显示、记录；测试完毕后的乳液再经原管道由高压氮气压回至聚合釜内，避免造成被测乳液的损耗；最后在整个测试周期完成之后，用纯水对乳液密度传感器总成内部进行冲洗，以降低残留被测乳液对下个测试周期测量精度的影响，冲洗产生的混合液将流至回收罐进行回收利用。整个测试系统采用密封式设计，测试过程中不会有挥发性有毒气体逸出，保证了现场工作环境的安全性。

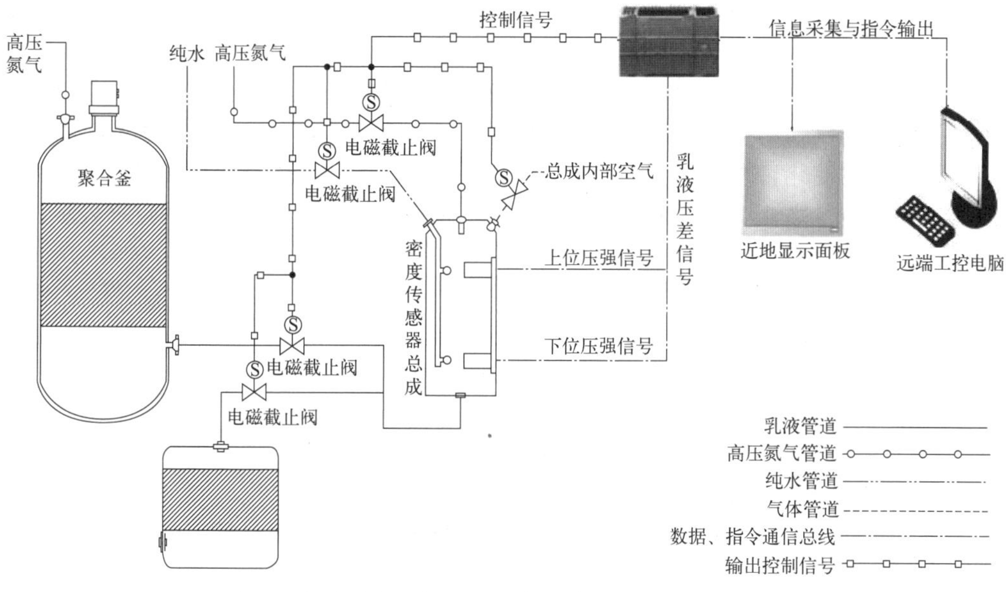

图 3-1 聚合釜内乳液密度连续在线测试系统工作原理图

资料来源：《机械工程与自动化》

任务二 吸水性与含水量测试

一、吸水性与含水量概述

1. 吸水性

塑料吸收水分的性能叫吸水性。塑料吸水后会引起许多性能变化，例如会使塑料的电绝缘性能降低、模量减小、尺寸增大等。塑料吸水性大小取决于自身的化学组成。分子主链仅有碳、氢元素组成的塑料，例如聚乙烯、聚丙烯、聚苯乙烯等，吸水性很小。分子主链上含有氧、羟基、酰氨基等亲水基团的塑料，吸水性较大。

2. 含水量

塑料中含有一定量的水分，通常以试样原质量与试样失水后的质量之差同原质量之比（%）来表示。一般水分的存在对塑料的性能及成型加工会产生有害的影响，而且水在高温下会汽化，制品容易产生气泡。

二、吸水性与含水量的测试方法

塑料吸水性测试方法

1. 吸水性的测定

塑料的吸水性试验参照标准《塑料　吸水性的测定》（GB/T 1034—

2008)。本文介绍最常用的两种方法："23℃水中吸水量的测定"和"相对湿度50%环境中吸水量的测定"。

(1) 原理 塑料吸水试验的原理为：将试样浸入保持一定温度（通常为23℃）的蒸馏水中经过一定时间（24h）后或浸泡到沸水中一定时间（30min）后，测定浸水后或再干燥除水后试样质量的变化，求出其吸水量。其吸收水分的能力通常以试样原质量与试样失水后的质量之差同原质量之比（%）来表示；也可用单位面积的试样吸收水分的量来表示；还可直接用吸收的水分量来表示。

(2) 主要设备

① 天平：精度为±0.1mg。

② 烘箱：具有强制对流或质控系统，能控制在50.0℃±2℃。

③ 干燥器：内装无水 $CaCl_2$。

④ 恒温水浴：控制精度为±0.1℃。

⑤ 测定试样的量具：精度为0.02mm。

(3) 测试试样 每种材料至少需要用到3个材料试样，可以通过模塑或机械加工方法制备。对不同类型试样的尺寸要求见表3-1。

表3-1 对不同类型试样的尺寸要求

试样类型	试样尺寸
模塑料	长、宽60mm±2mm，厚度1.0mm±0.1mm或者2.0mm±0.1mm的方形试样
管材	直径≤76mm时，沿径向切取25mm±1mm长的一段； 直径>76mm时，沿径向切取76mm±1mm长，25mm±1mm宽的样片
棒材	直径≤26mm时，切取25mm±1mm长的一段； 直径>26mm时，切取13mm±1mm长的一段
片或板材	边长为61mm±1mm的正方形，厚度为1.0mm±0.1mm
成品、挤出物、薄片或层压片	长、宽60mm±2mm，厚度1.0mm±0.1mm或者2.0mm±0.1mm的方形试样；或被测材料的长、宽61mm±1mm，一组试样有相同的形状(厚度和曲面)
各向异性的增强塑料	边长≤100×厚度

(4) 测试条件 23℃水中或相对湿度50%环境中。

(5) 测试步骤

① 23℃水中吸水量的测定

a. 将试样放入(50±2)℃烘箱中干燥(24±1)h，然后在干燥器内冷却到室温，称量每个试样质量 m_1，精确至0.1mg。

b. 将试样浸入蒸馏水中，水温控制在(23±1)℃；浸水(24±1)h后，取出试样，用清洁、干燥的布或滤纸迅速擦去试样表面的水，再次称量试样质量 m_2，精确至0.1mg。

c. 若要考虑材料中可能含有水溶物，在完成上述步骤后，可以重复测量干燥试样的步骤，直到试样的质量 m_3 恒定。

② 相对湿度50%环境中吸水量的测定

a. 将试样放入(50±2)℃烘箱中干燥(24±1)h，然后在干燥器内冷却到室温，称量每个试样质量 m_1，精确至0.1mg。

b. 将试样放入相对湿度为(50±5)%的容器或房间内，温度控制在(23±1)℃；放置(24±1)h后，称量每个试样 m_2，精确至0.1mg，从该容器或房间内取出试样后，剩余操作应在1min内完成。

(6) 测试结果　吸水率 W_m 用试样相对于初始质量的吸水质量分数表示为：

$$W_m=[(m_2-m_1)/m_1]\times100\% \tag{3-5}$$

或

$$W_m=[(m_2-m_3)/m_1]\times100\% \tag{3-6}$$

(7) 影响因素

① 试样尺寸。试样尺寸不同，吸水量则不同。因此标准规定每一类型的材料的统一尺寸。尺寸不同，质量吸水率也不同，只有尺寸相同时，才能相互比较。

② 材质均匀性。对均质材料可以进行比较，对非均质材料，无论是吸水量或吸水率或单位面积吸水量，只有在试样尺寸相同时才可作比较。

③ 试验的环境条件。试验环境要求尽可能在标准环境下进行，因为试样浸水后擦干再称量，如果环境温度高、湿度低，则在称量时就一边称一边在减轻，使结果偏低，反之结果就偏高。

④ 试验温度。试验温度要严格按照标准规定，太高或太低都会给结果带来影响。

2. 含水量的测定

目前广泛使用的测定水分含量的方法有：干燥恒重法、汽化测压法和卡尔费休试剂滴定法。

塑料含水量测试操作

(1) 干燥恒重法　将试样放在一定温度下干燥到恒重，根据试样前后的质量变化，计算水分含量。

(2) 汽化测压法　利用水的挥发性。在一个专门设计的真空系统中，加热试样，试样内部和表面的水蒸发出来，使系统压力增高，由系统压力的增加，求得试样的含水量。

(3) 卡尔费休试剂滴定法　用专门配制的试剂（卡尔费休试剂），利用“碘氧化二氧化硫时，需要定量的水”这一原理来测量水分含量。以甲醇为例，卡尔费休试剂与水的反应式如下：

$$C_5H_5N\cdot I_2+C_5H_5N\cdot SO_2+C_5H_5N+H_2O+CH_3OH\longrightarrow 2C_5H_5N\text{-}HI+C_5H_5N\text{-}HSO_4CH_3$$

① 卡尔费休试剂的配制。在 1000mL 干燥棕色磨口瓶中溶解（133±1）g 碘于（425±2）mL 无水吡啶中，摇匀。再加入（425±2）mL 无水甲醇，摇匀后在冰浴中冷至 4℃以下。缓缓通入二氧化硫，使其增重 102～105g，盖紧瓶塞，摇匀，于暗处放置 24h 备用。使用前用同体积无水甲醇稀释。每毫升该试剂约相当于 3mg 水（现在基本都是在市场上买现成的）。

② 滴定终点。用卡尔费休水分测定仪滴定，在浸入溶液的两铂电极间加上适当的电压，因溶液中存在着水而使阴极极化，电极间无电流通过。当滴定至终点时，阴极去极化，电流突然增加至一最大值，并保持 1min 左右，即为滴定终点。

③ 含水量计算

$$W_s=[(V_1-V_2)T/m]\times100\% \tag{3-7}$$

或

$$W_s=(TV_2/m_2)\times100\% \tag{3-8}$$

式中，W_s 为含水量；V_1 为滴定试样用卡尔费休试剂体积，mL；V_2 为滴定空白用卡尔费休试剂体积，mL；m 为固体试样质量，g；m_2 为液体试样质量，基于液体试样体积和密度计算得出，g；T 为卡尔费休试剂的滴定度，mg/mL。

任务考核

一、判断题

1. 塑料吸水性与自身结构无关。 （ ）

2. 卡尔费休水分测定法是一种非水溶液中的氧化还原滴定法。 （ ）

3. 塑料粒子含水量较大，在成型加工时会导致制品表面出现斑纹、银丝和气泡，甚至产生降解。 （ ）

二、单项选择题

1. 某试样经干燥后浸水前质量为15g，浸水后质量为16.3g，则其吸水率为（ ）。

A. 8.67% B. 8.90% C. 86.7% D. 89.0%

2. 以下材料对水分比较敏感的是（ ）。

A. PP B. PE C. PS D. PA

素质拓展阅读

定制化修复让破碎水凝胶如壁虎般“断尾重生”

中国科学院宁波材料技术与工程研究所智能高分子材料团队在陈涛研究员的带领下，提出了水凝胶界面扩散聚合（interfacial diffusion polymerization，IDP）的方法，实现了水凝胶的宏观精准生长，并进一步实现了破损高分子凝胶的修复。

高分子水凝胶作为一种具有软、湿特性的柔性材料，一直以来被认为是实现仿生智能的理想体系，但其脆弱的三维网络结构，使其在应用过程中往往因局部的破损而失去使用的价值。近年来，研究人员通过在制备凝胶的过程中引入诸如具有动态共价键以及超分子作用的官能团，制备了一系列具有自愈合功能的高分子水凝胶。

然而，现有的自愈合水凝胶仍然存在以下局限：一是破损凝胶的范围不宜过大，且修复时破损凝胶需被紧密地贴合在一起；二是破损凝胶的伤口必须是新鲜的，凝胶破损后放置过久，其愈合效果会大大下降。

壁虎的断尾重生为研究人员提供了新思路——当壁虎为了躲避危险折断自己的尾巴后，其断尾伤口处会大量分泌生长激素，使伤口处的细胞快速分裂及分化，从而逐渐在断尾处生长出一条新的尾巴。该团队提出的IDP方法，适用于在一系列亲水性的基底中生长新水凝胶网络，并且通过改变水凝胶预聚液中的单体种类，从而定制化地生长一系列不同化学组成的水凝胶。

不仅如此，通过在水凝胶预聚液中掺杂不同的高分子增稠剂，新生长的凝胶还可获得一系列新功能。例如，将海藻酸钠作为增稠剂，生长所得的凝胶便能与钙离子络合实现水凝胶形状记忆功能；将具有蓝色荧光的聚合物作为增稠剂，生长所得的凝胶也获得了相应的荧光发射功能。

得益于IDP方法的高效性与普适性，该团队实现了高分子水凝胶破损后的定制化修复：首先在破损位置使用含有丙烯酰胺单体的预聚液生长出第一层的聚丙烯酰胺（PAAm）凝胶，随后改用含有*N*-异丙基丙烯酰胺（PNIPAm）单体的预聚液在第一层的基础上生长得到PNIPAm层凝胶，从而实现对破损凝胶的修复，并且与破损前凝胶相比，修复后的凝胶无论是化学组成、物理结构以及变形功能都恢复到了初始未受损状态。

资料来源：中国科学报

任务三 黏度测试

一、黏度概述

黏度及其测试方法

1. 黏度（又称绝对黏度或动力黏度）

黏度表示流体在流动过程中，单位速度梯度下所受的剪切应力的大小，公式表示为：

$$\sigma=\mu \mathrm{d}\gamma/\mathrm{d}t \tag{3-9}$$

式中，σ 为剪切应力，N/m^2；γ 为剪切速率，s^{-1}；t 为时间，s；μ 为黏度，Pa·s。

2. 运动黏度

运动黏度指液体的绝对黏度与其密度之比值，用 v 表示，SI 制中的单位为 m^2/s。

3. 黏度比（又称溶液溶剂黏度比或相对黏度）

黏度比指在相同温度下，溶液黏度 η 与纯溶剂黏度 η_0 的比值；在溶液较稀，$\rho \approx \rho_0$ 时，可近似地看成溶液的流出时间 t 与纯溶剂流出时间 t_0 的比值（t 与 t_0 分别为一定体积的稀溶液及纯溶液用同一黏度计在同一温度下测得的流出时间）。用 μ_t 表示，是一个无量纲的量。

$$\mu_t=\eta/\eta_0=t/t_0 \tag{3-10}$$

二、黏度的测试方法

黏度测试——毛细管法

1. 毛细管法

（1）原理　在规定的温度和环境压力条件下，使用同一黏度计测定给定体积的溶液和溶剂流出时间，进而求得黏度。

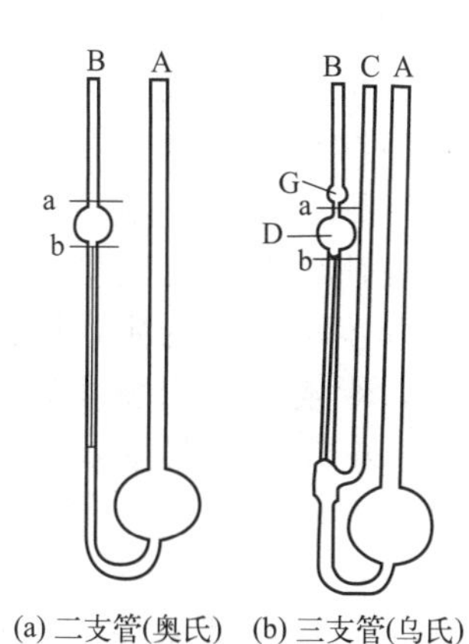

图 3-2　毛细管黏度计

（2）主要设备及试剂

① 常用的黏度计有奥氏黏度计与乌氏黏度计，见图 3-2。

② 恒温槽一套，恒温温度波动为±0.05℃。

③ 秒表，分度值为 0.1s。

④ 容量瓶，25mL。

⑤ 分度吸管和无分度吸管，10mL。

⑥ 针筒，50mL 或 20mL。

⑦ 玻璃砂芯漏斗，溶剂储存管。

⑧ 分析天平，分度值为 0.1mg。

⑨ 洗耳球、水泵、吸滤瓶、乳胶管和铁架等。

⑩ 相应的试剂及稳定剂。

乌氏黏度计在测定高分子溶液的黏度时以测定液体在毛细

管内流出速度的黏度计法最为方便。采用乌氏黏度计时，当把液体吸到 G 球后，放开 C 管，使其通大气，因而 D 球内液体下降。形成毛细管内气承悬液柱，使液体流出毛细管时沿管壁流下，避免产生湍流的可能，同时毛细管中的流动压力与 A 管中液面高度无关。因而不像奥氏黏度计那样，每次测定，溶液体积必须严格相同。乌氏黏度计由于不小心被倾斜所引起的误差也不如奥氏黏度计大，故能在黏度计内多次稀释，进行不同浓度的溶液黏度的测定，所以又称为乌氏稀释黏度计。

乌氏黏度计 3 条管中，B、C 管较细，极易折断，拿黏度计时应拿 A 管。同理，固定黏度计于恒温槽时，铁夹也只许夹着 A 管。特别是把黏度计放于恒温槽中或从恒温槽中取出时，由于水的浮力，此时若拿 B、C 管，就很容易折断。由于玻璃管弯曲处应力大，任何时候不应同时夹持两支管。套上或拆除 B、C 上的胶管时，也应只拿住 A 管，以免损坏黏度计。

（3）测试试样　测量不同待测试样的黏度时，应注意溶液的配制。

（4）测试步骤

① 将黏度计安装在恒温浴中，恒温浴的温度波动为（工业测量）±0.1℃或（精密测量）±0.01℃，恒温时间隔 10min，液面高过 D 球 5cm。

② 使毛细管保持垂直，同时待气泡消失。

③ 将约 10mL 的溶液和溶剂分别装入黏度计内，在恒温下分别测量其流过黏度计的时间 t 和 t_0。其中溶剂要测量三次，取其平均值。

（5）测试结果

$$\mu_t = t/t_0 \tag{3-11}$$

2. 旋转法

（1）原理　旋转黏度计测量黏度的基本原理是：浸于流体中的物体（如圆筒、圆锥、圆板、球及其它形状的刚性体）旋转，或这些物体静止而使周围的流体旋转时，这些物体将受到流体的黏性力矩的作用，黏性力矩的大小与流体的黏度成正比，通过测量黏性力矩及旋转体的转速求得黏度。

基于旋转法测定液体黏度的黏度计有同轴圆筒内旋式黏度计、单圆筒旋转式黏度计、外筒旋转式黏度计、锥/板式黏度计等多种。其中，同轴圆筒内旋式黏度计是测量低黏度流体黏度的一种基本仪器，测量元件由刻度盘、电机可动框架（电机壳体）、弹性元件（游丝）组成。在同轴安装的内筒（转子）、外筒间隙中加入一定量的液体，当电机带动内筒恒速转动时，液体受剪切产生的黏性力矩使电机可动框架偏转，弹性元件产生扭矩，当弹性力矩与黏性力矩平衡时，指针在刻度盘上指出一定的值，用该值计算被测液的黏度和转子常数。目前世界各国的同轴圆筒旋转黏度计大多采用的是内筒旋转式的，称为 Searle 系统，参见图 3-3。其优点是在外圆筒体不转动的情况下，采用夹套或其他方法比较容易控制测定时的温度，其不足之处是不能用于高转速下低黏度的样品测定，因作用在液体上的离心力能使层流最终转为湍流，影响了动力黏度的测定。我国的 RV 型、NXS-11 型、QNX 型、NDJ-79 型旋转黏度计等均属于此类。

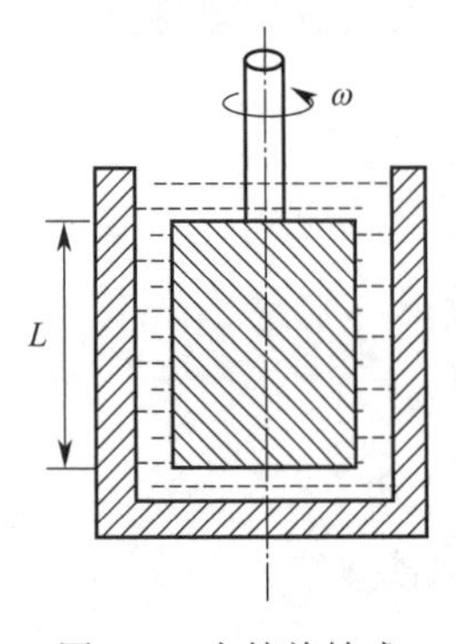

图 3-3　内筒旋转式结构示意图

（2）测试步骤

① 准备被测样品，置于直径不小于 70mm 的烧杯或容器中，准确控制液体的温度，准备测定。

② 将选配好的转子旋入连接螺杆上，旋转升降钮。使仪器缓慢下降，转子逐渐浸没于待测液中，直到转子液面标志和液面平齐，开启开关调节适当转速，进行测定。

③ 当指针趋于稳定，按下指针控制开关，读数。

④ 根据旋转系数等计算得到结果。

（3）影响因素

① 温度对测定值有十分重要的影响。温度升高，黏度下降，当温度偏差0.5℃时，有些液体黏度值偏差超过5%，对于精确测量，最好不要超过0.1℃。

② 连接螺杆和转子处应该保持干净，转子每次用完要及时清洗。

③ 正确选择转子，或调整转速。

④ 转子放入样品中时要避免产生气泡，否则测量出的黏度值会降低。

任务考核

一、单项选择题

1. 某聚合物溶液流经乌氏黏度计的时间为30s，溶剂流经黏度计的时间为24s，则聚合物的相对黏度为（　　）。

A. 1.25　　B. 1.28　　C. 2.15　　D. 0.8

2. 毛细管法测定试样黏度时，下列因素不会影响测试结果的是（　　）。

A. 湿度　　B. 温度　　C. 气泡　　D. 毛细管倾斜

3. 以下试样属于牛顿流体的是（　　）。

A. 聚乙烯溶液　　B. 聚丙烯溶液　　C. 水　　D. 聚氨酯溶液

二、简答题

1. 简述毛细管法测试聚合物稀溶液黏度的测定原理和测试的影响因素。

2. 说明旋转黏度计法测试聚合物胶黏剂黏度的关键影响因素。

素质拓展阅读

超高黏度合成润滑油实现技术突破

合成润滑油被广泛用于航空、汽车、机械等领域，常见的合成润滑油主要有聚烯烃类、合成酯类、聚醚类和烷基化芳烃等，其中聚烯烃类约占全球合成润滑油市场份额的45%，也是增长幅度最大、应用最广的合成油。聚烯烃合成润滑油主要有聚α-烯烃合成润滑油（PAO）和聚乙烯合成润滑油两大类，其中PAO是由α-烯烃经催化聚合加氢得到的、具有规整结构的烷烃低聚物。与传统矿物润滑油相比，PAO具有黏温性能、氧化安定性和低温流动性好，蒸发损失低等优势，是目前综合性能最为理想的润滑油基础油。

作为使用量最大、技术门槛最高的润滑油合成基础油，PAO生产技术长期被国外垄断。2023年，茂名石化研发生产出国内首个超高黏度指数合成润滑油新产品mPAO150，可应用在风电、航天、航海、高速列车等领域，实现了国内企业在该领域的突破，对于保障我国高端润滑油产业链安全、扭转我国高档润滑油合成基础油长期依赖进口的不利局面具有重要意义。为了实现科技自立自强，突破“卡脖子”关键核心技术，政府出台多项政策鼓励行业发展，国家和企业都在不断进行技术攻关，我国的科技实力正不断增强。

资料来源：中国石化新闻网

任务四 熔融温度测试

一、熔融温度概述

广义的熔融温度指物质从晶态转变为液态的温度。对于低分子物质的单组分体系，理论上认为转变温度与保持平衡的两相的相对数量无关，即转变发生在非常窄的温度范围内（约 0.2K）。结晶聚合物的熔化，在通常的升温速率下不呈现明确的熔融温度，而出现一小段温度范围。

熔融温度及其测试方法

标准《塑料 用毛细管法和偏光显微镜法测定部分结晶聚合物熔融行为（熔融温度或熔融范围）》（GB/T 16582—2008）中，方法 A（毛细管法）适用于部分结晶聚合物及它们的配混物，方法 B（偏光显微镜法）适用于有双折射结晶相的聚合物。

二、熔融温度的测试方法

熔融温度测试操作——毛细管法

1. 毛细管法

（1）原理 在控制升温速率的情况下对毛细管中的试样加热，观察其形状变化，将试样刚刚变透明或凝聚时的温度，作为该聚合物的熔融温度。

（2）主要设备

① 熔融设备。熔融设备结构如图 3-4 所示，主要由以下各部件组成。

a. 圆柱形金属块，上部中空并形成一个小腔。

b. 金属塞带有两个或多个孔，允许温度计和一个或多个毛细管装入金属块。

c. 用于金属块的加热系统，如封装在金属块中的电阻丝。

d. 如果采用电加热，应有调节功率输入的变阻箱。

e. 小腔内壁上的四个耐热玻璃窗，其布置是两两相对互成直角。一个视窗前面安装一个目镜，以便观察毛细管。其他三个视窗，借助灯光照明封闭的内部。

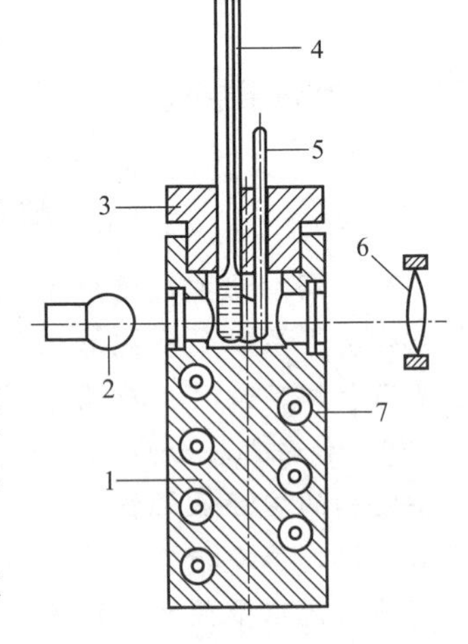

图 3-4 熔融温度测试设备
1—金属加热块；2—灯；3—金属塞；4—温度计；5—毛细管；6—目镜；7—电阻丝

② 毛细管。由耐热玻璃制成，一端封闭。毛细管的最大外径应为 1.5mm。

③ 温度计。应经过校准，分度值为 0.1℃。温度计的球泡所处的位置不能阻碍热扩散。

（3）测试试样

① 宜选用粒度不大于 100μm 的粉末或厚度为 10～20μm 的薄膜切片。如果受试样品为不易研成粉末的颗粒等，可用刀片切成约 5mm 长、截面尺寸

略小于毛细管内径的细丝。对比试验时，应使用粒度相同或相近（粉末状试样）或厚度近似（非粉末试样）的试样。

② 为了便于观察和比较，粉末状试样的装样高度为5～10mm，并可用自由落体法在坚硬表面上敲击以使其尽可能紧密填实。非粉末试样的切片（丝）长度也约为5mm。

③ 如果没有其他规定或约定，试样应在（23±2)℃和RH（50±5)%条件下状态调节3h后再进行测定。

（4）测试步骤

① 温度测量系统的校准。应在接近或包含试验所使用的温度范围内定期使用检验合格的标准物质（见表3-2）对仪器的温度测量系统进行校准。

② 把温度计和装好试样的毛细管插入加热空室中，开始快速加热。当试样温度到达比预期的熔融温度低大约20℃时，把升温速度调整到（2±0.5)℃/min。仔细观察并记录试样形状开始改变的温度。

③ 第二个试样重复上述操作步骤。如果同一操作者对同一样品测得的两个结果之差超过3℃，则结果无效，应另取两个新的试样重复上述操作。

结果表示是把上述测得的两个有效结果的算术平均值作为受试材料的熔点。

表3-2 校准用标准物质

名称	熔融温度/℃	名称	熔融温度/℃
L-薄荷醇	44.0	对氨基苯磺酰胺	165.7
偶氮苯	69.0	氢醌	170.3
8-羟基喹啉	75.5	琥珀酸	189.5
萘磺酸	80.2	2-氯蒽醌	208.0
苯酰	96.0	蒽	217.0
乙酰苯胺	113.5	邻苯甲酰磺酰亚胺	229.4
苯甲酸	121.7	锡	231.9
乙酰乙氧基苯胺	136.0	二氯化锡	247.0
己二酸	151.5	酚酞	261.5
铟	156.4		

（5）影响因素 由于温度计指示相对滞后的缘故，升温速率不同对测试结果将有一定的影响。随着升温速率的增加，试样熔融温度将逐渐变低。但在1.5～3℃/min范围内，熔融温度相差很小，因此升温速率建议为（2±0.5)℃/min。

2. 偏光显微镜法

（1）原理 当光射入晶体物质时，由于晶体对光的各向异性作用而出现双折射现象，当物质熔化，晶体消失时，双折射现象也随之消失。基于这种原理，把试样放在偏光显微镜的起偏镜和检偏镜之间进行恒速加热升温，则从目镜中可观察到试样熔融晶体消失时而发生的双折射消失的现象。把试样双折射消失时的温度定义为该试样的熔融温度。

（2）主要设备 测试仪器由一台带有微型加热台的偏光显微镜、温度测量装置及光源等组成，微型加热台有加热电源，台板中间有一个作为光通路的小孔，靠近小孔处有一个温度测量装置可插入的插孔。加热台上面有热挡板和玻璃盖小室以供通入惰性气体保护试样。

（3）测试试样 所需的试样量很少，只需2～3mg，除了粉状试样外，对于其他各种形状的试样都必须用刀片切取成0.02mm以下的薄片，而后按标准要求制备成供测定的试样，即将2～3mg的试样放在干净的载玻片上，并用盖玻片盖上，将此带有试样的玻片放在微型加热台上，加热到比受测材料的熔融温度高出10～20℃时，用金属取样勺轻压玻璃盖片，使之在两块玻片中间形成 0.01～0.05mm 的薄片，而后关闭加热电源，让其慢慢冷却，这样就制成了具有结晶体的试样。

（4）测试步骤

① 把已制备好的试样，放在偏光显微镜的加热台上，将光源调节到最大亮度，使显微镜聚焦，转动检偏镜得到暗视场。对于空气能引起降解的试样，必须在热挡板和玻盖片小室内通入一股微弱的惰性气体，以保护试样。

② 调节加热电源，以标准规定的升温速率进行加热，并注意观察双折射现象消失时的温度值，记下此时的温度，这就是试样的熔化温度值，即试样的熔融温度。

温度测量装置的准确与否直接影响其测试结果的可靠性，所以必须定期对测温装置进行校正，一般采用熔融温度固定而明显的物质作为校正的参照物，对于不同的温度范围，可分别采用表 3-2 中所列标准物质作为参照物。

校正时，把参照物作为试样放在玻片上，而后测定其熔融温度是否在其对应的范围内。为了更准确，最好在每次测定受试样品之前，用与受试材料的熔融温度相接近的参照物进行校正。

（5）影响因素

① 试样的状态对结果影响很大，因此在制备试样时，一定要轻微在盖玻片上施压，使之在两玻片中间形成 0.01～0.05mm 厚的膜。如不施加压力，熔化后试样表面不平整，对光的折射及反射就干扰了晶体的双折射，从而无法判定其熔化终点，或产生较大的误差。而试样量太多或膜太厚，也会导致观察到的熔点偏高或无法判定其熔化终点。还需指出，如果试样中含有玻璃纤维添加物，则玻璃纤维对光的反射及折射现象在整个测试过程中一直存在，这就无法判定受试材料的熔点。

② 升温速率对测定结果也有较大影响，因为现有的测试设备，大都是采用水银温度计作为测温装置，升温速率越快，则温度计指示值滞后越大，所读取的熔点值偏低，所以升温速率不能太快，特别是在到达比试样的熔点低 10～20℃的温度，一定要以 1～2℃/min 的速率升温。

③ 对于某些材料，在加热过程中空气能引起氧化、降解，从而造成无法观察到双折射消失的现象，对于这类试样，就要用惰性气体对其进行保护，一般可采用氮气。如 PA66，若没有用氮气对试样进行保护，当温度达到 230℃左右时，试样就被氧化而变成深黄色，导致无法用显微镜继续观察，测不出其熔点（253～254℃）。

任务考核

一、填空题

1. 熔融温度是指物质从______转变为______的温度。

2. __________法不适用于测定含有颜料的改性聚合物的熔融温度。

3. 采用毛细管法测定熔融温度，试样宜选用粒度不大于______的粉末或厚度为______的薄膜切片。

二、简答题

1. 毛细管法测定部分结晶聚合物熔融温度的影响因素有哪些？

2. 偏光显微镜法测定部分结晶聚合物熔融温度的影响因素有哪些？

素质拓展阅读

超高分子量聚乙烯助力港珠澳大桥建设

历时 9 年打造的总价值超千亿元的港珠澳大桥，集桥梁、人工岛和隧道于一体，全长 55 公里，是世界总体跨度最长、钢结构桥体最长、海底沉管隧道最长的跨海大桥，其设计使用寿命长达 120 年，打破了世界上同类型桥梁的“百年惯例”。“一桥连三地，天堑变通途”。作为连接港珠澳的超大型跨海通道，这座盘踞在伶仃洋上的巨龙集合了中国千千万万研发人员的心血和脑力，被评为“新世界七大奇迹之一”。港珠澳大桥“收官之战”接头安装发挥作用的吊带，正是由 14 万根超高分子量聚乙烯纤维（UHMW-PE）组成。

超高分子量聚乙烯纤维，又称高强高模聚乙烯纤维，是具有重复单元$\left[C_2H_4\right]_n$的线性聚乙烯，最低聚合度 n 约为 36000，平均分子量在 100 万～500 万。20 世纪 70 年代末被研发出来，是一类新兴的高性能特种聚合物。超高分子量聚乙烯纤维具有高强高模、质轻（密度小于 1）、高能量吸收、化学稳定、耐水、耐光、耐疲劳、耐磨损、耐弯曲、耐低温、电波易透射等诸多优良特性（表 3-3），与碳纤维、芳纶纤维合称“三大高性能纤维”，是目前世界上比强度和比模量最高的纤维（表 3-4）。

表 3-3 UHMW-PE 纤维基本物理参数

物理性质	参数	物理性质	参数
强度	28～40g/d	熔点	144～155℃
模量	1000～1300g/d	热导率(沿纤维轴向)	20W/(m·K)
密度	0.97g/cm^3	散热系数	-12×10^{-6}K
断裂伸长率	<3%	电阻	$>10^{14}\Omega$
总纤度	800～2400den	电介质强度	900kV/cm
单丝纤度	3.5～4.0den	介电常数(22℃、10GHz)	2.25
抗紫外线性	优良	损耗因数	2×10^{-4}

注：1den=0.111tex。

表 3-4 常见特种纤维性能对比

纤维类型	密度/(g/cm^3)	强度/(g/d)	模量/(g/d)	伸长率/%
超高分子量聚乙烯纤维	0.97	35	1100	2.3
芳纶	1.44	23	470	3.6
碳纤维(高强)	1.78	22	1500	1.4
碳纤维(高模)	1.85	14	2400	0.5
E 玻璃纤维	2.60	15	315	4.8
钢纤维	7.86	2	225	1.8

凭借自身的极佳性能，超高分子量聚乙烯纤维在国防军工、民用工业领域中如鱼得水，同时也是强国强军的重要战略物资。如直升机、坦克和舰船的装甲防护板、雷达的防护外壳罩、导弹罩、航天飞机着陆的减速降落伞和飞机上悬吊重物的绳索等等都能看到它的身影。此外，在桥梁和其他建筑上，超高分子量聚乙烯纤维还可以被用作混凝土增强材料。在环保当道之时，这种将绿色可持续的理念融入新材料中已经成为大势所趋。正基于此，在诸如隧道、大坝、铁路高架上，它的价值也愈发得到体现。港珠澳大桥的庞大工程，从科研阶段到开工建设再到建成，科技创新的理念贯穿始终，这为我国未来交通建设行业的自主创新、技术进步起到了巨大的引领作用，也为高分子新材料在交通领域的创新应用提供了广阔舞台。

拓展练习

1. 浸渍法塑料密度测量的影响因素有哪些？如何减小影响？

2. 塑料水分含量是影响塑料的加工工艺、产品外观和产品特性的一个重要因素，试综述常见工程塑料含水量超标时的具体影响。

3. 聚四氟乙烯（PTFE）中空纤维膜因其优异的耐化学腐蚀性、耐高温性和良好的力学性能，适合处理高污染废水。然而 PTFE 固有的强疏水性阻碍了其在水处理中的应用，试简述如何对 PTFE 膜进行亲水改性。

4. 泡沫塑料是由大量气体微孔分散于固体塑料中而形成的一类高分子材料，具有质轻、隔热、吸音、耐腐蚀、减震等特性，且介电性能优于基体树脂。请你查询标准，简述泡沫塑料的密度测定方法。

5. PP-R 管材具有很好的耐高温性能和耐压强度，且高温蠕变性能好，但其缺点是低温脆性高；而 PP-B 耐低温性能较好，但长期耐高温的性能较差。由于市场及广大消费者对 PP-R 管材的接受及认可程度更高，导致有些企业添加 PP-B 原料或全部使用 PP-B 原料生产冒充 PP-R 产品。可否基于熔融温度指标鉴别产品材质？

项目四 力学性能测试

项目导言

高分子材料是一种轻而强的材料，在使用时通常要求具有必要的力学性能。根据材料变形及破坏所需时间的长短，高分子材料力学性能测试可分为短期、长期及表面类。短期测试包括拉伸试验、冲击试验、弯曲试验和压缩试验等，长期测试包括蠕变、疲劳和应力松弛等，表面包括硬度和磨耗等。不同种类的高分子材料分子结构特点不同，力学性能各不相同。随着高分子材料应用范围的不断扩大，人们只有掌握其力学性能的一般规律和特点，才能合理选择所需的高分子材料。

蠕变现象是高分子材料在一定的温度和远低于该材料断裂强度的恒定外力作用下，材料的形变随时间增加而逐渐增大的现象。蠕变现象严重说明高分子制品的尺寸很不稳定，所以在选择受力产品的原料时，要了解材料的蠕变性能，以便合理地设计产品的尺寸和形状。高分子材料的蠕变性能可通过蠕变试验进行分析。

认识力学性能及其测试

疲劳是高分子材料在交变的周期性应力或频繁的重复应力作用下，导致力学性能减弱或破坏的过程。疲劳使高分子材料不能发挥固有的力学性能，在应力远小于静态应力的强度值时就破坏，最初在产品上产生微小疲劳裂纹，然后裂纹逐渐增大，最终完全破坏。高分子材料的耐疲劳性可以用疲劳试验机通过疲劳试验进行分析。

应力松弛是高分子材料在恒定形变下，应力随时间逐渐衰减的现象。不同高分子材料的应力松弛差异很大，在选材和使用时，对不同材料的应力松弛要求不同。橡胶和低模量高分子材料的应力松弛现象，可以使用简单的杠杆式拉伸应力松弛仪通过应力松弛试验进行分析。

耐磨性是高分子材料抵抗机械磨损的能力。在工程上，常用高分子材料来制造各种机械的减摩耐磨零件，因此测试高分子材料的耐磨性很有必要。高分子材料的耐磨性可以通过摩擦性能和磨耗性能进行分析，摩擦性能主要是指材料的摩擦系数，磨耗性能主要是指摩擦过程中，材料表面的损失量。

基于在实际应用过程中，各力学性能的测试频率，本项目详细介绍高分子材料拉伸性能、压缩性能、弯曲性能、冲击性能和硬度的测试方法，为学生从事相关测试工作打下基础。

素质目标

- 具有民族自信、文化自信和行业自信。
- 具有钻研精神、奋斗精神和团队合作意识。
- 具有资源循环利用意识、环保意识和节能降耗意识。
- 具有依据标准、客观公正的职业素养。

知识目标

- 掌握高分子材料拉伸性能、压缩性能、弯曲性能、冲击性能和硬度的术语。
- 熟知高分子材料拉伸性能、压缩性能、弯曲性能、冲击性能和硬度的测试标准。
- 掌握高分子材料拉伸性能、压缩性能、弯曲性能、冲击性能和硬度的测试原理和方法。

技能目标

- 能正确解读高分子材料拉伸性能、压缩性能、弯曲性能、冲击性能和硬度的测试标准。
- 能按要求进行高分子材料拉伸性能、压缩性能、弯曲性能、冲击性能和硬度测试。
- 能分析高分子材料拉伸性能、压缩性能、弯曲性能、冲击性能和硬度的测试影响因素。

任务一 拉伸性能测试

一、拉伸性能概述

高分子材料的拉伸性能是力学性能中最重要、最基本的性能之一，几乎所有的塑料都要测试拉伸性能的各项指标，这些指标的大小很大程度上决定了该塑料的应用场合。

拉伸试验是对试样沿纵轴方向施加静态拉伸负荷，使其破坏，通过测定试样的屈服力、破坏力和试样标距间的伸长量来求得试样的拉伸强度和断裂伸长率。

（1）标距（L_0） 试样中间部分两标线之间的初始距离，以 mm 为单位。

（2）截面积（A） 试样初始宽度和厚度的乘积，以 mm^2 为单位。

（3）拉伸应力（σ） 在试样标距长度内，每单位原始横截面积上所受的法向力，以MPa为单位。

（4）拉伸强度（σ_m） 在拉伸试验过程中，观测到的最大初始应力，以MPa为单位。

（5）拉伸应变（ε） 原始标距单位长度的增量，用无量纲的比值或百分数（%）表示。

（6）拉伸断裂应变（ε_b） 对断裂发生在屈服之前的试样，应力下降至小于或等于强度的10%之前最后记录的数据点对应的应变，用无量纲的比值或百分数（%）表示。

二、应力-应变曲线

用一定速度拉伸，由应力-应变相应值对应绘出的曲线。通常用应力值σ作为纵坐标，应变值ε作为横坐标，如图4-1所示。应力-应变一般分为弹性形变区和塑性形变区两个部分。在弹性形变区域，材料发生可完全恢复的弹性形变，应力-应变成正比例关系。曲线中直线部分的斜率即是拉伸弹性模量值，它代表材料的刚性，弹性模量越大刚性越好。在塑性形变区，应力和应变增加不再成正比关系，最后出现断裂。

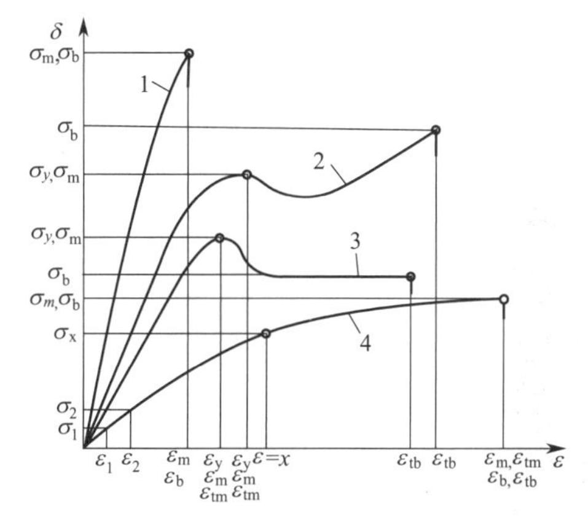

图4-1 典型应力-应变曲线

σ_m—拉伸强度；σ_b—拉伸断裂应力；σ_y—拉伸屈服应力；ε_m—拉伸强度拉伸应变；ε_b—拉伸断裂应变；ε_y—拉伸屈服应变；ε_{tm}—拉伸强度标称应变；ε_{tb}—拉伸断裂标称应变

注：曲线1为脆性材料，其断裂应变低并且无屈服；曲线2和3为有屈服点的材料；曲线4为类似橡胶的柔软材料，其断裂应变较大（>50%）

三、拉伸性能测试方法

塑料拉伸试验方法可按照标准GB/T 1040.1—2018《塑料　拉伸性能的测定　第1部分：总则》、GB/T 1040.2—2022《塑料　拉伸性能的测定　第2部分：模塑和挤塑塑料的试验条件》、GB/T 1040.3—2006《塑料　拉伸性能的测定　第3部分：薄膜和薄片的试验条件》、GB/T 1040.4—2006《塑料　拉伸性能的测定　第4部分：各向同性和正交各向异性纤维增强复合材料的试验条件》、GB/T 1040.5—2008《塑料　拉伸性能的测定　第5部分：单向纤维增强复合材料的试验条件》进行。

拉伸性能测试方法

1. 原理

沿试样纵轴方向恒速拉伸，直到试样断裂或其应力（负荷）或应变（伸长）达到某一预定值，测量在这过程中试样承受的负荷及其伸长率。

拉伸应力可用式(4-1)计算：

$$\sigma=\frac{F}{A} \tag{4-1}$$

式中，σ 为拉伸应力，MPa；F 为所测的对应负荷，N；A 为试样原始横截面积，mm^2。

此拉力使试样拉伸到一定长度时，拉伸应变 ε 按式(4-2)计算：

$$\varepsilon=\frac{\Delta L_0}{L_0}\times 100\% \tag{4-2}$$

式中，ε 为拉伸应变，%；ΔL_0 为试样标距间长度的增量，mm；L_0 为试样的标距，mm。

2. 主要设备

试验机应符合 GB/T 17200—2008 的规定。图 4-2 为电子万能试验机，可以对多种材料进行拉伸、压缩、弯曲、剪切等力学性能测试，是一种能够测量材料性能的万能试验机。电子万能试验机采用电子传感器将试验过程中产生的力信号转化为电信号，然后由计算机进行数据采集和处理，最后通过软件计算出试样的拉伸、压缩、弯曲等力学性能指标。图 4-3 为拉伸试验装置。

图 4-2 电子万能试验机

图 4-3 拉伸试验装置

试验机应能达到表 4-1 中所规定的试验速度。

表 4-1 推荐的试验速度

速度/(mm/min)	允差/%
0.125	±20
0.25	
0.5	
1	
2	
5	
10	
20	±10
50	
100	
200	
300	
500	

3. 测试试样

模塑和挤塑塑料试样应为如图 4-4 和表 4-2 所示的 1A 型和 1B 型的哑铃形试样。直接模塑的多用途试样应选用 1A 型，机加工试样应选用 1B 型，压塑试样也可选用 1A 型。

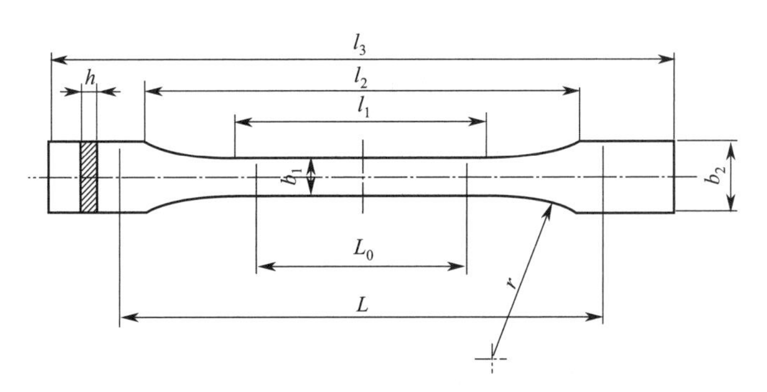

图 4-4 1A 型和 1B 型试样

表 4-2 1A 型和 1B 型试样的尺寸 单位：mm

符号	名称	1A	1B
l_3	总长度	170	≥150
l_1	窄平行部分的长度	80.0±2	60.0±0.5
r	半径	24±1	60±0.5
l_2	宽平行部分的距离	109.3±3.2	108.0±1.6
b_2	端部宽度	20.0±0.2	
b_1	窄部分宽度	10.0±0.2	
h	优选厚度	4.0±0.2	
L_0	标距(优选)	75.0±0.5	50.0±0.5
	标距(质量控制或规范时)	50.0±0.5	
L	夹具间的初始距离	115±1	115±1

注：由 l_1、r、b_1 和 b_2 获得的结果应在规定的允差范围内。

若因任何原因不能使用 1 型标准试样时，可使用 1BA 型、1BB 型（图 4-5、表 4-3)、5A 型和 5B 型（图 4-6、表 4-4)，或 GB/T 37426—2019 中规定的试样。

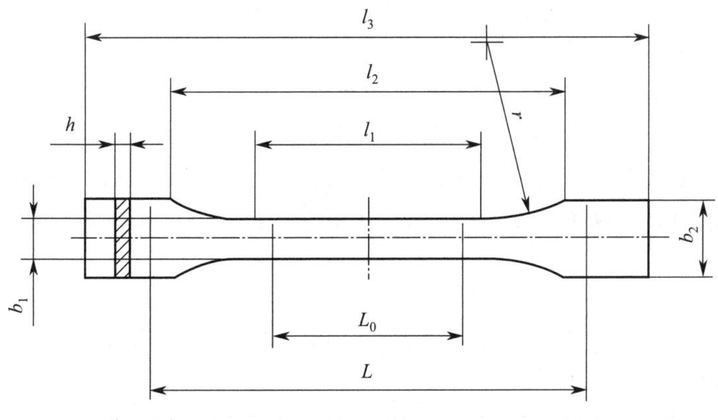

图 4-5 1BA 和 1BB 型试样

表 4-3 1BA 和 1BB 型试样的尺寸 单位：mm

符号	名称	1BA	1BB
l_3	总长度	≥75	≥30
l_1	窄平行部分的长度	30.0±0.5	12.0±0.5
r	半径	≥30	≥12
l_2	宽平行部分的距离	58±2	23±2
b_2	端部宽度	10.0±0.5	4.0±0.2
b_1	窄部分宽度	5.0±0.5	2.0±0.2
h	厚度	≥2	≥2
L_0	标距	25.0±0.5	10.0±0.2
L	夹具间的初始距离	$l_{2\,0}^{+2}$	$l_{2\,0}^{+1}$

注：除厚度外，1BA 型和 1BB 型试样分别比照 1B 型试样按 1∶2 和 1∶5 比例系数缩小。

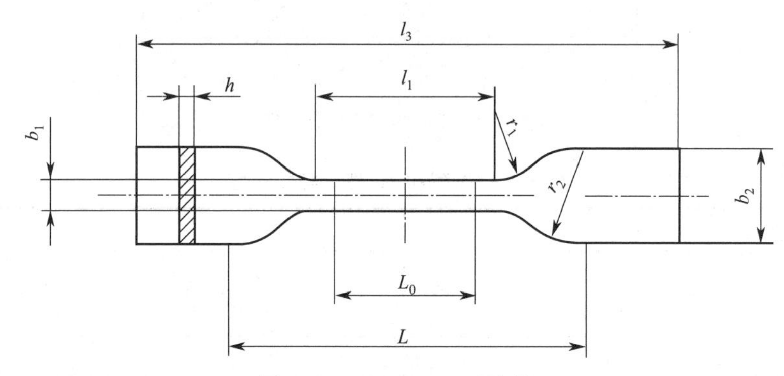

图 4-6 5A 型和 5B 型试样

表 4-4 5A 型和 5B 型试样尺寸 单位：mm

符号	名称	5A	5B
l_3	总长度	≥75	≥35
l_1	窄平行部分的长度	25±1	12±0.5
r_1	小半径	8±0.5	3±0.1
r_2	大半径	12.5±1	3±0.1
b_2	端部宽度	12.5±1	6±0.5
b_1	窄部分宽度	4±0.1	2±0.1
h	厚度	2±0.2	1±0.1
L_0	标距	20±0.5	10±0.2
L	夹具间的初始距离	50±2	20±2

应按照相关材料规范制备试样，当无规范或无其他规定时，以适宜的方法把材料直接压塑或注塑制备试样。

如果使用光学引伸计，特别是对于薄片和薄膜，应在试样上标出规定的标线，标线与试样的中点距离应大致相等。标线不能刻划、冲刻或压印在试样上，以免损坏被测材料。

测试前，试样应按其材料标准的规定进行状态调节，除另有商定，如高温或低温试验除外，若无相关标准时，应从 GB/T 2918—2018 中选择最合适的条件进行状态调节。

4. 测试条件

（1）试验环境 试验环境跟试样状态调节环境一致。

（2）测试速度

① 按有关材料的相关规定或有关方商定根据表 4-1 确定试验速度。

② 测定弹性模量、屈服点前的应力/应变性能及测定拉伸强度和最大伸长率时，可能需要采用不同的速度。对于每种试验速度，应分别使用单独的试样。

③ 测定弹性模量时，选择的试验速度应尽可能使应变速率接近每分钟1%标距。

④ 测定模塑和挤塑塑料的弹性模量时，1A型和1B型试样的试验速率为1mm/min。

⑤ 测定各向同性和正交各向异性纤维增强复合材料性能时：对于1B型试样，常规质量控制时为10mm/min，测定最大伸长和拉伸弹性模量时为2mm/min；对于2型和3型试样，常规质量控制时为5mm/min，测定最大伸长和拉伸弹性模量时为2mm/min。

⑥ 测定单向纤维增强复合材料性能时：对于A型试样，其试验速率为2mm/min；对于B型试样，其试验速率为1mm/min。

5. 测试步骤

（1）启动前检查　打开主机电源之前须检查各插接线是否正确无误，检查操作盒与电源之间接线是否正确无误，检查测力传感器接线是否正确无误，检查主机与电脑接线是否正确无误，检查上、下限位是否在安全的位置。

（2）启动试验机　检查无误后给仪器送电，旋转弹出试验机主机电源（即“紧停”按钮），电源指示灯亮，主机系统开机后必须预热20min，方可正常工作。

塑料拉伸性能测试操作

打开电脑，双击桌面测试系统软件图标，启动软件。选择拉伸试验项目，检查软件与仪器主机是否连接成功，显示连接成功可以进行下一步试验，如果没有成功连接，关闭试验机主机电源，关闭电脑，检查信号线是否连接正确，确定无误后再次启动主机和电脑。

仪器预热20min后，按动操作盒的上、下、停止操作键，查看主机是否运行正常，如遇紧急情况，应按下操作盒上的停止按钮或主机上的红色“紧停”按钮。

（3）输入试样信息　依据要进行的试验次数，新建相应的试验记录条数；并填入相应的试验环境、试样尺寸等相关数据。

（4）仪器试运行　安装拉伸夹具，调整横梁限位装置，确保横梁移动不会超过范围导致夹具或装置损坏，并选择适当的速度使试验机升降运行一下，确定各系统运行正常。

（5）开始试验

① 依据试样和塑料类型，设定合适的试验速度。

② 调节试验机上装放试样的位置，装放好试样，试样的长轴线与试验机的轴线成一条直线，且基本处于不受力状态，保证测试过程中试样不产生滑移。

③ 将变形、位移、时间等清零。

④ 按下控制板的“开始”按钮，在试验过程中，密切注视试验的进程。

⑤ 试验完成后“试验结束”按钮自动按下，保存试验曲线和分析结果，并打印试验报告。

⑥ 退出试验操作软件，关闭电脑，关闭主机电源，按下“紧停”按钮。

6. 测试结果

（1）拉伸强度　在拉伸试验过程中，观测到的最大初始应力，可通过式(4-3)计算：

$$\sigma_m = \frac{F_m}{A} \tag{4-3}$$

式中，σ_m为拉伸强度，MPa；F_m为最大初始应力，N；A为试样原始横截面积，mm^2。

（2）断裂伸长率　如果拉伸试样断裂时，横梁位移为ΔL_D，那么断裂伸长率可以通过式(4-4)计算：

$$\varepsilon_D=\frac{\Delta L_D}{L}\times 100\% \tag{4-4}$$

式中，ε_D 为断裂伸长率，%；ΔL_D 为横梁位移，mm；L 为夹具初始距离，mm。

技术提示

（1）测试之前要准确测量试样的尺寸，按要求输入电脑软件，以免造成计算误差。

（2）试验前，需选择合适的标距，并对标距进行准确性检查。

（3）试样安装时，夹具要夹紧试样，避免在测试过程中脱落。

（4）按要求选择测试速度。

（5）试验前，设备设置合适的上下限位，以保护设备。

（6）在试验过程中，操作人员不得离开，以防突发事故造成设备损坏。当运行将发生碰撞或需要紧急制动时，按紧急制动按钮停止设备运行。

四、主要影响因素

（1）成型条件　制品的成型条件就是制作制品的过程所受的热、分子取向作用等，影响其力学性能。

（2）温度与湿度　热固性树脂不会因温度不同而得到不同曲线。热塑性树脂，伴随着温度上升，曲线从硬脆性向黏弹性转移。一般来说，橡胶的拉伸强度和拉伸应力随温度的升高而逐渐下降，断裂伸长率则有所增加，对于结晶速度不同的胶种更明显。

水分子可在材料内部形成水膜或破坏材料内部结构，一般情况下，对于吸水率较高的树脂，拉伸强度随着湿度的升高而降低，吸水率较低的树脂，湿度对其拉伸性能影响较小。

（3）变形速度　变形速度改变，塑料和橡胶的力学行为也就改变。一般情况下拉伸速度快，拉伸强度增大，伸长率减小。

（4）其它因素　试样厚度增加拉伸强度降低；试样需经过一定停放时间消除内应力，才能进行测试。

课堂拓展

测试试样部分重点介绍了模塑和挤塑塑料试样，其它测试试样（薄膜和薄片、各向同性和正交各向异性、单向纤维增强）详见 GB/T 1040.3—2006《塑料　拉伸性能的测定　第 3 部分：薄膜和薄片的试验条件》、GB/T 1040.4—2006《塑料　拉伸性能的测定　第 4 部分：各向同性和正交各向异性纤维增强复合材料的试验条件》、GB/T 1040.5—2008《塑料　拉伸性能的测定　第 5 部分：单向纤维增强复合材料的试验条件》。

任务考核

一、判断题

1. 制品的成型条件就是制作制品的过程所受的热、分子取向作用等，影响其力学性能。（　）

2. 热固性树脂不会因温度不同而得到不同的应力-应变曲线。（　）

3. 热塑性树脂，伴随着温度上升，应力-应变曲线从硬脆性向黏弹性转移。（　）

4. 一般来说，橡胶的拉伸强度和拉伸应力随温度的升高而逐渐上升，断裂伸长率则有所下降。（ ）

5. 一般情况下拉伸速度快，拉伸强度增大，伸长率减小。（ ）

二、单项选择题

1. 测定模塑和挤塑塑料的弹性模量时，1A 型和 1B 型试样的试验速率为（ ）。

A. 1mm/min B. 2mm/min C. 5mm/min D. 20mm/min

2. 对于 1B 型试样，常规质量控制时为 10mm/min，测定最大伸长和拉伸弹性模量时为（ ）。

A. 1mm/min B. 2mm/min C. 5mm/min D. 10mm/min

3. 对于 2 型和 3 型试样，常规质量控制时为（ ），测定最大伸长和拉伸弹性模量时为 2mm/min。

A. 2mm/min B. 5mm/min C. 10mm/min D. 20mm/min

三、简答题

1. 简述拉伸性能测试的意义。

2. 简述拉伸性能测试的原理。

素质拓展阅读

突破高通量技术应用瓶颈，促进材料研发数字化转型发展

国家先进高分子材料产业创新中心以提高高分子材料领域自主创新能力为目标，学习借鉴与原创相结合，自主研发出具有自主可控知识产权的智能化高通量的材料实验室测试系统——测迅达 TM 模块化自动测试系统。该系统可应用于材料及制品检测实验室，提升材料物理力学性能的检测效率及准确性，以自动技术替代重复繁杂的检测工作释放人力资源，以全流程、可追溯、数字化助力企业实现全信息化闭环式管理，通过模块化设计，智能化融合，将先进的光学自动尺寸测量系统、自动力学性能测试系统和数据集成系统协同整合，可以满足 GB/T 1040.2、ASTM D 638、ISO 16012 等标准要求。

该智能化测试系统突破进口设备难以实现高通量、与国内信息化检测系统进行直接对接等问题，填补国内相关领域的技术空白，有效降低企业研发成本，为我国材料研发型企业智能化、数字化转型提供有力保障。

任务二
压缩性能测试

一、压缩性能概述

材料的压缩性能是基本的力学性能，是产品质量控制和制品使用性能的重要指标。

压缩试验是描述材料在压缩载荷和均匀加载速率行为下的试验方法。通过压缩试验，可得到一系列有关压缩性能的数据，如弹性模量、屈服应力、压缩强度、压缩应变等，塑料的压缩性能试验根据 GB/T 1041—2008《塑料 压缩性能的测定》进行。

（1）标距（L_0） 试样中间部分两个标线之间的初始距离，单位为毫米（mm）。

（2）压缩应力（σ） 试样单位原始横截面积所承受的压缩负荷，单位为兆帕（MPa）。

（3）压缩强度（σ_M） 在压缩试验中，试样所承受的最大应力，单位为兆帕（MPa）。

（4）压缩应变（ε） 每单位原始标距 L_0 的长度的减少量，为比值或百分数（%）。

（5）标称压缩应变（ε_c） 试样每单位原始长度 L 的减少量，为比值或百分数（%）。

（6）压缩模量（E_c） 应力差（$\sigma_2-\sigma_1$）与对应的应变差（$\varepsilon_2-\varepsilon_1=0.0025-0.0005$）之比，单位为兆帕（MPa）。

二、压缩性能测试方法

压缩性能测试

1. 原理

沿着试样主轴方向，以恒定的速度压缩试样，直至试样发生破坏或达到某一负荷或试样长度的减少值达到预定值，测定试样在此过程的负荷。

2. 主要设备

图 4-7 压缩试验装置

压缩试验可用电子万能试验机进行，见图 4-2。图 4-7 为压缩试验装置。

试验机应能保持表 4-5 规定的试验速度。若采用其他速度，在速度低于 20mm/min 时，试验机的速度公差应在 ±20%之内；而速度大于 20mm/min 时，公差应在 ±10%之内。

表 4-5 压缩性能试验速度推荐值

试验速度 v/(mm/min)	允差/%	试验速度 v/(mm/min)	允差/%
1	±20	10	±20
2	±20	20	±10[①]
5	±20		

① 该公差是小于 GB/T 17200—2008 指示的值。

3. 测试试样

试样应为棱柱、圆柱或管状，表 4-6 给出优选类型和试样尺寸。

表 4-6 优选类型和试样尺寸

类型	测量性能	长度 l/mm	宽度 b/mm	厚度 h/mm
A	压缩模量	50±2	10±0.2	4±0.2
B	压缩强度	10±0.2		

当试样不够或受产品几何形状的制约而不能使用优选试样时，可使用小试样，小试样标称尺寸见表 4-7。

表 4-7　小试样的标称尺寸

尺寸	1 型	2 型
厚度 h/mm	3	3
宽度 b/mm	5	5
长度 l/mm	6	35

应按照相关材料规范制备试样，测试前，试样应按其材料标准的规定进行状态调节，除另有商定，如高温或低温试验除外，若无相关标准时，应从 GB/T 2918—2018 中选择最合适的条件进行状态调节。

4. 测试条件

（1）试验环境　跟试样状态调节环境一致。

（2）试验速度选择　当没有材料规范时，调整到由表 4-5 给出的最接近以下关系式的值：

$v=0.02l$，用于压缩模量测定；

$v=0.1l$，用于在屈服前破坏的材料压缩强度测定；

$v=0.5l$，用于有屈服的材料压缩强度的测定。

对于优选试样，试验速度为：

1mm/min（$l=50$mm），用于压缩模量的测量；

1mm/min（$l=10$mm），用于屈服前就破坏的材料压缩强度测量；

5mm/min（$l=10$mm），用于具有屈服的材料的压缩强度测量。

5. 测试步骤

① 沿着试样的长度测量其宽度、厚度和直径，并计算横截面积的平均值。测量每个试样的长度应准确至 1%。

② 把试样放在试验机两压板之间，使试样中心线与两压板中心连线一致，应保证试样的两个端面与压板平行。调整试验机使试样端面刚好与压板接触，并把此时定为测定变形的零点。

③ 按照材料规范调整试验速度 v。

④ 开动试验机并记录下列各项：

a. 记录适当应变间隔时的负荷及相应的压缩应变；

b. 试样破裂瞬间所承受的负荷，单位为 N；

c. 如试样不破裂，记录在屈服或偏置屈服点及规定应变值为 25%时的压缩负荷，单位为 N；

d. 在测定压缩模量时，应在试验过程中以适当间隔读取施加的负荷值和对应的变形值，并以负荷为纵坐标，形变为横坐标绘出负荷-形变曲线；

e. 在试验过程中，测定试样的力（应力）和相应的压缩量（应变），现在有些试验机已具有自动记录系统可获得一条完整的负荷-形变或应力-应变曲线，然后由初始直线部分的斜率求得压缩模量。

6. 测试结果

（1）压缩应力　按式(4-5）计算压缩应力：

$$\sigma=\frac{F}{A} \tag{4-5}$$

式中，σ 为压缩应力，MPa；F 为测出的力，N；A 为试样的原始面积，mm^2。

（2）压塑应变　按式(4-6) 计算压塑应变：

$$\varepsilon=\frac{\Delta L_0}{L_0} \quad 或\ \varepsilon=100\times\frac{\Delta L_0}{L_0} \tag{4-6}$$

式中，ε 为压塑应变，无量纲或%；ΔL_0 为试样标距间长度的减量，mm；L_0 为试样的标距，mm。

（3）标称压塑应变　按式(4-7) 计算标称压塑应变：

$$\varepsilon_c=\frac{\Delta L}{L} \quad 或\ \varepsilon_c=100\times\frac{\Delta L}{L} \tag{4-7}$$

式中，ε_c 为标称压塑应变，无量纲或%；ΔL 为压缩板间距离的减量，mm；L 为压缩板间的初始距离，mm。

（4）压缩模量　按式(4-8) 测定压缩模量：

$$E_c=\frac{\sigma_2-\sigma_1}{\varepsilon_2-\varepsilon_1} \tag{4-8}$$

式中，E_c 为压缩模量，MPa；σ_1 为应变值 $\varepsilon_1=0.0005$ 时测量的应力值，MPa；σ_2 为应变值 $\varepsilon_2=0.0025$ 时测量的应力值，MPa。

压缩应力和模量计算到 3 位有效数字，压缩应变计算到 2 位有效数字。

技术提示

（1）试样要根据需求选择合适的尺寸。

（2）按要求选择合适的测试速度。

（3）试验前，设备设置合适的上下限位，以保护设备。

（4）在试验过程中，操作人员不得离开，以防突发事故造成设备损坏。当运行将发生碰撞或需要紧急制动时，按紧急制动按钮停止设备运行。

三、主要影响因素

（1）试样尺寸　无论是热塑性塑料还是热固性塑料均随试样高度的增加，其总形变值增加，而压缩强度和相对应变值减小。这是由于试样受压缩时，其上下端面与压机压板之间产生较大的摩擦力，从而阻碍试样上下两端面的横向变形，试样高度越小其影响就越明显。

（2）摩擦力　为了验证试样的端面与试验机上下压板之间的摩擦力对压缩强度的影响，可在试样的端面上涂以润滑剂，并与不涂润滑剂的试样作比较，可以看出：涂润滑剂的试样由于减少了试样端面与压机压板间的摩擦力，压缩强度有所下降；涂润滑剂的试样在接近破坏负荷时才出现裂纹，而未涂润滑剂的试样在距破坏负荷较远时就已经出现裂纹。

（3）试验速度　随着试验速度的增加，压缩强度与压缩应变值均有所增加。其中试验速度在 1～5mm/min 时变化较小；速度大于 10mm/min 变化较大。因此同一试验试样必须在同一试验速度下进行，否则会得到不同的结果。

大多数国家都规定选用较低的试验速度，这是因为高分子材料属黏弹性材料，只有在较低的试验速度下均匀加载，才能更有利于反映材料的真实性能，有利于提高变形测量的准确性。

（4）试样两端面平行　当试样两端面不平行时，试验过程中将不能使试样沿轴线均匀受压，从而形成局部应力过大而使试样过早产生裂纹和破坏，压缩强度必将降低。因此，标准规定：试样端面各点的高度差应不大于0.1mm，否则将影响试验结果。

微视角

荷兰的一个研究小组对22名志愿者的血液进行了测试。结果发现，他们中有17人，即约77%，血液中含有"可量化"的微塑料。其中50%的志愿者血液中发现了聚对苯二甲酸乙二醇酯（PET），36%的志愿者血液中发现了聚苯乙烯（PS），23%的志愿者血液中发现了聚乙烯（PE）。那么这些塑料是怎么进入人体血液的呢？

任务考核

一、判断题

1. 无论是热塑性塑料还是热固性塑料，随试样高度的增加，其总形变值增加，而压缩强度和相对应变值减小。（　　）

2. 涂润滑剂的试样由于减少了试样端面与压机压板间的摩擦力，压缩强度有所下降。（　　）

3. 随着试验速度的增加，压缩强度与压缩应变值无明显变化。（　　）

4. 同一试验试样必须在同一试验速度下进行，否则会得到不同的结果。（　　）

5. 当试样两端面不平行时，试验过程中将不能使试样沿轴线均匀受压，从而形成局部应力过大而使试样过早产生裂纹和破坏，压缩强度必将降低。（　　）

二、单项选择题

1. 标准规定：试样端面各点的高度差应不大于（　　），否则将影响试验结果。

A. 0.05mm　　B. 0.1mm　　C. 0.2mm　　D. 0.4mm

2. 对于各向异性的材料，每一样品至少试验（　　）个试样。

A. 5　　B. 8　　C. 10　　D. 15

3. A型优选试样的尺寸为（　　）。

A. 长50mm，宽10mm，厚4mm　　B. 长100mm，宽10mm，厚4mm

C. 长50mm，宽12mm，厚4mm　　D. 长100mm，宽12mm，厚4mm

三、简答题

1. 简述压缩性能测试的意义。

2. 简述压缩性能测试的原理。

素质拓展阅读

中国高分子化学奠基开拓人——冯新德院士

冯新德院士，1915年出生于江苏吴江，高分子化学家。1937年毕业于清华大学化学系，1945年考取教育部公费留美，1946年入美国圣母大学研究院化学系，连续三年获美国通用轮胎与橡胶公司奖学金，1948年获博士学位。同年回国任清华大学化学系教授，1949年在国内率先开设高分子化学课程，为中国高分子化学奠基开拓人之一。1952年院系调整任北京大学教授，1958年成立全国第一个高分子化学教研室并任室主任至1986年。长期以来从事高分子化学教学与基础研究，领域涉及烯类自由基聚合与电荷转移光聚合以及接枝与嵌段共聚合，在生物医用高分子方面重点研究抗凝血材料与药物控释体系以及高分子老化与生物老化的初始反应机理，承担中国科学基金“七五”重大项目烯类聚合反应与“八五”烯类聚合与产物精细化，获国家部委奖励八项，发表论文近三百篇。长期任中国化学会《高分子学报》及 *Chinese Journal of Polymer Science* 主编。1980 年当选为中国科学院院士（学部委员）。

冯新德院士勉励学生说：“人的一生多种多样、丰富多彩，可以有珠宝玉器、绫罗绸缎，也可能两袖清风、粗茶淡饭。真正的价值在于对国家、对民众、对事业作了多少事情。”他毕生热爱祖国，追求真理，光明磊落，严谨治学，教书育人，是高分子学界的一代宗师。

任务三
弯曲性能测试

一、弯曲性能概述

弯曲试验主要用来检验材料在经受弯曲负荷作用时的性能。生产中常用弯曲试验来评定材料的弯曲强度和塑性变形的大小，是产品质量控制和制品使用性能的重要指标。

塑料弯曲性能试验采用 GB/T 9341—2008《塑料 弯曲性能的测定》，可在规定条件下研究硬质和半硬质塑料材料的弯曲特性，测定弯曲强度、弯曲模量和弯曲应力-应变的关系，通常使用的是两端自由支撑、中央加荷的三点式弯曲试验方法。

（1）弯曲应力（σ_f） 试样跨度中心外表面的正应力，以兆帕（MPa）为单位。

（2）弯曲强度（σ_{fM}） 试样在弯曲过程中承受的最大弯曲应力，以兆帕（MPa）为单位。

（3）挠度（s） 在弯曲过程中，试样跨度中心的顶面或底面偏离原始位置的距离，以毫米（mm）为单位。

（4）弯曲应变（ε_f） 试样跨度中心外表面上单元长度的微量变化，用无量纲的比或百分数（%）表示。

（5）弯曲弹性模量和弯曲模量（E_f） 应力差 $\sigma_{f2}-\sigma_{f1}$ 与对应的应变差 $\varepsilon_{f2}-\varepsilon_{f1}$ 之比，以兆帕（MPa）为单位。

二、弯曲性能测试方法

弯曲性能测试

1. 原理

把试样支撑成横梁，使其在跨度中心以恒定速度弯曲，直到试样断裂或变形达到预定值，测量该过程中对试样施加的压力。

2. 主要设备

弯曲试验可用电子万能试验机进行，见图 4-2。图 4-8 为弯曲试验装置。两个支座和中心压头的位置情况如图 4-9 所示，在试样宽度方向上，支座和压头之间的平行度应在±0.2mm 以内。

图 4-8 弯曲试验装置

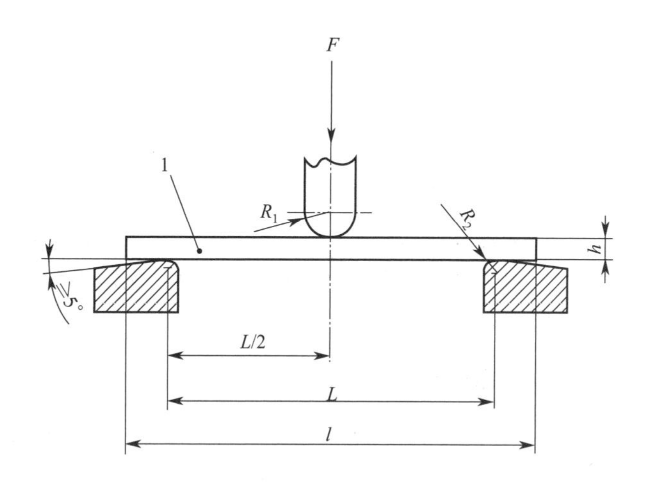

图 4-9 试验开始时的试样位置

1—试样；R_1—压头半径；h—试样厚度；

R_2—支座半径；F—施加力；

L—支座间跨距的长度

跨度 L 应可调节，压头半径 R_1 和支座半径 R_2 尺寸如下：

R_1=5.0mm±0.1mm；

当试样厚度≤3mm 时，R_2=2.0mm±0.2mm；

当试样厚度>3mm 时，R_2=5.0mm±0.2mm。

试验机应具有表 4-8 所规定的试验速度。

表 4-8 弯曲性能试验速度推荐值

速度 v/(mm/min)	允差/%	速度 v/(mm/min)	允差/%
1①	±20②	50	±10
2	±20②	100	±10
5	±20	200	±10
10	±20	500	±10
20	±10		

① 厚度在 1mm 至 3.5mm 的试样，用最低速度。

② 速度 1mm/min 和 2mm/min 的允差低于 GB/T 17200—2008 的规定。

3. 测试试样

推荐试样尺寸：长度 l 80mm ± 2mm；宽度 b 10.0mm ± 0.2mm；厚度 h 4.0mm ±0.2mm。

当不可能或不希望采用推荐试样时，试样应符合下面的要求。

试样长度和厚度之比应与推荐试样相同，如式(4-9) 所示：

$$l/h=20\pm1 \tag{4-9}$$

试样宽度应采用表 4-9 给出的规定值。

试样应根据相关的材料标准进行制备，测试前，试样应按其材料标准的规定进行状态调节，除另有商定，如高温或低温试验除外，若无相关标准时，应从 GB/T 2918—2018 中选择最合适的条件进行状态调节。

表 4-9 与试样厚度 h 相关的宽度值 b

公称厚度 h	宽度 b①	公称厚度 h	宽度 b①
$1<h\leqslant 3$	25.0±0.5	$10<h\leqslant 20$	20.0±0.5
$3<h\leqslant 5$	10.0±0.5	$20<h\leqslant 35$	35.0±0.5
$5<h\leqslant 10$	15.0±0.5	$35<h\leqslant 50$	50.0±0.5

① 含有粗粒填料的材料，其最小宽度应为 30mm。

4. 测试条件

（1）试验环境　试验环境跟试样状态调节环境一致。

（2）测试速度　根据有关材料的相关规定确定试验速度，如果缺少这方面的资料，可与有关方根据表 4-8 商定。

5. 测试步骤

弯曲性能测试操作

① 测量试样中部的宽度 b，精确到 0.1mm；厚度 h，精确到 0.01mm，计算一组试样厚度的平均值 $\overline{h}$。剔除厚度超过平均厚度允差 ±2%的试样，并用随机选取的试样来代替。

② 按式(4-10) 调节跨度：

$$L=(16\pm 1)\overline{h} \tag{4-10}$$

③ 按受试材料标准规定设置试验速度，若采用上述推荐试样，试验速度为 2mm/min。

④ 把试样对称地放在两个支座上，并于跨度中心施加力。

⑤ 记录试验过程中施加的力和相应的挠度，若可能，应用自动记录装置来执行这一操作过程，以便得到完整的应力-应变曲线图。根据力-挠度或应力-挠度曲线或等效的数据来确定相关应力、挠度和应变值。

⑥ 观察试样断面，确定试样内部是否有气孔、杂质等内部缺陷，如有缺陷，试样作废，重新补做。试样在跨度中部三分之一以外断裂时，试验结果作废，并重新取样进行试验。

6. 测试结果

（1）弯曲应力　按式(4-11) 计算弯曲应力：

$$\sigma_f=\frac{3FL}{2bh^2} \tag{4-11}$$

式中，σ_f 为弯曲应力，MPa；F 为施加的力，N；L 为跨度，mm；b 为试样宽度，mm；h 为试验厚度，mm。

（2）弯曲应变　按式(4-12) 计算弯曲应变：

$$\varepsilon_f=\frac{6sh}{L^2} \quad 或 \quad \varepsilon_f=\frac{600sh}{L^2} \tag{4-12}$$

式中，ε_f 为弯曲应变，无量纲或%；s 为挠度，mm；h 为试样厚度，mm；L 为跨度，mm。

（3）弯曲模量　测定弯曲模量，根据给定的弯曲应变 $\varepsilon_{f1}=0.0005$ 和 $\varepsilon_{f2}=0.0025$，按式(4-13) 计算相应的挠度 s_1 和 s_2：

$$s_i=\frac{\varepsilon_{fi}L^2}{6h}(i=1,2) \tag{4-13}$$

式中，s_i 为单个挠度，mm；ε_f 为相应的弯曲应变，即上述的 ε_{f1} 和 ε_{f2} 值；L 为跨度，

mm；h 为试样厚度，mm。

再根据式(4-14) 计算弯曲模量 E_f：

$$E_f=\frac{\sigma_{f2}-\sigma_{f1}}{\varepsilon_{f2}-\varepsilon_{f1}} \tag{4-14}$$

式中，E_f 为弯曲模量，MPa；σ_{f1} 为挠度为 s_1 时的弯曲应力，MPa；σ_{f2} 为挠度为 s_2 时的弯曲应力，MPa。

应力和模量计算到 3 位有效数字，挠度计算到 2 位有效数字。

技术提示

（1）测试时要准确测量试样的尺寸。

（2）按要求选择合适的试验速度。

（3）试样安装要规范，试验开始前，压头不应该给试样负荷。

（4）试验前，设备设置合适的上下限位，以保护设备。

（5）在试验过程中，操作人员不得离开，以防突发事故造成设备损坏。当运行将发生碰撞或需要紧急制动时，按紧急制动按钮停止设备运行。

三、主要影响因素

（1）试样尺寸　横梁抵抗弯曲形变的能力与跨度和横截面积有很大关系，尤其是厚度对挠度影响更大。同样，弯曲试验如果跨度相同但试样的横截面积不同，则结果是有差别的。

（2）试样的机械加工　有必要时尽量采用单面加工的方法来制作。试验时加工面对着加载压头，使未加工面受拉伸，加工面受压缩。

（3）应变速率　随着应变速率和加载速度的增加，弯曲强度也增加，为了消除其影响，在试验方法中对试验速度作出统一的规定，符合推荐试样的试验速度为 2mm/min。一般来说应变速率较低时，其弯曲强度偏低。

（4）试验跨度　现行弯曲试验大多采用“三点式”方式进行，这种方式在受力过程中，除受弯曲作用外，还受剪力的作用。剪力效应对试样弯曲强度的影响是随着试样所采用跨度与试样厚度比值的增大而减小的。但是，跨度太大则挠度也增大，且试样两个支撑点的滑移也影响试验结果。

（5）环境温度　和其他力学性能一样，弯曲强度也与温度有关。试验温度对塑料的弯曲性能有很大影响，特别是对耐热性较差的热塑性塑料。一般来说，各种材料的弯曲强度都是随着温度的升高而下降，但下降的程度各有不同。

微视角

国产大飞机、高铁、先进卫星和探月工程的实施都离不开高强度的碳纤维及其复合材料。碳纤维制造技术在相当一段时间内被西方国家进行技术封锁和贸易禁运，北京大学的徐樑华教授带领团队实现了特性工艺的 T700、T800、M40J、M55J 等高性能碳纤维国产化技术，填补了国内空白，打破了国外碳纤维市场垄断格局。

任务考核

一、判断题

1. 弯曲试验如果跨度相同但试样的横截面积不同，结果是有差别的。（ ）

2. 有必要时尽量采用单面加工的方法来制作。试验时加工面对着加载压头，使未加工面受拉伸，加工面受压缩。（ ）

3. 随着应变速率和加载速度的增加，弯曲强度降低。（ ）

4. 剪力效应对试样弯曲强度的影响是：随着试样所采用跨度与试样厚度比值的增大而增大。（ ）

5. 一般来说，高分子材料的弯曲强度都是随着温度的升高而下降，但下降的程度各有不同。（ ）

二、单项选择题

1. 弯曲测试，推荐的试样尺寸为（ ）。

A. 长度：80mm；宽度：10.0mm；厚度 4.0mm

B. 长度：100mm；宽度：10.0mm；厚度 4.0mm

C. 长度：100mm；宽度：12.0mm；厚度 4.0mm

D. 长度：80mm；宽度：12.0mm；厚度 4.0mm

2. 弯曲测试，推荐的试验速度为（ ）。

A. 1mm/min　　B. 2mm/min　　C. 3mm/min　　D. 4mm/min

3. 试样在跨度中部（ ）外断裂的试验结果应予作废，并应重新取样进行试验。

A. 1/5　　B. 1/4　　C. 1/3　　D. 1/2

三、简答题

1. 简述弯曲性能测试的意义。

2. 简述弯曲性能测试的原理。

素质拓展阅读

“玻璃钢”——助力现代工业发展

玻璃钢是一种由树脂和玻璃纤维复合而成的轻质、高强度、耐腐蚀的新型材料。自 20 世纪 40 年代诞生以来，玻璃钢在航空航天、汽车制造、建筑装饰、轻量化等领域得到了广泛应用，成为现代工业和工程中不可或缺的材料。

关于玻璃钢的“前世”，可以追溯到 19 世纪中叶，但是，由于技术、设备和材料的原因，早期的玻璃钢制备和使用受到了很大的限制，进展十分缓慢。然而，在 20 世纪 30 年代，英国一家飞机制造公司的科学家发现用酚醛树脂浸渍玻璃纤维可以制造出轻质、高强度的材料，这一发现成为玻璃钢发展的里程碑。

我国玻璃钢产品的研制速度很快，例如，1959 年试航了 9m 长的游艇；1965 年试用了玻璃钢飞机螺旋桨；1966 年试飞了全玻璃钢水上飞机浮筒和解放 7 型滑翔机；1968 年安装了第一台直径 15m 的大型玻璃钢风洞螺旋桨；1971 年安装了直径为 44m 的大型全玻璃钢蜂窝夹层结构的地面雷达罩；1974 年，我国第一艘长度为 39.8m 的大型玻璃钢船舶下水；1975 年第一个直径 18.6m 玻璃钢高山雷达防风罩正式服役；1976 年定型了直径 8m 的玻璃钢风机叶片，同年，第一座大型钢筋混凝土断桥用玻璃钢修补成功并通车使用；此后，每年都有新的玻璃钢产品研制成功。

任务四 冲击性能测试

冲击性能试验是用来衡量高分子材料在经受高速冲击状态下的韧性或对断裂的抵抗能力的一种方法，因此，冲击强度也称冲击韧性。一般的冲击试验可分为以下三种：摆锤式冲击试验（包括简支梁冲击和悬臂梁冲击）、落球式冲击试验、高速拉伸冲击试验。本任务重点介绍悬臂梁冲击强度测试和简支梁冲击强度测试。

冲击性能测试方法

一、悬臂梁冲击强度测试

1. 悬臂梁冲击强度概述

悬臂梁冲击性能试验是在冲击负荷作用下测定材料的冲击强度，是用来衡量塑料材料在经受高速冲击状态下的韧性或对断裂的抵抗能力。许多场合塑料材料或制件常常会受到偶然的冲击。因此，塑料材料的冲击强度在工程应用上是一项很重要的性能指标，可以反映不同材料抵抗高速冲击而导致破坏的能力，是产品质量控制和制品使用性能的重要指标。

塑料悬臂梁冲击试验一般测试悬臂梁缺口冲击强度和悬臂梁无缺口冲击强度值，塑料悬臂梁冲击试验按照 GB/T 1843—2008《塑料 悬臂梁冲击强度的测定》进行。

（1）悬臂梁无缺口冲击强度 a_{iU} 无缺口试样在悬臂梁冲击强度破坏过程中所吸收的能量与试样原始横截面积之比。单位为 kJ/m^2。

（2）悬臂梁缺口冲击强度 a_{iN} 缺口试样在悬臂梁冲击强度破坏过程中所吸收的能量与试样原始横截面积之比。单位为 kJ/m^2。

2. 悬臂梁冲击强度测试方法

（1）原理 由已知能量的摆锤一次冲击支撑成垂直悬臂梁的试样，测量试样破坏时所吸收的能量。

（2）主要设备

① 试验机。试验机应符合 GB/T 21189—2007《塑料简支梁、悬臂梁和拉伸冲击试验用摆锤冲击试验机的检验》的规定。图 4-10 为悬臂梁冲击试验机。

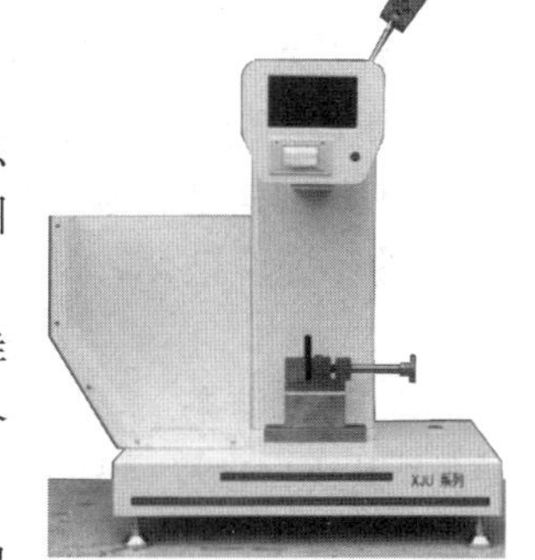

图 4-10 悬臂梁冲击试验机

② 测微计和量规。用精度 0.02mm 的测微计或量规测量试样的主要尺寸。为了测量缺口试样的尺寸，应在测微计上安装一个测量头，其宽度为 2～3mm，其外形应适合缺口的形状。

（3）测试试样 试样尺寸如表 4-10 所示，需要时，可对称地将试样的长度减至 63.5mm。缺口的纵向总是平行于厚度 h。

表 4-10 试样尺寸

方法名称	试样尺寸/mm	缺口类型	缺口底部半径 r_N/mm	缺口的保留宽度 b_N/mm
GB/T 1843/U	长 l=80±2	无缺口	—	—
GB/T 1843/A	宽 b=10.0±0.2	A	0.25±0.05	8.0±0.2
GB/T 1843/B	厚 h=4.0±0.2	B	1.00±0.05	

应采用机加工方法制备缺口。切削齿的形状能将试样切削出图 4-11 所示的试样缺口形状，切削齿的剖面应与其主轴成直角。如果被测材料有规定，可使用模塑缺口试样，测试结果同机加工缺口试样结果不可比。

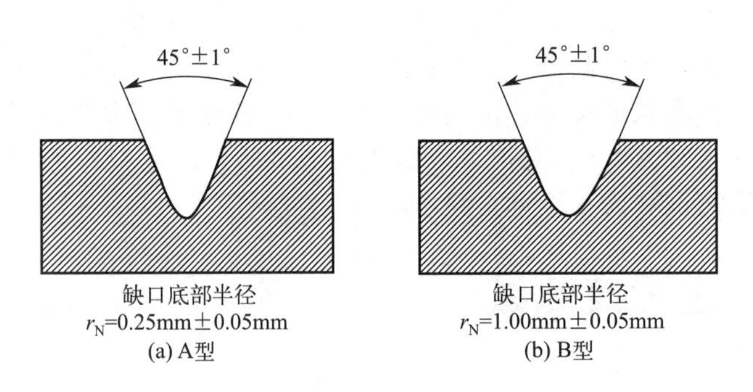

图 4-11 悬臂梁冲击试验缺口类型

测试前，除被测材料标准另有规定外，试验应在 23℃ 和 50% 相对湿度下至少状态调节 16h，或按有关各方协商的条件。缺口试样应在缺口加工后计算状态调节时间。

（4）测试条件 测试环境与状态调节环境一致。

（5）测试步骤

① 测量每个试样中部的厚度 h 和宽度 b 或缺口试样的剩余宽度，精确至 0.02mm。试样是注塑件时，不必测量每一个试样尺寸，只要确保是表 4-10 中的尺寸，一组中只测量一个试样即可。使用多模腔模具时，要保证每个模腔中试样的尺寸都是相同的。

② 确定试验机是否有规定的冲击速度和合适的能量范围，冲断试样吸收的能量应在摆锤标称能量 10%～80%范围内。如果不止一个摆锤符合这些要求，应选择其中能量最大的摆锤。

③ 按 GB/T 21189—2007《塑料简支梁、悬臂梁和拉伸冲击试验用摆锤冲击试验机的检验》测定摩擦损失和修正的吸收能量。

④ 抬起并锁住摆锤，按要求安装试样。当测定缺口试样时，缺口应在摆锤冲击刃的一侧。

⑤ 释放摆锤，记录被试样吸收的冲击能量，并对其摩擦损失等进行必要的修正。

⑥ 用以下字符命名冲击的四种类型：C——完全破坏，试样断开成两段或多段；H——铰链破坏，试样没有刚性的很薄表皮连在一起的一种不完全破坏；P——部分破坏，除铰链破坏外的不完全破坏；N——不破坏，未发生破坏，只是弯曲变形，可能有应力发白的现象产生。

（6）测试结果

① 无缺口试样。悬臂梁无缺口冲击强度 a_{iU} 按式(4-15) 计算：

$$a_{iU}=\frac{E_c}{hb}\times 10^3 \tag{4-15}$$

式中，a_{iU} 为悬臂梁无缺口冲击强度，kJ/m^2；E_c 为已修正的试样断裂吸收能量，J；h 为试样厚度，mm；b 为试样宽度，mm。

② 缺口试样。悬臂梁缺口冲击强度 a_{iN} 按式(4-16) 计算：

$$a_{iN}=\frac{E_c}{hb_N}\times 10^3 \tag{4-16}$$

式中，a_{iN} 为悬臂梁缺口冲击强度，kJ/m^2；E_c 为已修正的试样断裂吸收能量，J；h 为试样厚度，mm；b_N 为试样剩余宽度，mm。

③ 有效数字。计算一组试验结果的算术平均值，取两位有效数字。

技术提示

（1）测试时要准确测量试样的尺寸。

（2）冲击处要置于试样中间位置，对于缺口冲击，冲击处在缺口处。

（3）如果缺口要求自制，一定要按要求切割。

（4）安装摆锤后务必检查摆锤安装是否正确，注意检查摆杆、摆锤等连接螺丝是否松动，摆锤锁是否牢靠，摆锤是否装反，否则易伤人或者损坏仪器。

（5）由于摆锤速度较快，容易伤人，摆锤冲击试验进行时尽量远离摆锤。摆锤在小于40°角摆动时才能进行下一个试验。

（6）冲击后的试样，有可能被冲断飞出伤人，需要增加防护措施。

二、简支梁冲击强度测试

1. 简支梁冲击强度概述

简支梁冲击性能试验是在冲击负荷作用下测定材料的冲击强度，是用来衡量塑料材料在经受高速冲击状态下的韧性或对断裂的抵抗能力。

塑料简支梁冲击试验一般测定简支梁缺口冲击强度和简支梁无缺口冲击强度值，塑料简支梁冲击试验按照 GB/T 1043.1—2008《塑料 简支梁冲击性能的测定 第1部分：非仪器化冲击试验》进行。

（1）简支梁无缺口冲击强度 a_{cU} 无缺口试样破坏过程中所吸收的冲击能量，与试样原始横截面积有关。单位为 kJ/m^2。

（2）简支梁缺口冲击强度 a_{cN} 缺口试样在破坏过程中所吸收的冲击能量，与试样原始横截面积有关。单位为 kJ/m^2。

2. 简支梁冲击强度测试方法

（1）原理 摆锤升至固定高度，以恒定的速度单次冲击支撑成水平梁的试样，冲击线位于两支座间的中点。缺口试样侧向冲击时，冲击线正对单缺口。

（2）主要设备

① 试验机。试验机的原理、特性和检定方法详见 GB/T 21189—2007。图 4-12 为简支梁冲击试验机。

图 4-12 简支梁冲击试验机

② 用测微计和量规。测量缺口试样尺寸 b_N 时测微计应装有 2～3mm 宽的测量头，其外形应适合缺口的形状。

(3) 测试试样　1 型试样应具有表 4-11 和表 4-12 规定的尺寸，如测缺口冲击，应具有图 4-13 所示的三种缺口中的一种，缺口位于试样的中心。

表 4-11　试样的类型、尺寸和跨距

试样类型	长度①l/mm	宽度①b/mm	厚度①h/mm	跨距 L
1	80±2	10.0±0.2	4.0±0.2	62
2②	25h	10 或 15③	3④	20h
3②	11h 或 13h			6h 或 8h

① 试样尺寸（厚度 h、宽度 b 和长度 l）应符合 $h \leqslant b < l$ 的规定。

② 2 型和 3 型试样仅用于有层间剪切破坏的材料。

③ 精细结构的增强材料用 10mm，粗粒结构或不规整结构的增强材料用 15mm。

④ 优选厚度。试样由片材或板材切出时，h 应等于片材或板材的厚度，最大 10.2mm。

表 4-12　方法名称、试样类型、缺口类型和缺口尺寸——无层间剪切破坏的材料

方法名称	试样类型	冲击方向	缺口类型	缺口底部半径 r_N/mm	缺口底部剩余宽度 b_N/mm
GB/T 1043.1/1eU	1	侧向	无缺口		
			单缺口		
GB/T 1043.1/1eA			A	0.25±0.05	8.0±0.2
GB/T 1043.1/1eB			B	1.00±0.05	8.0±0.2
GB/T 1043.1/1eC			C	0.10±0.02	8.0±0.2
GB/T 1043.1/1fU		贯层	无缺口		

优选 A 型缺口（见表 4-12 和图 4-13），如果 A 型缺口试样在试验中不破坏，应采用 C 型缺口试样。需要材料的缺口灵敏度信息时，应试验具有 A、B 和 C 型缺口的试样。

缺口应按 ISO 2818：2018 进行机加工，切割刀具应能将试样加工成图 4-13 所示的形状和深度，且与主轴成直角。

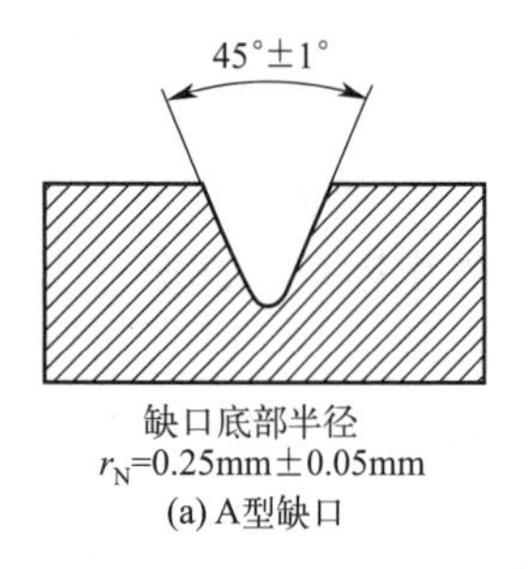

缺口底部半径
r_N=0.25mm±0.05mm
(a) A型缺口

45°±1°
缺口底部半径
r_N=1.00mm±0.05mm
(b) B型缺口

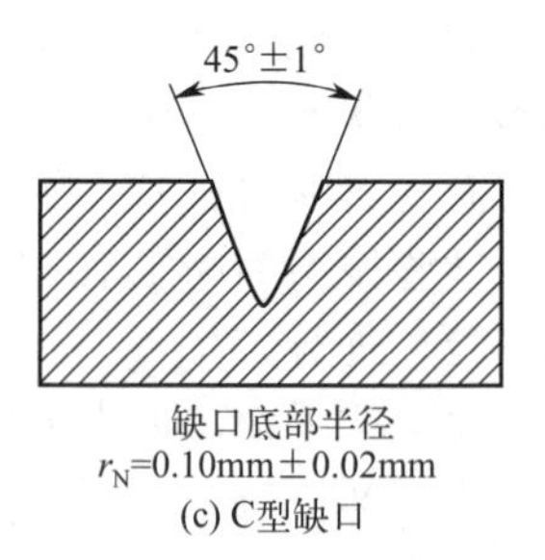

缺口底部半径
r_N=0.10mm±0.02mm
(c) C型缺口

图 4-13　简支梁冲击试验缺口类型

如果受试材料已规定，也可使用模塑缺口试样。模塑缺口试样所得的结果与机加工缺口试样所得的结果不可比。

测试前，除被测材料标准另有规定外，试验应在 23℃ 和 50% 相对湿度下至少状态调节 16h，或按有关各方协商的条件，缺口试样应在缺口加工后计算状态调节时间。

(4) 测试条件　测试环境与试样状态调节环境一致。

(5) 检验步骤

① 测量每个试样中部的厚度 h 和宽度 b 或缺口试样的剩余宽度，精确至 0.02mm。试样是注塑件时，不必测量每一个试样尺寸，只要确保尺寸符合表 4-11，一组中只测量一个试样即可。使用多模腔模具时，要保证每个模腔中试样的尺寸都是相同的。按要求调节试样的跨距。

② 确认摆锤冲击试验机是否达到规定的冲击速度，吸收的能量是否处在标称能量的10%～80%的范围内。符合要求的摆锤不止一个时，应使用具有最大能量的摆锤。

③ 按 GB/T 21189—2007《塑料简支梁、悬臂梁和拉伸冲击试验用摆锤冲击试验机的检验》测定摩擦损失和修正的吸收能量。

④ 抬起摆锤至规定的高度，将试样放在试验机支座上，冲刃正对试样的打击中心。小心安放缺口试样，使缺口中央正好位于冲击平面上。

⑤ 释放摆锤，记录被试样吸收的冲击能量，并对其摩擦损失等进行必要的修正。

⑥ 对于模塑和挤塑材料，用以下字符命名冲击的四种破坏形式：C——完全破坏，试样断开成两片或多片；H——铰链破坏，试样未完全断裂成两部分，外部仅靠一薄层以铰链的形式连在一起；P——部分破坏，不符合铰链断裂定义的不完全断裂；N——不破坏，试样未断裂，仅弯曲并穿过支座，可能兼有应力发白。

(6) 结果表示

① 无缺口试样。简支梁无缺口冲击强度 a_{cU} 按式(4-17) 计算：

$$a_{cU}=\frac{E_c}{hb}\times 10^3 \tag{4-17}$$

式中，a_{cU} 为简支梁无缺口冲击强度，kJ/m^2；E_c 为已修正的试样破坏时吸收的能量，J；h 为试样厚度，mm；b 为试样宽度，mm。

② 缺口试样。简支梁缺口冲击强度 a_{cN} 按式(4-18) 计算：

$$a_{cN}=\frac{E_c}{hb_N}\times 10^3 \tag{4-18}$$

式中，a_{cU} 为简支梁缺口冲击强度，kJ/m^2；E_c 为已修正的试样破坏时吸收的能量，J；h 为试样厚度，mm；b_N 为试样剩余宽度，mm。

③ 有效数字。所有计算结果的平均值取两位有效数字。

3. 主要影响因素

悬臂梁冲击试验的影响因素

(1) 冲击过程的能量消耗 冲击过程实际上是一个能量吸收过程，当达到产生裂纹和裂纹扩展所需要的能量时，试样便开始破裂直到完全断裂。在冲击试验过程中有以下几种能量消耗。

① 使试样发生弹性和塑性变形所需的能量；

② 使试样产生裂纹和裂纹扩展所需要的能量；

③ 试样断裂后飞出所需的能量；

④ 摆锤和支架轴、摆锤刀口和试样相互摩擦损失的能量；

⑤ 摆锤运动时，试验机固有的能量损失如空气阻尼、机械振动、指针回转的摩擦等。

其中①、②两项是试验中需要测得的；④、⑤两项属于系统误差，只要对试验机进行很好的维护和校正，工程试验中可以忽略；第③项能量反映在刻度盘上，有时占相当大的比例，对同一跨度来说，试样越厚，飞出功越大。因此，常要对这部分能量进行修正。特别是对消耗冲击能量小的脆性材料更需要进行修正。

(2) 温度和湿度 塑料材料的冲击性能特别依赖于温度。在低温下，冲击强度急剧降低。在接近玻璃化温度时，冲击强度的降低则更明显。相反，在较高的测试温度下，冲击强度有明显的提高。

湿度对有些塑料材料的冲击强度也有影响。

(3) 试样尺寸 使用同一配方和同一成型条件而厚度不同的材料做冲击试验时，所得的冲击强度不同。只有相同厚度的试样并在大致相同跨度上做冲击试验，所得的结果才能进行比较。

(4) 冲击速度　通常冲击试验机摆锤的冲击速度为3～5m/s，冲击强度值随冲击速度的增加而降低。因此，国家标准中规定了冲击速度，试验按规定冲击速度进行试验。

微视角

全世界70%的防弹衣是中国制造的，你知道这些防弹衣的材料是什么吗?

三、其它冲击性能测试

1. 落锤式冲击试验

落锤式冲击试验是把球、标准的重锤或投掷枪由已知高度自由落下对试样进行冲击，测定使试样刚刚够破裂所需能量的一种方法，是更符合实际情况的一种冲击强度测试方法，包括A法和B法。A法为通过法，采用一定质量的落锤在规定高度下冲击试样，一般用于产品的质量控制；B法为梯度法，采用变换冲击高度或落锤质量冲击试样而获得冲击破坏能。

落锤式冲击试验主要适用于各种管材（PVC-U给水管、排污管、低压给水管、低压输水管、芯层发泡管、双壁波纹管、PE给水管）、板材的耐外力冲击性能的测定，也适用于硬质塑料板材，可参考标准JB/T 9389、GB/T 14152、GB/T 14153、GB/T 16800等进行试验。

2. 拉伸冲击试验

其原理是，将试样一端固定在摆锤式冲击试验机的夹具上，另一端固定在丁字头上，由摆锤的单程摆动提供能量，冲击丁字头，使试样在较高拉伸形变速率下破坏，丁字头与试样的一部分一起被抛出，测定摆锤消耗的能量及试样破坏前后的标距，经校正、计算得到试样的拉伸冲击强度和永久断裂伸长率。该方法适用于因太软或太薄而不能进行简支梁或悬臂梁冲击试验的塑料材料，也适用于硬质塑料材料，可参考标准GB/T 13525进行测试。

3. 高速拉伸冲击试验

高速拉伸冲击试验是用大于500mm/min的拉伸速率在拉伸设备上进行的。根据试验过程中仪器记录的载荷-时间曲线、试样的尺寸和所选的拉伸速度，得出应力-应变曲线。由于应力-应变曲线下的面积正比于材料断裂所需的能量，因此，若曲线是在足够高的速度下得到的，则曲线下的面积也直接正比于材料的冲击强度。

高速拉伸冲击试验主要用于对铝合金材料、高强度钢材、碳纤维复合材料等的高速拉伸冲击强度测试，广泛应用在新材料研发、航空航天及汽车等领域。

4. 跌落冲击试验

跌落冲击试验是在制品中装入与预装材料质量相当的重物，从规定的高度坠落在混凝土地板上，检查破损情况，测出导致破损的坠落次数或者通过改变坠落高度，测出导致破坏的最低高度，是直接测定制品实用强度的最好的方法之一。主要适用于包装袋、中空容器和箱壳制品。

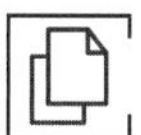

任务考核

一、判断题

1. 塑料材料的冲击性能与温度无关。 （ ）

2. 使用同一配方和同一成型条件而厚度不同的材料做冲击试验时，所得的冲击强度不同。 （ ）

3. 冲击强度值随冲击速度的增加而降低。 （ ）

4. 冲击处要置于试样中间位置，对于缺口冲击，冲击处在缺口处。 （ ）

5. 做冲击试验时，只要试样厚度相同，就算跨度不一样，所得的结果也能进行比较。 （ ）

二、单项选择题

1. 以下因素不会影响冲击强度测试结果的是（ ）。

A. 试验温度 B. 试验湿度 C. 冲击速度 D. 试样未冲断

2. 冲击能使试样破坏时，能量消耗应在摆锤能量的（ ）。

A. 10％～80％ B. 20％～80％ C. 10％～60％ D. 20％～60％

3. 测得某缺口试样的冲击功为 4.58J，宽度 b 为 10.0mm，缺口处剩余宽度为 8.0mm，厚度为 4.0mm，则其冲击强度为（ ）。

A. $143kJ/m^2$ B. 143J/m C. $114kJ/m^2$ D. 114J/m

三、简答题

1. 简述悬臂梁和简支梁冲击的区别。

2. 简述悬臂冲击试验的测试原理。

素质拓展阅读

尼龙扣件保障高铁的平稳与安全

2023 年 4 月，联合国前副秘书长兼环境规划署前执行主任埃里克·索尔海姆（Erik Solheim）乘坐高铁从北京前往淄博，并在社交媒体上发布旅行图片，写道：“在中国乘坐高铁旅行太美妙啦！快速又舒适。”这彰显了中国高铁的发展成果，引发了公众对中国高铁的关注和探讨。据统计，目前中国高铁的里程已经占全球高铁里程的 60％以上，已成为全球高速铁路网络中里程最长、速度最快的高铁网络之一。

高铁运行速度为 250～350km/h，这对其轨道材料和技术要求十分严苛。高铁扣件的主要作用是牢固扣压钢轨，是提高轨道精度、保证线路平顺、提供轨道绝缘和弹性舒适性的关键部件，为高铁列车在高速状态下安全、舒适、平稳运行提供保障，见图 4-14。同时，现在地铁都是电气化线路，而且基本都是直流牵引系统，对绝缘有很高的要求。

聚酰胺复合材料具备优良的力学、耐磨、耐老化性能，兼有密度小的优点，可有效应用于扣件中，提升扣件产品的综合性能。与金属部件相比，其质轻、防锈、抗振、抗冲击，且具备优异的加工性能，设计灵活，用在高铁上，可以解决机车运行时的抖动、噪声问题，并能保持轴距稳定，可以减少维修次数。特别是其中优良的抗振性，对保障高铁的平稳十分重要。

中国高铁，它带给历史的是奇迹，带给现实的是力量，带给未来的是启示，带给民族的是自信，带给国家的是荣誉，带给民众的是福祉。

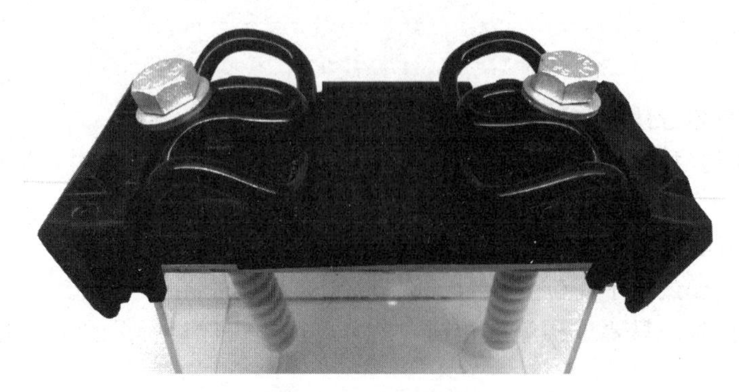

图 4-14 高铁扣件

任务五 硬度测试

材料的硬度是表示材料抵抗其他较硬物体压入的能力，是材料软硬程度的反映。通过对高分子材料硬度测量可间接了解高分子材料的其他力学性能，如磨耗性能、拉伸强度等。对于纤维增强塑料，可用硬度估计热固性树脂基体的固化程度。硬度试验简单、迅速，不损坏试样，有的可在施工现场进行，所以硬度作为质量检验和工艺指标而获得广泛应用。常见硬度类型和适用材料见表 4-13。本任务重点介绍邵氏硬度、球压痕硬度和洛氏硬度。

表 4-13 常见硬度类型及适用材料

类型	适用材料
邵氏硬度	塑料、橡胶
洛氏硬度	塑料、硬橡胶、金属、陶瓷
球压痕硬度	塑料、硬橡胶
莫氏硬度	矿物、宝石
巴柯尔硬度	增强型硬质塑料、不适应巴柯尔硬度少于 20 的材料
布氏硬度	铸铁、非铁合金、各种退火及调质钢材
维氏硬度	较薄工件、工具表面或镀层

一、邵氏硬度试验方法

1. 邵氏硬度概述

高分子材料抵抗其他硬物体压入的能力称为硬度。GB/T 2411—2008 规定了用两种型号的硬度计测定塑料和硬橡胶邵氏硬度的方法，其中 A 型用于软材料，D 型用于硬材料。该法不适用于测定泡沫塑料的硬度。

2. 邵氏硬度的测试

（1）原理 在规定的测试条件下，将规定形状的压针压入试验材料，测量垂直压入的深度。即在规定时间内，用邵氏硬度计在标准弹簧压力下，将规定形状的压针压入试样的深度转换为硬度值，表示该试样材料的硬度等级，直接从硬度计的指示表上读取。指示表分为100个分度，每一个分度即为一个邵氏硬度值。

（2）主要设备 邵氏硬度计由压座、压针、指示装置和弹簧等构成，A型和D型邵氏硬度计压针的形状尺寸见图4-15。

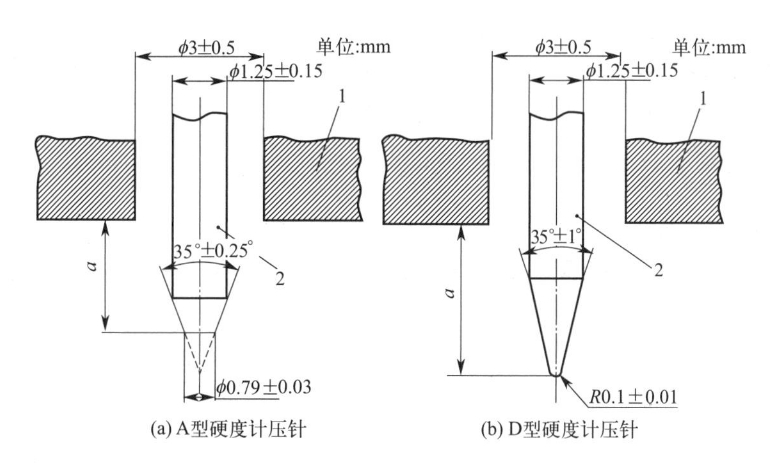

图4-15 A型和D型邵氏硬度计压针

1—压座；2—压针；a——全部伸出，2.5±0.04

已校准的弹簧，施加于压针上的力按式(4-19)或式(4-20)计算。

$$F=550+75H_{A} \tag{4-19}$$

式中，F为施加的力，mN；H_{A}为A型硬度计硬度读数。

$$F=445H_{D} \tag{4-20}$$

式中，F为施加的力，mN；H_{D}为D型硬度计硬度读数。

（3）测试试样 试样的厚度至少为4mm，可以用较薄的几层叠合成所需的厚度。试样的尺寸应足够大，以保证测量点离任一边缘至少9mm，除非已知离边缘较小的距离进行测量所得结果相同。试样表面应平整，压座与试样接触时覆盖的区域至少离压针顶端有6mm的半径。

测试前，试样应按其材料标准的规定进行状态调节，除另有商定，如高温或低温试验除外，若无相关标准时，应从GB/T 2918—2018中选择最合适的条件进行状态调节。

（4）测试条件 试验环境跟试样状态调节环境一致。

（5）测试步骤 将试样放在一个硬的、坚固稳定的水平平面上，握住硬度计，使其处于垂直位置，同时使压针顶端离试样任一边缘至少9mm。立即将压座无冲击地加到试样上，使压座平行于试样并施加足够的压力，压座与试样应紧密接触。(15±1) s后读取指示装置的示值，若规定瞬时读数，则在压座与试样紧密接触后1s之内读取硬度计的最大值。在同一试样上至少相隔6mm测量五个硬度值，并计算其平均值。

用硬度计台或压针中心轴上加砝码的方法，A型硬度计推荐的质量是1kg，D型硬度计是5kg。当A型硬度计的示值高于90时，建议用D型硬度计进行测量，当D型硬度计的示值低于20时，建议用A型硬度计进行测量。

(6) 测试结果 每一试样应按规定间距测量5个点，然后取其算术平均值。如果使用A型硬度计并在压针与试样接触15s后读数值为45，则该点的邵氏硬度用H_A/15∶45表示；同样，使用D型硬度计并在压针与试样接触1s内瞬间读数为60，则该点的邵氏硬度用H_D/1∶60表示。

技术提示

(1) 测试试样一定要平整。

(2) 测试时，测试点离试样边缘至少9mm。

(3) 使用表盘式硬度计进行测试时，试验前需检查0度和100度时表盘的指针是否对。

(4) 如果使用自动读数硬度计，试验时，不要随意移动设备，保持设备平稳；注意保护好测试头。

3. 主要影响因素

(1) 试样厚度 邵氏硬度值是由压针压入试样的深度来测定的，因此试样厚度会直接影响试验结果。试样受到压力后产生变形，受到压力的部分变薄，压针就受到承托试样的玻璃板的影响，使硬度值增大。如果试样厚度增加，这种影响会相应减小。因此，试样厚度小硬度值大，试样厚度大硬度值小。

(2) 压针端部形状 邵氏硬度计的压针端部在长期作用下会造成磨损，使其几何尺寸改变，影响试验结果。磨损后的端部直径变大，其单位面积的压强变小，所测硬度值偏大，反之偏小。

(3) 温度 塑料的硬度随着温度的升高而降低。热塑性塑料比热固性塑料更明显。

(4) 读数时间 在邵氏硬度测量时，读数时间对试验结果影响很大。压针与试样受压后立即读数，硬度值偏高，而试样受压指针稳定后再读数，硬度值偏低。这是由于塑料受压后产生蠕变，随着时间延长，形变继续发展。因此试验时选择不同时间读数，所得结果有一定的差别。

二、球压痕硬度试验方法

1. 球压痕硬度概述

GB/T 3398.1—2008中规定的球压痕硬度是指以规定直径的钢球，在试验负荷作用下，垂直压入试样表面，保持一定时间后单位压痕面积上所承受的压力，单位为N/mm^2。

2. 球压痕硬度的测试

硬度测试操作——球压痕法

(1) 原理 将钢球以规定的负荷压入试样表面，在加荷下测量压入深度，由其深度计算压入的表面积，由以下关系式计算球压痕硬度：

球压痕硬度=施加的负荷/压入的表面积

(2) 主要设备 球压痕硬度试验机主要由机架、压头、加荷装置、压痕深度、指示仪表和计时装置等构成。图4-16为球压痕硬度计。

机架上带有可升降的工作台。压头为淬火抛光的钢球，直径为(5.0±0.05)mm，加载装置包括加荷杠杆、砝码和缓冲器，通过调整砝码可对压头施加负荷。压痕深度指示仪表为测量压头压入深度的装置，在0～0.4mm测量段内，精度为0.005mm。

计时装置指示试验负荷全部加入后读取压痕深度的时间，计时量程不小于 60s。计时器准确至±0.1s。

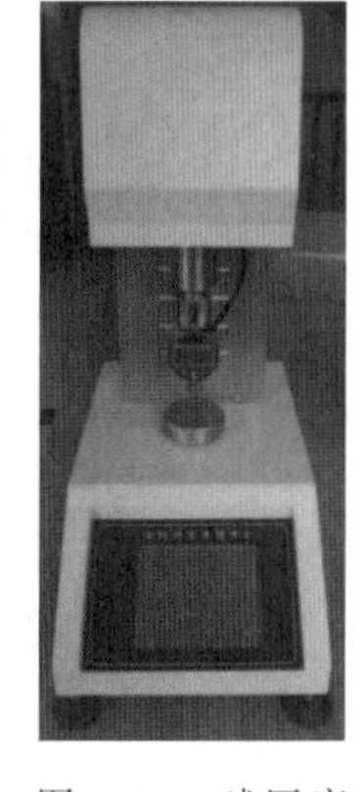
图 4-16 球压痕硬度计

（3）测试试样 试样厚度应均匀，表面光滑、平整、无气泡、无机械损伤及杂质等，试样大小应保证每个测量点中心与试样边缘距离不小于 10mm，各测量点中心之间的距离不小于 10mm，试样的两表面应平行，推荐试样厚度为 4mm，若测试试样厚度小于 4mm，可以叠放几个试样。试样的支撑面在试验后不应显示任何形变。

测试前，试样应按其材料标准的规定进行状态调节，除另有商定，如高温或低温试验除外，若无相关标准时，应从 GB/T 2918—2018 中选择最合适的条件进行状态调节。

（4）测试条件 试验环境跟试样状态调节环境一致。

（5）测试步骤

① 定期测定各级负荷下的机架变形量 h_2，测定时卸下压头，升起工作台使其与主轴接触，把一块至少 6mm 的软铜板放在支撑板上，同时施加初负荷 F_0，值为（9.8±0.1）N，调节深度指示仪表为零，再加上试验负荷 F_m，保持试验负荷直到深度指示器稳定，直接由压痕深度指示仪表读取相应负荷下的机架变形量 h_2，用 $h=h_1-h_2$ 修正压入深度 h。

② 有四个试验负荷值 F_m：49N、132N、358N、961N（误差±1%）。根据材料硬度选择适宜的试验负荷值 F_m。使上述修正框架变形后的压入深度在 0.15～0.35mm 的范围内。

③ 装上压头，并把试样放在工作台上，使测试表面与加荷方向垂直，在离试样边缘不小于 10mm 处的某一点上加上初负荷 F_0，值为（9.8±0.1）N，调整深度指示装置至零点，然后在 2～3s 的时间内平稳地施加试验负荷 F_m，保持负荷 30s（或按产品标准规定），立即读取压痕深度 h_1。

④ 保证压痕深度在 0.15～0.35mm 的范围内。若压痕深度不在规定的范围内，则应改变试验负荷，使达到规定的深度范围。

⑤ 在一个或多个试样进行 10 次有效的试验。

（6）结果表示

① 按式(4-21) 计算折合试验负荷 F_r：

$$F_r=F_m\times\frac{a}{h-h_r+a}=F_m\times\frac{0.21}{h-0.25+0.21} \tag{4-21}$$

$$h=h_1-h_2$$

式中，F_r 为折合试验负荷，N；F_m 为压痕器上的负荷，N；h 为机架变形修正后的压入深度（h_1-h_2），mm；h_r 为压入的折合深度，$h_r=0.25$mm；h_1 为压痕器在试验负荷下的压痕深度，mm；h_2 为在试验负荷下试验装置的变形量，mm；a 为常数，$a=0.21$。

② 球压痕硬度按式(4-22) 计算：

$$HB=\frac{F_r}{\pi d h_r} \tag{4-22}$$

式中，HB 为球压痕硬度值，N/mm^2；F_r 为折合试验负荷，N；h_r 为压入的折合深度，$h_r=0.25$mm；d 为钢球的直径，$d=5$mm。

③ 数据处理。计算结果以一组试样的算术平均值表示。

HB 低于 $250N/mm^2$，修约至 $1N/mm^2$；HB 值大于 $250N/mm^2$，修约至 $10N/mm^2$ 的倍数。

技术提示

（1）测试试样一定要平整。

（2）测试时，测试点离试样边缘至少 10mm。

（3）按要求选择合适的负荷。

（4）对于未知硬度的试样，加载时遵循从小至大的原则，以免损坏设备。

（5）试验前，确认仪器力值为零，否则对设备进行“粗调”或者“细调”将力值调到零。

（6）根据试样要求和试样硬度值的高低，必须在试验前预先选择总负荷，在试验过程中切不可进行负荷变换，否则会使压头遭到破坏。

3. 主要影响因素

（1）硬度计偏差产生的影响

① 硬度值随着初负荷的增加而增加。

② 在保持初负荷不变的条件下，硬度值随着试验负荷的增加而降低。

③ 在维持初负荷和试验负荷不变的条件下，硬度值随着钢球直径的增大而增大。

④ 在同一试验负荷下，如果机架变形量相同，压痕深度越小，硬度的相对误差越大；而在相同压痕深度时，试验负荷越小，机架变形的影响越大。

⑤ 压痕深度测量装置误差对硬度值的影响非常显著，是主要的误差来源。所以应定期进行校准，以提高球压痕硬度的测定精度。

（2）测试条件和测试操作的影响

① 试样厚度的影响。大多数试样材料的硬度值都随着试样厚度的增加而降低，试样太薄时硬度值不够稳定，厚度大于 4mm 的数据较为稳定。

② 读数时间的影响。大多数材料试样的硬度均随读数时间的增加而下降。球压痕硬度在 30s 以前下降较明显。因此，球压痕硬度试验规定保荷时间为 30s。

③ 测点距试样边缘距离的影响。试样在成型加工过程中，边缘部分与中间部分受力、受热以及表面平整度等均不相同，测点太靠近试样边缘，将导致硬度值测试偏差，造成边缘效应。为了消除边缘效应的影响，规定球压痕硬度测量点距试样边缘的距离不少于 10mm。

④ 测点间距离的影响。测点间的距离应有一定大小，否则会因第二测量点处于第一测量点的变形区域内而造成结果的不准确。因此，球压痕硬度规定测量点间距不少于 10mm。

三、洛氏硬度试验方法

1. 洛氏硬度概述

洛氏硬度采用测量压入深度的方式直接读出硬度值。GB/T 3398.2—2008《塑料　硬度测定第 2 部分：洛氏硬度》规定了用洛氏硬度计 M、L 及 R 标尺测定塑料材料压痕硬度的方法，洛氏硬度值越高，材料就越硬。

2. 洛氏硬度的测试

（1）原理　规定的加荷时间内，在受试材料上面的钢球上施加一个恒定的初负荷，随后施加主负荷，然后再恢复到相同的初负荷。测量结果是由压入总深度减去卸去主负荷后规定时间内的弹性恢复以及初负荷引起的压入深度。

（2）主要设备 洛氏硬度计主要由机架、压头、加力装置、硬度指示器和计时装置组成。图 4-17 为洛氏硬度计。

机架为刚性结构，在最大试验力作用下，机架变形和试样支撑结构位移对洛氏硬度的影响不得大于 0.5 洛氏硬度分度值。压头为可在轴套中自由滚动的硬质抛光钢球。加力装置包括负荷杠杆、砝码和缓冲器，可对压头施加试验力。缓冲器应使压头对试样能平稳而无冲击地施加试验力，并控制加荷时间在 4～5s 以内。硬度指示器测量压头压入深度能精确到 0.01mm，每一分度值等于 0.002mm。计时装置能指示初负荷、主负荷全部加上时及卸除主负荷后，到读取硬度值时，总负荷的保持时间，计时量程不大于 60s，准确度为±2%。

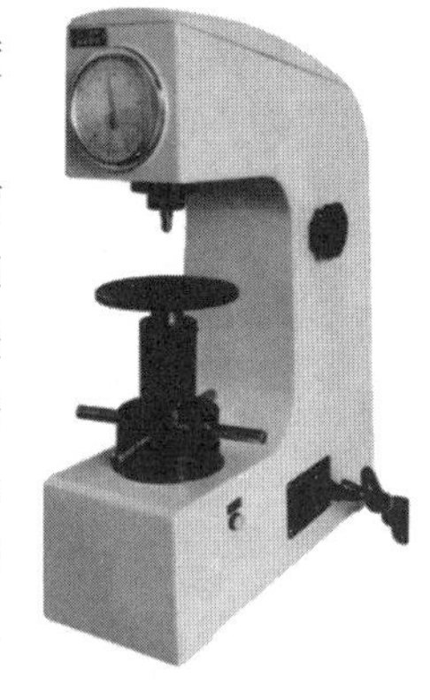

图 4-17 洛氏硬度计

各种洛氏硬度标尺的初负荷、主负荷及压头直径见表 4-14。

表 4-14 洛氏硬度标尺的初负荷、主负荷及压头直径

洛氏硬度标尺	初负荷/N	主负荷/N	压头直径/mm
R	98.07	588.4	12.7±0.015
L	98.07	588.4	6.35±0.015
M	98.07	980.7	6.35±0.015
E	98.07	980.7	3.175±0.015

（3）测试试样 试样厚度应均匀，表面光滑、平整、无气泡、无机械损伤及杂质等，标准试样是厚度至少为 6mm 的平板。如果试样无法达到规定的最小厚度值，可用相同厚度的较薄试样叠成，每片试样表面都应紧密接触。试样不一定为正方形，试样大小应保证能在试样的同一表面上进行 5 个点的测量，每个测点中心距以及到边缘距离均不得小于 10mm。一般试样尺寸为 50mm×50mm×6mm。

测试前，试样应按其材料标准的规定进行状态调节，除另有商定，如高温或低温试验除外，若无相关标准时，应从 GB/T 2918—2018 中选择最合适的条件进行状态调节。

（4）测试条件 试验环境跟试样状态调节环境一致。

（5）测试步骤

① 根据材料的软硬程度选择适宜的标尺，尽可能使洛氏硬度值处于 50～115，超出此范围的值是不准确的，应用邻近的标尺重新测定。相同材料应选用同一标尺。校对主负荷、初负荷及压头直径是否与所用洛氏标尺相符合。

② 按试样形状、大小挑选及安装工作台，把试样置于工作台上，旋转丝杠手轮，使试样慢慢无冲击地与压头接触，直至硬度指示器短针指于零点，长指针垂直向上指向 B30（C0）处，此时已施加 98.07N 的初试验力。长针偏移不得超过±5 个分度值。若超过此范围不得倒转，应改换测点位置重做。

③ 调节指示器，使长针对准 B30，再于 10s 内平稳地施加主负荷并保持 15s，然后平稳地卸除主负荷，经 15s 后读取长指针所指的 B 标尺数据，准确到标尺的分度值。

④ 反方向旋转升降丝杠手轮，使工作台下降，更换测试点。重复上述操作，每一个试样的同一表面上做 5 次测量，每一测量点应离试样边缘 10mm 以上，任何两测量点的间隔至少 10mm。

（6）测试结果

① 洛氏硬度值用前缀字母标尺及数字表示。如：HRM80 表示用 M 标尺测定的洛氏硬

度值为 80。

② 当洛氏硬度计是直接硬度数分度时，则在每次试验后记录洛氏硬度值；如果需要计算洛氏硬度值，可按式(4-23) 计算：

$$HR=130-e=130-\frac{h}{C} \tag{4-23}$$

$$h=h_3-h_1$$

式中 HR——洛氏硬度值；

e——主负荷卸除后的压入深度，以 0.002mm 为单位的数值；

h——卸除主负荷后，在初负荷下压痕深度，mm；

h_1——施加初负荷时，压头压入试样的压痕深度，mm；

h_3——卸除主负荷，只保留初负荷，试样弹性恢复后形成的压痕深度，mm；

C——常数，$C=0.002$mm。

③ 数据处理。试验结果以 5 个测定值的算术平均值表示，取三位有效数字。

技术提示

（1）按要求选择合适的标尺，如果一种材料可以使用两种标尺进行测试，且所得结果都处于极限值，则选用较小值的标尺。相同材料应选用同一标尺。

（2）被测件的表面应平整光洁，不得带有污物、裂缝、凹坑及显著的加工痕迹。

3. 主要影响因素

（1）试验仪器　硬度计自身存在的缺陷有：机架的变形量超过规定标准值；主轴倾斜；压头夹持方式不正常；加荷不平稳以及压头轴线偏移等。

（2）测试温度　随着测试温度的上升，各种塑料材料的洛氏硬度值都将下降，尤其对热塑性塑料的影响更明显。

（3）试样厚度　与邵氏硬度和球压痕硬度一样，试样的厚度对洛氏硬度值也有一定的影响，试样厚度小于 6mm 时，对硬度值的影响较大；而试样厚度大于 6mm 时对硬度值的影响较小。因此，试验规定试样厚度不得小于 6mm。

（4）主负荷保持时间　塑料属于黏弹性材料，在试验载荷作用下，试样的压痕深度必定会随加荷时间的增加而增加，因此主负荷保持时间越长，其硬度值越低。主负荷保持时间对低硬度材料的影响比对高硬度材料的影响更明显。

（5）读数时间　主负荷卸除后，试样压痕将产生弹性恢复，有一定时间，其速度是先快后慢，最终趋于稳定，因此卸荷后距读数时间越长，压痕的弹性恢复时间也越长，测得的硬度值应当偏高。

（6）标尺的选择　试验时应合理选择标尺，使测得的硬度值在规定的 50～115 范围内。

微视角

你知道有机玻璃（PMMA）和常规玻璃的性能优缺点吗？为什么建筑物窗户一般选择用常规玻璃，而广告牌选择用有机玻璃（PMMA)？

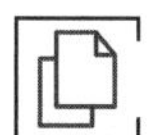

任务考核

一、判断题

1. 测量邵氏硬度时，试样厚度小硬度值偏大，试样厚度大硬度值偏小。 （ ）

2. 随着测试温度的上升，塑料材料的硬度值都将下降，尤其对热塑性塑料的影响更明显。 （ ）

3. 测试洛氏硬度时，主负荷保持时间越长，其硬度值越高。 （ ）

4. 测试洛氏硬度时，卸荷后距读数时间越长，测得的硬度值偏高。 （ ）

5. 测球压痕硬度时，大多数材料试样的硬度随读数时间的增加而下降。 （ ）

二、单项选择题

1. 洛氏硬度试验规定试样厚度不得小于（ ）。

A. 4mm B. 5mm C. 6mm D. 8mm

2. 球压痕硬度试验规定保荷时间为（ ）。

A. 10s B. 20s C. 30s D. 40s

3. 测量邵氏硬度时，离试样任一边缘至少（ ）。

A. 8mm B. 9mm C. 10mm D. 12mm

三、简答题

1. 简述邵氏硬度的测试原理。

2. 简述洛氏硬度的测试原理。

素质拓展阅读

聚甲醛（POM）——“夺钢”“超钢”“赛钢”

自1959年美国杜邦（Dupont）公司成功开发聚甲醛（polyoxymethylene，简称POM）并工业化生产以来，POM以其优异的性能在汽车、电子电器、日用消费品、机械工业等领域获得了广泛应用，并迅速发展成为五大工程塑料之一。作为一种性能优良的工程塑料，POM有“夺钢”“超钢”“赛钢”之称，具有良好的力学性能、耐化学性，使用温度范围广，可在－40～100℃长期使用。POM以低于其他许多工程塑料的成本，正在替代一些传统上被金属所占领的市场，如替代锌、黄铜、铝和钢等制作许多部件。

目前全球聚甲醛生产企业主要分布在美国、欧盟、韩国、马来西亚、泰国、沙特阿拉伯、日本以及中国，其中Hoechst、DuPont公司是世界上最大的聚甲醛生产公司。随着经济形势的发展，全球聚甲醛总消费需求急速增加，在中国、印度等新兴经济体增长尤为明显，但由于技术壁垒较高，国内新增产能较少，且大多集中在中低端产品领域，因此国内聚甲醛特别是高端聚甲醛产品需求缺口较大，进口依赖较为严重。

拓展练习

1. 某企业生产的HIPS，冲击强度较低，请根据你所学知识，简述提高HIPS冲击强度的方法。

2. 某企业利用PMMA注塑的显示器底座，在用抹布擦拭后光泽降低，请问这是因为

PMMA 的什么性能较差，有什么办法可以提高 PMMA 的该项性能？

3. 为开拓北方市场，某企业需开发耐低温（－50℃以下）的 PP，该产品的强度和韧性都是关键指标，请你为其设计检测方案。

4. 在调整塑料配方时，塑料的某些性能存在“对立”现象，碰到这种情况你该如何解决？

5. 在日常生活中，我们经常会碰到晒衣服时衣架变形，如果该衣架是塑料制品，应该提高材料的什么性能，简述改良方法。

6. PS 的刚性比 PE 好，那么把 PS 添加到 PE 中可以提高 PE 的刚性吗？请简要说明理由。

项目五 热性能测试

项目导言

高分子材料的热性能与力学性能一样重要。与金属材料不同，高分子材料对温度的变化很敏感。高分子材料的力学性能、电性能和化学性能不能在不考虑温度的情况下进行测试。当温度增加时，高分子材料的物理性能，如蠕变、模量、拉伸性能和韧性都受影响。因此，设计时必须了解制品的使用温度范围，不管任何时候制品都必须在使用温度范围内才能正常使用。

热性能是评价高分子材料性能的主要标准之一，根据不同的用途，对高分子材料的热性能有不同的要求，例如：塑料在实际使用过程中，不仅要求在室温下具有好的力学性能，而且要求在较高温度下也具有良好的力学性能，此外，塑料在使用时要承受外力的作用，因此，塑料的耐热温度是指在一定外力作用下，材料到达某一规定形变值时的温度。表征高分子材料热性能的参数主要有负荷热变形温度（HDT）、维卡软化温度（VST）、马丁耐热温度、热分解温度、玻璃化转变温度、线膨胀系数等。

马丁耐热温度是分析高分子材料耐热性的一项指标，可通过马丁耐热试验仪测定，试验时，将试样置于规定的升温环境和弯曲应力的作用下，测定其达到一定弯曲变形时的温度。马丁耐热温度是表示塑料制品使用时可能达到的最高温度，在该温度以下塑料的力学性质不会发生实质上的变化，而不是该塑料的长期使用温度。

高分子材料受热时，当加热到一定温度，分子链会产生降解现象，随温度进一步升高，降解会加速，当温度上升到使高分子材料试样突然加速失重，这一温度就定义为热分解温度。可通过热失重分析仪和差示扫描量热仪进行分析。

认识高分子材料的热性能及其评价

玻璃化转变温度（T_g）是指由玻璃态转变为高弹态所对应的温度。玻璃化转变是非晶态高分子材料固有的性质，是高分子材料分子链运动形式转变的宏观体现，它直接影响到材料的使用性能和工艺性能，因此长期以来它都是高分子物理研究的主要内容。玻璃化转变温度（T_g）是分子链段能运动的最低温度，其高低与分子链的柔性有直接关系，分子链柔性大，玻璃化温度就低；分子链刚性大，玻璃化温度就高。玻璃化转变温度可用差示扫描量热仪进行分析。

基于应用的普遍性，本项目重点介绍高分子材料的负荷热变形温度、线膨胀系数和维卡软化温度的测试。

素质目标

- 具有辩证思维。
- 具有严谨细致和实事求是的工作作风。
- 具有环保意识、安全意识、节能降耗意识和资源循环利用意识。

知识目标

- 掌握高分子材料负荷热变形温度、线膨胀系数和维卡软化温度相关术语。
- 掌握高分子材料负荷热变形温度、线膨胀系数和维卡软化温度测试原理和方法。
- 熟知负荷热变形温度、线膨胀系数和维卡软化温度测试的相关标准。

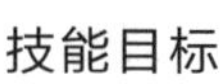

技能目标

- 能正确解读高分子材料负荷热变形温度、线膨胀系数和维卡软化温度测试的相关标准。
- 能按要求进行高分子材料负荷热变形温度、线膨胀系数和维卡软化温度测试。
- 能够分析高分子材料负荷热变形温度、线膨胀系数和维卡软化温度测试的影响因素。

任务一 负荷热变形温度测试

一、负荷热变形温度概述

塑料的负荷热变形温度是衡量塑料耐热性能的主要指标之一，它只用来控制产品质量，并非表示产品最高使用温度。最高使用温度还要考虑到制品的使用条件、受力情况等因素。现在世界各国的大部分塑料产品标准中，都有负荷热变形温度这一指标作为产品质量控制的手段。

负荷热变形温度试验是测定塑料试样浸在一种等速升温的液体传热介质中，在简支梁的静弯曲负载作用下，试样弯曲变形达到规定值时的温度，称为负荷热变形温度，简称热变形温度（HDT）。

（1）弯曲应变增量（$\Delta\varepsilon_f$） 在加热过程中产生的所规定的弯曲应变增加量。以百分数

（%）表示。

（2）标准挠度（Δs）　与试样表面弯曲应变增量 $\Delta \varepsilon_f$ 对应的挠度增量。以 mm 为单位。

（3）负荷（F）　施加到试样跨度中点上，使之产生规定的弯曲应力的力。以 N 为单位。

（4）负荷变形温度（T_f）　随着试验温度的增加，试样挠度达到标准挠度值时的温度。以℃为单位。

二、负荷热变形温度测试方法

负荷热变形温度测试方法

塑料负荷热变形温度的测试可根据 GB/T 1634.1—2019《塑料　负荷变形温度的测定　第 1 部分：通用试验方法》、GB/T 1634.2—2019《塑料　负荷变形温度的测定　第 2 部分：塑料和硬橡胶》、GB/T 1634.3—2004《塑料　负荷变形温度的测定　第 3 部分：高强度热固性层压材料》进行测试。

1. 原理

负荷热变形温度是将塑料标准试样浸在等速升温的液体传热介质中，以平放或侧立式承受三点弯曲恒定负荷，使其产生规定的弯曲应力。在匀速升温条件下，测量达到与规定的弯曲应变增量相对应的标准挠度时的温度为该材料的热变形温度。

2. 主要设备

图 5-1 为负荷热变形温度测定的典型装置示意图，框架内有一可在竖直方向自由移动的加荷杆，杆上装有砝码承载盘和加荷压头，框架底板同试样支座相连。图 5-2 为热变形、维卡温度测试仪。

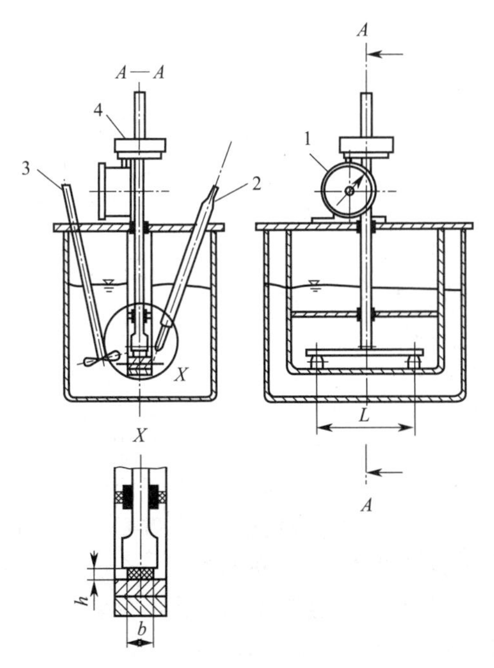

图 5-1　负荷热变形温度测定的典型装置

1—千分表；2—热电偶；3—搅拌桨；4—载荷；b—试样宽度；h—试样厚度；L—支点间的跨度

测试仪中的加热装置为热浴，热浴内装有适宜的液体传热介质、流化床或空气加热炉。试样在介质中应至少浸没 50mm 深，并应装有高效搅拌器。

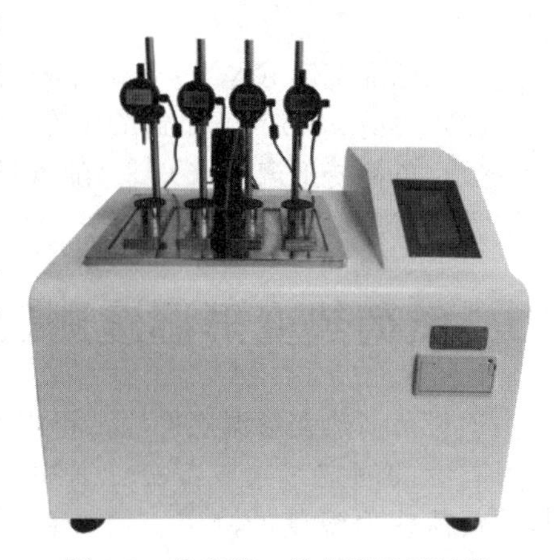
图 5-2 热变形、维卡温度测试仪

3. 测试试样

试样应是横截面为矩形的样条（长度 l>宽度 b>厚度 h），其尺寸应符合 GB/T 1634.2 或 GB/T 1634.3 的规定。优选试样尺寸：长度为 l（80±2.0）mm；宽度为 b（10±0.2）mm；厚度为 h（4±0.2）mm。

测试前，试样应按其材料标准的规定进行状态调节，除另有商定，如高温或低温试验除外，若无相关标准时，应从 GB/T 2918—2018 中选择最合适的条件进行状态调节。

4. 测试条件

试验环境跟试样状态调节环境一致。

5. 测试步骤

（1）施加力的计算　采用三点加荷法，施加到试样上的力 F，以 N 为单位，是弯曲应力的函数，由式(5-1) 计算：

$$F=\frac{2\sigma_f bh^2}{3L} \tag{5-1}$$

式中，F 为负荷，N；σ_f 为试样表面承受的弯曲应力，MPa；b 为试样宽度，mm；h 为试样厚度，mm；L 为试样与支座接触线间距离（跨度），mm。

测量 b 和 h 时，应精确到 0.1mm，测量 L 时，应精确到 0.5mm。跨度和弯曲应力，应符合（64±1）mm 或（30h±1）mm 的规定。根据计算出来的力 F，调节试样的负荷，试验设备中的负荷杆及变形测量装置的附加力都应计入总负荷中。

负荷热变形温度测试操作

施加的弯曲应力应为下列三者之一：

① 1.80MPa，命名为 A 法；

② 0.45MPa，命名为 B 法；

③ 8.00MPa，命名为 C 法。

（2）加热装置的起始温度　每次试验开始时，加热装置的温度应低于 27℃，除非以前的试验已经表明，对受试的具体材料，在较高温度下开始试验不会引起误差。

（3）测量　对试样支座间的跨度进行检查，如果需要，则调节到适当的值。测量并记录该值，精确至 0.5mm，以便用于式(5-1) 中的计算。

将试样放在支座上，使试样长轴垂直于支座。将加荷装置放入热浴中，对试样施加按式(5-1) 计算的负荷，以使试样表面产生符合要求的弯曲应力。

以（120±10)℃/h 的均匀速率升高热浴的温度，记下样条初始挠度净增加量达到标准挠度时的温度，即为弯曲应力下的负荷变形温度。使用弯曲应变增量值 $\Delta\varepsilon_f$=0.2%按式(5-2) 计算标准挠度：

$$\Delta s=\frac{L^{2}\Delta\varepsilon_{f}}{600h} \tag{5-2}$$

式中，Δs 为标准挠度，mm；L 为跨度，即试样支座与试样的接触线之间的距离，mm；$\Delta\varepsilon_{f}$ 为弯曲应变增量，%；h 为试样厚度，mm。

表 5-1 是 $l=80$mm、$b=10$mm 的不同厚度试样的标准挠度。

表 5-1 不同试样厚度的标准挠度（$l \times b=80\text{mm}\times 10\text{mm}$）

试样厚度/mm	标准挠度/mm	试样厚度/mm	标准挠度/mm
3.8	0.36	4.1	0.33
3.9	0.35	4.2	0.32
4.0	0.34		

至少应进行两次试验，每个试样只应使用一次。除非相关方同意仅在试样单面测试，否则为降低试样不对称性（如翘曲）对试验结果的影响，应使试样相对的面分别朝向加荷压头成对地进行试验。

6. 测试结果

以受试试样负荷变形温度的算术平均值表示受试材料的负荷变形温度，把试验结果表示为一个最靠近的摄氏温度整数值。

技术提示

（1）按试样类型和客户要求选择加载负荷。

（2）按要求设置加热速度。

（3）注意测试加热介质是否满足要求。

（4）如果设备带有电子数显千分表，其属于精密量具，使用时应避免撞击和避免液态物质渗入表内，以免影响精度，且电子数显千分表的任何部分不能施加电压。

（5）除在室温下放置试样外，不要将手伸入油箱或者触摸靠近油箱的部位，以免烫伤。

三、主要影响因素

负荷热变形温度测试影响因素

① 在测定过程中，负荷的大小对负荷热变形温度的影响较大，很明显，当试样受到的弯曲应力大时，所测得的热变形温度就低，反之则高。因此在测量试样尺寸时必须精确，要求准确至 0.02mm，这样才能保证计算出来的负荷力准确。

② 升温速度的快慢直接影响试样本身的温度状况，升温速度快，则试样本身的温度滞后于介质温度较多，即试样本身的温度比介质的温度低得多，因此获得的热变形温度也就偏高，反之偏低。试验方法标准中规定的升温速率为 120℃/h，为了保证在整个试验期间均匀升温，在具体操作时，必须采用 12℃/6min 的升温速率，以消除测试过程中不同阶段的不同升温速率所带来的影响。

③ 对于某些材料，采用模塑方法制备试样，其模塑条件应按标准规定执行，模塑条件的不同对其测试结果影响较大。试样是否进行退火处理对测试结果影响也较大，试样进行退火处理后，可以消除试样在加工过程中所产生的内应力，可使测试结果有较好的重现性。

微视角

在我们的日常生活中每天都会接触很多高分子材料产品，请你描述自己在使用过程中因高分子材料产品的 HDT 低所引起的不良现象。

任务考核

一、判断题

1. 在测定过程中，负荷的大小对负荷热变形温度没有影响。 （ ）
2. 在测定过程中，升温速度快，所得的 HDT 高。 （ ）
3. 试样是否进行退火处理对测试结果没有影响。 （ ）
4. 模塑条件的不同对样品的测试结果影响较大。 （ ）
5. 在测定过程中，至少应进行两次试验，每个试样只应使用一次。 （ ）

二、单项选择题

1. 在测定过程中，标准规定的升温速度是（ ）。

A. 200℃/h B. 120℃/h C. 12℃/h D. 150℃/h

2. 尺寸 l=80mm、b=10mm 和 h=4mm 的试样，测试时的标准挠度为（ ）。

A. 0.32mm B. 0.33mm C. 0.34mm D. 0.35mm

3. 根据施加的弯曲应力命名测试方法，不包含（ ）。

A. 1.80MPa，命名为 A 法 B. 0.45MPa，命名为 B 法

C. 8.00MPa，命名为 C 法 D. 8.45MPa，命名为 D 法

三、简答题

1. 简述负荷热变形温度的测试原理。
2. 简述负荷热变形温度测试的意义。

素质拓展阅读

科学解码：矿泉水瓶会析出有害物质吗？

在炎热的天气里，许多人车里都会备上一些矿泉水，但不少人说：车里久放的矿泉水不能喝。真是这样吗？车内矿泉水瓶会析出有害物质吗？

不知大家平时有没有留意到，矿泉水瓶底会有如图 5-3 所示的图标。

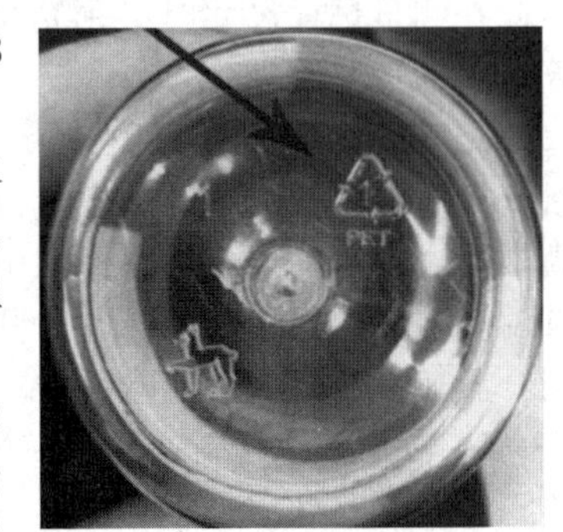

图 5-3 矿泉水瓶底图标

图标中的“PET”是最常见的塑料材质之一——聚对苯二甲酸乙二醇酯。PET 的耐热温度为 70℃，高于这个温度，材质会变软，但仅仅会引起矿泉水瓶的物理性质变化（水温升高），并不会因为与水接触，析出有害物质。

这种瓶身材料结构稳定，发生化学变化要在 100～120℃以上，车内根本达不到这样高的温度。所以，只要是合格的 PET 水瓶，大家就无须担心。关于双酚 A 可能带来的健康隐患，目前几乎所有的矿泉水瓶都不使用双酚 A 作原料，所

以基本不存在高温下产生有害化学物质的问题。

综合上述，车内暴晒后的矿泉水是安全的，并不会析出有害物质，只不过这样储存的水，口感不佳。所以我们对事情的判断一定要有主观性，不要人云亦云，要用科学的思维看待问题。

任务二 维卡软化温度测试

一、维卡软化温度概述

随着温度的提高，塑料材料抵抗外力的能力下降，在恒定应力作用下压针头刺入试样的深度逐步加深。各种塑料材料抵抗外力的能力不同，在相同温度时，不同塑料的针入量各不相同，而且各种塑料的针入量对温度变化的敏感度也不相同。当规定针入量为一定值（1mm）时，各种热塑性塑料达到该针入量的温度就各为一定值，即维卡软化温度（VST）。

维卡软化温度也是评价塑料耐热性的指标之一，它始于1894年，到1910年被德国正式用作标准试验方法。我国于1979年正式发布国家标准GB 1633—1979，并于2000年对此标准进行了修订，VST是用于控制产品质量和判断材料的热性能的一个重要指标，但不代表材料的使用温度。

二、维卡软化温度测试方法

塑料维卡软化温度的测试可根据GB/T 1633—2000《热塑性塑料维卡软化温度（VST）的测定》中的四种不同方法进行测定：

A_{50} 法——使用10N的力，加热速率为50℃/h；

B_{50} 法——使用50N的力，加热速率为50℃/h；

A_{120} 法——使用10N的力，加热速率为120℃/h；

B_{120} 法——使用50N的力，加热速率为120℃/h。

1. 原理

维卡软化温度是测定热塑性塑料于特定液体传热介质中，在一定的负荷、一定的等速升温条件下，试样被 $1mm^2$ 针头压入1mm时的温度。

2. 主要设备

维卡温度测定仪与负荷热变形温度测定仪为同一台仪器，但测试过程中用到的压头不一样。维卡软化温度测试装置示意如图5-4所示，测试设备见图5-2。

测试装置中的压针头是长为3mm、横截面积为（1±0.015）mm^2 的圆柱体，固定在负载杆的底部，垂直于负载杆的轴线。

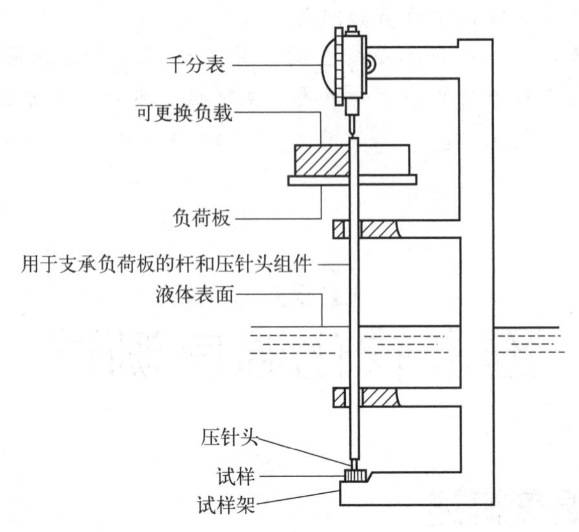

图 5-4　维卡软化点温度测试装置示意图

3. 测试试样

每个受试样品至少使用两个试样，试样为厚 3～6.5mm、边长 10mm 的正方形或直径 10mm 的圆形，表面平整、平行，无飞边。试样应按照受试材料规定进行制备。如果没有规定，可以使用任何适当的方法制备试样。

测试前，试样应按其材料标准的规定进行状态调节，除另有商定，如高温或低温试验除外，若无相关标准时，应从 GB/T 2918—2018 中选择最合适的条件进行状态调节。

4. 测试条件

试验环境跟试样状态调节环境一致。

5. 测试步骤

① 将试样水平放在未加负荷的压针头下。压针头离试样边缘不得少于 3mm，与仪器底座接触的试样表面应平整。

② 将组合件放入加热装置中，启动搅拌器，在每项试验开始时，加热装置的温度应为 20～23℃。当使用加热浴时，温度计的水银球或测温仪器的传感部件应与试样在同一水平面，并尽可能靠近试样。如果预备试验表明在其他温度开始试验对受试材料不会引起误差，可采用其他起始温度。

③ 5min 后，压针头处于静止位置，将足量砝码加到负荷板上，以使加在试样上的总推力，对于 A_{50} 和 A_{120} 为（10±0.2）N，对于 B_{50} 和 B_{120} 为（50±1）N。然后记录千分表的读数（或其他测量压痕仪器）或将仪器调零。

④ 以（50±5)℃/h 或（120±10)℃/h 的速度匀速升高加热装置的温度；当使用加热浴时，试验过程中要充分搅拌液体；对于仲裁试验应使用 50℃/h 的升温速率。

⑤ 当压针头刺入试样的深度超过规定的起始位置（1±0.01）mm 时，记下传感器测得的油浴温度，即为试样的维卡软化温度。

6. 测试结果

以受试试样维卡软化温度的算术平均值表示受试材料的维卡软化温度，把试验结果表示为一个最靠近的摄氏温度整数值。如果单个试验结果差的范围超过 2℃，记下单个试验结果，并用另一组至少两个试样重复进行一次试验。

技术提示

（1）注意测试加热介质是否符合测试要求。

（2）按试样类型和客户需求选择负载负荷。

（3）注意检查测试针头是否符合测试要求。

（4）如果设备带有电子数显千分表，其属于精密量具，使用时应避免撞击和避免液态物质渗入表内，以免影响精度，且电子数显千分表的任何部分不能施加电压。

（5）除在室温下放置试样外，不要将手伸入油箱或者触摸靠近油箱的部位，以免烫伤。

三、主要影响因素

（1）试样的制备方法　同一材料制成相同厚度的试样，一般注塑的试样比模压的试样测量结果低，这可能是由于注塑试样的内应力较大。可见，不同制样方法对测量结果是有影响的。

（2）试样状态调节　将模压和注塑试样进行退火，其退火温度一般较软化点低 20℃左右。退火时间 2～3h。经退火处理后的试样的测试结果都比原试样测试结果有不同程度的提高。这可能是冻结的高分子链得到局部调整，内应力得到进一步消除的原因。

（3）升温速率的影响　由于塑料的传热效果不好，升温过快，会导致材料内部温度滞后。

（4）试样尺寸的影响　试样的厚度过大，易造成温度滞后；厚度过小，易刺破试样。试验结果证明，试样厚度在 3～4mm 时测定值的重复性比较好。在横向尺寸方面，应保证压入点能远离边缘 2mm 以上，这样不会发生开裂等现象。

（5）负荷的影响　负荷过大，易造成数据偏低。

微视角

认真思考我们所见识和接触到的高分子产品，哪些在应用时是需要考虑其 VST 的？如果 VST 太低，使用时会有什么现象？请举例说明。

任务考核

一、判断题

1. 测试材料的 VST 时，同一材料制成相同厚度的试样，一般注塑的试样比模压的试样测量结果低。（　）

2. 将模压和注塑试样进行退火，退火前后的试样测试结果相差不大。（　）

3. 测试过程中，升温过快，测试结果偏低。（　）

4. 测试过程中，负荷过大，易造成数据偏低。（　）

5. 试样厚度过大，测试结果偏低。（　）

二、单项选择题

1. 在试样横向尺寸方面，应保证压入点能远离边缘至少（　）以上。

A. 2mm　　B. 3mm　　C. 4mm　　D. 5mm

2. GB/T 1633—2000《热塑性塑料维卡软化温度（VST）的测定》中的 A_{50} 法的测试条件为（　　）。

A. 使用 10N 的力，加热速率为 50℃/h　B. 使用 500N 的力，加热速率为 50℃/h

C. 使用 50N 的力，加热速率为 10℃/h　C. 使用 10N 的力，加热速率为 10℃/h

3. 测试材料的 VST 时，至少每组测试（　　）个试样。

A. 2　　B. 3　　C. 4　　D. 5

三、简答题

1. 简述维卡软化温度测试的意义。
2. 简述维卡软化温度测试的原理。

素质拓展阅读

冬奥服装里的绿色科技

在北京 2022 年冬奥会和冬残奥会的办奥理念当中，绿色位居首位。关于可持续的设计你了解多少？一套由 28 个回收饮料瓶制作的工作服装（如图 5-5、图 5-6 所示）出现在此次冬奥会和冬残奥会上，为冬奥会所有的场馆清废团队提供温暖。

这份“有温度”的礼物，外套面料采用了回收聚对苯二甲酸乙二醇酯（R-PET）材料，具有良好的防水防污效果，透气性良好，可拆卸的保暖内胆原料 83%来自回收材料，保暖内胆材质轻盈、柔软，保暖性能媲美羽绒，清废人员在工作中出汗或在雨雪天作业时依然能够保持良好的保温性能。

图 5-5　冬奥会场馆清废团队服装

同时，制服装备在设计、生产、发放等各环节也着力践行绿色环保和可持续理念。例如，装备收纳包所使用的纱线，都是回收利用废旧塑料制品生产出的环保纱线；包装袋采用生物可降解母粒制成，180 天降解率可达 90%以上；鞋靴皮革加工工艺采用专利节水技术等，很多细节中藏着绿色科技实力。在今后的生活和工作中，我们也要秉持“环保”“可持续发展”理念。

图 5-6　服装局部细节图

任务三
线膨胀系数测试

一、线膨胀系数概述

当温度发生变化时，塑料制品各维的长度和体积都会发生变化，符合一般的热胀冷缩规律。温度升高时，各维长度伸长，温度降低时则相反。但不同种类的塑料热胀冷缩性能不同，一般用线膨胀系数来表示塑料膨胀或收缩的程度。测量线膨胀系数对了解塑料适用范围和鉴定产品质量有重要意义。

线膨胀系数测试

线膨胀系数分为某一温度点的线膨胀系数和某一温度区间的线膨胀系数，后者称为平均线膨胀系数。线膨胀系数是单位长度的试样温度每升高 1℃时长度变化的百分数；平均线膨胀系数是单位长度的试样在某一温度区间，每升高 1℃时长度变化的平均百分数，单位为$℃^{-1}$。

二、线膨胀系数测试方法

测量线膨胀系数使用连续升温法，测量平均线膨胀系数使用两端点温度法或连续升温法，按照国标 GB/T 1036—2008《塑料 −30℃～30℃线膨胀系数的测定　石英膨胀计法》测量塑料的线膨胀系数。

1. 原理

将已测量原始长度的试样装入石英膨胀计中，然后将膨胀计先后插入不同温度的恒温浴内，待试样温度与恒温浴温度平衡，测量长度变化的仪器指示值稳定后，记录读数，由试样膨胀值和收缩值，即可计算试样的线膨胀系数。

2. 主要设备

（1）石英膨胀计　如图 5-7 所示，内管与外管之间的距离大约在 1mm 内。

（2）测量长度变化的仪器　将其固定在夹具上，使其位置能够随所安装的试样长度的变化而变化。内石英管的重量加上测量反映仪的重量，总共在试样上施加的压力不应超过

70kPa，以确保试样不扭曲或者没有明显的收缩。

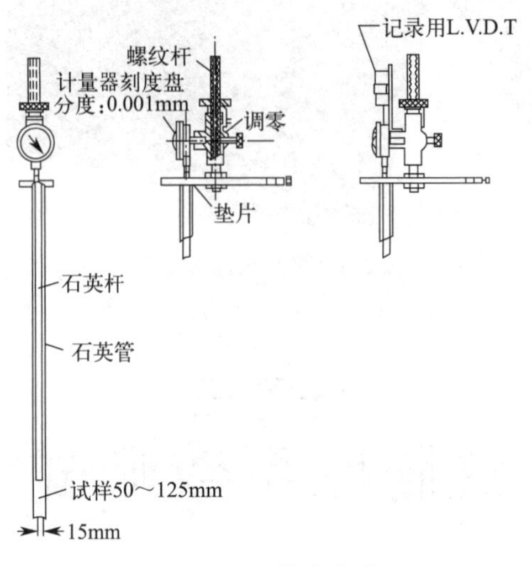

图 5-7　石英膨胀计

3. 测试试样

试样长度在 50～125mm，截面应为圆、正方形或矩形，截面尺寸一般为：12.5mm×6.3mm，12.5mm×3mm，直径 12.5mm 或 6.3mm。

测试前，试样应按其材料标准的规定进行状态调节，除另有商定，如高温或低温试验除外，若无相关标准时，应从 GB/T 2918—2018 中选择最合适的条件进行状态调节。

4. 测试条件

试验环境跟试样状态调节环境一致。

5. 测试步骤

① 用卡尺测量两个状态调节后的试样，精确到 0.02mm。

② 将铁片粘在试样底端，以防止收缩，并重新测量试样的长度。

③ 每个试样均使用同一个膨胀计，小心放入－30℃的环境中，如果使用液体浴，应确保试样高度在液面以下至少 50mm。保持液体浴温度在（－32～28℃）±0.2℃，待试样温度与恒温浴温度平衡，测量仪读数稳定 5～10min 后，记录实测温度和测量仪读数。

④ 在不引起震动和晃动的条件下，小心将石英膨胀计放入 30℃的环境中，如果使用液体浴，须确保试样高度至少在液面以下 50mm，保持液体浴温度在（28～32℃）±0.2℃的恒温浴中，待试样温度与恒温浴温度平衡，测量仪读数稳定 5～10min 后，记录实测温度和测量仪读数。

⑤ 在不引起震动和晃动的条件下，小心将石英膨胀计平稳地置于－30℃的恒温浴中。重复③的操作。

注：方便起见，可以准备两个温度的恒温浴，在转换恒温浴时须注意不要对其有所晃动或震动。因为这样可以减少试样到达指定温度的时间，试验可以在较短时间内完成，可以避免试样长时间在高温下和低温下可能发生的物理性能的变化。

⑥ 测量试样在室温下的最终长度。

⑦ 如果试样每摄氏度的膨胀值与收缩值的绝对值之差超过其平均值的10%，则应查明原因，如果可能予以消除，重新进行试验，到符合要求为止。

6. 测试结果

试样的平均每摄氏度线膨胀系数按式(5-3) 计算，结果以一组试样的算术平均值表示。

$$\alpha=\frac{\Delta L}{L_0\times\Delta T} \tag{5-3}$$

式中 α——平均每摄氏度的线膨胀系数,℃$^{-1}$；

ΔL——加热或冷却时试样的膨胀和收缩值，m；

L_0——试样在室温下原始长度，m；

ΔT——测试样品的两个恒温浴的差值,℃。

技术提示

(1) 准确测量待测试样的尺寸。

(2) 测试时，同一组试样应用同一个膨胀计。

(3) 更换水浴时，不要引起震动和晃动。

三、主要影响因素

(1) 状态调节　塑料受热膨胀受冷收缩是固有的特性，但同时受环境条件的影响，如吸湿性大的材料，就会在相对湿度大的环境吸收较多的水分，从而对膨胀系数测量产生影响。所以对这种材料，在测试前要放在标准环境进行状态调节。

(2) 试样受力　试样在测量时，受热膨胀，其膨胀量须传送给测量元件，测量元件必然会给试样以作用力，当作用力太大时，会使试样发生弯曲或在力的作用点处发生凹陷，影响测量结果。

(3) 试验温度　连续升温法是求不同的各温度点的线膨胀系数，只要描绘出 Δl-T 曲线即可。但两端点温度法涉及两端点温度的选取，选取的原则根据塑料的使用温度确定。

微视角

如果你所负责的产品线膨胀系数较大，超过产品标准范围，你该如何调整材料配方呢?

任务考核

一、判断题

1. 塑料受热膨胀受冷收缩是固有的特性。 (　　)

2. 连续升温法是求不同的各温度点的线膨胀系数，只要描绘出 Δl-T 曲线即可。 (　　)

3. 两端点温度法涉及两端点温度的选取，选取的原则根据塑料的使用温度确定。 (　　)

4. 无论什么类型的高分子材料，在做线膨胀系数测试时，都不需要进行状态调节。（ ）

5. 测试时，同一组试样可以用不同膨胀计。（ ）

二、单项选择题

1. 在做线膨胀系数测试时，试样长度应该在（ ）。

A. 50～125mm B. 50～100mm C. 30～125mm D. 50～75mm

2. 在做线膨胀系数测试时，内石英管的重量加上测量反映仪的重量，总共在试样上施加的压力不应超过（ ），以确保试样不扭曲或者没有明显的收缩。

A. 60kPa B. 70kPa C. 80kPa D. 90kPa

3. 在做线膨胀系数测试时，如果试样每摄氏度的膨胀值与收缩值的绝对值之差超过其平均值的（ ），则应查明原因，如果可能予以消除。

A. 10% B. 15% C. 20% D. 5%

三、简答题

1. 简述线膨胀系数测试的原理。

2. 简述线膨胀系数测试的意义。

素质拓展阅读

无锑绿色聚酯纤维技术实现产业化

2022 年 8 月，国家先进功能纤维创新中心研发的无锑聚酯纤维技术已在国望高科、新凤鸣集团、恒逸集团等企业实现产业化应用。据介绍，应用该技术生产的半消光聚酯长丝产品质量稳定，达到国内领先水平，经济效益和社会效益明显。

传统的聚酯纤维生产一般会使用锑系催化剂，而锑系催化剂在聚酯纤维的加工过程中被还原成金属锑从聚酯中析出；在纺织品后处理过程中，处理工艺会使聚酯纤维产品中的锑进入废水中，进而污染水源；在废旧纺织品的锑或者锑化合物通过焚烧的形式进入大气和土壤，从而使聚酯在使用和回收过程中都可能对生态环境造成危害。

随着中国提出“双碳”目标和持续推进生态文明建设，对环保要求逐渐升级，制造业环保标准日益提高。目前，限制或降低锑系催化剂的使用，研发生产无锑聚酯纤维，实现纺织品生命周期的绿色循环，已成为国内聚酯行业的共识。对于聚酯行业来说，虽有各种新型环保的钛系催化剂问世，可以解决无锑纤维制备技术难题，但能在工业装置上大规模使用的新型钛系催化剂几乎被国外公司垄断，不仅价格昂贵，而且相关应用技术尚未成熟。

国家先进功能纤维创新中心研发团队攻克“无锑聚酯纤维制备技术”难题，研发出能进行大规模工业化生产的聚酯用钛系催化剂，避免了因使用锑系催化剂而造成的污染问题，实现了纺织品生命周期的绿色循环，大大提升了效率，缩短了无锑聚酯纤维研发周期。

在“双碳”背景下，该创新中心开发的环保型钛系催化剂不仅解决了行业绿色发展的技术瓶颈，填补国内空白、替代进口产品，还从源头上解决了聚酯纤维重金属锑造成的污染和健康问题，对聚酯产品的绿色制造、改善生态环境问题意义重大。

据悉，该项目技术已通过了大容量直纺装置的生产验证，并实现批量生产，有助于下游企业降低染色成本和对环境的污染。以 10000 万吨无锑聚酯产品为例，可减少锑用量 2 吨左右，具有良好的经济和社会效益。该项技术具有自主知识产权，已获授权发明专利 2 件，并通过了江苏省工业和信息化厅新技术新产品鉴定、中国纺织工业联合会科技指导性项目鉴定。

资料来源：《网印工业》

拓展练习

1. 用矿泉水瓶接开水，瓶子会缩卷变形，这是为什么？

2. 某企业生产的增韧 PP，线膨胀系数较高，请根据你所学知识，简述降低 PP 线膨胀系数的方法。

3. 在食堂经常会碰到因高温消毒而变形的塑料筷子，这是因为制造该筷子所用材料的哪项性能较差？有什么方法可以提高该性能？

4. PC 的热变形温度比 AS 高，在什么情况下把 PC 添加到 AS 中，可以提高 AS 的热变形温度？

5. 工业上提高高分子材料耐热性的常用方法有：添加耐热剂、添加填料、添加增强剂、合金技术等。请根据你所学知识，简述各种方法的优缺点。

项目六　老化性能测试

项目导言

高分子材料已广泛应用于建筑、汽车、电子电器等行业，其老化性能是产品推广使用中非常重要的性能之一。老化，是指高分子材料在加工、贮存和使用过程中，由于自身因素及外界光、热、氧、水、机械应力、微生物等作用，引起化学结构的变化和破坏，逐渐失去原有优良性能的变化过程，主要有物理老化和化学老化。物理老化是玻璃态高分子材料通过小区域链段的布朗运动使其凝聚态结构从非平衡态向平衡态过渡，从而使得材料的力学和物理性能发生变化的现象。而化学老化是聚合物分子结构变化的结果，是一种不可逆的化学反应。在塑料使用过程中，受到外界因素的影响，发生使塑料性能变差的降解反应。如热降解、光降解、氧化降解等。

材料品种不同，使用条件各异，因而具有不同的老化现象和特征。例如，农用塑料薄膜经过日晒雨淋后发生变色、变脆、透明度下降；手套、热水袋等使用一段时间后发黏；航空有机玻璃用久后出现银纹、透明度下降等。实际上，从高分子材料合成后即开始了老化。其微观表现主要是分子量的降低和分子量分布的变化。分子量最初开始降低时，肉眼是观察不到的，只有下降到一定程度，各种力学和物理性能急剧变化，才导致明显的外观变化。

导致高分子材料老化的因素，包括内因和外因两方面。内因主要包括聚合物的组成、链结构、聚集态、聚合物本身具有的或加工时外加的杂质等；外因主要指塑料所处的环境，又称环境因素。如光、热、氧、臭氧、水、化学药品、高能辐射、机械力、微生物等因素。内因是老化降解的本质因素，外因是条件，它通过引起或促进内因，使塑料老化。内外因素往往相互作用，交替影响，使高分子材料的老化成为一个复杂的过程。各种因素对不同种类材料的影响差别也很大，如聚乙烯耐臭氧、耐水解，但不耐光氧化、易燃；聚氯乙烯对热不稳定，但自熄等。因此，高分子材料在成型加工过程中，一般都要加入热稳定剂、抗氧剂、光稳定剂等助剂，一方面使材料在热加工过程中不降解或少降解，能顺利加工符合质量要求的制品；另一方面延缓材料制品的老化进程，延长其存贮时间和使用寿命。

老化性能测试方法一般分为两类，一类是自然老化测试，即利用自然环境条件进行老化的一类试验方法，如自然气候暴露老化、埋地老化、海水浸泡老化等；另一类是人工老化测试，即利用模拟和强化自然环境或利用环境中的作用因素而进行的，如人工热空气老化（简称热老化）、人工气候暴露老化、光老化、电化学老化等。本项目主要介绍塑料老化性能测试应用较多的自然老化、热老化和人工气候老化测试。

项目目标

素质目标

- 树立团队协作意识。
- 树立质量意识、安全与环保意识。
- 培养客观公正、严谨认真的工作作风。

知识目标

- 了解高分子材料自然老化、热老化、人工气候老化的基本概念。
- 掌握相应老化性能测试原理与方法。
- 熟知老化性能测试各类标准。

技能目标

- 能规范操作老化性能测试相关设备，制备试样。
- 能按照标准方法，进行相应的老化性能测试。
- 能整理、分析测试结果，编写测试报告。

任务一
自然老化测试

一、自然老化概述

自然气候老化（暴露）试验是研究高分子材料受自然气候作用的老化试验方法。它是将试样暴露于户外气候环境中受各种气候因素综合作用的老化试验，目的是评价试样经过规定的暴露阶段后所产生的变化。它适用于各种塑料橡胶材料、产品以及产品取样的试验。大气老化试验比较近似于材料的实际使用环境情况，对材料的耐候性评价是较为可靠的。另外，人工气候试验的结果也要通过大气老化试验加以对比验证，因而塑料、橡胶自然气候暴露试验方法是一个基础的老化试验方法。

二、自然老化的测试方法

我国现有自然老化的标准方法，有《塑料　太阳辐射暴露试验方法 第1部分：总则》（GB/T 3681.1—2021），《硫化橡胶或热塑性橡胶　耐候性》（GB/T 3511—2018）。本节重点介绍塑料直接自然气候老化试验方法。

自然老化性能测试

1. 原理

将试样或由样品直接裁剪出来的片状及其他形状试样，暴露在直接自然太阳辐射，在规定的暴露周期后，将试样取出，如果需要表征性能，则测定光学性能、力学性能或其他相关性能的变化。

暴露周期可以是给定的时间段，也可以用给定的总辐照量或紫外辐照量来表示。由于用辐照量表示暴露周期可使光谱辐照度随气候、地点和时间变化的影响最小化，因此，当暴露的主要目的是确定耐太阳辐射时，宜选用紫外辐照量来表示暴露周期。

2. 主要仪器

① 试样架。暴露所用的试样架可参考窗玻璃过滤太阳辐射法（GB/T 3681.2—2021，方法 B）的试验装置，见图 6-1，但无需玻璃盖箱子。支架、夹具和其他固定装置，应由不影响试验结果的惰性材料制成，如耐腐蚀的铝合金、不锈钢或陶瓷都适用，在非常干燥的地区还可使用未经处理的木材。安装时所用的支架应能提供所要求的倾斜角，并且试样的任何部分与地面或其他任何障碍物的距离应不小于 0.5m。同时尽量使试样处于较小的应力状态，让其能自由收缩、膨胀或卷曲。

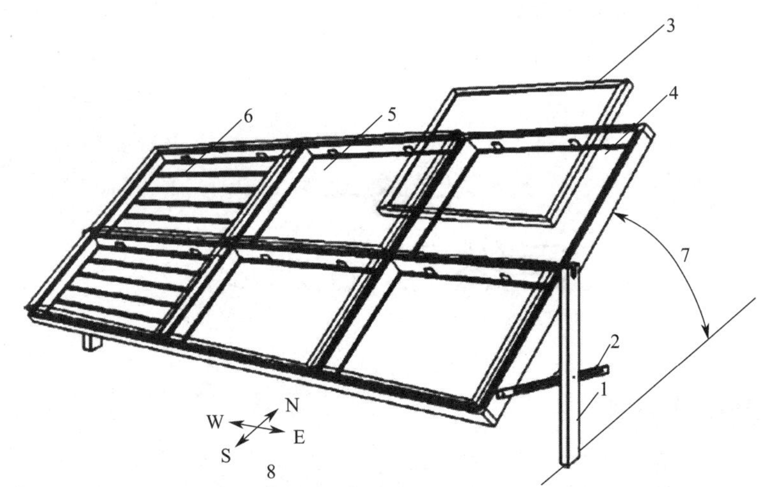

图 6-1 塑料在玻璃过滤后太阳辐射下老化的典型暴露箱

1—支柱；2—角度调节；3—玻璃盖；4—金属网（可选）；5—胶合板背板（可选）；
6—无背板试样（可选）；7—暴露角；8—指南针方位（北半球暴露）

② 测量辐照量的辐射表，辐射表至少每年进行一次校准。总辐射表用于在水平安装时测量太阳总辐射或以一定角度安装时测量半球辐射；直接辐射表用于测量给定平面上法向直射辐照度；总紫外辐射表用来确定暴露周期时，其通带对 290～400nm 光谱范围的辐射接收应最大化，同时为了包括紫外天空辐射，应对其作余弦修正。

③ 其他还有用于测量气温、试样温度、相对湿度、降雨量、润湿时间、光照时间、黑标或白标温度、黑板或白板温度的仪器，应与所采用的暴露方法相适宜，并由相关方约定。

3. 测试试样

试验样品的制备方法对其表面耐候性有显著的影响，通常应由相关方约定。对于粉状、片状、粒状等聚合物，应采用挤出、模塑等方法把原料制成片材，并从中裁取待暴露的试样。

试验样品数量应与暴露后性能测试的相关试验方法所规定的数量相同。就力学性能测试而言，由于老化后材料的力学性能在测试中会出现较大的标准偏差，推荐暴露试验样品的数量为相关标准要求的两倍；通常推荐在各暴露周期为每种材料准备至少三个平行试样。

4. 测试条件

（1）气候类型　目前常用的气候分类系统是由美国威斯康星大学的格伦·特雷瓦萨（Glenn Trewartha）修改开发的。该系统中，气候被分为六种气候带；根据温度和降水的不同，每种气候带被分为几种不同的气候类型，具体见表 6-1。当塑料在不同类型的气候中暴露时，降解速率、降解类型会有显著差异。塑料在伴有高强度太阳辐射的湿热和干热气候中暴露时，往往可以最快地获得其耐候性指标。

表 6-1　气候分类与描述

气候带	气候带名称	气候类型	气候类型名称	特征	平均温度
A	热带	Af	热带雨林气候	没有旱季	全年≥17℃
		Am	热带季风气候	短暂旱季，其他月份有强季风降雨	
		Aw	热带疏林草原气候	冬季干旱	
B	干旱带	Bwh	亚热带沙漠气候	低纬度沙漠	对于 B 型气候带，其蒸发超过降水，平均温度不适用。B 型气候带的温度由第三个字母来指示，“h”表示最冷月的平均温度高于 0℃，“k”表示至少有一个月的平均温度低于 0℃
		Bsh	亚热带草原气候	低纬度旱地	
		Bwk	温带沙漠气候	中纬度沙漠	
		Bsk	温带草原气候	中纬度旱地	
C	温暖带	Csa	地中海气候	温和，夏季干旱、炎热	全年 8～12 个月＞9℃
		Csb	地中海气候	温和，夏季干旱、温暖	
		Cfa	常湿温暖气候	温和，无旱季、夏季炎热	
		Cwa	冬干温暖气候	温和，冬季干旱、夏季炎热	
		Cfb	海洋性气候	温和，无旱季、夏季温暖	
		Cfc	海洋性气候	温和，无旱季、夏季凉爽	
D	冷温带	Dfa	温带大陆性湿润气候	潮湿，严冬、无旱季、夏季炎热	全年 4～7 个月＞9℃
		Dfb	温带大陆性湿润气候	潮湿，严冬、无旱季、夏季温暖	
		Dwa	温带季风气候	潮湿，冬季干旱、夏季炎热	
		Dwb	温带季风气候	潮湿，冬季干旱、夏季温暖	
		Dfc	亚寒带大陆性湿润气候	严冬、无旱季、夏季凉爽	全年 1～3 个月＞9℃
		Dfd	亚寒带大陆性湿润气候	恶劣，冬季非常冷、无旱季、夏季凉爽	
		Dwc	亚寒带季风气候	恶劣，冬季干旱、夏季凉爽	
		Dwd	亚寒带季风气候	恶劣，冬季非常冷且干旱、夏季凉爽	
E	极地带	ET	苔原气候	极地苔原，无真正的夏季	所有月平均温度≤9℃
		EF	冰原气候	常年结冰	
H	高原山地地带	H	高原山地气候	高海拔	平均温度不适用

注：1. 气候分类中，塑料暴露试验两个基准测试用的气候是美国佛罗里达州南部的 Aw 和亚利桑那州中部沙漠的 Bwh。

2. 我国与之相近的气候地区分别是南方湿热地区的 Aw 和西北干旱地区的 Bwk。

（2）暴露方式　如无规定，试验样品应在无变形状态下暴露。如果试样在变形下暴露，产生形变的确切步骤应记录在检测报告中。塑料常用的暴露方式有如下两种。

① 无背板暴露：试样固定在试验架或者框上，试样的前后有自由流通的空气。在这种暴露条件下，试样的各个面都受到天气的影响。如果试样需要额外的支撑来防止其在暴露过程中的扭曲或变形，试样可以放置在金属丝网上。

② 有背板暴露：试样在暴露过程中附在一个无孔隙背板上，背板材料应是胶合板。使用有背板暴露时，试样温度的最大值将会更高。

没有具体指定暴露方式时，应采用无背板暴露。

（3）暴露周期　材料即使在暴露场地和暴露周期均相同的试验中重复进行暴露，其产生的变化也会有所不同。为了提供材料在特定地点指定暴露周期下发生典型变化的量，材料需要在相同地点不同时间下进行多次暴露。在相似的气候，相同的暴露周期条件下，材料变化的量也可能随暴露场地而不同。在不同的气候条件下，材料变化的量会随着暴露场地的不同而有显著的差异。要全面地评价塑料材料或制品的耐候性，需要在几种不同的气候条件下进行暴露。试验样品性能变化的暴露周期可通过以下方法确定。

① 暴露持续时间。暴露周期可用日、周、月或年计的总时间来指定。

② 太阳辐照量。太阳辐照量是导致塑料在环境暴露过程中老化的最重要因素之一，因此可以根据试样接收的太阳辐照量来确定暴露周期。如不采用太阳总辐照量来确定暴露周期，推荐测量并记录每个暴露周期的太阳总辐照量或太阳紫外总辐照量。

5. 测试步骤

（1）试样的安装　按照选定的暴露方式选择适当的惰性材料夹具将试样安置在试样架上或合适的支架上。试样框架上样品夹持位置间留有足够空间，确保样品的暴露面积足够后续的光学或力学性能测试。确保将需要测试力学性能的试样按照诸如缺口样条、胶瘤样条进行正确安装。确保固定方式不会对试样施加明显的应力。

如有需要，暴露过程中可以用一个不透光、耐老化的遮盖物保护每个试验样品的一部分，以提供一个被遮挡的未暴露区与相邻的暴露区进行对比。此法有利于检查暴露试验的进度。

（2）参照材料的安装　如果使用参照材料，其应与试样以相同的方式安装，确保可供参考，除非另有说明。参照材料安装在尽可能靠近试验样品的位置。

（3）气候观察　记录所有可能影响暴露试验结果的气候条件和变化。

（4）试样的暴露　除非另有规定，在暴露期间不应清洁试样。如需清洁，要用蒸馏水或纯度相当的水，并注意不要因摩擦或其他原因破坏试样的老化表面。应定期检查和维护试验场地，加固松动的试样，记录试样的状态。

（5）性能变化的测定　将试验样品暴露适当的周期，取下后按照标准或其他相关文件测定其外观、颜色、光泽或其他物理性能的变化。暴露后的试样应按要求进行状态调节，尽快进行测试并记录暴露结束点和测试起始点之间的时间间隔。根据已有的相同或相似材料的暴露结果，考虑是否有必要调整随后试样的取样次数来提高暴露或测试的试验方案价值。

6. 测试结果

（1）性能变化　按国家标准的程序和试验方法测定所需的性能变化。

（2）暴露周期的表示

① 太阳紫外总辐照量，用 MJ/m^2 表示；

② 太阳总辐照量，用 MJ/m^2 表示；

③ 规定波长范围的紫外辐照量，用 J/m^2 表示；

④ 实际经历暴露的时间，视情况用日、周、月、年表示。

（3）气候条件

① 温度：日最高温度的月平均值、日最低温度的月平均值、日平均温度的月平均值、月最高温度和最低温度；

② 相对湿度：日最大相对湿度的月平均值、日最小相对湿度的月平均值、日平均湿度的月平均值、月相对湿度范围；

③ 降水量：月总降雨量，用 mm 表示；

④ 润湿时间：月总润湿时间，用 h 表示。

还可记录其他观测信息，如风速和风向、大气污染的发生率和性质、已测定的紫外总辐照量以及当地的任何特殊环境。

技术提示

（1）暴露方位根据暴露试验的规范或要求，面向赤道，暴露角应选择下列向水平面倾斜的角度之一固定：

① 按照材料预期的用途或者规范要求选择与水平面呈 0°～90°之间的任何角度；

② 对于从赤道到纬度 20°之间的暴露场地，为获得全年太阳总辐照量最大值，调整倾斜角使其与所在场地的纬度相同；

③ 对于纬度大于 20°的暴露场地，为获得全年太阳总辐照量最大值，调整倾斜角使其为所在场地的纬度减去 5°～10°。

（2）材料即使在暴露场地和暴露周期均相同的试验中重复进行暴露，其产生的变化也会有所不同。为了提供材料在特定地点指定暴露周期下发生典型变化的量，材料需要在相同地点不同时间下进行多次暴露。在相似的气候、相同的暴露周期条件下，材料变化的量也可能随暴露场地而不同。在不同的气候条件下，材料变化的量会随着暴露场地的不同而有显著的差异。要全面地评价塑料材料或制品的耐候性，需要在几种不同的气候条件下进行暴露。

7. 影响因素

（1）暴露场地气候区域的影响　不同的气候类型，暴露场地的纬度、经度、高度不同，测试结果是不同的。为了得到可靠的数据，自然老化试验应尽可能选与使用条件接近的场地进行，需要时应在各种不同气候环境地区的场地进行。

（2）开始暴露季节与暴露角的影响　季节不同，气候有明显区别，少于一年的暴露实验，其结果取决于这一年进行暴露的季节，较长的暴露阶段，季节的影响被均化了，但试验结果仍取决于开始暴露的季节。在暴露时采用的角度不同，所受的太阳辐射量也会有所不同。

（3）测试性能　测试性能不同，所测出的耐候性结果对同一品种塑料也是不同的，因此要按选定的每项性能指标和每一个暴露角来确定耐候性。选择老化试验的测试性能项目，不仅应当选择那些老化过程中变化比较灵敏的性能，而且应根据不同塑料的老化机理及老化特征对不同材料、制品结合其使用场合，选择能真实反映其老化过程的相关测试性能，依据所得到的全部结果，可以做出较为准确的综合评价。

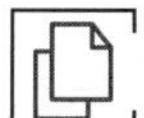

任务考核

一、不定项选择题

1. 以下外部因素会引起聚合物老化的是（　　）。

A. 紫外线　　B. 氮气　　C. 氧气　　D. 水分

2. 自然大气老化的影响因素很多，其中对塑料老化起作用的主要是（　　）。

A. 湿度　　B. 温度　　C. 空气　　D. 阳光

3. 以下关于聚合物自然老化测试描述正确的是（　　）。

A. 暴露方位应面向正南方固定　　B. 暴露地点应远离森林和建筑物的空地

C. 暴露阶段一般在夏末秋初　　D. 自然大气老化试验的重现性好

4. 以下对塑料老化试验的描述错误的是（　　）。

A. 海水浸泡老化试验属于人工老化法

B. 自然大气老化试验比较近似于材料的实际使用环境情况

C. 人工老化试验是模拟和强化自然环境或使用环境中的作用因素而进行的

D. 人工老化试验对塑料耐候性评价比自然老化试验更可靠

5. 为防止聚合物老化，可在配方中加入（　　）。

A. 抗氧剂　　B. 光稳定剂　　C. 阻燃剂　　D. 增塑剂

二、简答题

1. 高分子材料的老化性能测试有哪些方法？

2. 针对不同类型的高分子材料，如何通过添加相应助剂延缓其老化进程，延长其存贮时间和使用寿命？

素质拓展阅读

塑料与“白色污染”

塑料是由石油经过催化裂解、分离提纯等得到的各种有机小分子化合物进一步聚合反应得到的。它不仅与人们日常生活密不可分，还广泛应用于航空航天、交通运输、城市建筑、医疗卫生以及电子电器、包装密封等各个领域。根据联合国的数据显示，从20世纪50年代开始到2022年，全球的塑料产量已经累计接近100亿吨。因大量使用塑料产品引起的废旧塑料“白色污染”已成为社会各界关注的热点问题。

“白色污染”的概念一方面源于被随意丢弃的大量一次性使用塑料制品对生态环境造成的影响，另一方面源于人们对随意丢弃的废弃塑料的不良感观。问题的出现，既与塑料的“价廉”“轻”“薄”特性有关，更与人的行为规范与社会公德有关。客观来讲，若不被当作价廉物美的一次性制品使用，尤其是若使用后不被随意丢弃，就不会成为“白色污染”！值得指出的是，即使是可降解塑料，如不高度重视并严格有序回收和处理，仍然有成为“白色污染”的可能。

其实，将石油基原料不到20%的剩余部分用于生产塑料及其它合成高分子，是石油作为能源最优利用下而产生的高价值副产物，不仅给人类的生活带来革命性的便利，也是具有划时代意义的科技创造！同时，制备塑料的聚合反应过程，本质上就是一个“捕碳”和“固碳”的过程，在现有主要大类材料的生产制备过程中，塑料是碳排放量最低的材料之一。

“禁止使用一次性不可降解塑料制品”的表述是错误的；“禁止使用不可降解一次性塑料制品”的表述才是正确的。而“禁塑”或大幅度限产，不仅会对石油化工产业生态链产生巨大的影响，同时会对社会发展和民众生活造成一定的影响。其实，对于塑料制品而言，不能片面简单地追求塑料制品具有降解特性，降解是有范围和限定的，不能无限扩大。绝大多数应用广泛的塑料制品不要求降解、不需要降解，甚至要求在使用期限内不能降解。需要降解的主要针对的是“一次性使用的塑料制品”。

一方面，基于现实，若要逐步实施“禁止使用不可降解一次性塑料制品”，更有必要大力推动塑料使用方式和生活模式的变革，即减少并限制“一次性塑料制品”的生产和使用，倡导“多次使用”“长期使用”。另一方面，从材料科学的分子设计到工程技术角度，在塑料结构中预留（预设）一个（或若干）具有“开关效应”的含有降解促进剂的结构（记为 IP 结构）。待塑料经多次使用或长期使用后，其性能（功能）劣化，不能满足继续使用要求时，在一定外界条件（光、电、热、力等）作用下，激活 IP 结构，引发（启动）降解。通过这种具有“开关效应”的“引发降解”，达到“可控降解”，应成为追求并实现的理想目标。

资料来源：《塑料与“白色污染”刍议》

任务二
热老化测试

一、热老化概述

热老化测试是评定材料对高温适应性的一种简便的人工模拟试验方法，将材料放在高于使用温度的环境中，使其受热作用，再通过测试暴露前后性能的变化来评定材料的耐热性能。自然老化试验周期长，试验结果适用于特定的暴露试验场所；热老化作为常用的人工老化测试方法，具有试验周期短，不受场地、季节和地区气候影响，以及测试数据具有很好重复性等优点。

热老化性能测试

二、热老化的测试方法

塑料热老化试验参照《塑料热老化试验方法》(GB/T 7141—2008)。

1. 原理

将塑料试样置于给定条件（温度、风速、换气率等）的热老化试验箱中，使其经受热和氧的加速老化作用。通过检测暴露前后性能的变化，评定塑料的耐热老化性能。

2. 主要设备

（1）热老化试验箱

方法 A：重力对流式热老化试验箱——推荐使用标称厚度不大于 0.25mm 的试样。热老化试验箱装置应与 GB/T 11026.4—1999 一致（不带强制空气循环）。

方法 B：强制通风式热老化试验箱——推荐使用标称厚度大于 0.25mm 的试样。热老化试验箱装置应与 GB/T 11026.4—1999 一致（带强制空气循环），采用（50±10）次/h 的换气率及箱内保持均匀的试验温度。推荐使用监测暴露温度和湿度的记录仪器。

（2）试样架　试样架的设计应确保试样周围的空气流通。

3. 测试试样

所需试样的数量和类型应符合检测特定性能的相应国家标准的规定，在所选的每个周期和温度下均应满足该要求；每种材料至少暴露三个平行试样，除非另有规定；试样厚度应相当于但不大于预期应用中的最小厚度；试样的制作方法应与其在预期应用中的相同；一系列温度的所有试验试样均应为同一批次。

4. 测试条件

① 按照 GB/T 2918 的规定，初始试验在标准试验室环境中进行，试样应根据国家标准规定的性能测试方法的要求进行状态调节。

② 如果要求在高温暴露后及试验前进行试样调节，应按照 GB/T 2913 的规定，除非另有规定。

5. 测试步骤

① 根据试样厚度选择适用的热老化试验箱类型（方法 A 或 B）。

② 当在单一温度下进行试验时，所有材料应在同一装置中同时暴露。每种材料在每个暴露周期的平行试样数应足够多，以确保用于表征材料性能的试验结果能够用方差分析或类似的统计数据分析法进行比较。

③ 当进行一系列温度下的测试时，为了确定规定的性能变化和温度间的关系，应最少使用四个温度。推荐按以下方法选择暴露温度。

a. 最低温度应能在大约六个月内使性能变化或使产品失效达到预期水平。第二个温度较高，应能在大约一个月内使性能变化或使产品失效达到相同的水平。

b. 第三和第四个温度应能够分别在大约一周和一天内达到预期的水平。

如果采用上述推荐的热老化周期，可以使用表 6-2 推荐的暴露周期 A、B、C、D、E。

④ 根据适用的试验方法测试一组非暴露试样的选定性能，包括状态调节。

⑤ 将试样安装在试样架上，并将试样架放在热老化试验箱内，确保试样的两面均暴露在气流中。为了使热老化试验箱内温度变化的影响最小，建议周期性地调整试样或试样架的位置。

⑥ 在规定的温度下将留存的系列试样在选定的时间区间内暴露。暴露后按照规定的方法对其调节，然后进行测试。如果预期有非加热的老化影响，应对一组未进行热暴露的老化平行试样进行调节和测试。

表 6-2 测定可氧化降解塑料热老化性能时推荐的温度和暴露时间

推荐的暴露温度/℃	温度对数/℃	90℃时估计的失效时间/h				
		1～10	11～24	25～48	49～96	97～192
30	1.477	A				
40	1.602	B	A			
50	1.699	C	B	A		
60	1.778	D	C	B	A	
70	1.845	E	D	C	B	A
80	1.903		E	D	C	B
90	1.954			E	D	C
100	2.000				E	D
110	2.041					E

注：推荐的暴露周期如下。

A——2，4，8，16，24，32 周；B——3，6，12，24，36，48d；C——1，2，4，8，12，16d；D——8，16，32，64，96，128h；E——2，4，8，16，24，32h。

6. 测试结果

① 当材料在单一温度下进行比较时，应使用方差分析比较每种材料在每个暴露时间的被测性能数据的平均值。使用每一种被比较材料的每组平行测定结果进行方差分析。推荐使用置信度为95%的 F 统计量确定方差分析结果的有效性。

② 当在一系列不同的温度下进行材料比较时，应采用以下方法分析数据，并估算在更低温度下达到预定性能变化水平所需的暴露时间。该时间能够用于材料温度稳定性的基本评定，或用作在选定温度下的最大预期使用寿命的估计。

a. 绘制所有采用温度下暴露时间对被测性能的函数曲线。

b. 使用回归分析确定暴露时间的对数与被测性能的关系。

c. 以达到性能变化预定水平所需时间（通过可接受的回归方程确定）的对数与每次暴露所用绝对温度倒数（$1/T$，温度单位 K）的函数绘制曲线，其典型曲线即阿伦尼乌斯曲线——老化时间的对数对温度倒数关系。

③ 使用达到规定性能变化水平所需时间的对数与绝对温度倒数的函数方程，来确定在所有相关方商定的预选温度下达到此性能变化的时间。

④ 使用时间的95%置信区间来计算特定性能的变化量。

技术提示

（1）表6-2给出了在特定温度下某些材料特性的典型热老化周期表。实际上，在获得试验数据前往往难以估计热老化的影响。因此通常只需要在一个或两个温度下开始短期老化，直到获得数据来作为选择其余热老化温度的基础。由于可氧化降解塑料的温度相关性会有很大的不同，所以该表仅用作初始的指导。为了获得更准确的数据，可以使用该表给出的暴露时间和温度的中间值。

（2）高温试验时，戴好防护手套取放试样，以免烫伤。打开试验箱门时，注意站立位置，防止热气伤人。

（3）尽量避免不同种类的材料同时放于一个老化箱内进行试验，以免相互影响。

任务考核

一、不定项选择题

1. 常压法热老化试验是将塑料试样置于给定条件的热老化试验箱中，使其经受（　　）的加速老化作用。

A. 热　　B. 氧　　C. 光　　D. 水

2. 常压热老化试验需设定的试验条件包括（　　）。

A. 温度　　B. 风速　　C. 换气率　　D. 湿度

3. 根据塑料在热老化试验中性能的变化来评价塑料的老化程度，下列选项中，（　　）可用于评定热老化性能。

A. 质量的变化

B. 变色、褪色及透光率等光学性能变化

C. 拉伸强度、断裂伸长率、弯曲强度、冲击强度等力学性能改变

D. 局部粉化、龟裂、斑点、起泡、变形等外观的变化

4. 湿热老化试验中对塑料老化起主要作用的是（　　）。

A. 湿度　　B. 温度　　C. 压力　　D. 氧气

5. 同一材料经热氧作用后的各性能指标并不以相同的速度变化。如 HDPE 在热老化过程中（　　）变化最快。

A. 断裂伸长率　　B. 缺口冲击强度　　C. 拉伸强度　　D. 热熔指数

二、简答题

1. 塑料热老化测试过程中，影响因素主要有哪些？

2. 如何提升聚氯乙烯的耐热稳定性？

素质拓展阅读

废塑料再生利用，助力实现“双碳”目标

高分子材料在包装、建筑、汽车制造、医疗器械、航空航天等诸多国民经济重要领域发挥了重要作用，但全球的废塑料回收利用率仅有7%左右，更多的是被焚烧、填埋和丢弃在自然界中，既污染环境又浪费资源。废旧高分子材料的处理，已成为全球关注的问题。

我国作为发展中大国，积极承担国际责任，为应对全球塑料污染问题贡献中国智慧和中国方案。在世贸组织部长级会议有关环境保护倡议的新闻发布会上，中国代表李成钢曾表示，中国十分重视应对塑料污染问题。2022 年 6 月 1 日，中华人民共和国生态环境部印发的《废塑料污染控制技术规范》替代了已经实施了 15 年的《废塑料回收与再生利用污染控制技术规范（试行）》。同年，国家发展改革委、生态环境部又联合发布了《塑料污染治理 2022 年工作要点》，八大主要任务中的第三个任务就是“废塑料再生利用行动”。

将传统的“资源—产品—废弃物”的线性利用模式转变为“资源—产品—循环—再生资源”的物质闭环利用模式，即将废旧高分子材料循环再利用是解决其污染问题的方式。循环利用技术包括三类：①物理循环或材料循环：通过直接或改性利用，以及通过粉碎、热熔加工、溶剂化等方法，将其变为原料应用；②化学循环：通过水解、裂解或化学解聚等，使其分解为初始单体、还原为类似石油的物质或其他化学品等，再加以利用；③能量循环：对难以进行物理循环或化学循环的高分子材料废弃物通过焚烧，利用其热能。废旧高分子材料的综合利用途径如下：

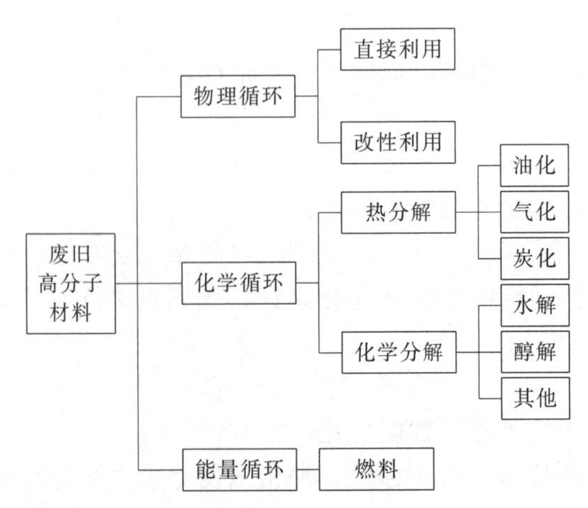

我国力争在2030年之前实现碳达峰、努力争取2060年之前实现碳中和，而废塑料的循环利用就是有效的节能减排方向，有利于“双碳”目标实现。作为高分子专业的大学生，对待废塑料一定要有循环利用意识，坚定“绿水青山就是金山银山”的环保理念，在日常生活中积极践行对废塑料进行分类处理，为实现“碳达峰、碳中和”目标贡献智慧和力量。

任务三
人工气候老化测试

一、人工气候老化概述

《塑料　实验室光源暴露试验方法　第1部分：总则》(GB/T 16422.1—2019)，是采用模拟和强化大气环境的主要因素的一种人工气候加速老化试验方法。它是在自然气候暴露试验方法基础上，为克服自然气候暴露试验周期长的缺点而发展起来的，可以在较短的时间内获得近似于常规大气暴露结果。

在自然气候暴露中，到达地面的阳光，其辐射特性和能量随气候、地点和时间而变化，影响老化进程的因素除太阳辐射外，还有许多因素，如温度、温度的周期性变化及湿度等。而人工气候老化测试是试样暴露于规定的环境条件和实验室光源下，通过测定试样表面的辐照度或辐照量与试样性能的变化，以评定受试材料的耐候性。因此实验室光源与特定地点的大气暴露试验结果之间的相关性只适用于特定种类和配方的材料及特定的性能。

根据光源的不同，实验室光源暴露试验方法又分为三种：氙弧灯法、荧光紫外灯法及开放式碳弧灯法。这里主要介绍国内目前通行的氙弧灯法。

二、人工气候老化的测试方法

人工气候老化测试——氙弧灯试验操作

1. 原理

试样在受控的环境条件下进行实验室光源暴露试验。描述的方法包括可满足测量样品表面辐照度和辐照量、指定白板和黑板温度、室内空气温度和相对湿度的要求。

氙弧灯法即以配置合适滤光器的氙弧灯为光源，模拟总日辐射光谱中紫外光谱和可见光谱区域的光谱辐照度。

2. 主要设备

试验的主要设备是氙弧灯老化试验箱及其内部结构，如图6-2所示。主要由以下部分组成。

(1) 光源　光源应由一个或多个氙弧灯组成，其光谱范围包括波长大于270nm的紫外辐射、可见辐射及红外辐射。为了模拟总日辐射，应使用滤光器过滤掉短波长的紫外辐射(方法A，见表6-3)。为了模拟透过窗玻璃后的太阳辐射(方法B，见表6-4)，应使用将

图 6-2 氙弧灯老化试验箱及其未安装样品架的内部结构图

310nm以下波长的辐照度最小化的滤光器。另外，可使用滤光器去除红外辐射来避免对试样不符合实际情况的加热，防止试样产生在户外暴露期间不会出现的热降解。光源的定位应确保照射到试样表面的辐照度符合规定要求。

表 6-3 配置日光滤光器氙弧灯的相对光谱辐照度（方法 A）

光谱通带波长(λ)/nm	最小限值/%	CIE 85:1989 的表 4/%	最大限值/%
λ<290	—	0	0.15
290≤λ≤320	2.6	5.4	7.9
320<λ≤360	28.2	38.2	39.8
360<λ≤400	54.2	56.4	67.5

表 6-4 配置窗玻璃滤光器氙弧灯的相对光谱辐照度（方法 B）

光谱通带波长(λ)/nm	最小限值/%	CIE 85:1989 的表 4/%	最大限值/%
λ<300	—	0	0.29
300≤λ≤320	0.1	≤1	2.8
320<λ≤360	23.8	33.1	35.5
360<λ≤400	62.4	66.0	76.2

（2）润湿和湿度控制装置　试样可在喷淋、凝露或浸润方式下进行润湿暴露。表 6-5 和表 6-6 给出了使用喷淋的具体试验条件以及控制相对湿度的暴露条件，如果使用了凝露、浸润或其他方式，应在试验报告中注明具体的试验步骤和暴露条件。

① 相对湿度的控制装置。对需控制相对湿度的暴露，测量相对湿度的传感器的位置应符合标准规定。

② 喷淋系统。试验箱可按规定条件在试验样品的正面或背面安装间歇喷淋的装置，应由不会污染喷淋水的耐腐蚀材料制成，喷淋应均匀分布在试样表面。喷洒到试样表面的水有一定要求，电导率应低于 5μS/cm，不溶物含量小于 1mg/L，在试样表面不留下可见的污迹或沉积物，二氧化硅的含量应低于 0.2mg/L。去离子与反渗透系统相结合使用能制备符合质量要求的水。

（3）试样架　试样架可为开放式框架，从而使试样背面外露；或可使用无空隙的背衬来支撑试样。试样架及背衬应由不会对暴露结果产生影响的惰性材料制成，如耐氧化的铝合金或不锈钢。试样周围不应使用铜合金、铁或铜质材料。背衬的使用以及背衬与试验样品间的空隙可能影响试验结果，尤其是透明试样。因此背衬的使用及与试样间的空隙应由相关方商定。

表 6-5 黑标温度计（BST）控制温度的暴露循环

方法 A:配置日光滤光器的暴露(人工气候老化)						
循环序号	干湿循环	辐照度		黑标温度/℃	试验箱温度/℃	相对湿度/%
		宽带(300～400nm)/(W/m²)	窄带(340nm)/[W/(m²·nm)]			
1	102min 干燥	60±2	0.51±0.02	65±3	38±3	50±10
	18min 喷淋	60±2	0.51±0.02	—	—	—
方法 B:配置窗玻璃滤光器的暴露						
循环序号	干湿循环	辐照度		黑标温度/℃	试验箱温度/℃	相对湿度/%
		宽带(300～400nm)/(W/m²)	窄带(420nm)/[W/(m²·nm)]			
2	持续干燥	50±2	1.10±0.02	65±3	38±3	50±10
3	持续干燥	50±2	1.10±0.02	100±3	65±3	20±10

表 6-6 黑板温度计（BPT）控制温度的暴露循环

方法 A:配置日光滤光器的暴露(人工气候老化)						
循环序号	干湿循环	辐照度		黑板温度/℃	试验箱温度/℃	相对湿度/%
		宽带(300～400nm)/(W/m²)	窄带(340nm)/[W/(m²·nm)]			
4	102min 干燥	60±2	0.51±0.02	63±3	38±3	50±10
	18min 喷淋	60±2	0.51±0.02	—	—	—
方法 B:配置窗玻璃滤光器的暴露						
循环序号	干湿循环	辐照度		黑板温度/℃	试验箱温度/℃	相对湿度/%
		宽带(300～400nm)/(W/m²)	窄带(420nm)/[W/(m²·nm)]			
5	持续干燥	50±2	1.10±0.02	63±3	38±3	50±10
6	持续干燥	50±2	1.10±0.02	89±3	65±3	20±10

3. 测试条件

（1）辐照度　如无特殊规定，按表 6-5 和表 6-6 所示控制辐照度水平，也可由相关方商定使用其他的辐照度水平，应在试验报告中注明测量的辐照度及其通带。

（2）温度

① 黑标温度和黑板温度。黑板温度黑标温度都是最常用的温度，两种温度之间没有关联。因此，用其得到的试验结果可能不具有可比性。对于仲裁试验，表 6-5 规定了使用的黑标温度；对于常规试验，黑板温度计可代替黑标温度计使用（见表 6-6）。如果使用黑板温度计，面板所用的材料、温度传感器的类型及其在面板上的安装方式都应在试验报告中注明。

② 试验箱内空气温度。暴露过程中试验箱内空气温度能控制在规定值（见表 6-5 和表 6-6），也能不控制。

（3）试验箱内空气相对湿度　暴露过程中试验箱内空气相对湿度能控制在规定值（见表 6-5 和表 6-6），也能不控制。

（4）喷淋循环　喷淋循环周期应由相关方商定，宜采用表 6-5 的方法 A 以及表 6-6 的方法 A 中的循环。

（5）有暗周期的循环　表 6-5 和表 6-6 中的条件适用于连续辐照的试验，可使用更复杂的循环，如暗周期。暗周期可能造成高湿度或在试样表面产生凝露。应在试验报告中注明所用的循环及其全部详细条件。

4. 测试试样

（1）形状和制备　对于粒状、碎片状、粉末状或其他原料状态的材料，要从挤出或模塑成型制备的片材上裁取。样品的确切形状尺寸按照相关性能的特定测试方法确定。当要测定特定类型的制品性能时，在可能情况下应暴露制品本身。

在某些情况下，需要从暴露后的大样中裁取单个样品进行性能测试。例如，对边缘易分层的材料，需要以大片材形式暴露后进行取样。从暴露后的片材中裁取和制备样品的方法对单个样品性能的影响会更大，此裁样方法对于暴露后易脆化材料的影响尤其明显。当从已暴露片材或大制品上裁取试样时，最好在离固定材料的夹具或暴露样品边缘至少为20mm的区域内选取。在样品制备过程中决不能去除样品暴露面的任何部分。

当在暴露试验中进行试样比较时，应使用尺寸及暴露面积相似的试验样品。确保标签测试和对照样品使用的标记在暴露试验中不会变得模糊且不会影响所需性能的测试。不要将裸露的皮肤与试样的暴露面或设备的光学部件接触，因为有可能将油脂转移到它们上面，这些油脂可能起到紫外线吸收剂的作用或含有影响降解的污染物。

（2）试样数量　每一组试验条件或每一个暴露周期的试样数量应在暴露后性能测试方法中规定。就力学性能测试而言，因为在测试气候老化后材料的力学性能时会产生较大的标准偏差，推荐暴露试样的数量为相关国家标准要求的2倍。如果性能测试方法没有规定暴露试样的数量，推荐每种材料每个暴露阶段所需的重复样品最少为3个。当通过破坏性试验进行试样性能测试时，所需试样总数应由暴露阶段数以及非暴露存放样品是否与暴露试样同时试验来确定。

（3）贮存与状态调节　若无特殊说明，从大样材上裁取或切割的试验样品应按照标准进行状态调节。某些情况下可能需在裁取或切割前对片材进行预处理。当利用试验来表征被暴露材料力学性能时，应在所有的性能测试前对样品进行适当的状态调节。

存放样品应避光保存在标准实验室环境中。某些材料，尤其是老化后的材料，在避光保存时会发生变色。因此其暴露表面一旦变干就必须尽快进行颜色测定或目测对比。

5. 测试步骤

（1）试样的安装　以不受任何外加应力的方式将试样固定在设备试样架上。在每个试样上作不易消除的标记，且做标记的位置不影响后续的试验。为便于检查，可制定试验样品的位置分布图。

对用于测定颜色和外观变化的试样，需要对其暴露部分和非暴露部分进行比较时，可在整个试验过程中用不透明的遮盖物遮住试验样品的一部分。

（2）暴露　在试验箱内放置试样前，确保设备在所需的条件下运行。根据选定的暴露条件设置设备参数，使其按所需的循环数和暴露条件持续运行。在整个暴露过程中保持试验条件不变，并尽量减少检修设备和检查试样导致的试验中断。

试验样品按规定的暴露周期进行暴露，如果使用辐照仪，将其与试验样品同时暴露。建议按标准规定在暴露过程中对试样进行换位。如有必要取出试验样品做定期检查，小心不要触碰测试面或对测试面做任何改变。检查后将试验样品按原暴露面朝向放回试样架或试验箱。

（3）辐照量的测量　若有需要，安装并校准辐照仪后测量试验样品暴露面的辐照度。当试验样品按辐照量进行暴露时，其暴露周期用暴露面单位面积上的辐射能表示。选用波长范围为300～400nm的辐照仪，暴露周期的单位用J/m^2表示；或者选用定值波长的辐照仪

（如 340nm），暴露周期的单位用 J/（m^2 · nm）表示。

（4）暴露后性能变化的测定　按标准规定进行性能变化的测定，经相关方商定后可测定其他性能。

6. 测试结果

测试结果应包括以下内容：

① 所有性能测试方法的完整描述。

② 试验样品、对照样品、未被暴露的存放样品（如果有测定）的性能测试结果。

③ 暴露周期［按 h 计的时间或辐照能（J/m^2）以及测试所用光谱通带］。

技术提示

（1）不要随意打开设备箱门，以免发生不良后果。如在高温试验过程中，设备箱中的高温气体会冲出试验箱，很可能烫伤操作人员；在进行低温试验时，会冻伤操作员。在试验进行过程中打开箱门时，操作人员应采取防护措施。

（2）保持安装试验箱的清洁整洁，如箱体底部和周围不能使用大量灰尘，否则试验设备在试验过程中会吸入灰尘，导致设备故障或试验结果不准确。

（3）每次试验结束后对工作室进行清洁，并定期检查循环水箱的水压控制器和水位。

7. 影响因素

① 光源及滤光片的影响。氙弧灯在近红外区氙弧辐射很高，发热明显，易造成试样过热。氙弧灯的玻璃滤光套（片）在使用过程中也会老化变质或积垢，应经常清洗保洁，在使用 2000h 后应予更换。

② 为了保证试验数据可靠，再现性好，光源发射的光谱强度应稳定。氙弧灯使用过程中随点燃时间的增长而逐步老化、变质，使辐照度衰减。因此，应按有关试验方法规定定期更换新灯。光源电流或电压的变化会引起光源辐照度的波动，辐照度随电功率的增大而升高，因此要求光源的电流、电压应保持稳定。

③ 受试温度。试样的辐照温度不可选得过高，特别是对易于被单纯热效应引起变化的材料。因在此种情况下，试验表示的结果可能不是光谱暴露的效应而是热效应。选用氙弧灯要注意防止试样过热，可选择较低的温度防止热效应。

任务考核

一、填空题

1. 人工气候暴露试验条件主要包括：______、______、______及喷水（降雨）周期等。

2. 光源的选择原则要求其光谱特性与导致材料老化破坏最敏感的波长相近，国内常采用的光源有________、__________和荧光紫外灯。

3. 已知的人工光源中，光谱能量分布与太阳光中紫外可见光部分最相似的是______。

二、简答题

1. 人工气候老化试验，即实验室光源暴露试验方法，与实际使用暴露情况有何差异？

2. 人工气候老化试验过程中，影响因素主要有哪些？

素质拓展阅读

废弃电器电子产品中塑料的"涅槃重生"

随着技术生产的不断进步和变化，废弃电器电子产品也呈指数级增长。据统计，废弃电器电子产品中废塑料约占17%，由于其密度较低，体积较大，占用了大量的空间，加之其仍然有再生利用的价值，因此有必要对废塑料进行回收再利用，这样既有利于节约宝贵的不可再生资源，又能使其免遭不合理处理处置方式带来的潜在环境污染。

废弃电器电子产品中的废塑料通常是具有复杂形态的高分子材料，其中含有非常复杂的不同基体，以及多种填料添加剂。其中，丙烯腈-丁二烯-苯乙烯（ABS）、高抗冲聚苯乙烯（HIPS）及聚丙烯（PP）是废弃电器电子产品中废塑料的最主要组成部分，约占其总量的71%（质量分数），而其他的多种塑料制品，比如聚碳酸酯（PC）、聚酰胺（PA）、聚氯乙烯（PVC）、聚甲基丙烯酸甲酯（PMMA）等，则构成了剩下的29%。由于废塑料在自然环境下降解非常缓慢，直接填埋带来的二次环境污染可能性很大，加之其直接焚烧会产生大量有毒有害气体，因此针对废塑料的不当处理将给环境带来严重的负担。研究可以提升废旧塑料性能的方法，增加其再生利用价值，以减少废弃塑料常规的填埋及焚烧等方式对环境的不利影响，同时最大幅度节约不可再生资源。

废弃电器电子产品中废塑料因其长期使用过程中受环境影响，导致其宏观力学性能恶化，难以应用在各类终端场景。因此，需对其进行改性，使其恶化的性能得到修复后，才能使再生材料具有真正的再生利用价值。改性的方式很多，包括常规的物理共混改性以及更具应用前景的反应挤出改性等。

1. ABS性能修复研究

ABS老化后各项力学性能均有所下降，特别是冲击强度的恶化最为显著，因此对ABS的性能修复多数以增韧为基础。为了使得再生材料的综合性能更为平衡，可通过复配添加改性剂或原位扩链修复等方式来实现。

戴伟民探究了3种不同的弹性体ABS高胶粉、苯乙烯-丁二烯-苯乙烯（SBS）、聚氨酯（TPU）分别对废ABS的改性情况。结果表明，在添加的弹性体用量相同时，ABS高胶粉增韧改性废ABS效果最佳，SBS次之，TPU最差。当弹性体用量达到20份时，ABS高胶粉可将废ABS的冲击强度提升148%，增韧效果明显，而SBS和TPU的增韧效果稍差。另一方面，添加弹性体实现增韧的同时，会导致材料拉伸性能的降低。

为了使制备的再生材料性能更平衡，可通过多种添加剂复配的方式来改性。Peydro等人研究了弹性体/无机纳米粒子的复合作用对废ABS性能的影响。表明弹性体可有效提升废ABS的韧性，而无机纳米颗粒可提高废ABS的刚度。弹性体/无机纳米颗粒复配后具有协同作用，复合体系不但提高了废ABS的韧性，同时提高了其刚度。同时添加5%～8%（质量分数）的ABS高胶粉和2%～3%的无机纳米颗粒，可以实现对废ABS的全面改性。

2. HIPS性能修复研究

与废ABS类似，废HIPS的改性最初也以增韧为主，主要包括弹性体改性等，后期也发展出多元共混改性以及原位扩链修复等方式。胡亚林探究了SBS及丁苯橡胶（SBR）对废HIPS性能的影响。结果表明，添加20%的SBS时，再生材料的冲击强度最好，由7.11kJ/m^2升高到13.96kJ/m^2，但是拉伸强度有所下降，由30.8MPa降至27MPa。当SBR的添加量为30%，再生材料的冲击性能由7.11kJ/m^2提升到11.86kJ/m^2，拉伸强度则由30.8MPa降低到28.5MPa。表明由于弹性体本身的高韧性低强度属性，只添加弹性体虽然能够提升材料的韧性，但也会从一定程度上降低材料的刚性。

罗少刚等人为了解决只添加 SBS 会损失材料刚性的问题，探究了无机纳米材料碳纳米管（CNTs）、偶联剂、SBS 的多元复合共混体系对废 HIPS 性能的影响。结果表明，仅添加 5%的 SBS，再生材料冲击强度显著提高约 137%，但其拉伸强度降低了 26%；仅添加刚性粒子时，拉伸强度提高了约 35%，冲击强度小幅提高了约 11%；而 CNTs/SBS/废 HIPS/偶联剂再生材料则将 CNTs 及 SBS 两者的改性属性进行了结合，使得再生材料的拉伸强度提高了约 22%，冲击强度提高了 111%。这表明弹性体和增强剂的复配可以弥补单独使用弹性体导致再生材料刚性下降的问题，但也在一定程度上影响了改性材料韧性的提升。

3. PP 性能修复研究

PP 具有优良的力学性能和成型性能，而且价格低廉，被广泛用于各类电器电子产品中。废 PP 的回收再利用，也是研究及应用的热点方向。刘静明以废 PP 为基体材料，通过加入不同比例的 PP 和 PE 进行改性，重点研究了 PP 和 PE 的不同加入量对再生材料各种力学性能的影响。研究结果表明，当废 PP/PP/PE 的比例为 100/20/10，所得到的共混物力学性能较优。拉伸强度由 16.8MPa 提升到 18MPa，冲击强度由 18.4kJ/m^2 提升到 24kJ/m^2。这表明 PP 和 PE 对废塑料具有性能改善作用。但试验结果进一步证明，改性剂不宜用量过多，否则不但成本较高且有可能造成再生料性能的下降。

司芳芳等人为实现废 PP 的回收利用，探究了云母粉和高密度聚乙烯（HDPE）的共同作用对废 PP 的影响。结果发现，仅添加云母粉，当用量为 15 份时，再生材料的拉伸强度达到最大值 20.80MPa，比废 PP 增加了 3.29MPa，冲击强度从 5.28kJ/m^2，提升到了 8.45kJ/m^2。添加云母粉 15 份、HDPE 24 份复配改性时，再生 PP 具有良好的性能。拉伸强度进一步提高到 21.36MPa，冲击强度提高到 9.62kJ/m^2。

贾帅等人利用马来酸酐作为辅助功能单体，用甲基丙烯酸缩水甘油酯（GMA）接枝废 PP 制备了长支链的废 PP（LCB-废 PP），并进一步通过原位扩链反应制备了 LCB-废 PP/PA6 共混物。结果表明，LCB-废 PP 基体强度高于原来的废 PP，并且接枝 GMA 后存在更好的增容效果，使得再生材料力学性能（拉伸强度、弯曲强度和冲击强度）均显著高于废 PP/PA6 共混物的数值。原位扩链改性效果较好。

总体而言，近年来国内外针对废 ABS、废 HIPS 及废 PP 的改性再生主要包括添加弹性体、无机填料、其他基体树脂等物理改性方式，或是基于废料老化后生成羟基羧基等活性基团的事实，添加可与羟基羧基等发生原位反应的扩链剂，对废料实现原位扩链修复。为制得综合性能得到全面提升的再生材料，实现高值化再生利用，常规的物理改性往往需要通过多元复合共混方式，添加 2 种甚至更多改性剂来实现，具有一定的成本压力。原位扩链修复改性则有效利用了废料老化后生产的“副产物”——活性羟基或羧基，以化学改性的方式提升分子量并改善相界面，其添加量相对较少，加之这种化学改性还具有和常规物理改性的潜在协同作用，因此更有利于制备高值化再生产品，是一种较有应用前景的改性方法。可有效实现塑料的“涅槃重生”。

资料来源：《日用电器》

拓展练习

1. 为改善光老化性，如何将透明的塑料瓶变成避光瓶？

2. 案件侦破过程中，确定纸质文件是否存在人为老化非常重要。请参照自然老化测试方法，基于化学和物理两方面性能变化，分析如何辨别人为老化和自然老化。

3. 聚氨酯超细纤维合成革（简称超纤革）是一种仿天然皮革结构的材料，由超纤基布和超纤革涂层组成。超纤基布由尼龙 6 和聚氨酯复合，而超纤革涂层也主要为聚氨酯，大量聚氨酯影响了超纤革的耐光老化等性能。请问如何提升超纤革聚氨酯涂层耐光老化性能？

4. 基于塑料老化机理，如何采用塑料新型降解方法，解决日益严重的“白色污染”问题？

5. 供水管网中存在的残留消毒剂具有氧化性，势必会对塑料管道产生氧化作用，影响塑料管道的老化进程，进而影响饮用水水质，威胁人体健康。试制订实验方案探究此老化作用。

项目七 工艺性能测试

项目导言

高分子材料的工艺性能是指与工艺过程控制相关的性能，高分子材料在加工过程中，工艺过程的控制对产品的性能有重要影响。通过高分子材料工艺性能测试可以预测材料在加工过程中的表现，从而为成型加工工艺的优化、产品性能的改进提供依据，为成型设备的优化设计提供理论指导，同时也为高分子材料原料生产企业进行产品质量控制提供重要依据。

加工过程中，高分子材料在热和外力作用下逐渐发生熔融、混合、变形和流动，然后再形成具有一定形状的制品。材料种类不同，采取的加工方法不同，其工艺性能的内涵也不同。热塑性塑料的工艺性主要包括流动性、耐热稳定性、结晶性、收缩性、物料吸湿性等；对热固性塑料而言，则还包括熟化程度和熟化速度等；对橡胶而言，工艺性能通常包括胶料的流动特性和橡胶的硫化特性。

一定形状的制品要求塑料材料具有合适的流动性，流动性太低可能出现型腔不满，太高可能出现溢料等不良现象。热塑性塑料的流动性通常用熔体流动速率进行表征，即测试一定温度和压力下，塑料熔体在规定时间内通过规定长度和直径的口模挤出的质量。同时，在压延、挤出、注塑等过程中，热塑性塑料由固体转化为熔体时表现出来的流变特性可采用转矩流变仪、旋转流变仪等进行测试。热固性塑料的流动性可采用拉西格流动长度表征，即在规定的温度、压力和压制时间内，用一定质量的热固性塑料粉，经拉西格流动性压模压制成型，测量在压模内棱柱体流槽中所得杆状试样的长度。杆状试样越长，表示流动性越好。

耐热稳定性主要是分析高分子材料在加工温度下是否会产生分解，可采用热重分析仪测试材料的质量随温度变化的关系来衡量。聚合物在加工过程中的结晶对材料性能的影响较大，可采用广角 X 射线衍射法、差示扫描量热法等对材料的结晶性进行分析。高分子材料制品从模具中取出冷却后尺寸缩减，收缩性通过测试样品在成型温度下尺寸与从模具中取出冷却至室温后尺寸之差的百分比即收缩率来衡量。物料吸湿会引起含水量增加，水分会造成制品内部有气泡，降低材料性能或导致材料在加工温度下分解，可通过干燥恒重法、气化测压法等进行测定。

熟化是指热固性树脂在光、热、辐射等作用下发生交联的过程，合适的熟化时间能使热固性树脂发生适度的交联达到规定的熟化程度，以使制品性能达到最佳状态。熟化程度可采用热硬度法、沸水试验法、密度法等进行测定。

绝大多数橡胶产品都要经过炼胶和硫化两个加工过程，其中炼胶包括生胶塑炼和胶料的混炼。生胶塑炼是生胶通过机械剪切作用得到塑炼胶的过程，目的是降低分子量，减少生胶弹性，提高可塑度和流动性，便于后期混炼和硫化；胶料混炼是将生胶和各种配合剂混合均匀制备混炼胶的过程。天然橡胶和丁腈橡胶弹性和韧性大，硫化前需要经过塑炼和混炼，丁苯橡胶、顺丁橡胶和异戊橡胶等一般不需要塑炼。未硫化胶在一定硫化温度和压力作用下充满整个模具型腔的能力称为流动性。通常用未硫化橡胶的塑性、穆尼黏度等来衡量，硫化特性用未硫化橡胶的穆尼焦烧、硫化曲线来衡量。

基于应用的普遍性，本项目将详细介绍热塑性塑料的熔体流动速率测试、未硫化橡胶塑性测试和橡胶硫化性能测试。

素质目标

- 继续践行遵规守纪、按章操作的工作作风。
- 进一步增强标准意识、操作安全意识和团队合作意识。
- 形成理论联系实际的科学辩证思维。

知识目标

- 认识塑料熔体流动速率、混炼胶塑性和硫化性能及其对材料加工的指导意义。
- 掌握熔体流动速率、塑性和硫化性能测试原理和测试方法。
- 熟知熔体流动速率、塑性和硫化性能测试标准。

技能目标

- 能规范操作熔体流动速率、混炼胶塑性和硫化性能测试设备。
- 能根据材料选择熔体流动速率、塑性和硫化性能测试方法，并根据标准进行相应性能的测定。
- 能初步应用测试结果选择加工工艺或优化工艺条件。

任务一
熔体流动速率测试

熔体流动速率，又称熔体流动指数和熔融指数，是指在规定的温度、负荷和活塞位置条件下，熔融树脂通过规定长度和内径的口模的挤出速率，包括熔体质量流动速率（*MFR*）和熔体体积流动速率（*MVR*）。熔体质量流动速率（*MFR*）是指 10min 内挤出的质量，单位为 g/10min；熔体体积流动速率（*MVR*）是指 10min 内挤出的体积，单位为 cm^3/10min；两者可以相互转换，即 $MVR = MFR/\rho$[ρ 为材料在试验温度下的熔体密度（g/cm^3）]。

一、测试熔体流动速率的意义

熔体流动速率可用于判断热塑性塑料在熔融状态时的流动性，可为成型加工工艺选择和条件设定等提供参考。不同聚合物的熔体流动速率不同，加工的工艺条件不同，如聚丙烯（PP）流动性好，可用较低的注射压力，而流动性差的聚碳酸酯（PC），则需要高的注射压力。对于同一种聚合物，在相同的条件下，熔体流动速率越大，则流动性越好，注塑过程中填充模腔越容易，成型时可选择较低的温度和较小的压力。PP 的熔体流动速率与成型方法的关系如表 7-1 所示。

表 7-1　PP 熔体流动速率与成型方法的关系

MFR/(g/10min)	成型方法	相应的制品
0.5～2	挤出成型	管、板、片、棒
0.5～8	挤出成型	单丝、窄带、撕裂纤维、双向拉伸薄膜
6～12	挤出成型	吹塑薄膜、T 型机头平膜
0.5～1.5	中空吹塑成型	中空容器
1～15	注射成型	注射成型制品
10～20	熔融纺丝	纤维

熔体流动速率还能反映树脂分子量大小，为树脂的选择提供依据。一般情况下，熔体流动速率越小，平均分子量越高，反之则越低。LDPE 的熔体流动速率与分子量的关系如表 7-2 所示。

表 7-2　LDPE 的熔体流动速率与分子量的关系

MFR/(g/10min)	170	70	21	6.4	1.8	0.25	0.005
M_n	1.9×10^4	2.1×10^4	2.4×10^4	2.8×10^4	3.2×10^4	4.8×10^4	5.3×10^4

在塑料成型加工实际生产控制中，往往用改变温度和压力来调节塑料熔体的流动性和充模速度。提高熔体温度，几乎所有聚合物的黏度都有不同程度下降，同样提高压力，熔体流动速率也会增加，但不同分子结构的聚合物其流动速率对温度和压力的敏感性不同，因此，熔体流动速率只能表征相同结构聚合物分子量的相对数值，而不能在结构不同的聚合物之间进行比较。

二、熔体流动速率测试方法

热塑性塑料熔体流动速率的测定依据《塑料 热塑性塑料熔体质量流动速率（*MFR*）和熔体体积流动速率（*MVR*）的测定　第 1 部分：标准方法》（GB/T 3682.1—2018），包括方法 A 质量测量法和方法 B 位移测量法。

熔体流动速率测试方法

1. 方法 A：质量测量法

（1）原理　在规定的温度和负荷下，由通过规定长度和直径的口模挤出的熔融物质，通过称量规定时间内挤出物的质量，计算熔体质量流动速率（*MFR*），以 g/10min 表示。

（2）主要设备　测试的主要设备是熔体流动速率仪[图 7-1(a)]，其主体部分为挤出式塑化仪，典型结构如图 7-1(b) 所示，主要包括负荷、料筒、活塞、口模和温度控制系统。在规定温度条件下，用高温加热炉使被测试样达到熔融状态，试样在负荷的砝码重力下通过一定口模的小孔进行挤出试验。

负荷位于活塞顶部，通常由一组可调节砝码与活塞质量之和进行调节。料筒长度为 115～180mm，内径为（9.550±0.007）mm，应固定在竖直位置，由可在加热系统达到最高温度下耐磨损和抗腐蚀性稳定的材料制成。活塞的长度应至少与料筒长度相同，尺寸如图

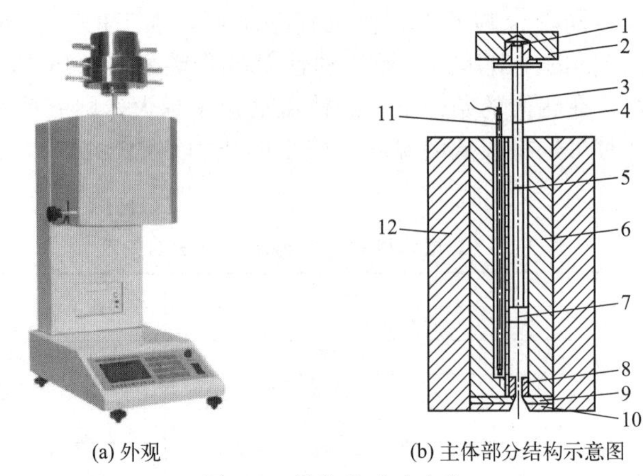

(a) 外观　　(b) 主体部分结构示意图

图 7-1 熔体流动速率仪

1—绝热体；2—负荷；3—活塞；4—上参照线；5—下参照线；6—料筒；7—活塞头；8—口模；9—口模挡板；10—绝热板；11—温度传感器；12—绝热体

7-2 所示。在活塞杆上，有两条相距（30±0.2)mm 的细环形参照标线，作为试验时的参照线。

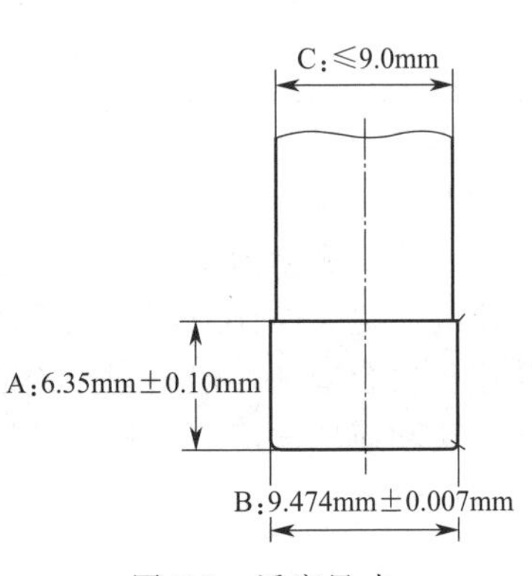

图 7-2 活塞尺寸

温度控制系统应满足以 0.1℃或更小的温度间隔设置试验温度，能精准控制温度，当测试温度低于 300℃时，标准口模顶部以上 10mm 的最大允许温差不超过 1℃。口模应由碳化钨或硬化钢等制成，标准口模长度为 8.000mm ±0.025mm，内径为 2.095mm 且均匀。如果材料的 *MFR* >75g/10min，可以使用半口模，其长度为 4.000mm ±0.025mm，内径为 1.050mm±0.005mm。

（3）测试试样　试样可为粒料、薄膜条、粉料和模塑切片或挤出碎片等，其中粉末样品可通过挤压成颗粒状，以确保挤出料条无气泡。测试前按照材料标准对试样进行状态调节。

（4）测试条件

① 选择温度和负荷。通常参照材料分类命名标准选择试验条件，如表 7-3 所示。若没有材料分类命名标准，或材料分类命名标准未规定的试验条件，可根据已知材料熔点或制造商推荐的加工条件选择，并在报告中注明。

同种塑料可有多种试验条件供选择，应根据材料的流动温度的高低和熔体黏度的大小来选用。选用原则是应使被测物料的 *MFR* 值不低于 0.1g/10min 或不高于 100g/10min，例如，在标准规定的 190℃、2.16kg 负荷下，测得 PE 的 *MFR* 小于 0.1g/10min，则加大负荷至 5.0kg，如果测得的值仍小于 0.1g/10min，则可采用 21.6kg 负荷。

表 7-3 热塑性塑料相关材料标准规定的测定熔体流动速率的试验条件

材料	相关标准	测定熔体流动速率的试验条件		
		条件代号	试验温度 T/℃	标称负荷(组合)m_{nom}/kg
ABS	GB/T 20417	U	220	10
E/VAC	GB/T 39204	B	150	2.16
		D	190	2.16
		Z	125	0.325
ASA,ACS,AEDPS	ISO 6402	U	220	10

续表

材料	相关标准	测定熔体流动速率的试验条件		
		条件代号	试验温度 T/℃	标称负荷(组合)m_{nom}/kg
MABS	ISO 10366	U	220	10
PB	ISO 8986	D F	190	2.16 10
	GB/T 19473	T	190	5
	ISO 15494	D T	190	2.16 5
PS	GB/T 6594	H	200	5
PE	GB/T 1845	E D T G	190	0.325 2.16 5 21.6
	SH/T 1758 SH/T 1768	T	190	5
	GB/T 13663 GB 15558 GB/T 28799 ISO 15494	T	190	5
PP	GB/T 2546	M P	230	2.16 5
	SH/T 1750	M	230	2.16
	GB/T 18742	M	230	2.16
	ISO 15494	M T	230 190	2.16 5
PS-I	GB/T 18964	H	200	5
SAN	GB/T 21460	U	220	10
PC	ISO 7391	W	300	1.2
PMMA	GB/T 15597	N	230	3.80
POM	GB/T 22271	D	190	2.16

② 选择试样质量。根据材料特性，预先估计试样 *MFR* 或 *MVR* 值，根据表 7-4 确定称样质量和切断时间间隔。当材料密度大于 1.0g/cm^3，可能需增加试样量。

表 7-4　料筒中样品质量与挤出物切断时间间隔

MFR/(g/10min)	料筒中样品质量/g	挤出物切断时间间隔/s
>0.1,≤0.15	3～5	240
>0.15,≤0.4	3～5	120
>0.4,≤1	4～6	40
>1,≤2	4～6	20
>2,≤5	4～8	10
>5	4～8	5

(5) 测试步骤

① 称量 3～8g 经过状态调节的试样。

② 将设备调至水平，设定试验参数，包括温度、负荷、称样质量、切段时间间隔等。

③ 将口模放入料筒，插入活塞杆，使料筒开始升温至设定的温度，并恒温至少 15min。

④ 取出活塞杆，将样品装入料筒，装料时用手持装料杆压实试样，尽可能将空气排出，并在 1min 内完成装料。重新将活塞放入料筒，开始预热。

⑤ 预热 5min，确认温度恢复到设定温度后加负荷，活塞在重力作用下下降。当活塞杆

下标线到达料筒顶面时，开始计时，按一定时间间隔逐一收集切断的无气泡料条。当活塞杆的上标线达到料筒顶面时停止切断，舍弃所有可见气泡的料条。

⑥ 料条冷却后，将无气泡料条（至少3个）逐一称量，精确到1mg，计算它们的平均质量。

⑦ 用纱布擦净标准口模表面、活塞和料筒，切断电源，并将样品和设备等归位。

（6）测试结果　熔体质量流动速率 MFR 按式(7-1) 计算：

$$MFR=\frac{m}{t}\times 600 \tag{7-1}$$

式中，MFR 为熔体质量流动速率，g/10min；m 为料条的平均质量，g；t 为切断时间间隔，s。结果用三位有效数字表示，小数点后最多保留两位小数，并记录试验温度和负荷。当使用半口模报告试验结果时，应加下标“h”，例如：MFR = 10.6g/10min(190℃/2.16kg)，MFR_h=0.15g/10min(190℃/2.16kg)。

如单个料条的最大值和最小值之差超过平均值的15%，则需重新试验。

技术提示

（1）熔体流动速率仪有足够长的预热时间，保证料筒壁各处的温度的均匀性，提高测试结果的精密度。

（2）切断时间间隔应使料条的长度不短于10mm，最好为10～20mm，否则可采用方法B。

（3）为防止材料降解，从装料结束到切断最后一个料条的时间不应超过25min。

（4）测试前对料筒和口模进行清理确认，清理后用塞规检查口模孔。

（5）测试过程中设备和熔体温度高，请正确佩戴手套，防止高温烫伤。

2. 方法B：位移测量法

位移测量法的原理是在规定的温度和负荷下，由通过规定长度和直径的口模挤出的熔融物质，通过记录活塞在规定时间内的位移或活塞移动规定的距离所需的时间，计算熔体体积流动速率（MVR），以 cm^3/10min 表示。该方法无需对挤出物进行切割和称重。

测试的设备、试样、测试步骤与质量测量法相同，但测试设定的试验参数包括温度、负荷、称样质量和活塞移动距离（或规定的时间）有所不同，为确保测试结果更加准确、重复性更高，表7-5列出了推荐的活塞最小位移，活塞位移大于最小位移时可减少试验误差。当设定的条件是规定的时间，则测量在规定时间内活塞移动的距离；当设定的条件是活塞移动距离，则测量活塞移动规定距离所用的时间。

表7-5　试验参数指南

MFR/(g/10min),MVR/(cm^3/10min)	活塞最小位移/mm
>0.1,≤0.15	0.5
>0.15,≤0.4	1
>0.4,≤1	2
>1,≤20	5
>20	10

注：这些参数满足一次加料进行至少3次测量。

熔体体积流动速率 MVR 按式(7-2) 计算：

$$MVR=A\times 600\times\frac{l}{t} \tag{7-2}$$

式中，MVR 为熔体体积流动速率，g/10min；A 为料筒标准横截面积和活塞头的平均值（等于 0.711cm^2），cm^2；l 为活塞移动预定测量距离或各个测量距离的平均值，cm；t 为预定测量时间或各个测量时间的平均值，s。

结果保留三位有效数字，当使用半口模报告试验结果时，应加下标“h”。

课堂拓展

GB/T 3682.1—2018 测试方法适用于流变行为对时间-温度历史不敏感的稳定材料，对于流变行为对时间-温度历史和（或）湿度敏感的材料，如聚对苯二甲酸乙二醇酯（PET）、聚对苯二甲酸丁二醇酯（PBT）、聚萘二甲酸乙二醇酯（PEN），以及其他聚酯类聚合物、聚酰胺等易受到水解反应的影响；热塑性弹性体（TPE）和热塑性硫化橡胶（TPV）等易受交联反应影响，此类材料参照标准 GB/T 3682.2—2018。与 GB/T 3682.1—2018 相比，GB/T 3682.2—2018 规定的温度、时间、样品用量和预处理的要求更严格，有更好的重复性和再现性，测试结果有更好的精密度。

三、主要影响因素

熔体流动速率测试影响因素

（1）容量效应　测试过程，由于熔体与料筒有黏附力，阻碍了活塞杆下移，会出现熔体流动速率逐渐增加的现象，即表现出挤出速率与料筒中熔体高度有关。为避免容量效应，试验应在同一高度截取样条。

（2）温度波动　温度升高会使分子的热运动能和分子的活动空间增加，使聚合物的流动性增强，因此测试过程中保持温度恒定是很重要的。温度偏高流动速率大，如 PP 在 229.5℃熔体流动速率为 1.83g/10min，230℃则为 1.86g/10min。在测试中要求温度稳定，波动应控制在±0.1℃以内。

（3）聚合物热降解　聚合物在料筒中，受热发生降解，尤其是粉状聚合物，空气中的氧会加速热降解效应，使黏度降低，流动速率加快。因此，粉状试样一方面尽量压密实，减少空气，同时可加入一些热稳定剂；另一方面测试时通入氮气保护，可以使热降解减到最小。

（4）试样含水量　试样中含水量对熔体流动速率也有影响。水分子是极性分子，有类似于增塑剂的作用，水分含量越大，熔体流动速率就越快。因此，在试验前，易吸湿的试样必须进行干燥处理。

任务考核

一、判断题

1. MFR 是指在一定的温度和负荷下，熔体每分钟通过标准口模的质量。（　　）
2. 熔体流动速率大的聚合物材料通常适合成型精密部件。（　　）
3. 一般情况下，MFR 值越小，聚合物的分子量越小。（　　）
4. 为了避免容量效应，熔体流动速率测试时最好在同一高度截取样条。（　　）
5. 熔体流动速率测试过程中聚合物发生降解会使测试结果偏小。（　　）

二、单项选择题

1. 测定聚丙烯的 *MFR* 值时，测试温度和负荷可以设置为（　　）。

A. 230℃，2.16kg　B. 230℃，10.0kg　C. 190℃，2.16kg　D. 200℃，2.16kg

2. 熔体流动试验测试时，若切割出来的样条含有气泡，则 *MFR* 值（　　）。

A. 偏大　B. 偏小　C. 不变　D. 不影响

3. 以下对于 *MFR* 测试描述不正确的是（　　）。

A. 测试热敏性聚合物 *MFR* 时，要通入氮气保护

B. 测试粉状样品要尽量压严实，减少空气

C. 设备升温到达所需温度后就进行装料测试

D. 测试过程要戴手套，注意高温烫伤

三、简答题

1. 能否直接采用 *MFR* 测试时的温度和负荷作为热塑性塑料的实际成型加工时的工艺条件？请说明原因。

2. 测量 PP 熔体质量流动速率 *MFR* 时，样品质量为 6.02g，测试温度为 230℃，负荷为 2.160kg，切料时间间隔为 30s，试验测得的 5 根样条质量分别为 0.3872g、0.3124g、0.3734g、0.3116g 和 0.3834g，请简述熔体质量流动速率的测试原理，并计算该 PP 材料的 *MFR*。

3. 根据上一题计算得到的 *MFR* 值，请你根据表 7-1 为该材料选择合适的成型加工方式。

素质拓展阅读

优化测试方法，提高测试精确度

自 2020 年疫情暴发，口罩成为全球需求量最大的医疗物资，其能有效地阻截病毒关键在于熔喷布。熔喷布作为医用外科口罩和 N95 口罩的“心脏”，是口罩中间的过滤层，由许多纵横交错的纤维以随机方向层叠而成，纤维直径范围 0.5～10μm，其纤维直径大约有头发丝的 1/30，能过滤细菌，阻止病菌传播，见图 7-3。生产熔喷布的主要原料就是熔喷聚丙烯（PP），熔喷 PP 是以聚丙烯为基础原料，添加各种助剂，采用可控流变的方法来改善树脂的流动性及分子量分布。其中熔体流动速率是熔喷 PP 的关键性能指标，熔体流动速率越高，熔喷出的纤维就越细，制成的熔喷布过滤性也越好。

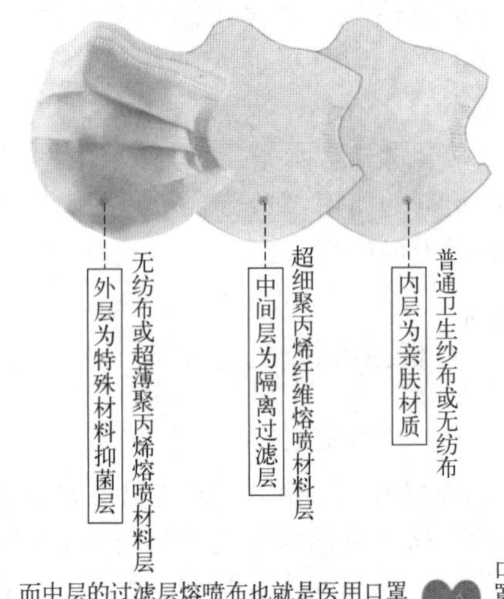

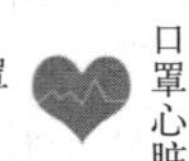

图 7-3　口罩的组成

准确测定熔喷聚丙烯的熔体流动速率对判定熔喷 PP 的产品质量和实际用途具有十分重要的意义。一般其熔体质量流动速率在 1000～2000g/10min，属于超级高流动性的塑料。普通质量法要求称重切断的重量，熔喷 PP 流动性高，无法准确称重，因此要采用体积法测定熔喷 PP 的熔体流动速率。按 GB/T

3682.1方法B标准规范，需要在活塞杆负荷托盘下端安排一个位移传感器，用于精准监测230℃状态下挤出材料的体积，由在一定时间内活塞的位移距离计算得到。同时，为阻止熔体在倒计时流出口模，通常需要在口模底部安装一个密封性能良好的口模挡板。

随着技术不断发展，高分子材料会不断涌现出新的材料类型和应用，材料表征的方法也需要相应地改进或创新。我们要紧跟市场需求的变化，保持开放的思维和积极的态度，积极主动地探索更准确的分析测试方法，为行业和社会创造更大的价值。

任务二 未硫化橡胶塑性测试

物体受到外力作用时发生变形，当外力除去后又能在一定程度上恢复原来的形状；外力去除后恢复原状的能力称为弹性，保持形变的能力称为塑性。橡胶胶料混炼、压延、挤出和成型时，必须具备适当的塑性。

一、测试橡胶塑性的意义

未硫化橡胶的塑性是未硫化胶产生塑性变形的能力，反映了胶料的流动性，是加工企业快速评估塑炼胶、混炼胶质量的重要指标之一，包括生胶的塑性和塑炼胶的塑性两个方面。生胶塑性合适，则混炼时配合剂容易混入和均匀分散，压延挤出快，收缩率小，半成品尺寸稳定；即测试生胶塑性可决定其在混炼前是否需要塑炼。混炼胶的塑性决定着胶料的加工工艺性能，也影响制品的力学性能。若塑性过大，则分子量较低不易混炼，压延时粘辊，成品的力学性能较低；若塑性过小，则分子量较高，混炼不均，收缩力大，影响硫化初期胶料的流动性，容易引起模压花纹棱角不分明等质量问题。

二、未硫化橡胶塑性测试方法

未硫化橡胶塑性的测试方法如表7-6所示，以下详细介绍利用平行板塑性计、快速塑性计和圆盘剪切黏度计测试未硫化橡胶塑性。

表7-6 未硫化橡胶塑性的测试方法

测试方法	测试设备	测试原理	特点
压缩法	威廉式平行板塑性计（上下压板直径远大于试样直径）	恒定温度和负荷下，以一定时间后试样高度的变化来评定塑性	剪切速率低，测试时间长、误差大
	华莱氏快速塑性计（上下压板直径略小于试样直径）		切变速率高于威廉氏、操作简单、快速
旋转法	圆盘剪切黏度计（穆尼黏度仪）	恒定温度、时间和压力下，以试样在活动面（转子）与固定面（模腔）之间产生变形时所受扭力值来评定	更接近实际工艺条件，精确度较好，但对模腔和转子有严格要求
压出法	毛细管流变仪	恒定温度、压力和形状口型下，以每分钟压出的塑炼胶质量（mg）来评定	具有高切变速率，但用料多，预热时间长，多用于科研

1. 平行板法

平行板法参照《生胶和未硫化混炼胶　塑性值及复原值的测定　平行板法》(GB/T 12828—2006)，将规定的生胶或混炼胶试样在一定温度下置于两平板间，在恒定负荷作用下压缩一定时间，用其高度衡量塑性值，同时还可以测定胶料的复原值。塑性值和复原值与橡胶的黏弹性有关，塑性值与流动性有关，复原值与弹性有关。

(1) 原理　一定体积的试样在规定的试验温度下预热 (15.0±0.5)min，然后在规定的时间内施加 (49.0±0.5)N 的压力，用试样的高度表示塑性值。所测试样在试验温度下，恢复一定时间，测量试样恢复后的高度，这两个高度的差值为复原值。

(2) 主要设备　所用的设备为平行板塑性计，设备及其典型的结构如图 7-4 所示，主要由恒温箱、平行板工作台、恒温控制箱、百分表等组成，平行板直径为 40mm，一块平板能相对于另一块移动，烘箱温度精度控制在±1℃以内，百分表分度为 0.01mm。

恒温箱夹层内充满玻璃纤维起保温作用，加压重锤和工作台装在恒温箱内，当转动手柄时，链条带动加压重锤沿两导杆上下移动，使得百分表数值随加压重锤的移动而变化。

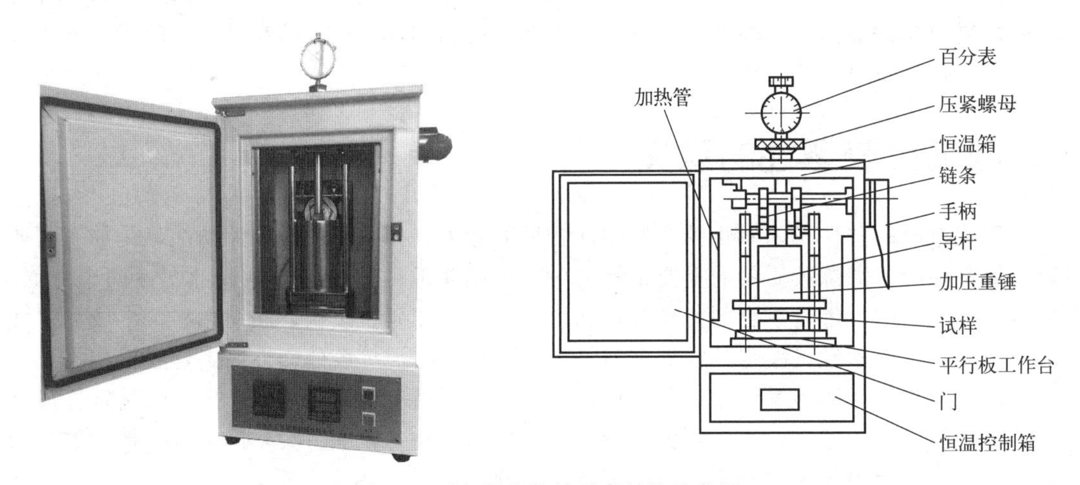

图 7-4　平行板塑性计及其结构示意图

(3) 试样　试样为无气泡、体积为 $(2.00\pm0.02)cm^3$ 的圆柱体胶片，通常直径为 16mm，高度为 10mm。制备时先将胶料在炼胶机上压成 14mm 左右的胶片，在 2～24h 内用专用切片机裁出无气孔和机械损伤的标准试样，一组 3 个。

(4) 测试条件　试验负荷为 (49.0±0.5)N；最佳试验温度为 (70±1)℃或 (100±1)℃；最佳的塑性值读数时间是提供负荷后 3min，最佳的复原值读数时间是除去负荷后 1min。

(5) 测试步骤

① 设置恒温箱温度至试验温度，并保持稳定 10～15min；

② 在两平板间垫上隔离材料玻璃纸，并将百分表读数归零；

③ 测量试样的原始高度 h_0，并将试样放在两层隔离材料中，以防止试样粘在平板上，在试验温度下将试样预热 (15.0±0.5)min；

④ 将预热后的试样放入两平行板间，施加负荷，3min 后读取百分表数值，记录试样高度 h_1；

⑤ 除去上压板的压力，让试样在试验温度下恢复 1min，测量复原高度 h_2（精确至 0.01mm)；

⑥ 切断电源，整理台面，将样品与设备归位。

（6）测试结果 塑性值 X_1 和复原值 X_2 分别由式(7-3)、式(7-4) 得到。

$$X_1=100h_1 \tag{7-3}$$

$$X_2=100(h_2-h_1) \tag{7-4}$$

式中，h_1 为试样在负荷条件下的高度，mm；h_2 为试样恢复后高度，mm。塑性值和复原值结果以三个试样 X_1、X_2 的中位数表示。

实际生产中经常用可塑度 P 表示胶料塑性大小，P 由式(7-5) 得到。

$$P=\frac{h_0-h_2}{h_0+h_1} \tag{7-5}$$

式中，h_0 为试样的原高度，mm。可塑度一般在 0～1 之间，P 越大，表示可塑度增加，胶料越柔软。

（7）影响因素 试验压力、温度、试样高度、试样预热时间等会对试验结果产生影响。试验压力应恒定在 49N，压力增加，可塑度增加；温度升高，塑性值和可塑度增加；高度增加，塑性值增加，但厚度太大将延长预热时间，以 10mm 为宜；在一定预热时间范围内，不同预热时间影响不大，但预热时间过短，胶料预热不透、温度不均匀，从而使塑性增加。

2. 快速塑性计法

未硫化橡胶塑性测试——快速塑性计法

快速塑性计法参照《未硫化橡胶 塑性的测定 快速塑性计法》(GB/T 3510—2023)。相对于平行板法，快速塑性计法试验效率更高，广泛用于工业生产的快速检测；能测定天然生胶和未硫化橡胶的快速塑性值 P，为加工工艺的制定提供参考，P 越大，可塑性越小，加工性能越差。

结合《天然生胶 塑性保持率（*PRI*）的测定》（GB/T 3517—2022），还可测定天然生胶塑性保持率 *PRI*。*PRI* 又称为抗氧指数，是表征生胶的抗氧化性能和耐高温操作性能的一项指标，可评估橡胶在储存过程中受氧化、光照和过热现象的影响。

（1）原理 通过快速压缩两个平行压块之间的圆柱形试样到 1mm 的固定厚度，保持 15s，以达到与平行板之间的温度平衡，然后给试样施加（100±1)N 恒定的压力，并保持 15s 后，测得的试样厚度 h 乘以 100 即为快速塑性值 P。

将试样在 140℃的热空气中老化 30min，老化后的快速塑性值 P_{30} 与未老化的快速塑性值 P_0 之比乘以 100 即为塑性保持率 *PRI*。

（2）主要设备 测试设备是快速塑性计，如图 7-5 所示是快速塑性计主机、老化试验箱和主机的结构示意图。主机带有一个直径为 10mm 的压头。

试验所需的固定载荷由加压弹簧产生，停机状态下，加压弹簧力与卸压弹簧力达到平衡。试验时，经预热 15s 后，塑性计内装的电磁线圈即通电，电磁力抵消了卸压弹簧力，从而使加压弹簧力对装在上下压板间的片状样施加了负荷，试样的可塑度通过装在升降横梁上的百分表显示。现在设备升级后，直接采用砝码杠杆给试样施加稳定压力，克服了由载荷电磁弹簧加压带来的压力不稳定和零点漂移的缺陷。

（3）测试试样 试样为圆柱形，直径约 13mm，厚度约 3mm，体积为（0.40±0.04)cm^3。天然生胶试样裁切制备前要进行均匀化处理。具体过程为：称取（250±5)g 实验室样品，将开炼机辊距调至（1.3±0.15)mm；辊温保持在（70±5)℃，过辊 10 次使样品均匀化。第 2～9 次过辊时，将胶片打卷后把胶卷一端放入辊筒再次过辊，散落的圆体全部混入胶中；第 10 次过辊时下片，将胶片放入干燥器冷却后再次称量。

从均匀化的胶片中取（20±2)g 试料，并在（27±3)℃下通过炼胶机辊筒 2 次。将质地

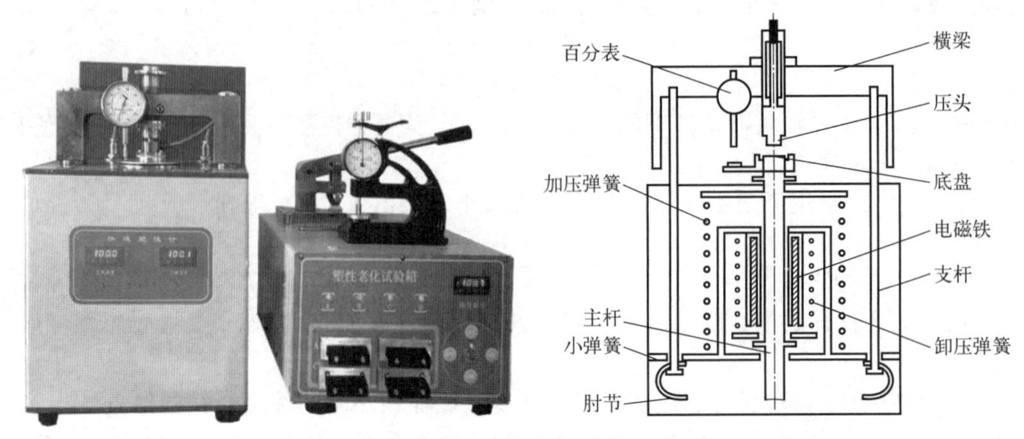

图 7-5 快速塑性计主机、老化试验箱及主机结构示意图

均匀无孔洞的胶片对折，使两部分紧密地压在一起形成平滑的胶片，避免形成气泡。调节辊距，使对折后胶片的最终厚度为（3.4±0.2)mm，再用裁片机切取试样。

当要测试 *PRI* 时，用裁片机从对折的胶片上切取试样，取 6 个厚度为（3.4±0.2)mm 的试样，随机分为 2 组，分别用于测试 P_0 和 P_{30}。

（4）测试条件　试验温度为（100±1)℃，负荷为（100±1)N，测 *PRI* 时的老化温度(140±0.5)℃。

（5）测试步骤

① 将两张漂白、无光、无酸的薄纸（每张规格为 35mm×35mm）放在两个加热板之间，关闭上下模调节厚度校准装置到零位；

② 将试样放入两张薄纸中间并一起放进上下模之间，将试样压至（1.00±0.01)mm 的厚度，保持这种压力状态下预热 15s；

③ 对试样施加（100±1)N 的力，并保持（15.0±0.2)s，然后立即读出厚度值 h。

测试老化后的 P_{30} 时，将一组试样放在托盘上的铝碟中，迅速把托盘放入老化箱并关闭。当温度达到（140±0.5)℃时开始计时，(30±0.25)min 之后，取出托盘，在试样自然冷却到标准环境温度的前提下，在老化后的 0.5～2h 内按照步骤①～③测试 P_{30}。

（6）测试结果　取 3 个试样的厚度中位数作为塑性值 P，以 0.01mm 表示一个塑性值，即 $P=100h$。取 P_0 和 P_{30} 的中值，按式(7-6) 计算塑性保持率 *PRI*，将结果修约至整数。

$$PRI=\frac{P_{30}}{P_0}\times 100 \tag{7-6}$$

技术提示

① 为保证测试结果的准确性，需按要求对设备加载弹簧、计时器等定期进行校准，上平行板位置每次测量前校准。

② 使用带厚度刻度表盘的仪器时，要尽快读出厚度值，以免塑性值回落。

（7）影响因素

① 生胶的均化和制样方法。为防止生胶出现塑性不均匀现象，即一包胶中不同部位的生胶塑性有差异，通常测试前需进行均化处理，即利用开炼机薄通，打卷并调转胶料方向实现均化。均化和制样操作时薄通次数、辊筒温度对生胶塑性影响比较大，尤其是天然橡胶影

响更明显。一般随均化薄通次数增多，塑性值变小；随辊筒温度升高，塑性值变小。因此，在作对比测试时，生胶的均化和制样方法应相同。均化后测得的塑性值要比未均化胶样的塑性值偏低，实际生产中应加以注意。

② 垫纸。不同垫纸对测试结果有明显影响，厚度大的垫纸，单位面积质量大，胶料塑性值偏高。一般要使用符合要求标准规定的同一批次垫纸。

③ 测试温度。温度高，相同压力下的压缩变形量大，测得的塑性值变小。

3. 圆盘剪切黏度计法

圆盘剪切黏度计法更接近实际工艺条件，测试参照《未硫化橡胶　用圆盘剪切黏度计进行测定　第1部分：门尼黏度的测定》(GB/T 1232.1—2016)。穆尼黏度（曾称门尼黏度）值是衡量和评估橡胶加工性能的重要指标之一，黏度值高，表明橡胶分子量大，可塑性差。

橡胶穆尼黏度测试操作

(1) 原理　在规定试验条件下，使转子在充满橡胶的圆柱形模腔中转动，测定橡胶对转子转动所施加的转矩。穆尼黏度以橡胶对转子转动的反作用力矩表示，单位为穆尼单位，一个穆尼单位相当于0.083N・m的转矩。

(2) 主要设备　测试设备为圆盘剪切黏度计（穆尼黏度仪），其主要结构包括转子、模腔、加热温控装置、模腔闭合系统和转矩测量系统。如图7-6所示是圆盘剪切穆尼黏度计及其主要结构。主机模腔由上模腔、下模腔闭合而成，分别固定在装有电热丝的板架上，模腔内有转子；测试时腔内充满试样，电机开动后，转子在试样中转动，则试样对转子产生剪切阻力，通过应力感应器给出一个电信号，经记录仪或计算机放大处理，可用记录仪或打印机（绘图仪）得到黏度与时间的曲线和参数。

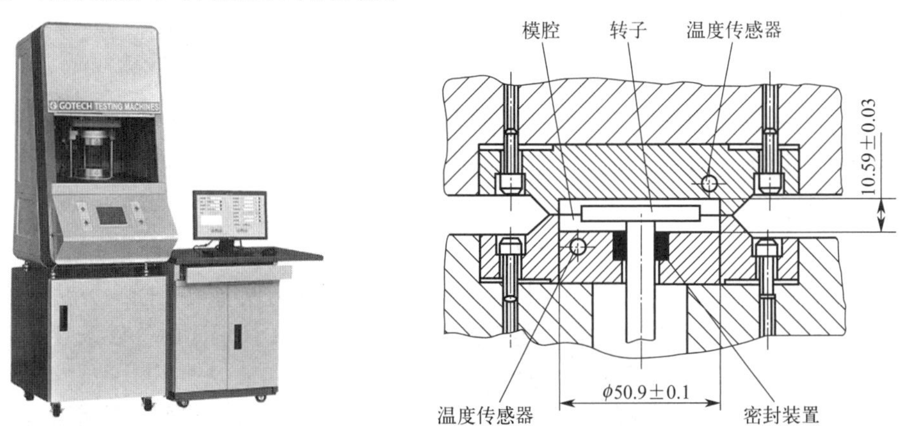

图7-6　圆盘剪切穆尼黏度计及其主要结构

转子带有剖面为矩形的沟槽，转动速度为(2.00±0.02)r/min。试验中一般使用大转子[直径(38.10±0.03)mm，厚度(5.54±0.03)mm]，但测试高黏度试样时，允许使用小转子[直径(30.48±0.03)mm，厚度(5.54±0.03)mm]。两种转子所得的试验结果不能互相比较。模腔分为带有辐射状V形沟槽模体和带有矩形断面沟槽模体两种，两者可能得到不同的试验结果。

(3) 测试试样　对于天然橡胶而言，测试试样制备前按照快速塑性计法所述的方法对实验室样品进行均化处理，再取均化的实验室样品测试穆尼黏度。对合成橡胶而言，可以直接作为实验室样品（直接采用法，优先采用），有时也需在测试前用开炼机对橡胶过辊压实（过辊法）。

裁取两个直径约为50mm、厚度为6mm的圆形胶片，在其中一个胶片的中心打一个直径约8mm的孔，以便转子插入。确保试样充满模腔，并尽可能排除气泡，以免在转子和模腔形成气穴，影响测试结果。

测试前在标准温度(23±2)℃下调节至少30min，均匀化后的样品在24h内进行实验。

(4) 测试条件 材料标准无特殊规定时，测试应在(100±0.5)℃温度下进行4min。

转子的转度为(2.00±0.02)r/min。

(5) 测试步骤

① 把模腔和转子预热到测试温度，并达到稳定状态。

② 打开模腔，将转子插入带孔胶片的中心孔内，并将转子放入模腔中，再把另一块胶片放在转子上面，迅速关闭模腔；若测定低黏度或发黏试样时，可在试样与模腔、转子之间衬以厚0.03mm左右的聚酯薄膜。

③ 胶料预热1min，转动转子，测试4min，此时所得即为该试样的穆尼黏度值。

④ 打开模腔，取出转子，将转子上胶料取下，清理模腔内和转子上的余胶，将转子插回模腔。

⑤ 切断电源，将样品与设备归位。

(6) 测试结果 结果按式(7-7)形式表示：

$$50ML(1+4)100℃ \tag{7-7}$$

式中，50M为穆尼黏度，用穆尼单位表示(50是穆尼黏度示值)；L为大转子；1为转子转动前预热时间，1min；4为转子转动后的测试时间，4min；100℃为测试温度。

技术提示

① 做对比测试时，试样的制备要在同一方法和工艺下进行。

② 选择穆尼黏度测定模式，并检查模腔和转子沟槽部分是否干净。

③ 关注转子的磨损情况，转子磨损后容易出现打滑，导致黏度值偏低。

(7) 影响因素

① 炼胶工艺和胶料停放时间。橡胶的塑炼、混炼和薄通等工艺对穆尼黏度值有较大的影响，即与试样制备方法有关。因此在作比较试样时，试样的制备要在同一方法和工艺下进行。胶料的停放条件和时间对结果有一定影响，不能放置过久，不同的气候条件采取不同的停放时间，以免胶料在停放过程中有焦烧倾向。

② 试样厚度。试样厚度要使其填满模腔，厚度偏小，胶料未充满模腔，导致橡胶在转子和模腔间滑动，黏度值偏低；厚度偏大对转子插入模腔孔造成困难，可能损坏仪器，且浪费胶料。

③ 试验温度和预热时间。温度波动会引起胶料黏度的波动，导致转矩值发生变化，穆尼曲线出现波动，带来试验误差。预热时间增加，黏度值下降，因而应严格控制试验温度和预热时间。

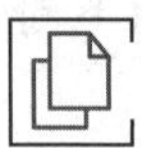

任务考核

一、单项选择题

1. 以下不属于圆盘剪切黏度计测定穆尼黏度时的影响因素的是(　　)。

A. 试样的制备工艺 B. 温度波动 C. 空气湿度 D. 试样厚度

2. 以下对快速塑性计法测定未硫化橡胶的塑性描述正确的是（ ）。

A. 测试时对试样施加100N的恒定压力

B. 以试样在负荷条件下的高度为塑性值

C. 测试时将试样放入两张漂白、无光、无酸的薄纸中间

D. 接近实际工艺条件

3. 塑性试验所使用的仪器——快速塑性计属于（ ）。

A. 压缩型 B. 旋转型 C. 压出型 D. 流变型

4. 穆尼黏度实验所使用的仪器——穆尼黏度计属于（ ）。

A. 压缩型 B. 旋转型 C. 压出型 D. 流变型

二、判断题

1. 测定未硫化橡胶穆尼黏度的一般试验结果应按如下形式表示：50ML(1+4) 100℃。（ ）

2. 未硫化橡胶的快速塑性值 P 越大，可塑性越小，则其加工性能越好。（ ）

3. 用平行板法测定生胶和未硫化混炼胶塑性值时，试验温度为（100±1)℃，负荷为(100±1)N。（ ）

4. 穆尼黏度测试时，胶料预热1min后启动转子，测试时间为4min。（ ）

素质拓展阅读

天然橡胶种植：新中国的世界奇迹

天然橡胶和铁矿石、煤炭、石油并称世界性的四大工业原料，是国防和工业建设不可缺少的战略物资。天然橡胶种植受地理条件限制较大。曾几何时，西方生物界判定中国没有一寸土地能使橡胶存活，世界植胶界也公认巴西（三叶）橡胶树只适宜在北半球17°线以南生长。《大英百科全书》也如是记载："橡胶树仅生长在界线分明的热带地区——大约赤道南或北10°以内。"

1950年6月，朝鲜战争爆发，以美国为首的西方国家对我国实行物资禁运，其中就包括作为战略物资的天然橡胶。东南亚地区一些产胶国在美英等国的控制下，也颁布了特别严苛的"封关"法令。党中央果断作出了"一定要建立我国自己的天然橡胶生产基地"的战略决策。1951年国家政务院作出《关于扩大培植橡胶树的决定》，并在广州成立华南垦殖局，主要任务是在广东雷州半岛、海南岛大规模垦荒植胶。从1951年12月开始，我国从全国各地动员、调集和征集了以人民解放军为主体，包括各大专院校的大批在校学生等在内的几十万人的垦殖大军赴雷州半岛和海南岛，开展声势浩大的植胶事业。他们积极响应号召，挺进荒山野岭，披荆斩棘，开荒种胶。其中，涌现了很多为国植胶的感人故事。1982年10月16日，国家农牧渔业部向世界宣布，经过30年的艰苦奋斗，我国天然橡胶大面积北移种植成功。我国不仅使天然橡胶的种植突破北纬17°线，大面积北移种植成功，而且最高种植纬度到达北纬24°。

在众多科学家和农垦人的努力下，我国取得突破性成绩，打破西方"北纬17°以北无法种植天然橡胶"的论断，创造了天然橡胶种植奇迹，在广东、海南、云南等地创建了天然橡胶农场，解决了西方国家对新中国"卡脖子"的一道难题，为社会主义建设和满足国防军工需要奠定了重要基础。现如今我国已从无胶国跃升为世界第五大天然橡胶生产国。

任务三
橡胶硫化性能测试

硫化是指在一定温度和压力下使硫化剂与橡胶大分子发生化学反应，橡胶大分子链由线型变为网状的交联过程，是橡胶制品制造过程中最重要的工艺之一。橡胶的硫化特性是反映橡胶在硫化过程中各种表观或者现象的指标，对进行科研、指导生产具有重要作用。

一、未硫化胶初期硫化特性测试

初期硫化特性主要是指胶料的焦烧时间和硫化指数。焦烧是未硫化橡胶在加工和贮存过程中出现的早期硫化现象，焦烧时间是衡量其初期硫化速度快慢的重要指标，是对未硫化橡胶加工安全性的判定。

每个胶料配方都有特定的焦烧时间，硫化体系不同，焦烧时间也不同。由于橡胶具有热积累效应，故实际焦烧时间包括操作焦烧时间和剩余焦烧时间两部分。在加工过程中，合理地控制未硫化橡胶的焦烧时间是非常必要的。如焦烧时间过短，下一步加工易出现胶料不能充分流动，使花纹不清等，影响制品质量或出现废品；如焦烧时间过长，会导致硫化周期长进而降低生产效率。

当前测定焦烧时间广泛使用的方法是穆尼黏度仪，也可以用硫化仪测定胶料的初期硫化时间（t_{10}）。以下介绍穆尼黏度仪法，参照《未硫化橡胶初期硫化特性的测定　用圆盘剪切粘度计[1]进行测定》（GB/T 1233—2008）。

1. 原理

在规定温度下根据混炼胶料穆尼黏度值随测试时间的变化，测定穆尼黏度从最小值上升至规定数值时所需的时间即为焦烧时间，包括预热时间 1min。穆尼黏度仪测定胶料焦烧时间的曲线称为穆尼焦烧曲线，如图 7-7 所示。

由图 7-7 可知，开始温度上升，胶料软化，穆尼黏度值下降到最低点，随测定时间增加，胶料开始交联，穆尼黏度增加。当使用大转子时，从试验开始到胶料黏度下降至最小值后，再上升 5 个穆尼值所对应的时间为穆尼焦烧时间 t_5；再上升 35 个穆尼值所对应的时间为穆尼焦烧时间 t_{35}。对于小转子，从试验开始到胶料黏度下降至最小值后，再上升 3 个穆尼值所对应的时间为穆尼焦烧时间 t_3；再上升 18 个穆尼值所对应的时间为穆尼焦烧时间 t_{18}。

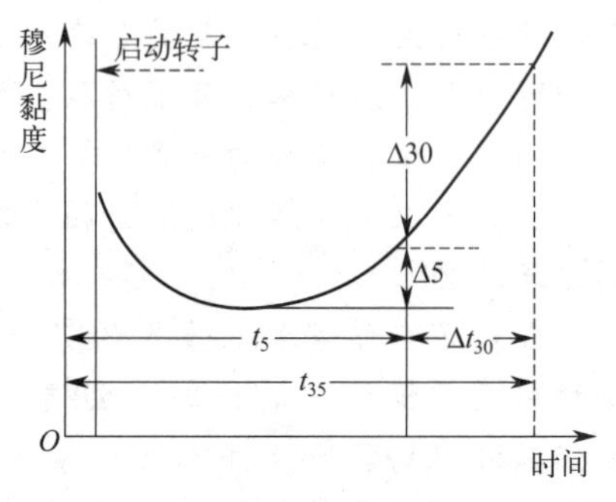

图 7-7　穆尼焦烧曲线

2. 测试设备与操作

测试设备为穆尼黏度仪，试验温度选择与混炼胶加工相关的温度，橡胶企业通常选择 120～130℃，常见的有 120℃、125℃、127℃、130℃，不同温度的结果不能比较。一般胶料均使用大转子，当采用高黏度胶料时，

[1] 现一般写作“黏度计”。

允许使用小转子。转子转速为2.0r/min。

测试试样和测试操作参考任务二中所述圆盘剪切黏度计法，温度设定并稳定后，把胶料迅速放入模腔，合模后，按下“焦烧”键或设计为焦烧测定状态，进入焦烧试验工作状态，预热1min后，启动转子并立即记录初始穆尼值。然后每隔0.5min记录一次穆尼值，直到穆尼值下降至最小值后再上升5个穆尼值时停止。若测定t_{30}，应延长到上升35个穆尼值为止；使用小转子时，穆尼值下降至最小值后再上升3个穆尼值或18个穆尼值时停止试验。

3. 结果表示

从穆尼焦烧曲线上可以得到焦烧时间t_5、t_{35}、t_3、t_{18}。对于硫化指数，分别采用式(7-8)、式(7-9)计算，硫化指数越小，硫化速度越快。并可采用经验公式(7-10)推算正硫化时间。

大转子 $$\Delta t_{30}=t_{35}-t_5 \tag{7-8}$$

小转子 $$\Delta t_{15}=t_{18}-t_3 \tag{7-9}$$

$$t_{正}=t_5+K\Delta t_{30} \tag{7-10}$$

式中，K为硫化速率常数，一般$K=10$。

二、橡胶胶料硫化特性测试

无转子硫化仪测试橡胶硫化曲线操作

硫化能使橡胶线型大分子变为立体网络结构，从而获得良好力学性能和化学性能。硫化时间要适当，如果硫化不足，胶料的性能达不到最佳，称作欠硫；如果硫化时间过长，分子链或硫化交联键发生裂解，则性能也会下降，称作过硫。胶料性能达到最佳值时的硫化状态称为正硫化，所需要的时间称为理论正硫化时间。实际生产中，主要以胶料的某一种或几种性能达到最佳所需的时间作为正硫化时间，称为工艺正硫化时间。

测定胶料正硫化时间可采用物理-化学法、力学性能法和专用仪器法。物理-化学法是利用物理或化学分析方法测试不同硫化时间下胶料交联程度的变化来反映正硫化时间，主要有游离硫法和溶胀法。力学性能法是测量不同硫化时间胶料的力学性能如拉伸强度、硬度、定伸应力、压缩永久变形等，绘制这些性能与硫化时间的关系曲线，找出转折点所对应的时间即为正硫化时间；或将这些性能达到最佳时的时间综合取值。专用仪器法主要有穆尼黏度仪法和硫化仪法，穆尼黏度仪能近似计算正硫化时间。以上几种方法都有较大误差，且不能连续测定硫化过程的全貌。

硫化仪能连续、直观地反映整个硫化过程，通过测定胶料在硫化过程随交联程度的增加，在一定振幅作用下受到的转矩的变化，获得诱导时间、硫化速率、硫化度和正硫化时间等硫化特性参数，目前使用最多。

硫化仪分为有转子硫化仪和无转子硫化仪两类，分别参照《橡胶胶料　硫化特性的测定　圆盘振荡硫化仪法》(GB/T 9869—2014)和《橡胶　用无转子硫化仪测定硫化特性》(GB/T 16584—1996)。有转子硫化仪存在测试时试样温度达到稳定所需要时间长，转子与胶料产生的摩擦力也计入胶料剪切模量数据中，且清理麻烦等缺点；无转子硫化仪则很大程度上解决了有转子硫化仪的问题，具有升温快、效率高、重现性好、没有转子的影响等优点而受到普遍采用。以下重点介绍无转子硫化仪测定橡胶硫化特性。

1. 原理

橡胶硫化是分子链的交联反应，所以可用交联密度大小反映橡胶的硫化程度，又由于胶料的剪切模量与共交联密度成正比，可用以下公式表示：

$$G=VRT$$

式中，R 是气体常数；V 是交联密度；T 是热力学温度；G 为剪切模量。在选定温度下 R、T 为常数，剪切模量 G 只与 V 有关，因此对 G 的测定可反映交联过程。

无转子硫化仪的原理是将橡胶试样放入一个完全密闭或几乎完全密闭的模腔内，并保持在试验温度下。模腔有上下两部分，其中一部分以微小的线性往复移动或摆角振荡，振荡使试样产生剪切应变，测定试样对模腔的反作用转矩（力）。此转矩（力）取决于胶料的剪切模量。

随着橡胶的硫化，转矩增加，当记录下来的转矩（力）上升到稳定值或最大值时，便得到转矩（力）与时间的关系曲线，即硫化曲线（如图 7-8 所示），通过对曲线的数据进行处理可得到胶料相关硫化特性参数。曲线的形状与试验温度以及胶料特性有关。

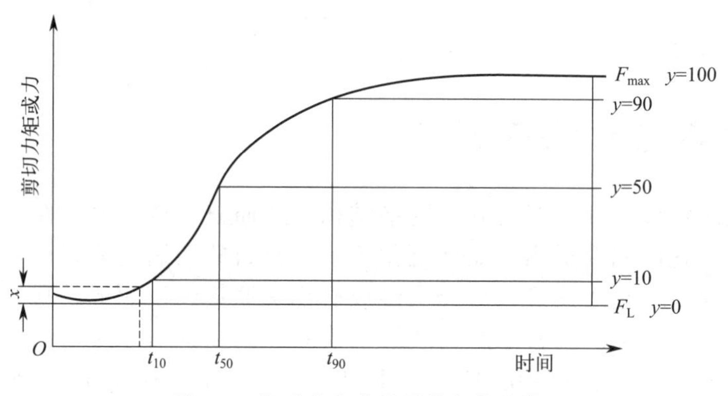

图 7-8　典型硫化曲线及其相关参数

从硫化曲线可知，开始时胶料由硬变软，流动性增加，此时橡胶没有交联或者交联较少，因而转矩下降。硫化过程是交联和裂解的竞争过程，开始交联后，交联大于裂解，转矩逐渐上升，当转矩上升到一个稳定值或达到一个最大值时，胶料完全硫化。如果继续进行硫化，对天然橡胶（NR）等胶料，裂解大于交联，转矩下降，这种现象称为硫化返原，而 SBR、顺丁橡胶（BR）等合成胶则不产生返原现象。

2. 测试设备

无转子硫化仪及其内部结构示意图如图 7-9 所示。无转子硫化仪由于制造厂家及配置不同，其结构不同，但基本原理是相同的。主要由模腔、模腔的摆动装置、转矩（力）的测量装置（包括测量和记录）、转矩（力）的校正装置、温度控制系统等部分组成。

3. 测试试样

试样从胶片上剪制或用圆刀裁切成直径略小于模腔的圆形试片。为了得到最佳重复性，应采用相同体积的试样进行测试，试样的体积应略大于模腔的容积（$3\sim5cm^3$），并通过预先试验确定。试样数量 1 个，试样应是均匀的、室温存放的，并应尽可能无残留空气。

试样测试前应在标准实验室温度[(23±2)℃或(27±2)℃]下调节至少 30min，均化样品应在 24h 内进行测试。

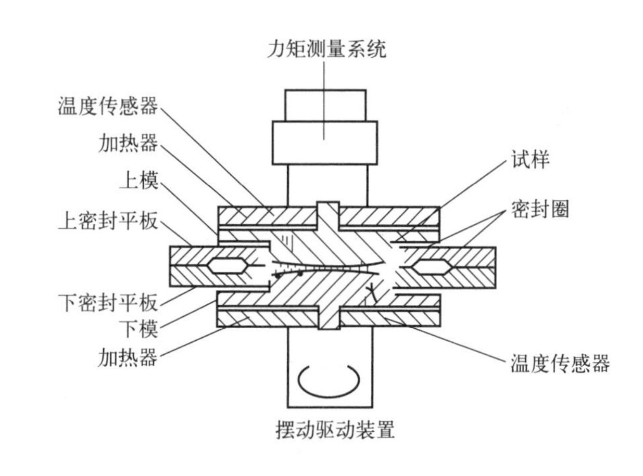

图 7-9 无转子硫化仪及其内部结构示意图

4. 测试条件

硫化仪试验条件主要包括振荡频率、振荡幅度、试验温度与试验压力。通用振荡频率为(1.7±0.1)Hz，在特殊用途中，允许使用 0.5～2Hz 的其他频率；振幅范围为±0.1°～±2°，一般选用±0.5°；推荐试验温度为 100～200℃，温度的波动为±0.3℃；在整个试验过程中，气缸或其他装置能够施加并保持不低于 8kN 的作用力。

5. 测试步骤

① 打开电源，密闭模腔，并进行参数设置（如温度、时间、输出参数等）。

② 将模腔加热到试验温度，并稳定一段时间，使温度变化在±0.3℃以内，如果需要，校正记录装置的零位，选好转矩量程和时间量程。

③ 打开模腔，将试样放入模腔，然后在 5s 以内合模，开始测试。当试验发黏胶料时，则在试样上下衬垫 0.2mm 厚的聚酯薄膜，以防胶料粘在模腔上。

④ 记录装置应在模腔关闭的瞬间开始计时，模腔的摆动应在合模时或合模前开始。

⑤ 当硫化曲线达到平衡点或最高点或规定的时间后，关闭电机，打开模腔，迅速取出试样。

⑥ 打印硫化曲线，清理溢出的胶料，整理现场。

6. 结果表示

根据得到的硫化曲线可读取 F_L、F_{max}、t_{sx} 和 $t_{c(y)}$。

① $F_L(M_L)$ 为最小力或转矩。

② $F_{max}(M_H)$ 为在规定时间内达到的平坦、最大或最高转矩或力。

③ t_{sx} 为初始硫化时间（焦烧时间），即从试验开始到曲线由 F_L 上升 xN·m(N) 所对应的时间，单位为 min，主要有 t_{s1}、t_{s2}。

④ $t_{c(y)}$ 为达到某一硫化程度的硫化时间，即转矩达到 $F_L+y(F_{max}-F_L)/100$ 时所对应的时间，单位为 min。通常 y 为 10、50 和 90，t_{10} 是初始硫化时间；t_{50} 是能最精确评定的硫化时间；t_{90} 是经常采用的最佳硫化时间。

⑤ 硫化速率指数 V_c（即加硫指数 CRI），由式(7-11) 计算，它与硫化速度曲线在陡峭区域内的平均斜率成正比。

$$V_c = 100/(t_{90} - t_{sx}) \tag{7-11}$$

任务考核

一、单项选择题

1. 胶料硫化时间是由胶料配方和硫化温度来决定的，对于给定的胶料来说，在一定的硫化温度和压力条件下，最适宜的硫化时间的选择可通过（　　）测定。

A. 穆尼黏度仪　　B. 快速塑性计　　C. 工具显微镜　　D. 硫化仪

2. 典型硫化曲线上最大转矩值 F_{max}，反映硫化胶的（　　）。

A. 流动性　　B. 最大交联度　　C. 焦烧时间　　D. 剪切模量

3. 硫化曲线上，以下能表示最佳硫化时间的是（　　）。

A. t_{10}　　B. t_{90}　　C. t_{50}　　D. t_{60}

二、判断题

1. 用穆尼黏度仪测定未硫化橡胶焦烧时间，当使用小转子测试时，硫化指数为焦烧时间 t_{35} 与 t_5 的差值。（　　）

2. 橡胶硫化时间要适当，如果出现过硫现象时，说明硫化不足，胶料的性能达不到最佳值。（　　）

3. 橡胶硫化性能测试时，如胶料发黏，则在试样上下衬垫 0.2mm 厚的聚酯薄膜，以防胶料粘在模腔上。（　　）

素质拓展阅读

打破国外技术垄断——羧基丁腈橡胶

羧基丁腈橡胶是高性能复合材料的重要基体，具有优异的拉伸强度、撕裂强度、黏着性、耐磨性及抗臭氧老化性。该橡胶用于制备耐油性和耐磨性要求较高的橡胶制品、黏合剂、机械零件，也可与 PVC、氯丁橡胶（CR）、丁腈橡胶（NBR）等共混并用以改善其耐油性和耐磨性，其市场售价是通用丁腈橡胶的三倍。长期以来，该技术和产品被阿朗新科、瑞翁、南帝等国际丁腈橡胶生产商垄断，国内完全依赖进口，进口产品价格昂贵，供应不稳定，严重限制了相关领域发展。

据中国石油网消息，2023 年，在兰州石化与中国石油化工研究院、西北化工销售公司通力协作下，羧基丁腈橡胶产品在产业化应用上实现从"0"到"1"的突破，产品质量达到国外同类产品标准，得到了市场的广泛认可。这一产品的成功生产，成功填补国内技术空白，打破国外技术垄断。

拓展练习

1. 现需测试熔喷聚丙烯材料的熔体流动速率，如何提高其测试精度？
2. 测试得到的熔体流动速率是否能反映材料在实际加工时的流动速度，为什么？
3. 穆尼黏度对橡胶的加工有什么影响？
4. 橡胶的硫化历程可分为哪几个阶段？各阶段有何特点？
5. 什么是胶料的焦烧性？它与哪些因素有关？

项目八　功能和降解性能测试

项目导言

随着人们生活水平的提高，对高分子材料及其产品的要求也越来越高，功能高分子材料使用日益广泛。近年来，高分子材料逐渐朝着多功能化方向发展，对高分子材料的各类功能性测试也成为领域焦点。

本项目关注材料的燃烧性能、热性能、电性能和降解性能的测试试验方法。燃烧性能是材料燃烧或遇火时所发生的物理化学变化，可由材料表面的着火性和火焰传播性、发热、发烟、炭化、失重，以及毒性生成物的产生等特性来衡量。导热性表征材料热量传导能力，可估计材料动态应用下的发热等。电性能是指材料在外加电压或电场作用下的行为及其表现出的各种物理现象，通常指体积电阻率、表面电阻率、介电强度、介电常数、损耗因子和耐电弧性能等。降解性能是指在规定环境条件下，塑料经过一段时间和一个或更多步骤，导致材料化学结构的显著变化而损失某些性能（如完整性、分子量、结构或机械强度）和/或发生破碎，可由生物降解性能、可堆肥性能、光降解性能、热氧降解性能等来衡量。

项目目标

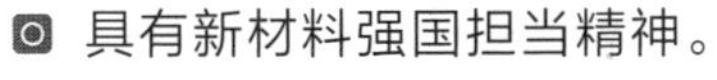

素质目标

- 具有新材料强国担当精神。
- 具有高分子材料加工行业绿色环保的责任关怀意识。
- 具有科学严谨的工作态度和客观公正的职业道德。

知识目标

- 了解高分子材料燃烧性能、热性能、电性能和降解性能等功能性的测试标准。
- 认识高分子材料燃烧性能、热性能、电性能和降解性能等功能性测试仪器的结构和工作原理。
- 掌握高分子材料燃烧性能、热性能、电性能和降解性能等功能性测试的方法和条件。
- 熟悉高分子材料燃烧性能、热性能、电性能和降解性能等功能性测试的影响因素。

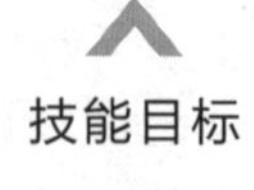

- 能正确选择高分子材料燃烧性能、热性能、电性能和降解性能等功能性测试的方法。
- 能进行测试条件控制和试样预处理等准备工作。
- 能规范进行高分子材料燃烧性能、热性能、电性能和降解性能等功能性测试操作。
- 能规范记录测试过程和结果。
- 能分析测试结果并完成测试报告。

任务一 燃烧性能测试

一、燃烧性能概述

高分子材料广泛应用于建筑、汽车、飞机、船舶、电器、家具和日用品等方面，但通常高分子材料都是可燃的，为保证产品的使用安全，避免火灾对生命财产造成威胁，以及进行阻燃材料的开发等，有必要对其燃烧性能进行测试。

二、燃烧性能及其评价指标

燃烧性能是将试样置于规定的燃烧条件下，检验其对火或耐火的反应。高分子材料在一定温度下被加热分解，产生可燃气体，在着火温度和存在氧气的条件下开始燃烧，并在充分供给可燃气体、氧气和热能的情况下，保持燃烧。着火的难易程度和燃烧传播的速度是评价材料燃烧性能的两个重要参数，此外，燃烧时的生烟性、释热量及气体毒性和腐蚀性是燃烧的间接影响，也可以借助一定的测试方法进行测定。

评价高分子材料燃烧性能的指标主要有：点燃温度、火焰的传播速度、火焰的持续时间、火焰的熄灭速度、释热量、放热速度、烟雾的生成量、毒气的产生量等。在实验室和某些中型试验中，根据评价指标的不同，通常高分子材料测试方法可以分为 6 类：

① 点燃性和可燃性（如点燃温度、极限氧指数），测定是否易于引起火；

② 火焰传播性（如隧道法和辐射板法），测定火是否易于蔓延和火传播速率；

③ 释热性（如锥形量热仪法和量热计试验），测定材料燃烧时的放热量及放热速率，以了解火的发展趋势及火对邻近地区的危险；

④ 生烟性（如烟密度和烟尘质量试验），测定材料燃烧时的生烟量；

⑤ 燃烧产物毒性及腐蚀性（如生物试验和化学分析法），测定材料燃烧时产生气体的毒性和腐蚀性，以了解材料对生物及设备的危害性；

⑥ 耐燃性（如电视整机或建筑部件耐火性试验），了解某种材料构筑成的建筑物或建筑物的一部分（如墙、地板、天花板）或其他制品，在强热及火焰的作用下所能经受的时间，即它们在火中倒塌或破坏或燃尽所需的时间。

上述 6 类方法中，每一类又有多种试验方法，在提及某种材料的阻燃性能时，一定要具体说明测试方法、测试条件和标准。同时，由于高分子材料实际燃烧行为受燃料、火源等多种因素综合影响，燃烧性试验仅是模拟材料燃烧时的安全试验项目，不能单独用作描述或评定材料在实际着火条件下的着火危险。

本任务以塑料为例，介绍燃烧性能测定中常用的水平法和垂直法、极限氧指数法等，橡胶的燃烧性能测试以此作为参考。

三、水平法和垂直法燃烧性能测试

水平、垂直燃烧测试操作

在众多的塑料燃烧性能试验方法中，水平法和垂直法是最具代表性、应用最广泛的方法，可对比不同材料的相对燃烧性能，控制制造工艺或评定燃烧特性的变化等。塑料和非金属材料的条形试样在 50W 火焰条件下、水平或垂直方向燃烧性能的实验室测定方法参照标准 GB/T 2408—2021《塑料　燃烧性能的测定 水平法和垂直法》进行，标准适用于表观密度不低于 $250kg/m^2$ 的固体和泡沫材料，用于确定材料的线性燃烧速率和自熄性。

GB/T 2408—2021 包含两种试验方法：方法 A 是水平燃烧，用于测定规定条件下材料的线性燃烧速率；方法 B 是垂直燃烧，用于测定规定条件下材料的自熄性。两种方法得到的结果不等效。除此之外，其他应用较多的还有美国 UL94 阻燃性试验。

1. 相关定义

① 余焰：在规定条件下移去引燃源后，材料的持续火焰。

② 余焰时间：余焰持续的时间。

③ 余辉：规定条件下移去引燃源火焰终止后，或没有产生火焰时，材料的持续辉光。

④ 余辉时间：余辉持续的时间。

⑤ 线性燃烧速率：在规定条件下，单位时间材料燃烧的长度。

⑥ 熔滴：材料因受热软化或液化而滴落的熔融滴落物。

⑦ 自熄：在无外界物质的影响下停止燃烧。

⑧ 自撑材料：在规定的试验条件下，具有一定刚性，当水平地夹持住试样一端时，其自由端基本不下垂的材料。

⑨ 非自撑材料：在规定的试验条件下，水平地夹持住试样一端时，其自由端下垂，甚至碰到试样下方 10mm 处水平放置的金属网的材料。

2. 测试原理

水平或垂直地固定长方形试样的一端，将试样自由端暴露于规定的试验火焰中。通过测量线性燃烧速率，评价试样的水平燃烧性能；通过测量余焰和余辉时间（是否自熄）、燃烧程度和燃烧颗粒滴落情况，评价试样的垂直燃烧性能。

3. 主要设备

通常使用的主要设备是水平垂直燃烧试验仪，如图 8-1 所示。仪器内部容积应至少为 $0.5m^3$。应能观察到试验，并提供无通风环境，但在燃烧时空气能通过试样进行正常的热循环。内表面应呈现暗色，当用一个面向试验箱后面的照度计置于试样位置时，记录的照度值应低于 20lx（勒克斯）。为安全和方便，试验箱应能密闭且装有抽风系统，抽风装置在试验过程关闭，试验后再立即启动，以除去可能有毒的燃烧产物。本生灯燃料气体为工业级甲烷气、天然气、液化石油气等。

水平垂直燃烧试验仪的工作原理：燃烧控制系统通过本生灯产生一定温度和高度的火焰，火焰温度由温度测量系统进行测量和控制。将符合试验要求的火焰作用于水平/垂直安装于支架上的试样样品，通过时间测量系统进行试验时间的测量和控制，达到规定的试验时间后，火焰与试验样品分离，完成试验并得到相关的试验数据。

图 8-1 水平垂直燃烧试验仪

4. 测试试样

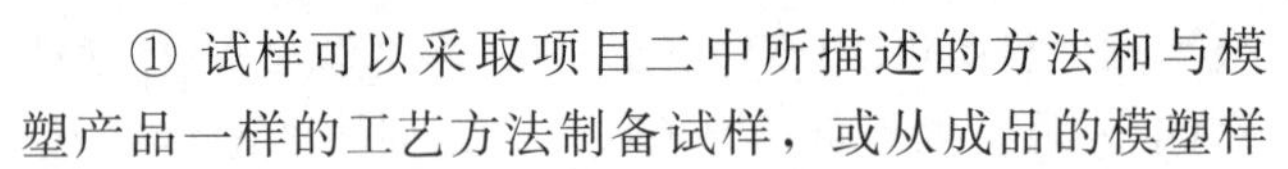

① 试样可以采取项目二中所描述的方法和与模塑产品一样的工艺方法制备试样，或从成品的模塑样品切割得到，再仔细从表面上去除灰尘和颗粒，然后精细地砂磨切割边缘，确保边缘平滑光洁。方法 A 最少准备 6 根，方法 B 准备 20 根。

② 条状试样尺寸长（125.0±5.0）mm，宽（13.0±0.5）mm，厚度优选 0.1mm、0.2mm、0.4mm、0.75mm、1.5mm、3.0mm、6.0mm 以及/或 12.0mm，但不应超过 13mm。

③ 试样应在（23±2）℃和 50%±10%相对湿度下至少状态调节 48h，并且应在取出后的 30min 以内测试试样。

④ 不同厚度的试样，以及密度、各向异性材料的方向、颜料、填料及阻燃剂的种类和含量不同的试样，其试验结果不能相互比较。

5. 测试条件

试验环境条件：方法 A 在 15～35℃和相对湿度不高于 75%的实验室环境中进行；方法 B 在 15～35℃和相对湿度为 40%～75%的实验室环境中进行。

6. 测试步骤

（1）方法 A——水平燃烧试验

① 在距试样点燃端（25±1）mm 和（100±1）mm 处，与试样纵轴垂直，各划一条标线。在远离试样 25mm 标线的一端夹紧试样，使其纵轴呈水平而横轴与水平方向成（45±2）°夹角。将金属网水平地固定在试样下面，与试样下底边相距（10±1）mm，金属网自由端与试样自由端对齐，见图 8-2。如试样自由端下弯同时不能保持上述（10±1）mm 距离，则应使用支撑架。

② 本生灯接通气源，保持竖直，在远离试样处点燃本生灯，并调节使其产生 50W 的标准火焰。

③ 待火焰稳定后，保持本生灯与水平方向成（45±2）°角斜向试样自由端。调节火焰浸入试样自由端约 6mm，施焰 30s 撤去本生灯（若火焰前端不足 30s 就达到 25mm 标线处，立即移开火焰）。

④ 当火焰前端到达 25mm 标线时，重新启动计时器。

⑤ 如果试样在移去试验火焰后仍为有焰燃烧，记录火焰前端从 25mm 标线处到 100mm

标线处所经历的时间 t(s)，此时损坏长度 L 为 75mm；如果火焰前端超过 25mm 标线但未到达 100mm 标线处，记录此过程经历的时间 t(s) 和 25mm 标线到火焰前端熄灭处的损坏长度 L(mm)。

⑥ 测试其余两个新的试样。在每根试样之后，实验室通风橱/试验箱都应抽风。

⑦ 试验完后清理台面，将设备归位。

若在第一组三个试样里有一个试样无法满足“测试结果”中提及的等级，则应试验另一组三个试样。并且第二组中所有试样都应符合相关等级规定的所有指标。

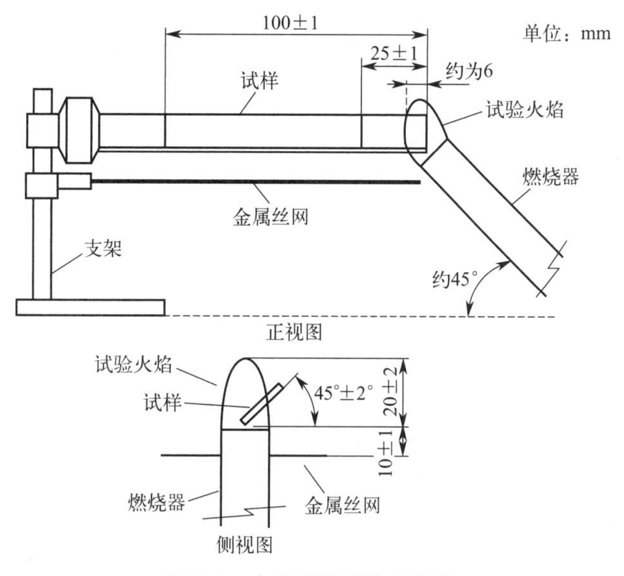

图 8-2　水平燃烧试验示意图

(2) 方法 B——垂直燃烧试验

① 夹住试样上端 6mm 长度，纵轴垂直，并使试样下端高出水平铺置的棉花垫 (300±10) mm。

② 点燃本生灯（同方法 A），待火焰状态稳定后，将本生灯面对试样宽面，水平方向接近试样，在试样底面中点下方 (10±1)mm 处施加火焰，并保持 (10±0.5)s，根据试样长度和位置的变化，在垂直平面移动喷灯。见图 8-3。

如果在施加火焰过程中，试样有熔融物或燃烧物滴落，则应将本生灯倾斜 45°角，并从试样下方后撤足够距离，以防止滴落物落入灯管，同时保持试样剩余部分与本生灯管顶面中心距离仍为 10mm。

③ 对试样施加火焰 10s 后，立即把本生灯撤到离试样至少 150mm 处，同时用计时器测量余焰时间 t_1(s)。

④ 当火焰熄灭，立即再次对试样施焰 10s，试样余下部分与本生灯口仍需保持 10mm 距离。施焰完毕，立即撤离本生灯，同时测量并记录余焰时间 t_2 和余辉时间 t_3，t_2+t_3。此外，还要记录是否有滴落物、是否引燃了棉花垫，以及是否烧到了夹具。

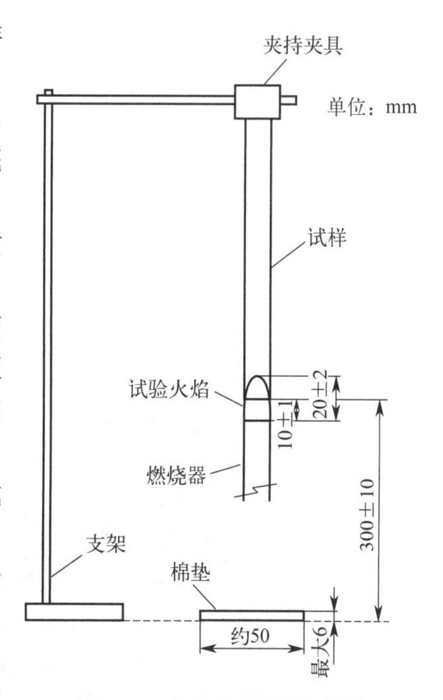

图 8-3　方法 B 试验示意图

⑤ 重复上述步骤，共测试五根试样。

如一组五个状态处理过的试样中有一个试样不符合分级的判据，则应对另一组五条以同样状态处理的试样进行测试。作为余焰总时间 t_f，对于 V-0 级，如果余焰总时间在 51～55s 或对 V-1 和 V-2 级为 251～255s 时，要外加一组五个试样进行试验。第二组所有的试样应符合该级所有规定的判据。

⑥ 试验完成后清理台面，将设备归位。

7. 测试结果

（1）方法 A——水平燃烧试验　对于火焰前端能通过 100mm 标线试样的线性燃烧速度 v（mm/min）由式（8-1）计算。

$$v=\frac{60L}{t} \tag{8-1}$$

燃烧材料等级分为 HB、HB40 和 HB75，HB 等级要求符合以下①、②、③项要求之一，HB40 级要求符合①、②、④要求之一，HB75 级要求符合①、②、⑤要求之一。厚度 3.0mm 试样，评级为 HB 级时，用“HB @ 3.0mm”表示。

① 移去引燃源后，材料没有可见的有焰燃烧。

② 在引燃源移去后，试样出现连续的有焰燃烧，但火焰前端未超过 100mm 标线。

③ 若火焰前端超过 100mm 标线：

对于厚度为 3.0～13.0mm 的试样，其线性燃烧速率不超过 40mm/min。

对于厚度低于 3.0mm 的试样，其线性燃烧速率不超过 75mm/min。

若厚度（3.0±0.2）mm 的试样线性燃烧速率不超过 40mm/min，则降至 1.5mm 最小厚度时，就应自动地接受为 HB 级。

④ 若火焰前端超过 100mm 标线，其线性燃烧速率不超过 40mm/min。

⑤ 若火焰前端超过 100mm 标线，其线性燃烧速率不超过 75mm/min。

（2）方法 B——垂直燃烧试验　每组五根试样，余焰总时间 t_f 按式(8-2）计算：

$$t_f=\sum_{i=1}^{5}(t_{1,i}+t_{2,i}) \tag{8-2}$$

式中，$t_{1,i}$ 为第 i 根试样的第一次余焰时间，s；$t_{2,i}$ 为第 i 根试样的第二次余焰时间，s。

根据表 8-1，将材料分为 V-0、V-1、V-2 三级，1.5mm 厚度试样，符合 V-0 级要求时，用“V-0 @ 1.5mm”表示。

表 8-1　垂直燃烧分级评定要求

评定项目	级别		
	V-0	V-1	V-2
单个试样的余焰时间(t_1,t_2)	≤10s	≤30s	≤30s
任一状态调节的一组试样的余焰总时间 t_f	≤50s	≤250s	≤250s
第二次施加火焰后单个试样余焰时间加余辉时间(t_2+t_3)	≤30s	≤60s	≤60s
余焰或余辉是否燃至夹持夹具	否	否	否
燃烧颗粒或滴落物是否引燃棉花垫	否	否	是

技术提示

（1）在每根试样之后，实验室通风橱/试验箱都应抽风，以除去可能有毒的燃烧物。
（2）注意燃料气体的使用安全性。

8. 主要影响因素

水平法和垂直法燃烧性能测定结果受试样厚度、密度、各向异性材料的方向性等影响。

（1）试样厚度　同种材料，当试样厚度小于3mm时，其燃烧速度随厚度的增加而急剧减小；当试样厚度不低于3mm时，影响较小。原因在于，一方面试样加热至分解温度所需的时间与其质量（或厚度）基本成正比；另一方面试样着火、燃烧和传播主要发生在表面上，厚度越小的试样，单位质量的表面积就越大。同样的厚度，对不同材料燃烧速度的影响也有很大差别。对于如PMMA这种比热容和热导率较小、又没有熔滴行为的材料，影响较小；反之影响就较大，如PE。

试样厚度对垂直燃烧试验结果也有很大影响。同样条件下，试样越薄，其总的有焰燃烧时间越长。当试样厚度相差较大时，其试验结果甚至相差一两个级别。厚度小于3mm的试样，燃烧时易出现卷曲和崩断现象，影响试验的稳定性与重复性。

（2）试样密度　根据以上分析，相同的试验条件下，试样燃烧速度随密度的增大而减小；同样，密度也会影响材料的垂直燃烧性能。

（3）各向异性材料的方向性　各向异性材料的方向性对试样的水平、垂直燃烧性能有着一定的影响。在试验报告中对与试样尺寸有关的各向异性的方向要加以说明。

（4）试样放置形式　在水平法中，试样的长轴是呈水平方向放置的。为了避免放置形式不同对试验结果的影响，在标准中规定采用横截面轴线与水平成45°的形式放置试样。这种形式的受热条件最佳、燃烧速度最快，并且测量燃烧长度和时间较为准确和方便。

（5）试样状态调节条件　状态调节条件对水平和垂直燃烧性能有着不同程度的影响。一般温度高些、湿度小些，试样平均燃烧速度较快或总的有焰燃烧时间较长。对不同材料，状态调节条件对“纯”塑料试样影响较小；而对层压材料和泡沫材料影响程度则相对大些。

在标准中还规定了另一种状态调节条件，即把试样在（70±1）℃温度下老化处理（168±2）h后，放在干燥器中，在室温下至少冷却4h。这是由于有些材料的燃烧性能会随存放时间而变化，如泡沫塑料、层压材料等。

（6）燃料气体种类　虽然不同燃料气体的含热值不同，但试验数据表明，无论使用天然气、液化石油气、煤气或其他燃料气体，只要本生灯的规格、火焰高度与颜色以及点火时间都符合标准规定，试验结果都基本相同。因为燃气火焰只作为热源，而绝大多数高聚物的分解温度都在200～450℃，按要求施焰30s提供的热量已经足够使材料着火燃烧。材料被点燃后，通常火焰温度都高达2000℃左右，所以之后的行为主要取决于材料的燃烧净热是否为正值。因此，我国标准规定也可采用天然气、液化石油气、煤气等可燃气体，但仲裁试验必须采用工业级甲烷气。

（7）操作人员主观因素　水平和垂直燃烧试验被认为是主观性很强的试验，用同样设备，对相同试样作相同操作，测试结果会产生一定偏差，甚至会得到不同的可燃性级别。因此，试验时需严格按操作规定操作，认真仔细观察。

四、氧指数法

氧指数（*OI*）是指通入（23±2）℃的氮、氧混合气流中，刚好维持试样燃烧所需的最低氧浓度，以体积分数表示。现行塑料在室温下氧指数的测定参照标准 GB/T 2406.2—2009《塑料　用氧指数法测定燃烧行为　第 2 部分：室温试验》进行，该方法适用于试样厚度小于 10.5mm 能直立支撑的条状或片状材料，也适用于表观密度大于 $100kg/m^3$ 的均质固体材料、层压材料或泡沫材料，以及某些表观密度小于 $100kg/m^3$ 的泡沫材料。测试得到的氧指数值提供了材料在某些受控实验室条件下燃烧特性的灵敏度尺度，可用于质量控制。

氧指数越高表示材料越不易燃烧，一般认为氧指数小于 22%属于易燃材料，氧指数在 22%～27%属于可燃材料，氧指数大于 27%属于难燃材料。

1. 测试原理

将一个试样垂直固定在向上流动的氧、氮混合气体的透明燃烧筒里，点燃试样顶端，并观察试样的燃烧特性，把试样连续燃烧时间或试样燃烧长度与给定的判据相比较，通过在不同氧浓度下的一系列试验，估算氧浓度的最小值。

为了与规定的最小氧指数值进行比较，试验三个试样，根据判据判定至少两个试样熄灭。

2. 主要设备

试验的主要设备为氧指数测定仪，如图 8-4 所示。主要由燃烧筒、试样夹、气源、气体测量与控制系统以及排烟系统等构成。燃烧筒高（500±50）mm，内径（75～100）mm，内部填装有直径为 3～5mm 的玻璃珠，用以平衡气流，在玻璃珠的上方装有金属网，以防下落的碎片阻塞气体入口和配气通路。气源为纯度（质量分数）不低于 98%的氧气和/或氮气，和/或清洁的空气[含氧气 20.9%(体积分数)]。

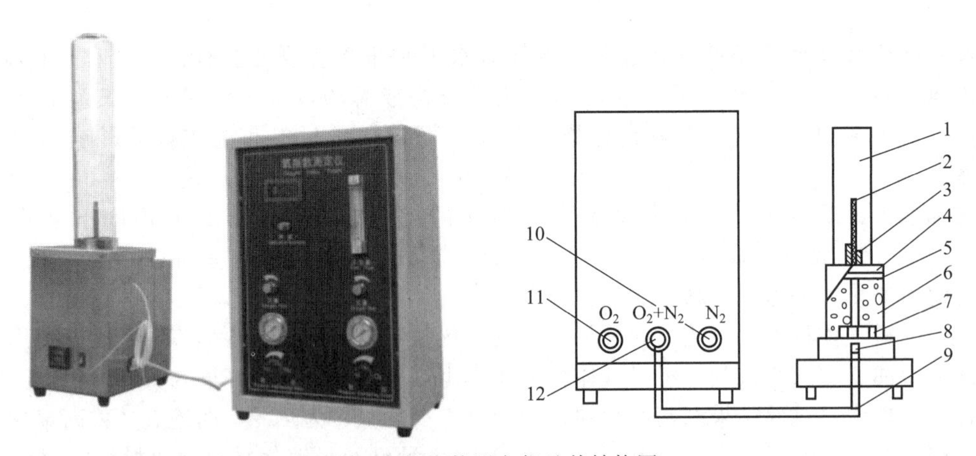

图 8-4　氧指数测定仪及其结构图

1—玻璃燃烧筒；2—试样；3—试样夹；4—刚丝筛网；5—燃烧筒底座；6—玻璃珠；7—分布板；8—M10×1螺钉；9—尼龙管；10—氮气接口；11—氧气接口；12—M10×1螺母

3. 测试试样

不同类型材料的试样和尺寸略有不同，如表 8-2 所示。对于不同型式、不同厚度、各向异性材料的不同方向的试样，测试结果缺乏可比性。

表 8-2 *OI* 测试试样类型与尺寸

试样形状	尺寸			用途
	长度/mm	宽度/mm	厚度/mm	
Ⅰ	80～150	10±0.5	4±0.25	用于模塑材料
Ⅱ	80～150	10±0.5	10±0.5	用于泡沫材料
Ⅲ	80～150	10±0.5	≤10.5	用于片材“接收状态”
Ⅳ	70～150	6.5±0.5	3±0.25	电器用自撑模塑材料或板材
Ⅴ	140	52±0.5	≤10.5	用于软膜或软片
Ⅵ	140～200	20	0.02～0.10	用于能用规定的杆缠绕“接收状态”的薄膜

对已知氧指数在±2 以内波动的材料，需 15 根试样；对于未知氧指数的材料，或显示不稳定燃烧特性的材料，需 15～30 根试样。每个试样试验前应在温度 (23±2)℃ 和湿度 50%±5%条件下至少调节 88h。

对于Ⅰ、Ⅱ、Ⅲ、Ⅳ及Ⅵ型试样，采用顶端点燃法时，在距点燃端 50mm 处画标线；采用扩散点燃法时，在距点燃端 10mm 和 60mm 处画标线；对Ⅴ型试样，常采用扩散点燃法，标线应画在试样框架上或画在距点燃端 20mm 和 100mm 处。

4. 测试条件

环境条件：设备环境温度保持在 (23±2)℃。

5. 测试步骤

① 选择起始氧浓度，需根据经验或材料在空气中的燃烧行为估计。

② 保持燃烧筒垂直，再将试样垂直地安装在燃烧筒中心。并使氧/氮气体在 (23±2)℃ 下混合，调节氧浓度达到设定值，并以 (40±2)mm/s 的气流速度通过燃烧筒。

③ 根据试样类型选择方法 A 或 B 点燃试样，并开始计时。

a. 方法 A——顶面点燃法：将火焰的最低部分施加于试样的顶面，如有需要，可覆盖整个顶面，但不能使火焰对着试样的垂直面或棱。施焰 30s，每隔 5s 移开一次观察试样的整个顶面，直到顶面持续燃烧时开始记录燃烧时间和观察燃烧长度。

b. 方法 B——扩散点燃法：下移点火器把可见火焰施加于试样顶面并下移至垂直面近 6mm。连续施焰 30s，包括每 5s 检查试样的燃烧中断情况，直到垂直面处于稳态燃烧或可见燃烧部分达到支撑框架的上标线为止。

④ 记录燃烧时间，观察燃烧行为。如果燃烧中止，但在 1s 内又自发再燃，则继续观察和计时。根据表 8-3 判断燃烧行为，如果试样的燃烧时间和燃烧长度均未超过规定的相关值，记作“○”；如果两者的任何一个超过表中规定的相关值，记下燃烧行为和火焰的熄灭情况，此时记作“×”。

取出试样，擦净燃烧筒和点火器表面的污物，使燃烧筒的温度恢复至常温或另换一个温度为常温的燃烧筒进行下一个试验。

表 8-3 氧指数测量的判据

试样类型	点燃方法	判据(二选其一)	
		点燃后的燃烧时间/s	燃烧长度
Ⅰ、Ⅱ、Ⅲ、Ⅳ和Ⅵ	A 顶面点燃	180	试样顶端以下 50mm
	B 扩散点燃	180	上标线以下 50mm
Ⅴ	B 扩散点燃	180	上标线(框架上)以下 80mm

⑤ 基于“少量样品升-降法”（如果前一条试样的燃烧行为是“×”反应，则降低氧浓度；如果前一条试样的燃烧行为是“○”反应，则增大氧浓度），以任意步长改变氧浓度，重复上述试验步骤②～④，直到两次的氧浓度之差≤1.0%，并且一次是“○”反应，而另一次是“×”反应为止；将这组氧浓度的“○”反应记作初始氧浓度。

⑥ 再次利用上述初始氧浓度，重复步骤②～④试验一个试样，记录所用氧浓度 c_O 及所对应的“×”或“○”反应，此值即为 N_L 和 N_T 系列的第一个值。

⑦ 用总混合气体积分数的0.2%为氧浓度改变量，重复步骤②～④，直至得到不同于步骤⑥的反应为止，记录氧浓度 c_O 和相应的反应，⑥+⑦的结果即为 N_L 系列。

⑧ 保持 $d=0.2\%$，重复步骤②～④再测4根试样，记下各次氧浓度 c_O 及其对应的反应，最后一根试样的氧浓度用 c_f 表示。⑦+⑧的结果构成 N_T 系列的其余结果，即 $N_T=N_L+5$。

6. 测试结果

（1）氧指数 OI　由式(8-3)计算：

$$OI=c_f+kd \tag{8-3}$$

c_f 和 d 如上所述，k 为按表8-4获得的系数。报告 OI 时，准确至0.1，不修约。

表8-4　k 值的确定

1	2	3	4	5	6
最后五次测定的反应	N_L 前几次测量反应如下时的 k 值				
	(a)○	○○	○○○	○○○○	
10×○○○○	−0.55	−0.55	−0.55	−0.55	○××××
×○○○×	−1.25	−1.25	−1.25	−1.25	○×××○
×○○×○	0.37	0.38	0.38	0.38	○××○×
×○○××	−0.17	−0.14	−0.14	−0.14	○××○○
×○×○○	0.02	0.04	0.04	0.04	○×○××
×○×○×	−0.50	−0.46	−0.45	−0.45	○×○×○
×○××○	1.17	1.24	1.25	1.25	○×○○×
×○×××	0.61	0.73	0.76	0.76	○×○○○
××○○○	−0.30	−0.27	−0.26	−0.26	○○×××
××○○×	−0.83	−0.76	−0.75	−0.75	○○××○
××○×○	0.83	0.94	0.95	0.95	○○×○×
××○××	0.30	0.46	0.50	0.50	○○×○○
×××○○	0.50	0.65	0.68	0.68	○○○××
×××○×	−0.04	0.19	0.24	0.25	○○○×○
××××○	1.60	1.92	2.00	2.01	○○○○×
×××××	0.89	1.33	1.47	1.50	○○○○○
	N_L 前几次反应如下时的 k 值				最后五次测定的反应
	(b)×	××	×××	××××	
	对应第六栏的反应上表给出的 k 值，但符号相反，即：$OI=c_f-kd$				

（2）k 值的确定

① 若上述步骤⑥试样是“○”反应，则第一个相反的反应是“×”反应，则在表8-4的第一栏，找出与 N_T 最后5个反应符号相对应的那一行，再根据 N_L 系列中“○”的数目，查到对应栏，即可得到 k 值，其正负号与表中相同。

② 若上述步骤⑥试样是“×”反应，则第一个相反的反应是“○”反应，则在表8-4

中第六栏，找出与 N_T 最后 5 个反应符号相对应的那一行，找出 N_L 系列中“×”的数目，查到对应栏，即可得到 k 值，其正负号与表中相反。

技术提示

（1）精准控制气流，气体流速越大，单位时间内通过燃烧筒的氧气量越大，有助于燃烧；但同时也会带走大量的热量而影响燃烧。

（2）试验时，不要排风。在每根试样之后，实验室通风橱/试验箱都应排风，以除去可能有毒的燃烧物。

（3）注意燃料气体的使用安全性。

五、其他燃烧性能测试方法

1. 闪燃温度

闪燃温度是指在特定的试验条件下，材料释放出的可燃气体能够被火焰点着，这时试样周围空气的最低温度叫作该材料的闪燃温度。根据《塑料燃烧性能试验方法　闪燃温度和自燃温度的测定》GB/T 9343—2008，将规定形状的试样放在热空气试验炉中，确定初始的试验温度（空气温度），引燃火焰，观察有无明显闪燃或易燃气体轻微爆炸或接着发生的试验燃烧，等待 10min，根据燃烧发生与否，将试验温度（空气温度）相应降低或升高，用新的试样重复试验，直至 10min 内无燃烧的状态为止，在此温度下 10min 内可观察到闪燃的发生，记录最低空气温度，即为闪燃温度。

2. 自燃温度

自燃温度是指在特定的试验条件下，无任何火源的情况下发生燃烧或灼热燃烧，这时周围空气的最低温度叫作该材料的自燃温度。自燃温度和闪燃温度的测试过程相同，自燃表现为火焰燃烧或灼热燃烧，如果在某一温度下 10min 内可以观察到火焰燃烧或灼热燃烧，记录此时的最低空气温度即为自燃温度。

3. 烟密度

烟密度是指塑料燃烧时所产生的烟雾光密度，在测试过程中以最大光密度为试验结果。烟密度可根据《塑料　烟生成　第 2 部分：单室法测定烟密度试验方法》GB/T 8323.2—2008，将试样放置于测试箱内，并将试样的上表面暴露于恒定辐射照度的热辐射源下，生成的烟被收集在装配有光度计的测试箱内，测量光束通过烟后的衰减，结果用比光密度表示。

4. 燃烧产物毒性

燃烧产物毒性可以参考《材料产烟毒性危险分级》GB/T 20285—2006 进行测定，主要是采用等速载气流，使用稳定供热的环形炉对质量均匀的试样进行等速移动扫描加热，实现材料的稳定热分解和燃烧，获得组成物浓度稳定的烟气流。同一材料在相同产烟浓度下，以充分产烟和无火焰的情况时为毒性最大。对于不同材料，以充分产烟和无火焰情况下的烟气进行动物染毒试验，按试验动物达到试验终点（指试验动物出现丧失逃离能力或死亡等）所需的产烟浓度作为判定材料产烟毒性危险级别的依据：所需产烟浓度越低的材料产烟毒性危险越高，所需产烟浓度越高的材料产烟毒性危险越低。按级别规定的材料产烟浓度进行试验，可以判定材料产烟毒性危险所属的级别，危险级别可以分为3级：安全级、准安全级和危险级。

任务考核

一、判断题

1. 着火的难易程度和燃烧传播的速度是评价材料燃烧性能的两个重要参数。（ ）
2. 在水平和垂直方向燃烧性能测验中，两个方法得到的数据是可以直接比较的。（ ）
3. 每次进行燃烧性能试验后，实验室通风橱/试验箱都应抽风，以除去可能有毒的燃烧物。（ ）
4. 材料的燃烧速度随密度的增大而减小；同样，密度也会影响材料的垂直燃烧性能。（ ）
5. 氧指数越高表示材料越容易燃烧。（ ）

二、单项选择题

1. 在高分子材料燃烧性能测试中，了解某种材料构筑成的建筑物或建筑物的一部分（如墙、地板、天花板）或其他制品，在强热及火焰的作用下所能经受的时间，即它们在火中倒塌或破坏或燃尽所需的时间，这个指标是（ ）。

A. 生烟性　B. 耐燃性　C. 释热性　D. 点燃性

2. 在高分子材料燃烧性能测试中，评价材料是否易于引起火的指标是（ ）。

A. 生烟性　B. 耐燃性　C. 释热性　D. 点燃性

3. 在高分子材料燃烧性能测试中，评价火焰是否易于蔓延及其传播速率的指标是（ ）。

A. 生烟性　B. 耐燃性　C. 火焰传播性　D. 点燃性

4. 在高分子材料燃烧性能测试中，评价材料燃烧时的放热量及放热速率，以了解火的发展趋势及火对邻近地区的危险的指标是（ ）。

A. 生烟性　B. 耐燃性　C. 释热性　D. 点燃性

5. 在高分子材料燃烧性能测试中，评价材料燃烧时的生烟量的指标是（ ）。

A. 生烟性　B. 耐燃性　C. 释热性　D. 点燃性

三、简答题

1. 为什么要测试聚合物的燃烧性能？
2. 氧指数对材料阻燃性能的表征有何意义？
3. 塑料的水平/垂直燃烧性能试验中，阐述哪些因素会影响测试结果。
4. 在氧指数测试中，为什么要精准控制气流大小？

素质拓展阅读

阻燃科技守护安全

高分子材料在国家建设和人民生活中得到了普遍应用，但是高分子材料是一种有机化合物，大部分高分子材料属于易燃、可燃材料，带来了一定的火灾隐患。为了实现在国防、军用、航天、工业及民用等领域的应用，高分子材料阻燃改性成为重大课题。阻燃材料也成为了生产和生活中被广泛采用的关键基础材料，是消防减灾的必然要求。

阻燃塑料是能够抑制或者延滞燃烧而自身并不容易燃烧的塑料。阻燃材料可以有效减少火灾事故的发生、减少热释放效率、延缓火蔓延，为逃生赢得宝贵时间。比较理想的塑料阻燃改性方法是通过加入阻燃剂或阻燃母料之类的产品，来提高塑料的防火性能。

阻燃材料应该具有如下优点：第一，高的阻燃效率和高的防护效果，即通过优选阻燃剂的结构、优化阻燃剂的组成以达到更高的阻燃效率。第二，高的阻燃安全性，即阻燃材料在火势下发挥作用时，应该同步减少有毒有害气体的产生。第三，长的阻燃作用时间，环境、老化等因素会造成阻燃效率下降，达不到防火阻燃效果，需要开发耐候阻燃剂。第四，低的阻燃成本，即减少阻燃材料的成本。第五，生物友好的阻燃材料，即阻燃产品在全生命周期使用过程中不对人和环境造成危害，并可回收再生和生物降解，避免材料的二次危害。

人民对材料有什么需求，就做什么材料满足需求。材料工作者应该坚持需求导向和问题导向，以解决国家和人民的重大需求为目标，深入钻研复杂工程问题，不断提升自己认识问题、分析问题和解决问题的能力，将专业、工作与人民的需求相结合，以创新产品不断满足人民多样化需求。

任务二
热导率测试

一、热导率概述

随着微电子集成技术和组装技术的高速发展，电子元件、逻辑电路微型化，电子仪器日益轻薄短小化，而工作频率急剧增加，半导体热环境不断向高温方向发展，导致电子设备所产生的热量迅速积累。提高及时散热能力可有效保证电子元器件维持正常工作、提高运行的可靠性和使用寿命，因此，合理测量高分子材料的导热性能及测量方法的研究非常重要。

热量从一个物体传到另一个与其接触的物体，或从同一个物体的一部分传到另一部分的现象称为热传导，是热量传递的三种基本方式（热传导、热对流和热辐射）之一，这种方式是物体与物体之间直接接触的能量交换。热导率是表征物体传导热量能力的重要参数，即单位面积、单位厚度试样的温差为1℃时，单位时间内所通过的热量，单位是W/(m·K)，是选择导热材料的重要技术指标。

二、热导率的测试方法

热导率的测试方法按工作原理可分为稳态法和非稳态法。

稳态法是经典的热导率测定方法，至今仍受到广泛应用。测试过程中对样品在特定方向上施加了与时间无关的温度梯度，热流穿过整个被测样品，其计算简单，精确度高，但测量时间较长，对环境条件要求较高（如测量系统的绝热条件、测量过程中的温度控制和样品的形状尺寸等）；适合在中等温度下测量，适用于岩土、塑料、橡胶、玻璃、绝热导热材料等低热导率材料。目前常用的稳态法有防护热板法和热流计法，其原理相似，只是针对不同的材料，又有一些特定标准，如 GB/T 3399—1982《塑料导热系数试验方法 护热平板法》、GB/T 3139—2005《纤维增强塑料导热系数试验方法》、GB/T 10294—2008《绝热材料稳态热阻及有关特性的测定 防护热板法》、GB/T 10295—2008《绝热材料稳态热阻及有关特性的测定 热流计法》等。

非稳态法是最近几十年内开发的测量方法，用于研究中、高热导率材料，或在高温度条件下进行测量。其特点是测量速度快、测量范围宽（最高能达到 2000℃）、样品制备简单，适用于金属、石墨烯、合金、陶瓷、粉末、纤维等同质均匀的材料。目前常用的非稳态法有热线法和激光闪射法。可参照标准有 GB/T 10297—2015《非金属固体材料导热系数的测定 热线法》、GB/T 22588—2008《闪光法测量热扩散系数或导热系数》等。

本任务介绍稳态法，防护热板法参照标准 GB/T 10294—2008，热流计法参照标准 GB/T 10295—2008。

1. 防护热板法

热导率测试操作

（1）测试原理 在稳态条件下，在具有平行表面的均匀板状试样内，建立类似于以两个平行且温度均匀的平面为界的无限大平板中存在的一维均匀热流密度，测量通过试样有效传热面积的热量及试样两表面间的温差和厚度，计算热导率。该方法运用一维稳态导热过程测试热导率，是一种绝对的测量方法，误差小，适合于绝热材料的测量。

（2）主要设备 测试用到的主要设备为带有护热板的平板导热仪，主要由加热板、护热板、冷板等组成。测试时，试样位于热板和冷板之间，通过电加热在加热板上产生一定的热量，由于特殊的热保护装置对热板进行绝热隔离消除侧向热损，使产生的热量完全无损地垂直流经被测试样到达冷板上。测量加到热板上的热量、温度梯度及两片样品的厚度，根据傅里叶定律计算得到热导率。

防护热板法导热仪有单试样和双试样两种，单试样防护板导热仪结构如图 8-5 所示。双试样测试的原理相似，只是双试样装置的热源位于两块大小、厚度相同的试样中间，其目的是获得向上与向下方向对称的热流，并使加热器的能量被测试样品完全吸收，如图 8-6 所示。

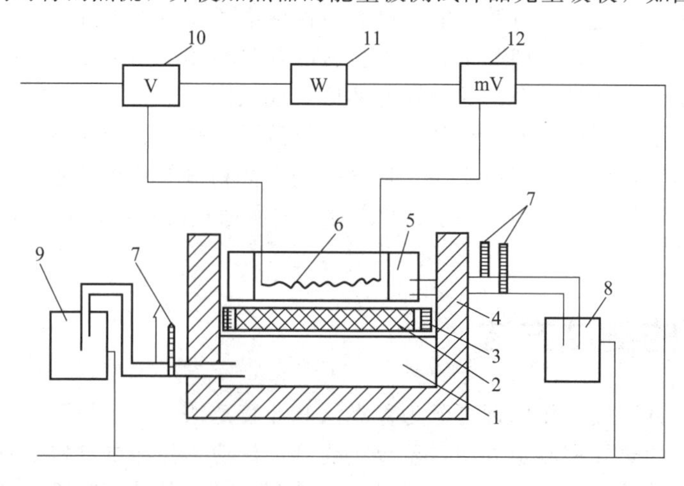

图 8-5 单试样防护板导热仪结构示意图

1—冷板；2—试样；3—测微器；4—护热装置；5—护热板；6—电加热板；7—温度计；8—护热板恒温水浴；9—冷板恒温水浴；10—电压表；11—功率表；12—毫伏表

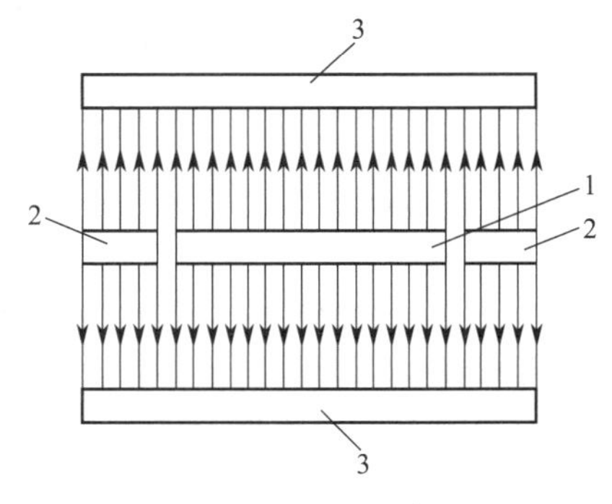

图 8-6 双试样导热仪原理
1—中心板；2—周保护板；3—冷板

（3）测试试样 测量前先确定所测材料能用防护热板装置进行有效测量，如果是双试样，则应该尽可能一样，厚度差别应小于 2%，试样尺寸应完全覆盖加热单元的表面，厚度为实际使用厚度或大于能给出被测材料热性质的最小厚度。如以 300mm×300mm 试样为例，其厚度须≤37.5mm，保证试样边长与厚度比例合适，从而有效保证流经试样厚度方向上的热流是一维形式；如果厚度超过该值，则应将厚度减少到 37.5mm 以内，否则结果数据可能不准确。

样品表面平整，测试前根据材料标准，以适宜温度对试样进行状态调节到恒定的质量。

（4）测试步骤

① 测定试样质量和厚度；

② 按照材料技术规范或使用条件选择所需的温差；

③ 开启仪器，使加热板和冷板稳定在所需温度；

④ 装好试样，每种材料试样的装卡方法都不尽相同，如果是软质的，固定好试样；

⑤ 当热传导达到稳态后，每隔 30min 连续三次测量通过有效传热面的热量、试样两面温差，算出热导率。各次测定值与平均值之差小于 1%时，结束试验。

（5）测试结果 在保证一维导热的条件下，根据傅里叶定律，单试样、双试样装置热导率按式(8-4) 计算。双试样计算公式分母乘以 2 是因为热流从中心板向相同的两个冷板传递。

$$\lambda=\frac{Qd}{2A\Delta Z\Delta t}（双试样）$$

$$\lambda=\frac{Qd}{A\Delta Z\Delta t}（单试样） \tag{8-4}$$

式中，λ 为热导率，W/(m·K)；ΔZ 为测量时间间隔，s；Q 为稳态时通过试样的有效传热量，J；Δt 为试样热面温度 t_2 和冷面温度 t_1 之差，$\Delta t=t_2-t_1$，K；d 为试样厚度，m；A 为试样有效传热面积，m^2。

技术提示

（1）按照材料特点制备和放置试样。

（2）正确判断稳态，当加热板温度波动每小时不超过±0.1K 时，认为达到稳态。

2. 热流计法

（1）测试原理 热流计法是一种基于一维稳态导热原理的比较法，是用校正过的热流传感器测量通过样品的热流，得到的是热导率的绝对值。当热板和冷板在恒定温度和恒定温差的稳定状态下，热流计装置在热流计中心测量区域和试样中心区域建立一个单向稳定热流密度，该热流穿过热流计的测量区域及试样的中间区域。测量时，将厚度均匀的样品插入两个平板间，设置一定的温度梯度。使用校正过的热流传感器测量通过样品的热流，传感器在平板与样品之间和样品接触。相比于防护热板法，该方法不是直接测量加热热量，而是通过放置在不同位置处的热流计测量流经被测试样的热流量，再结合试样厚度和试样上下表面的温度，计算得到热导率。用于热导率较小的固体材料、纤维材料和多孔隙材料，如各种保温材料。

热流计必须经过绝对法（防护热板法）进行校准，所以测量精度相对低，但该方法可适用于小尺寸样品和高温测试，特别适用于实际隔热情况下大温差隔热材料的等效热导率测试，可准确评价冷热面大温差下多种传热机理共存时的等效热导率。

（2）主要设备 测试用到的设备是热流计法导热仪，设备原理如图 8-7 所示。测量时将一定厚度的样品放入两个平板间，在其垂直方向通入一个恒定的单向热流，使用校正过的热流传感器测量通过样品的热流，传感器在平板与样品之间与样品接触。当冷板和热板的温度稳定后，即温度梯度稳定后，测量样品厚度、样品上下表面的温度和通过样品的热流量，计算得到热导率。

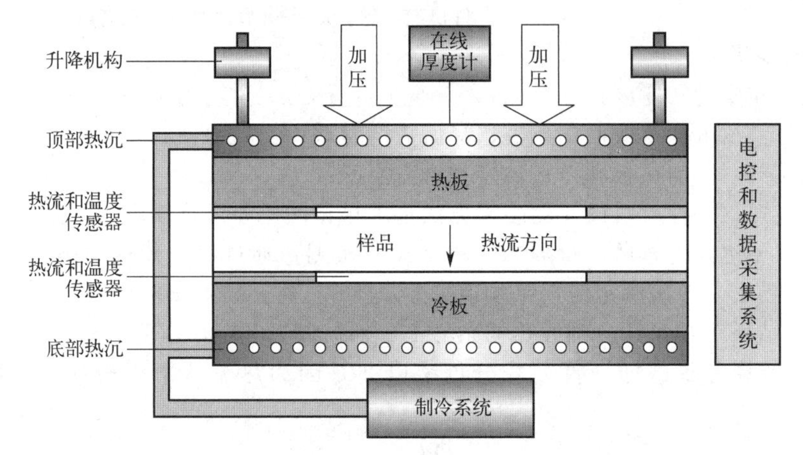

图 8-7 热流计法导热仪测量原理

测试试样和测试步骤参考防护热板法。

（3）测试结果 热导率根据式(8-5) 计算：

$$\lambda=\frac{kqd}{\Delta t} \tag{8-5}$$

式中，q 为通过样品的热流量，W/m^2；Δt 为样品上下表面温差，$\Delta t=t_2-t_1$，K；d 为试样厚度，cm；k 为热流计常数。

（4）注意事项

① 对热流计进行准确校准。

② 防止侧向漏热，如在测试过程中存在横向热损失，会影响一维稳态导热模型的建立，扩大测定误差，故对于较大的、需要较高量程的样品，可以使用防护热平板法。

三、主要影响因素

（1）试样含水量 热导率一般随试样含水量增加而变大，这是因为水的热导能力比试样大。当试样含湿率大于 5%～10%时，热导率会明显增加。

（2）环境温度 环境温度对某些塑料影响较大，如氨基泡沫塑料在 21℃和 5℃下的测试结果，其相对误差可达 18%。主要原因在于热板的热损失，护热装置再好，也不能完全保证热板的热量全部传导到冷板。环境温度越低，热板与环境温度相差越大，热损失越大，所以对环境温度要有一定要求。

（3）试样尺寸　若试样大于加热板，影响较小；但接近于加热板大小时，热导率偏大，说明试样边缘容易导致热损失，所以最好与护热板大小接近。若试样太厚，热导率会稍偏大，这是侧面热损失增加的缘故；如果太薄，容易造成热通道，一般试样厚度不能小于5mm。

（4）试验温度　热导率与试验温度有一定的关系，试验温度升高，热导率要偏大些。

（5）热流方向　各向异性的材料中热导率与热流方向有关，传热方向和纤维方向平行时的热导率相比于垂直时要高；同时，具有大量开口气孔的材料热导率比封闭气孔要高。

任务考核

一、判断题

1. 热传导是指热量从一个物体传到另一个与其接触的物体，或从同一个物体的一部分传到另一部分的现象。（　）
2. 热导率的测定方法按工作原理可分为稳态法和非稳态法。（　）
3. 热流计法是直接测量加热热量的方法。（　）
4. 热导率一般随试样含水量增加而变小。（　）
5. 热导率与试验温度有一定的关系，试验温度升高，热导率偏大。（　）

二、单项选择题

1. 不属于平板导热仪结构组成的部件是（　）。

A. 加热板　　B. 护热板　　C. 冷板　　D. 热电偶

2. 以下属于热导率测定方法中稳态法的是（　）。

A. 热流量法　　B. 防护热板法　　C. 热线法　　D. 激光闪射法

3. 不属于热量传递基本方式的是（　）。

A. 热交换　　B. 热传导　　C. 热对流　　D. 热辐射

三、简答题

1. 简述防护热板法的测试原理。
2. 稳态法测量热导率的主要影响因素有哪些？

素质拓展阅读

“能屈能伸”的柔性导热材料

在电子信息技术和航天科技发展迅速的今天，随着产品集成化程度提高，人们对便携式可折叠设备以及智能穿戴设备的功能要求越来越高。电子设备的功率与体积比越来越大，这就导致设备运行散发的热量需要在较小的空间被释放，这对散热材料提出了巨大的挑战。当放热与散热无法平衡时，会导致热量在设备内部集聚，轻者导致设备无法正常工作，重者可能引发爆炸与火灾等严重事故。电子设备运行时，高温会降低其可靠性，在一定范围内温度每提高10℃，电子器件性能降低幅度超过50%。而解决该问题的关键与导热材料的性能息息相关。

柔性导热材料兼具导热性和柔韧性，除具有较高的导热能力外，还能够适应复杂的空间结构，因此备受关注。广义的导热材料包括液态、胶体以及固体状的导热材料，如导热油、导热硅脂、散热片。柔性导热材料是指具有可折叠功能的固态材料，最早的柔性材料主要集中于改进的金属导热材料，随后出现了石墨片状材料、导热填料与高分子复合材料以及新型石墨烯组装导热材料。

随着科技的发展，我们已经可以将高分子材料引入柔性导热材料，利用高分子自身的柔韧性和导热特性，制备性能优异的复合柔性导热材料。中科院山西煤炭化学研究所等机构开发的聚丙烯腈基碳纤维近 20 年来实现了从“一无所有”到对全球常规产品规格的全覆盖。材料产业是国民经济建设、社会进步和国防安全的物质基础。我国已进入工业化中后期，材料的作用显得尤为重要，开展新材料强国战略研究，对支撑我国制造强国战略实施具有重要战略意义。

资料来源：《化工新型材料》期刊

任务三 电性能测试

电性能测试

绝大多数高分子材料具有优良的电绝缘性能、足够的介电强度、良好的耐电弧性等电性能，使其可以作为绝缘材料广泛应用于电传输、电器、电子材料中。同时，通过在基体材料中添加适当的添加剂，可使其成为半导体、导电体，应用于抗静电包装材料和导电胶黏剂等。

评价高分子材料电性能的指标主要有体积电阻率、表面电阻率、介电强度、介电常数、损耗因子等。电阻表示导体对电流的阻碍作用，体积电阻率、表面电阻率用于衡量整个材料和材料某一表面内的导电能力。介电性是指将某一均匀的电介质作为电容器的介质而置于其两极之间，则由于电介质的极化，将使电容器的电容量比真空为介质时的电容量增加若干倍。介电常数表示电介质在电场中贮存静电能的相对能力；介电损耗表示电介质在交变电场中的能量损耗，介电常数和介电损耗与材料的极性、结构的不均匀性有关。高分子材料在一定电压范围内是绝缘体，当超过某一电压值会变成局部导电，介电强度表示材料破坏时所需的最大电压。介电常数和介电损耗越小，介电强度越高，材料的绝缘性越好。

高分子材料电性能的评估对于材料开发和工程设计选材有重要意义。对于材料开发，通过测量介电常数及介质损耗，可以评估材料中含有的极性杂质；从体积电阻率随绝对温度的变化可确定材料的单体残余量及活化能等。对于工程设计选材，制造电机时选择介电强度高、介电损耗小的绝缘材料；制造电容器时选用介电损耗小、介电常数尽量大的材料；仪表绝缘选择介电损耗小、电阻率高的材料；在高分子合成材料的高频干燥、薄膜的高频焊接、大型制件的高频热处理时，则选择介电损耗适当大些的材料；设计抗静电时，又要选择较低电阻率（$10^{-9}\Omega \cdot cm$ 以下）的材料；等等。因此，选择适当的方法评估高分子材料的电性能对于材料开发和工程设计选材的判断尤为重要。

本任务重点介绍高分子材料电阻率的测定。

一、电阻率及其测试方法

电阻率是用来表示各种物质电阻特性的物理量，可用来描述材料的导电能力或绝缘性能，材料的电阻率是其电导率的倒数。从物理学来说，电阻率是指某种材料制成的长 1m、横截面积是 $1mm^2$ 导体，在 20℃时的电阻，单位是 Ω·m。当在材料上施加适度的直流电压时，电流会流经材料的体积或某一表面层，前者涉及的是体积电阻率，后者涉及表面电阻率。

（1）体积电阻　施加在与试样相对表面接触的两个电极间的直流电压与给定时间流过介质的稳态电流之比，单位 Ω。该电流不包括沿材料表面的电流，在两电极间可能形成的极化忽略不计。

（2）体积电阻率　在给定时间和电压下，直流电场强度与绝缘介质内部电流密度之比，单位 Ω·m 或 Ω·cm。在实际中，通常被视为单位体积内的体积电阻。

（3）表面电阻　在试样某一表面上两电极间所加电压与经过一定时间后流过两电极间的电流之比，不包括可能产生的极化效应。

（4）表面电阻率　平行于材料表面上电流方向的电位梯度与表面单位宽度上的电流之比，单位是 Ω。

体积电阻率用于表征整个材料的导电能力，是选择特定用途绝缘材料的一个重要参数。表面电阻率表征材料面内导电能力，在实际测试中，由于表面电导或多或少包括部分的体积电导，因此表面电阻或表面电导不能精确而只能近似地测量。一般根据材料电阻率的大小，材料可分为导体、半导体和绝缘体，导体的电阻率 $(10^{-5}\sim10^{-4})$ Ω·cm，半导体在 $(10^{-4}\sim10^{10})$ Ω·cm，绝缘体高于 10^{10} Ω·cm。

聚合物的体积电阻率一般在 $10^{8}\sim10^{18}$ Ω·cm，属于绝缘体；当其通过改性成为半导体或导体时，测试方法与绝缘体时有所不同。塑料材料可参考标准 GB/T 31838.2—2019《固体绝缘材料　介电和电阻特性　第 2 部分：电阻特性（DC 方法）体积电阻和体积电阻率》、GB/T 31838.3—2019《固体绝缘材料　介电和电阻特性　第 3 部分：电阻特性（DC 方法）表面电阻和表面电阻率》、GB/T 15662—1995《导电、防静电塑料体积电阻率测试方法》进行。本节以硫化橡胶为例，参照标准 GB/T 1692—2008《硫化橡胶　绝缘电阻率的测定》、GB/T 40719—2021《硫化橡胶或热塑性橡胶　体积和/或表面电阻率的测定》，介绍橡胶绝缘电阻率、导电和抗静电橡胶电阻率的测试。

二、橡胶绝缘电阻率的测定

橡胶绝缘电阻率的测定参照标准 GB/T 1692—2008，适用于电阻大于 10^{8} Ω 的硫化橡胶绝缘电阻率的测定。

1. 测试原理

在两个电极间嵌入试样，使之与电极接触良好，并施加直流电压（V），测定通过垂直试样的泄漏电流（I_v）或沿试样表面的泄漏电流（I_s），根据欧姆定律（$R=U/I$）即可得到体积电阻 R_v 和表面电阻 R_s，再根据电极形式及试样尺寸，计算体积电阻率 ρ_v 和表面电阻率 ρ_s。

2. 主要设备

测试用到的设备包括高阻计和辅助电极。高阻计的基本原理是把试样与高阻计中的输入电阻串联，测量电压 U 固定，流过试样的微弱电流经放大后，由指示仪表直接显示出电阻值，根据试样及电极的尺寸计算电阻率，其测试电路图如图 8-8 所示。

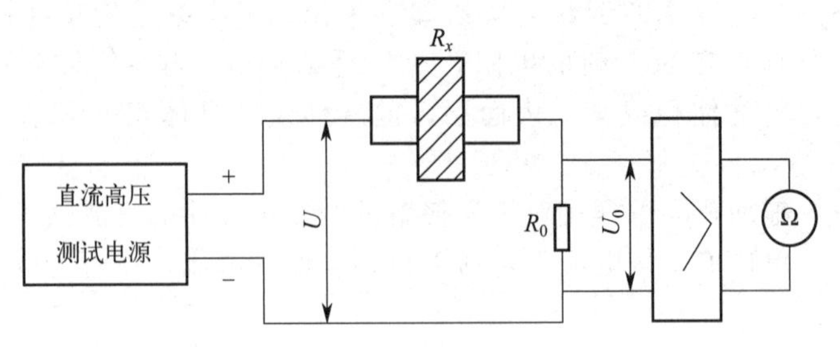

图 8-8 高电阻测试仪测试电路图

测试电阻用式(8-6) 计算:

$$R_x = R_0 \frac{U}{U_0} \tag{8-6}$$

式中，U 为测试电压；U_0 为取样电压；R_0 为取样电阻。

辅助电极的材料为铝箔、锡箔、铜、导电粉末或导电溶液。电极有板状、管状和棒状三种。电极尺寸如图 8-9～图 8-11 所示，尺寸如表 8-5 所示。

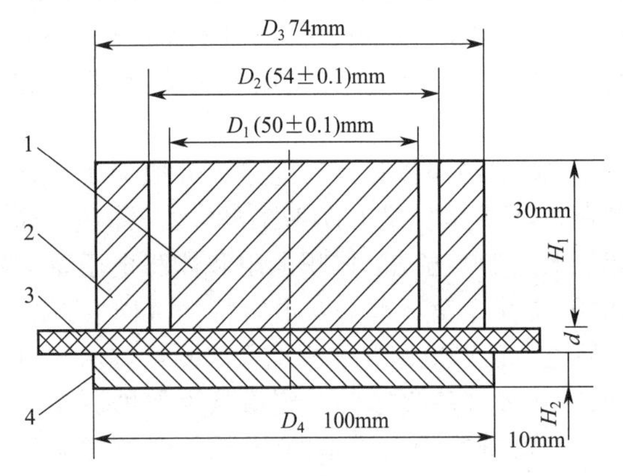

图 8-9 板状试样的电极配置

1—测量电极；2—保护电极；3—试样；4—高压电极

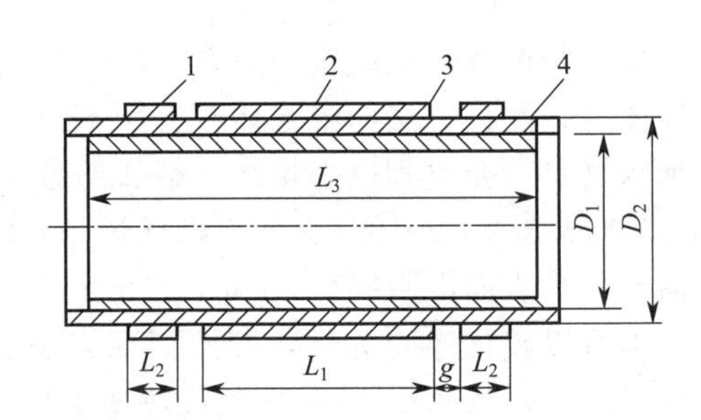

图 8-10 管状试样的电极配置

1—保护电极；2—测量电极；3—高压电极；4—试样

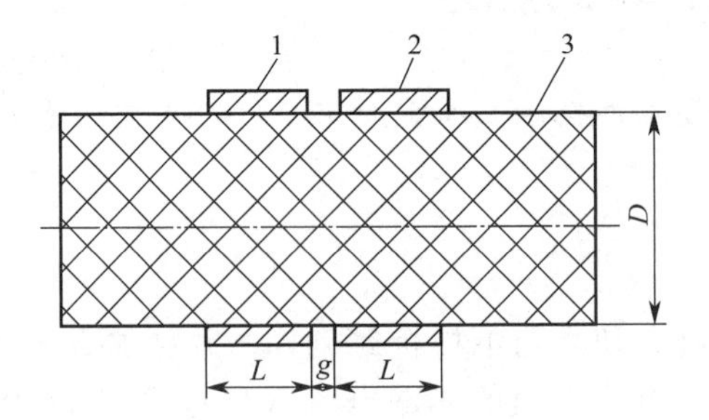

图 8-11 棒状试样的电极配置

1—测量电极；2—高压电极；3—试样

表 8-5 管状和棒状试样电极尺寸 单位：mm

L	L_1	L_2	L_3	g
10	25	5	>40	2±0.1
	50	10	>74	

3. 测试试样

试样可采用硫化模压成型，数量不少于3个，试样尺寸如表8-6所示。

表8-6 试样尺寸

试样		尺寸/mm	厚度/mm
板状	圆盘形	直径为100	软质胶料为1±0.2 硬质胶料为2±0.2
	正方形	边长为100	
管状		长为50或100	
棒状		长为50	

试样采用沾有溶剂（对试样不起腐蚀作用）的绸布擦洗，将擦净的试样放在温度为（23±2)℃和相对湿度为60%～70%的条件下调节24h。或按产品标准规定进行。

4. 测试条件

试验电压为1000V或500V，其偏差不大于5%；环境温度为（23±2)℃，相对湿度为50%±5%。当试样处理有特殊要求时，可按要求条件处理后再进行测试。

5. 测试步骤

① 连接仪器，将被测试样按实验目的接入仪器测试端。

② 正确操作仪器，当阻值在$10^{14}\Omega$及其以下时，读取1min时的示值，阻值在$10^{14}\Omega$以上时，读取2min时的示值。

③ 每一个试样测试完毕，将放电测试开关拨到“放电”位置，输入短路开关拨到“短路”位置，取出试样，若继续测试可更换试样按上述①、②步骤进行。

④ 测试结束后，切断电源，整理台面，恢复仪器初始状态。

6. 测试结果

电阻率的计算公式如表8-7所示。试验结果以每组3个测试值的中位数表示，取2位有效数字。

表8-7 电阻率计算公式

试样	高电阻测试仪法	
	体积电阻率 ρ_v	表面电阻率 ρ_s
板状	$\rho_v=R_v\frac{S}{d}$	$\rho_s=R_s\frac{2\pi}{\ln\frac{D_2}{D_1}}$
管状	$\rho_v=R_v\frac{2\pi L}{\ln\frac{D_B}{D_A}}$	$\rho_s=R_s\frac{2\pi D_B}{g}$
棒状	—	$\rho_s=R_s\frac{2\pi D_0}{h}$
备注	式中，R_v为体积电阻，Ω；R_s为表面电阻，Ω；S为板状试样测量电极有效面积，cm^2；d为板状试样厚度，cm；D_2为板状试样环电极直径，cm；D_1为板状试样测量电极直径，cm；L为管状试样测量电极有效长度，cm；D_B为管状试样外径，cm；D_A为管状试样内径，cm；g为环电极和测量电极间隙宽度，cm；D_0为棒状试样直径，cm	

技术提示

（1）测试过程中人体不触及仪器的高压输出端及其连接物，以防高压触电危险，同时仪器高压端也不能碰地，避免造成高压短路。

（2）接到仪器输入端的导线必须用高绝缘屏蔽线（绝缘电阻应$>10^{17}\Omega$），其长度不应超过1m。

（3）一般高阻计不能用来测量一端接地被测物的绝缘电阻，在测试时，被测物应放在高绝缘的垫板上，以防止漏电，影响测试结果。

（4）根据仪器显示值调整电阻量程，若显示值小于最小值时，量程开关降低一挡；如显示值为最大值时则升高一挡。同一试样采用不同测试电压时，一般测试电压高时所测得的电阻值偏低。

（5）在测试电阻率较大的材料时，由于材料易极化，应采用较高测试电压。若需要同时测量ρ_v和ρ_s时，应先测ρ_v再测ρ_s，否则会由于材料被极化而影响ρ_v。当材料连续多次测量后容易产生极化，须停止对这种材料的测试，放置在干净处8～10h后再测量或者放在无水乙醇内清洗、烘干，等冷却后再进行测量。

三、导电和抗静电橡胶电阻率测定

具有导电或抗静电性能的硫化胶电阻率小于$10^6\Omega\cdot cm$，体积电阻率测试可以参照GB/T 40719—2021，该标准适用于电阻率在$10^1\Omega\cdot m$～$10^{17}\Omega\cdot m$的硫化橡胶或热塑性橡胶。

1. 测试原理

通过使用适当的电极排列来测量施加电压时流动的电流，确定体积电阻和表面电阻，根据测量的电阻（包括接触电阻）计算得到体积电阻率和表面电阻率。

2. 测试设备

测试设备主要由电源、电流测量装置和电极组成。电源为稳定的直流电源，能够给试样提供1～1000V的电压，电压表测量精度为±2%，电流表或其他电流测量装置，可测量0.01 pA～100 mA的电流，测量精度为5%以上。

由保护电极、被保护电极和不保护电极组成电极系统，如图8-12所示，该系统可以保护电流测量电极不受测试电压以外的电压和杂散电压的干扰，以此来减少测量误差。电极材料是金属、导电涂料或导电橡胶。

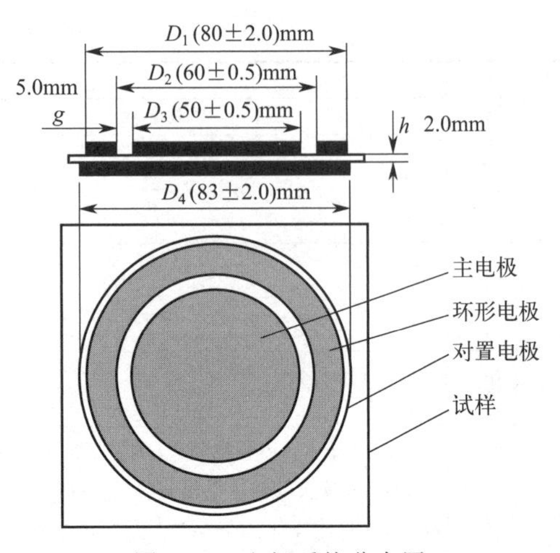

图8-12 电极系统分布图

被测材料夹在上、下电极之间，在上、下电极施加电压，根据测量的电流、材料的厚度、截面积等参数，获得体积电阻率。被测材料夹在上、下电极之间，下方的环形电极的外环和内环之间施加电压，根据测量的内、外环之间的电流、材料的厚度、截面积等参数，获得表面电阻率。电极连接方式如图 8-13 所示。

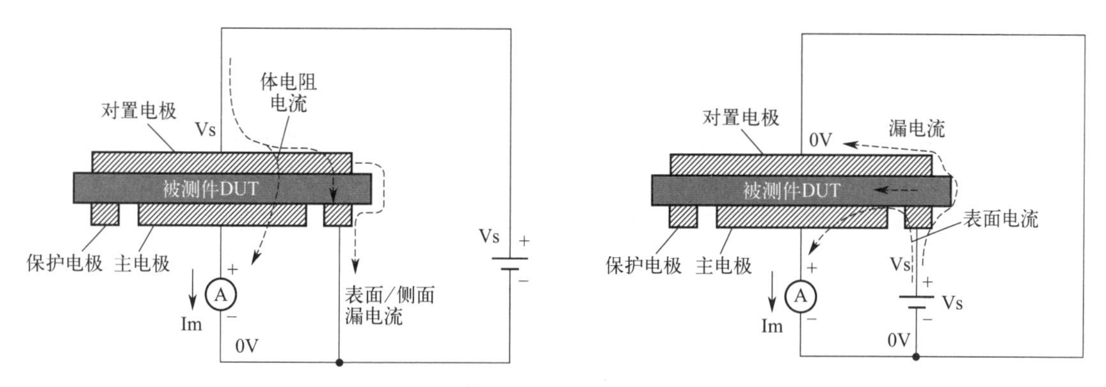

图 8-13 体积和表面电阻率电极连接

3. 测试试样

试样应为平整、光滑的薄片，表面不能打磨，尺寸应足以使环形电极达不到其边缘，推荐选用的厚度为 1mm 或 2mm。一组 3 个试样，取平均值作为试样的厚度值，单个试样厚度值的波动不超出平均值的 10%。

试验前在标准实验室温度和湿度下调节 16h。

4. 测试条件

标准温湿度环境，电压范围为 1～1000V，建议选用 1V、10V、100V、500V、1000V。

5. 测试步骤

① 测量电极尺寸和间隙 g 的宽度，精确到 0.05mm。

② 放置电极，确保整个电极区域与试样紧密接触，注意不要用力过度，因为试样的变形可能对测试结果造成影响。

③ 根据体积或表面电阻率的测量需求，按图 8-13 连接电极、电流测量装置和电源。

④ 短路被保护电极和不保护电极，以消除试样上和试样内的任何残余电荷。此操作应在调节后的试样上进行，对于电阻率高于 $10^6\Omega \cdot m$ 的材料，应采取足够的放电时间。

⑤ 根据需要重新连接电极，施加指定的电压。施加电压 1 min 后测量被保护电极和不保护电极之间的电流。再次测量同一个试样时，需要重复放电的步骤。

⑥ 测试结束后，切断电源，整理台面，恢复仪器初始状态。

6. 测试结果

用式(8-7) 和式(8-8) 计算测试结果。

体积电阻率
$$\rho_v = R_v \frac{A}{d} = \frac{A \times V}{d \times I_v} \tag{8-7}$$

表面电阻率
$$\rho_s = R_s \frac{\pi(D_2 + D_1)}{D_2 - D_1} = \frac{\pi(D_2 + D_1) \times V}{(D_2 - D_1) \times I_s} \tag{8-8}$$

式中，A 为被保护电极的有效面积，m^2；d 为测试试样的厚度，m；D_2 为环形电极的内径，m；D_1 为被保护电极的直径，m；R_v 为体积电阻值，Ω；R_s 为表面电阻值，Ω；V 为测试电压，V；I_v、I_s 为施加电压 1min 后测量的直流电流值，A。

四、主要影响因素

（1）读数时间 流经试样的电流，随时间的增加而迅速衰减。这是由于流经试样的电流不像导体那样仅是传导电流，而是由瞬时充电电流、吸收电流和漏导电流三种电流组成。因此，材料的电流随时间的变化情况不一样，在比较时要在相同的读取电流时间。

（2）温度和湿度 体积电阻率和表面电阻率随温度升高而降低；湿度对非极性材料无影响，但极性材料吸水性强使体积电阻降低，同时水汽附着于试样表面，在空气中二氧化碳作用下，使表面形成一层导电物，造成表面电阻降低。因此，测试一般在标准环境下进行，且测试前要状态调节。

（3）间隙宽度 g 间隙宽度 g 是指测量电极和环电极之间的间隙。在测试表面电阻时，由环电极流向测量电极的电流，不仅是沿试样表面理想层流动的电流，也会有一部分体积电流流向测量电极。因此，国标 GB/T 1692—2008 中规定 $g=2\text{mm}$，同时优选试样厚 1mm 或 2mm。

（4）标准电阻的选择 标准电阻 R_0 选得越小，则在短时间内测量误差也越小，但 R_0 过小使仪器偏转过小，很难测准相应电流值。

五、其他电性能测试

1. 介电常数和介质损耗的测定

（1）定义 介电常数（ε）是指以绝缘材料为介质与以真空为介质制成同尺寸电容器的电容量之比，表示在单位电场中单位体积内积蓄的静电能量的大小，是表征电介质极化及储存电荷能力的宏观物理量，可以用式(8-9)计算

$$\varepsilon=C/C_0 \tag{8-9}$$

式中，ε 是介电系数；C 是充满绝缘材料的电容器的电容量；C_0 是以真空为电介质的同样尺寸的电容器的电容量。

介质损耗是指置于交流电场中的介质以内部发热形式表现出来的能量损耗。介质损耗角（δ）是指对电介质施加交流电压，介质内部流过的电流相量与电压相量之间夹角的余角，损耗角的正切（$\tan\delta$）也叫介质损耗因数，是指介质损耗角正切值。

（2）测定方法 参照 GB/T 1409—2006《测量电气绝缘材料在工频、音频、高频（包括米波波长在内）下电容率和介质损耗因数的推荐方法》，可以测试聚合物的介电常数（ε）和损耗角正切（$\tan\delta$）的方法有：工频高压电桥法、变电纳法、谐振升高法、变压器电桥法。

（3）测试的影响因素

① 湿度的影响。材料的极性越强受湿度的影响越明显，主要是水分子使材料的极性增加，同时潮湿的空气作用于材料的表面增加了表面电导，由此使材料的 δ 与 $\tan\delta$ 都会增加。因此，必须对试样进行状态调节，并在标准湿度环境下测试。

② 温度的影响。在同一频率下，其介电性能随温度变化很大，特别是在松弛区变化剧烈。因此必须标注测量时的温度。一般应在标准试验条件 23℃。

③ 杂散电容。许多高频下的测试，杂散电容都会影响整个系统的电容，为消除杂散电容，对板状试样通常采用测微电极系统并从测量值中减去边缘电容，若不用测微电极还需减

去对地电容。

④ 测试电压。对板状试样，电压高至 2kV 对结果影响不大，但电压过大，会使周围空气电离，而增加附加损耗。对薄膜材料，当测试的平均强度超过 10～20kV/mm 时，$\tan\delta$ 值都有明显增大，一般测试薄膜，电压要低于 500V 为宜。

⑤ 接触电极材料。在工频和音频下，无论是板状试样、管状试样还是薄膜，凡是体积电阻率测量时所用的电极系统及电极材料皆可使用。在高频下，由于频率的提高，使电极的附加损耗变大。因而要求接触电极材料本身的电阻一定要小。

⑥ 薄膜试样层数。对于极薄的薄膜，在测试时不能像板状试样那样采用单片，而往往采用多层。随着层数增加，介电常数略有上升趋势，介质损耗角正切值略有下降，且分散性变小。因此，一般的 5～10μm 的膜选 4 层，10～15μm 的膜选 3 层，15～30μm 的膜选 1 层，大于 30μm 的膜选单层。

2. 介电强度、耐电压的测定

（1）定义　介电强度是指造成聚合物材料介电破坏时所需的最大电压，也称击穿强度，一般以单位厚度的试样被击穿时的电压数表示。通常介电强度越高，材料的绝缘质量越好。击穿强度按式(8-10）计算：

$$E_d = U_d / d \tag{8-10}$$

式中，E_d 是击穿强度，kV/mm；U_d 是击穿电压，kV；d 是试样厚度，mm。E_d 表征了材料所能承受的最大电场强度，是高聚物绝缘材料的一项重要指标。聚合物绝缘材料的 E_d 一般为 10^7 V/cm 左右。

耐电压是指在规定试验条件下，对试验施加规定的电压及时间，试样不被击穿所能承受的最高电压。在实际生产中，广泛应用“耐电压”指标来表征材料的耐高压性能。

（2）测定方法　介电强度试验采用的基本装置是一个可调变压器和一对电极。参照标准 ASTM D3755《直流电压应力下电气绝缘材料的介电击穿电压和介电强度的试验方法》、GB/T 1408.1—2016《绝缘材料　电气强度试验方法　第 1 部分：工频下试验》、GB/T 1695—2005《硫化橡胶　工频击穿电压强度和耐电压的测定方法》，试验方法有两种：

① 短时法，是将电压以均匀速率逐渐增加到材料发生介电破坏。

② 低速升压法，是将预测击穿电压值的一半作为起始电压，然后以均匀速率增加电压直到发生击穿。试验中使用的试样厚度一般为 1.59mm。

（3）测试的影响因素

① 电压波形。当波形失真大时，一般会有高次谐波出现，这样会使电压频率增加，U_d 下降，因此必须限制这个量。

② 电压作用时间的影响。随电压作用时间增加，热量积累越多，从而使击穿电压值下降。因此，一般规定试样击穿电压低于 20kV 时升压速度为 1.0kV/s，大于或等于 20kV 时升压速度为 2.0kV/s。

③ 温度的影响。测试温度越高，击穿电压越低，其降低的程度与材料的性质有关。

④ 试样厚度的影响。击穿强度 E_d 与试样厚度 d 间的关系符合以下经验关系式：

$$E_d = Ad^{-(1-n)} \tag{8-11}$$

式中，A，n 是与材料、电极和升压方式有关的常数，一般 n 在 0.3～1.0。

⑤ 湿度。因为水分浸入材料而导致其电阻降低，必然降低击穿电压值。

⑥ 电极倒角 r 的影响。电极边缘处的电场强度远高于其内部，要消除这种边缘效应很困难。为避免电极边缘处成一直角，需要采用一定倒角，国标中规定了电极倒角 $r=2.50$mm。

⑦ 媒质电性能影响。高压击穿试验往往把样品放在一定媒质（如变压器油）中，缩小试样尺寸防止飞弧，但媒质本身的电性能对结果有影响。一般说来，媒质的电性能对属于电击穿为主的材料有明显影响，而以热击穿为主的材料影响极小。造成这种结果的原因是在电场作用下，油中杂质会集聚电极边缘，击穿点在电极边缘易先出现，净油无此作用。故标准中对油的击穿电压有一定要求，即油的 U_d＞25kV/2.5mm。

3. 耐电弧的测定

（1）定义　耐电弧性能是指聚合物材料抵抗由高压电弧作用引起变质的能力，通常用电弧焰在材料表面引起炭化至表面导电所需的时间来表示。

（2）测定方法　借助高压小电流或低压大电流在两电极间产生的电弧，作用于材料表面使其产生导电层。其测试时样品与电极安装的方式如图 8-14 所示。线路最大可产生 40mA 的连续电流。塑料等高分子材料用得较多的是高压小电流。

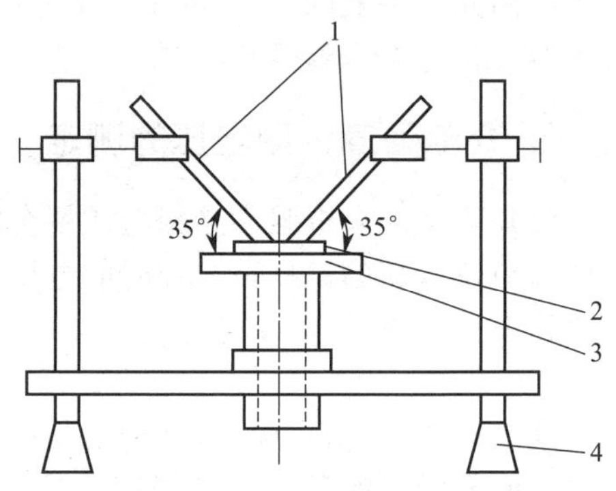

图 8-14　电弧实验示意图

1—电极；2—试样；3—支架托盘；4—绝缘支柱

（3）测试要点

① 试样。板状试样厚度 2～4mm，长宽皆为 100mm；测漆膜时，应将漆膜涂在 3240 环氧酚醛玻璃布板上，漆膜厚 0.10～0.12mm。

② 操作要点。将试样与电极接于线路，将工频高压小电流接于两电极间产生电弧，起初间歇作用于材料表面。通过电弧间歇时间逐步缩短电流逐渐加大的方式，使材料经受逐渐严酷的燃烧条件，直至试样破坏，从而分辨出材料的耐电弧性能。记录自电弧产生直至材料破坏所经过的时间。

③ 破坏的判定原则。高分子材料被高压电弧破坏的特征是产生表面电弧径迹、局部灼热、炭化或燃烧。

任务考核

一、判断题

1. 电阻率也称为电导率，是用来表示各种物质电阻特性的物理量，可用来描述材料的导电能力或绝缘性能。（　　）

2. 体积电阻是指施加在与试样相对表面接触的两个电极间的直流电压与给定时间流过介质的稳态电流之比，该电流包括沿材料表面的电流。（　　）

3. 表面电阻率是指平行于材料表面上电流方向的电位梯度与表面单位宽度上的电流之比。（　　）

4. 聚合物的体积电阻率一般在 $10^8 \sim 10^{18}\Omega \cdot cm$，属于绝缘体。（　　）

5. 一般根据材料电阻率的大小，材料可分为导体、半导体和绝缘体，导体的电阻率 $(10^{-5} \sim 10^{-4})\Omega \cdot cm$，半导体在 $(10^{-4} \sim 10^{10})\Omega \cdot cm$ 之间，绝缘体高于 $10^{10}\Omega \cdot cm$。（　　）

二、单项选择题

1. 评价高分子材料电性能的指标不包括（　　）

A. 体积电阻率　　B. 表观电阻率　　C. 介电强度　　D. 介电常数

2. 在给定时间和电压下，直流电场强度与绝缘介质内部电流密度之比是（　　）。

A. 体积电阻率　　B. 体积电阻　　C. 介电强度　　D. 介电常数

3. 导电和抗静电橡胶电阻率测定的影响因素不包括（　　）。

A. 读数时间　　B. 温度和湿度　　C. 间隙宽度　　D. 电流强度

三、简答题

1. 简述橡胶绝缘电阻率的测定原理。

2. 导电和抗静电橡胶电阻率测定的影响因素有哪些？

素质拓展阅读

中石化研发新型抗静电材料助力安全生产

高分子材料大多是电的不良导体，易产生静电积聚，影响制品使用性能，严重的还会危害到人体健康和公共安全。中石化北京化工研究院塑料加工研究所科研人员通过巧布填料和分子掺杂等技术手段，制备的新型导电/抗静电材料不仅具有很高的经济价值，还在安全生产领域具有重要社会意义。

制备导电/抗静电聚合物复合材料，常规方法是将聚合物和导电填料共混，目前采用的导电填料主要包括金属及其氧化物、石墨、炭黑等碳材料以及导电高分子粉末，如聚苯胺等。但上述导电填料普遍与聚合物相容性不好，添加量需求高，使加工过程更加困难，降低填料分散效率，并最终影响到聚合物导电能力，同时高含量填料也会显著增加制造成本。

针对这一难题，中石化塑料加工研究所团队打破思维常规，从基础理论入手，以材料设计和结构调控为主线，首次选用一种新型低熔点金属为填料，在聚合物熔融塑化过程中形成均匀分散液滴。在此基础上，该团队提出以无机或有机纳米填料阻隔金属液滴凝并的新原理，再通过固相拉伸方法调控聚合物相结构，实现导电填料纤维化，由此在复合材料内部形成更高效导电网络。用这种方法得到的聚合物材料电阻率为原来的$\frac{1}{1000}$，经检测完全达到抗静电级别要求，实现了低成本、高电导率抗静电聚合物材料的可控制备。

为进一步实现聚合物材料近似导体的导电性能，同时适应多种热塑成型工艺要求，项目组又提出新思路：基于一种热塑性高分子材料，通过挤出、注塑、纺丝等工艺加工成型后，再利用导电高分子掺杂原理，经加成—脱除反应生成连续的共轭双键结构。此结构类似导电高分子，因此得到的片材、纤维等制品导电能力接近导体或半导体。此项技术为热塑性高分子向导电、导热等高性能化方向发展开辟了新途径，也解决了导电高分子加工成型方面的难题。

采用该技术成果开发制备的新型抗静电聚合物材料有望在纺织品、电磁屏蔽材料、智能制造等领域得到应用。此外，项目组还在导电结构高分子合成、导电纳米复合粒子制备等方面深入探索，并取得较好进展，后续将在新型抗静电复合材料应用上开展研究。截至目前，该技术相关成果已在国内外期刊上发表论文 10 篇，并被权威期刊综述报道。同时，此技术已申请中国发明专利 20 项，其中获得授权 14 项，另外申请 PCT 国际专利 2 项，进入国家地区包括美国、欧洲、日本、韩国、加拿大等。

资料来源：橡胶技术网

任务四
降解性能测试

一、降解塑料

塑料是重要的基础材料，在社会生产和居民生活中应用广泛。不规范生产、使用、处置塑料会造成资源能源浪费，带来生态环境污染，甚至会影响群众健康安全。随着国家“限塑令”正式实施和不断扩大范围，高分子材料的回收和处理已变成一个热点。但塑料要完全回收利用是困难的，例如消费者随意抛弃的塑料垃圾，一些难回收的塑料如渔具、农业地膜和水溶性的聚合物等，这些材料被遗弃到环境中，残弃的塑料膜存在于土壤中，阻碍农作物根系的发育和对水分、养分的吸收，使土壤透气性降低，导致农作物减产；动物食用残弃的塑料膜后，会造成肠梗阻而死亡；流失到海洋中或废弃在海洋中的合成纤维渔网和钓线已对海洋生物造成了相当的危害。因此，采用降解塑料是减少这类环境问题的有效途径之一。

降解塑料是指在规定环境条件下，经过一段时间和一个或更多步骤，导致材料化学结构的显著变化而损失某些性能（如完整性、分子量、结构或机械强度）和/或发生破碎的塑料。

在降解塑料的分类上，使用能反映性能变化的标准试验方法进行测试，并按降解方式和使用周期确定其类别，可以大致将降解塑料分为生物降解塑料、热氧降解塑料、光降解塑料以及可堆肥塑料。

生物降解塑料指的是在自然界如土壤和/或沙土等条件下，和/或特定条件如堆肥化条件下或厌氧消化条件下或水性培养液中，由自然界存在的微生物作用引起降解，并最终完全降解变成二氧化碳或/和甲烷、水及其所含元素的矿化无机盐以及新的生物质的塑料。热氧降解塑料指的是由热和/或氧化引起降解的塑料。光降解塑料指的是由自然日光作用引起降解的塑料。可堆肥塑料指的是在堆肥化条件下，由于生物反应过程，可被降解或崩解，并最终完全分解成二氧化碳、水及其所含元素的矿化无机盐以及新的生物质，并且最后形成的堆肥的重金属含量、毒性试验、残留碎片等应符合相关标准的规定。

二、塑料生物降解性测试方法

塑料的降解性能可以根据测试条件的不同区分为生物分解性能、可堆肥性能、光降解性能以及热氧降解性能。本任务着重以《受控堆肥条件下材料最终需氧生物分解能力的测定 采用测定释放的二氧化碳的方法 第 1 部分：通用方法》GB/T 19277.1—2011 为例，来介绍塑料的可堆肥性能。

可堆肥能力的测定主要是模拟强烈需氧堆肥条件，将试验材料曝置在堆肥产生的接种物（接种有生长阶段微生物菌群的介质）中，在温度、氧浓度和湿度都受到严格检测和控制的环境条件下进行堆肥，测定其排放的二氧化碳量来确定其最终需氧生物分解能力及其崩解程度。

1. 相关术语

（1）最终需氧生物分解 在有氧条件下，有机化合物被微生物分解为二氧化碳、水及其所含元素的矿化无机盐以及新的生物质。

（2）堆肥化 产生堆肥的一种需氧处理方法。堆肥是混合物生物分解得到的有机土壤调节剂。该混合物主要由植物残余组成，有时也含有一些有机材料和一定的无机物。

（3）崩解 材料物理断裂成为极其细小的碎片。

（4）总干固体 将已知体积的材料或堆肥在105℃温度下干燥至恒重所得到的固体量。

（5）挥发性固体 将已知体积的材料或堆肥的总干固体量减去在550℃温度下焚烧后得到的残留固体量所得的差，挥发性固体含量用于表征材料的有机物含量。

（6）二氧化碳理论释放量，$ThCO_2$ 试验材料完全氧化时所能生成的二氧化碳理论最大值，可由分子式计算得到，以每克或每毫克试验材料释放出的二氧化碳的质量（mg）表示（mg CO_2/g 或 mg 试验材料）。

（7）迟滞阶段 从试验开始一直到微生物适应（或选定了）分解物，并且试验材料的生物分解程度已经增加至最大生物分解率10%时所需要的天数（d）。

（8）最大生物分解率 试验中，试验材料不再发生生物分解时的生物分解程度，以百分率表示。

（9）生物分解阶段 从迟滞阶段结束至达到最大生物分解率的90%时所需的天数（d）。

（10）平稳阶段 从生物分解阶段结束至试验结束时所需的天数（d）。

其他相关概念见标准GB/T 19277.1—2011。

2. 测定方法

（1）测试原理 本测定方法在模拟的强烈需氧堆肥条件下，测定试验材料最终需氧生物分解能力和崩解程度。使用的接种物来自稳定的、腐熟的堆肥，接种物中含有微生物菌群。

试验材料与接种物混合，导入静态堆肥容器。在该容器中，混合物在规定的温度、氧浓度和湿度下进行强烈的需氧堆肥。试验周期不超过6个月。根据《生物降解塑料与制品降解性能及标识要求》(GB/T 41010—2021）中的规定，可堆肥化降解条件可以分为工业堆肥化条件和家庭堆肥化条件，二者均为需氧环境下完成，其中工业堆肥化条件下生物分解率的试验周期为180天，而家庭堆肥化条件下生物分解率的试验周期为365天。

在试验材料的需氧生物分解过程中，二氧化碳、水、矿化无机盐及新的生物质都是最终生物分解的产物。在试验中连续监测、定期测量试验容器和空白容器产生的二氧化碳，累计产生的二氧化碳量。试验材料在试验中实际产生的二氧化碳量与该材料可以产生的二氧化碳的理论量之比为生物分解百分率。

根据实际测量的总有机碳（TOC）含量可以计算出二氧化碳的理论释放量。生物分解百分率不包括已转化为新的细胞生物质的碳量，因为它在试验周期内不代谢为二氧化碳。

此外，在试验结束时可以确定试验材料的崩解程度，也可以测定试验材料的质量损失。崩解率测定可以参考标准《在定义堆肥化中试条件下塑料材料崩解程度的测定》（GB/T 19811—2005）。

（2）主要设备 堆肥容器。采用玻璃容器或不影响堆肥效果的其他材料制成的器皿，保证气体均匀往上流出，容积视试验材料而异，但至少要2L。如果试验要求测定试验材料的质量损失，则应称取每一个堆肥容器的空重。

供气系统。能够以预定的流量向每一个堆肥容器输送干燥的或水饱和的或无二氧化碳的

（如果需要）空气。该空气流量应在试验期间提供充分的需氧条件。

测定二氧化碳的分析仪器。用于直接测定二氧化碳，或者用碱性溶液（如氢氧化钠溶液）完全吸收后再通过测定溶解无机碳（DIC）来计算二氧化碳量。如果用连续红外分析仪或气相色谱仪直接测量排放气中的二氧化碳量，需要精确控制并测量空气流量。

其他设备还有气密管，pH 计，测定干固体、挥发性固体、总有机碳分析仪等等。

（3）测试试样　试验材料包括粒状、粉末状、薄膜或简单形状（比如哑铃形）。每一件试样的最大表面积大约为 2 cm×2 cm。如果试样原件超过该尺寸，则应加以减小。

（4）测试环境　微生物的培养应放在容器或室内、在黑暗或弱光下进行，没有任何会影响微生物生长的蒸汽，并保持恒温（58±2)℃。在特殊情况下，比如材料的熔点很低，则可以选择其他温度，但试验期间该温度波动要保持恒定在±2℃。如有温度变化，应当进行调节，并且要在试验报告中明确注明。

（5）测试步骤

① 接种物制备。正常运行的需氧堆肥装置产生的充分曝气的堆肥可以用作接种物。接种物应均匀，没有大的惰性物质，比如玻璃、石块、金属件。手工去除这些杂质后用孔径 0.5～1.0cm 的筛子将堆肥进行筛选。接种物的总干固体含量应当是湿固体量的 50%～55%，挥发性固体含量不超过干固体含量的 30%，或不超过湿固体量的 15%。pH 值应在 7.0～9.0 之间。

试验期间用可生物降解参比材料，再测定空白容器释放的二氧化碳，从而来检验接种物的活性。在试验结束时，参比材料应至少分解 70%。在试验开始的 10 d 内，容器内的接种物相对每克挥发性固体产生的二氧化碳为 50～150mg。如果二氧化碳释放量太高，则堆肥应当曝气几天，再用于新的试验。如果活性太小，则应选用其他堆肥作接种物。

② 准备试验材料和参比材料。测定试验材料和参比材料的总有机碳（TOC），以每克总干固体的总有机碳的质量（g）来表示。试验材料应含有足够的有机碳以便产生适合于测定所需的二氧化碳。一般每个容器 50g 总干固体至少含有 20g 总有机碳。如果要测定试验材料的质量损失，则应当测定试验材料的总干固体含量和挥发性固体含量。

③ 开始试验。至少准备下列数量的堆肥容器：3 个装试验材料的容器、3 个装参比材料的容器、3 个空白容器。

试验材料和接种物的试验混合物的量，取决于试验材料的性质和堆肥容器的尺寸。接种物的干重与试验材料的干重比大约为 6∶1。应保证每个容器中堆肥的量都相同。试验混合物的体积不得大于堆肥容器容积的 3/4，以留下足够的顶部空间，使得试验混合物能够进行人工振荡。

一个大约 3L 的容器，可装入约 600 g 总干固体的接种物和约 100 g 干固体的试验材料。试验混合物水分含量约 50%。混合物应感到有点发黏，或者用手稍稍一压有游离水出来。如有必要，可适当加水或用干燥空气进行曝气处理来调节混合物的水分含量。将混合物充分混匀后装入堆肥容器。

把堆肥容器放置在（58±2)℃的试验环境中，用水饱和的、没有二氧化碳的空气进行曝气。应当采用足够大的空气流量，以保证在整个试验期间每一个堆肥容器都能维持曝气条件。应当定期检查每一个出口的空气流量，以保证系统任何部分都没有泄漏。

参比材料的处理方法与试验材料的处理方法相同。空白容器只含接种物。空白容器与试验材料容器中接种物的总干固体的量应当相等。

④ 培养阶段。在试验期间定期用气相色谱仪、总有机碳分析仪或红外分析仪测量每个堆肥容器排放气中的二氧化碳的含量，或者按照《水质-总有机碳（TOC）和溶解有机碳

（DOC）的测定指南》（ISO 8245）用氢氧化钠溶液吸收后，测量溶解无机碳（DIC），作为累计放出的二氧化碳量。测量的次数取决于所用的方法、所需的生物分解曲线的精度以及试验材料的可生物分解性。如果采用直接测量法，在生物分解阶段至少每天测量 2 次、时间间隔大约 6 h，在平稳阶段每天至少测量 1 次。如果采用累计法，则在生物分解阶段每天测量溶解无机碳 1 次，在平稳阶段，每周测量 2 次。

堆肥容器每周振荡一次，防止板结，保证微生物与试验材料充分接触。应经常进行直观检查，保证堆肥容器中试验混合物的湿度适当，没有任何游离水或料块。一般堆肥容器顶部没有冷凝水说明系统处于很干燥的状态。可以用适当的仪器测量水分含量并将其保持在大约 50%。用湿空气或干空气可以调节系统至所需的水分含量。从进气口排水或加水可以使水分含量发生明显变化。每周振荡一次堆肥容器有助于保证水分的均匀分布。如果进行调节，则应当密切监测排放的二氧化碳。

在堆肥容器每周振荡时及试验期结束时，应当记录堆肥性状直观观察结果，比如结构、水分含量、色泽、霉菌生成、排放气的气味，以及试验材料的崩解程度。

堆肥周期不超过 6 个月，温度要保持（58±2）℃，这是实际堆肥处理的代表性温度。如果还能观测到明显的生物分解现象，则试验期应当延长到恒定平稳阶段为止。如果平稳阶段提前出现，则可以缩短试验周期。

试验开始后，应定期测量 pH 值，其值应该在 7.0 ～ 9.0。

⑤ 结束试验。如果要测定试验材料的质量损失，则称量每一个盛放试验混合物的堆肥容器。从每个容器取出试验混合物的试样，测定总干固体和挥发性固体。

记录每次试验材料性状直观观察结果的详细情况，以确定其崩解程度。

（6）结果表示　本任务主要介绍根据二氧化碳理论释放量计算生物分解率的结果表示方法。

① 计算二氧化碳理论释放量。按式(8-12）计算每个堆肥容器中试验材料产生的二氧化碳理论释放量（$ThCO_2$），以 g 表示。

$$ThCO_2 = M_{TOT} \times C_{TOT} \times 44/12 \tag{8-12}$$

式中　M_{TOT}——试验开始时加入堆肥容器的试验材料中的总干固体，g；

C_{TOT}——试验材料中总有机碳与总干固体的比，g/g；

44 和 12——二氧化碳的分子量和碳的原子量。

② 计算生物分解百分率。每个测量期间用式(8-13）根据累计放出的二氧化碳的量，计算试验材料生物分解百分率 D_t(%)：

$$D_t = [(CO_2)_T - (CO_2)_B] / ThCO_2 \times 100 \tag{8-13}$$

式中　$(CO_2)_T$——每个含有试验混合物的堆肥容器累计放出的二氧化碳量，g/容器；

$(CO_2)_B$——空白容器累计放出的二氧化碳量平均值，g/容器；

$ThCO_2$——试验材料产生的二氧化碳理论释放量，g/容器。

如果每个结果的相对偏差小于 20%，则计算平均生物分解百分率，否则，单独使用每一个堆肥容器的数值。

使用同样方法计算参比材料的生物分解率。

③ 计算质量损失。根据挥发性固体含量，可以计算质量损失。测量堆肥处理期间试验材料中有机物质的质量损失可以提供定性资料，它有助于说明主要从释放的二氧化碳的测量值导出的生物分解率。试验开始和试验结束时均要记录试验材料和接种堆肥中挥发性固体的测量值，计算出质量损失，具体计算过程可参考 GB/T 19277.1—2011。

④ 结果表示。填好每天有关试验材料、参比材料和空白材料的测量值和计算值的表格。

表 8-8 用于记录每天每个容器累计的二氧化碳释放量，并将二氧化碳释放量按照式(8-14)、式(8-15) 和式(8-16) 折算为生物分解率，填入表 8-8 中。

表 8-8　根据释放出的二氧化碳量计算的生物分解率

试验材料或参比材料：__________　TOC：__________ g/g　$ThCO_2$：__________ g/容器

日期	天数	$(CO_2)_{B1}$	$(CO_2)_{B2}$	$(CO_2)_{B3}$	$(CO_2)_{B,mean}$	$(CO_2)_{t1}$	$(CO_2)_{t2}$	$(CO_2)_{t3}$	D_{t1}	D_{t2}	D_{t3}	$D_{t,mean}$

$$(CO_2)_{B,mean}=\frac{(CO_2)_{B1}+(CO_2)_{B2}+(CO_2)_{B3}}{3} \tag{8-14}$$

$$D_t=\frac{(CO_2)_t-(CO_2)_{B,mean}}{ThCO_2} \tag{8-15}$$

$$D_{t,mean}=\frac{D_{t1}+D_{t2}+D_{t3}}{3} \tag{8-16}$$

式中　$(CO_2)_B$——实测空白试验产生的累计二氧化碳量；

$(CO_2)_t$——在 t 时实测的试验材料或参比材料所产生的累计二氧化碳量。

将每一个含有试验材料和参比材料的堆肥容器及空白堆肥容器放出的累计二氧化碳释放量相对时间作曲线，以及生物分解曲线（即生物分解率与时间的关系曲线）。如果各个测量值的偏差不超过 20%，则采用平均值，否则，作出每一个堆肥容器的生物分解曲线。

从生物分解曲线的平坦部分读取平均生物分解率值，将它标为最终试验结果。

如果试验材料由离散的物片组成，则应定性描述试验材料的崩解程度。如果可能，还可以进一步提供其他资料，如照片、相关物理性质的实测值。

(7) 结果的有效性　只有试验符合下列事项，才可认为有效：

① 45d 后参比材料的生物分解百分率超过 70%；

② 在试验结束时每个堆肥容器的生物分解率之间的相对偏差不超过 20%；

③ 在培养前 10d 内，空白容器中接种物产生 50～150mg CO_2/g 挥发性固体（平均值）。

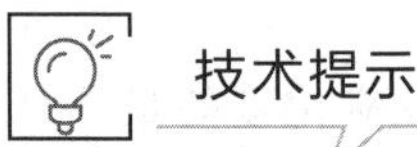

技术提示

(1) 测试过程中，如果堆肥容器中的混合物 pH 值低于 7.0，是因为容易分解的试验材料迅速分解使堆肥酸化，这会抑制材料的生物分解。此时，建议测量挥发性脂肪酸含量，检查堆肥容器中组分的酸化情况。如果每千克总干固体产生的挥发性脂肪酸含量超过 2g，则由于酸化及微生物活性受到抑制，该试验应视作无效。要防止酸化，可增加所有堆肥容器中堆肥的量，或者减少试验材料，增加堆肥，再重复试验。

(2) 试验结束后，建议进一步研究剩下的试验材料，比如测量有关的物理性质、化学分析及照相。

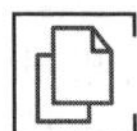

任务考核

一、判断题

1. 塑料生物降解一般分为两大类，分别是微生物有氧降解和微生物厌氧降解。（　　）

2. 在塑料的可降解性测试中，生物分解率通过生化需氧量（*BOD*）和理论需氧量（*ThOD*）的比来求得，结果用百分率表示。 （ ）

3. 在测定 *BOD* 过程中，可以不考虑硝化作用的影响。 （ ）

4. 在塑料的可降解性测试中，将塑料材料作为唯一的碳和能量来源与土混合。 （ ）

5. 在塑料的可降解性测试中，测试空间应没有抑制微生物繁殖的蒸汽。 （ ）

二、单项选择题

1. 在塑料降解的测试方法中，试验材料在水中由于需氧生物氧化作用所消耗的溶解氧的质量浓度，称之为（ ）。

A. 生化需氧量 B. 理论需氧量 C. 迟滞阶段 D. 平稳阶段

2. 在塑料降解的测试方法中，将试验材料完全氧化所需氧气的理论最大值，称之为（ ）。

A. 生化需氧量 B. 理论需氧量 C. 迟滞阶段 D. 平稳阶段

3. 在塑料降解的测试方法中，从试验开始一直到微生物适应（或选定了）分解物，并且试验材料的生物分解程度已经增加至最大生物分解率 10％时所需要的天数，称之为（ ）。

A. 生化需氧量 B. 理论需氧量 C. 迟滞阶段 D. 平稳阶段

4. 在塑料降解的测试方法中，从生物分解阶段结束至试验结束时所需的天数，称之为（ ）。

A. 生化需氧量 B. 理论需氧量 C. 迟滞阶段 D. 平稳阶段

5. 在塑料降解的测试方法中，从迟滞阶段结束至达到最大生物分解率的 90％时所需的天数，称之为（ ）。

A. 生化需氧量 B. 生物分解阶段 C. 迟滞阶段 D. 平稳阶段

三、简答题

1. 查找资料，了解聚乳酸的环保降解性能。

2. 测定 *BOD* 过程中，哪些因素可能影响测试结果？

3. 查找资料，例举常见的生物可降解材料。

素质拓展阅读

垃圾分类让生物可降解材料更环保

传统石油基材料对自然生态环境造成了较大的污染破坏，生物基可降解材料作为新型的环境友好材料走进大众视野。“生物降解”塑料指的是在一定条件下能被自然界的微生物从高分子状态分解成简单分子（包括水、无机物、二氧化碳）的塑料，分解后得到的成分不会对环境和人体产生有害影响。但是，生物可降解塑料想在自然界中自行降解，条件是比较苛刻的，以常见的可生物降解塑料聚乳酸（PLA）为例，其生物降解需要满足两个最基本的条件：50％～60％的湿度和 50～70℃的温度。在此条件下，微生物才有可能经历数月甚至更长的时间逐步将 PLA 分解。因此，使用可降解塑料，并不意味着消费者可以随意丢弃该类制品。可降解塑料应该和其他塑料制品统一进行垃圾分类与回收，垃圾分类可以有效减少垃圾对环境的污染，让后续的处理更方便、环保、有效，提高回收利用率。

但是，想要从根本上解决“白色污染”问题，除了通过科学技术手段设计更容易降解的材料，作为消费源头的我们，更应该从日常生活中减少塑料的使用及提高塑料制品的重复回收利用次数。绿水青山就是金山银山，生态净则文明兴，垃圾分类，功在当代，利在千秋。尽一份可尽之力，从身边做起，从小事做起。

拓展练习

1. 新能源汽车哪些部件需要阻燃材料？对材料阻燃性能的要求又有哪些？

2. 烟密度是衡量高分子材料燃烧性能的指标之一，请你基于结构对比聚丙烯和 ABS 树脂燃烧时的烟气量，并分析原因。

3. 随着电子设备的需求逐渐向集成化、微型化发展，对于设备的散热性能要求也更高，请简述热导率的测试原理，同时介绍提高材料导热性的方法。

4. 什么是介电常数、介电损耗和介电强度？影响它们的主要因素是什么？

5. 不同高分子材料的降解方式不同，测试时参考的标准也不同，请查询 GB/T 22047，简述土壤中塑料材料最终需氧生物分解能力测定的原理和该方法的适用范围。

3

模块三

高分子材料结构与成分分析

项目九　结构分析

项目导言

高分子材料是以一种或数种高分子化合物为基体，添加各种加工助剂、色料、填料等，以获得更优越性能的一类材料。高分子化合物又是通过小分子单体聚合而成的分子量高达上万甚至上百万的聚合物。聚合物具有一些独特的加工和应用性能：可以压延成膜；可以纺制成纤维；可以挤铸或模压成各种形状的构件；可以产生强大的黏结能力；可以产生巨大的弹性形变；质轻、绝缘、高强、耐热、耐腐蚀、自润滑等。

材料的用途由其使用性能决定，使用性能由材料性质决定，而材料的固有性质则取决于材料的成分、结构等。聚合物的结构通常有两方面：一是单个高分子链的结构，包括近程结构和远程结构，结构单元的化学组成、连接顺序、立体构型等属于分子链的近程结构，链的形态（构象）以及高分子的大小（分子量）等属于远程结构；二是许多高分子链聚在一起表现出来的聚集态结构，主要是指晶态、非晶态、取向态、液晶态及织态等。高分子结构的特点表现为：①结构单元多，导致结构的多重性等；②一般高分子的主链都有一定的柔性，如果化学键不能内旋转或结构单元间有强烈的相互作用，则形成刚性链；③结构的不均一性（分子量、键合顺序、支化度、交联度、组成、序列结构）；④结构单元之间的相互作用对结构和性能影响很大；⑤高分子的聚集态有晶态和非晶态之分，且与小分子有本质差别。

高分子材料的独特性能与其复杂的结构息息相关。例如高分子链的端基对聚合物热稳定性影响很大，链的断裂可以从端基开始，所以有些高分子需要封端，以提高耐热性。高分子的立体构型不同，材料的物理性能也不同。无规立构 PS 不能结晶，透明，软化温度 80℃，而全同立构的 iPS 能够结晶，熔点 240℃，间规的 sPS 的熔点高达 270℃，结晶速率比 iPS 高两个数量级；全同 PP 易于结晶，可以做塑料和纤维，而无规 PP 为橡胶状，实用价值不大。低分子量聚乙烯无任何力学性能，只能作为分散剂或润滑剂，而超高分子量聚乙烯强度超过普通的工程塑料。

本项目通过对高分子材料近程结构、远程结构和聚集态结构的分析，进一步理解高分子材料结构与性能的关系，为正确选择、合理使用高分子材料，改善现有高分子材料的性能，合成具有指定性能的高分子材料等提供可靠的依据。具体内容包括聚合物分子链结构、聚合物分子量及其分布、聚合物结晶度、聚合物复合材料微观形貌分析四个任务。

项目目标

素质目标

- 继续践行遵规守纪、按章操作的工作作风。
- 具有基于分析仪器的基本原理拓展其应用领域的开放性思维。
- 具有系统性、逻辑性和自证性的分析思维。
- 强化理解整体与部分的辩证关系，树立正确的大局意识和群体意识。

知识目标

- 进一步理解材料结构与性能之间的关系。
- 掌握红外光谱、凝胶渗透色谱、差示扫描量热仪和扫描电子显微镜等常用分析方法的原理和设备基本结构。
- 掌握常用分析仪器对聚合物结构分析的原理。
- 熟悉常用分析仪器的操作步骤。
- 了解分析测试结果的解析和设备维护。

技能目标

- 能根据任务要求设计材料分析方案。
- 能根据材料结构与性能的关系，分析并预测聚合物链结构、分子量及其分布、结晶度和微观形貌对材料性能的影响。
- 能根据分析仪器的测试原理和结构分析要求，选择合理的仪器分析方法。
- 能进行简单的数据分析。
- 能进行简单的设备维护。

任务一 聚合物分子链结构分析

一、聚合物分子链结构及其分析方法

聚合物分子链及其结构的分析方法

聚合物分子链结构包括结构单元的化学组成、端基、结构单元的键接方式、结构单元的空间立构、结构单元的键接序列以及支化和交联等等，这些都会影响聚合物的性能。

结构单元的化学组成代表聚合物的类别，如碳链高分子具有不易水解、易加工、易燃烧、耐热性较差等特点，一般用作通用塑料；杂链高分子通常易水解、醇解或酸解，耐热性好，强度高，通常用作工程塑料。端基在高分子链中的含量少，但对性能的影响大，如聚甲醛（POM）的热稳定性不佳，但将端—OH酯化后，热稳定性得到提高。结构单元键接方式有头-头、头-尾、尾-尾，用作纤维的聚合物分子链通常是头-尾结构，排列规整，结晶性能好；头-头结构的聚氯乙烯热稳定性差。结构单元的空间立构不同，同种聚合物的性能差别大，如全同聚丙烯性能优良，可用作管材、薄膜和纤维；无规聚丙烯则是没有太大价值的橡胶状非晶态物质。共聚物根据结构单元的键接顺序的不同，分为嵌段共聚、交替共聚、无规共聚和接枝共聚，其性能与单一的均聚物差别较大，如纯的聚苯乙烯是脆性较大的热塑性塑料；20%丁二烯和80%苯乙烯形成的接枝共聚物韧性很好；75%丁二烯和25%苯乙烯形成的无规共聚物是综合性能良好的通用橡胶产品。高分子链的几何形状可以分为线型、支化和交联网状，线型高分子通常是热塑性塑料；交联网状的聚合物通常是不溶不熔的热固性塑料或橡胶。

聚合物分子链结构分析方法有化学法、红外光谱法、核磁共振法、紫外光谱法、X射线衍射法等。化学法通常是使聚合物产生一定的化学反应，通过反应产物推断其结构；红外光谱法是通过测定特征官能团的红外吸收峰来表征其结构；核磁共振法是利用电磁波与物质的相互作用来探索物质结构的；紫外光谱法是利用物质对紫外光的选择性吸收进行结构分析。本任务主要介绍最常见又容易实现的红外光谱法。

二、红外光谱法

红外光谱法

1. 红外光谱法的概述

红外光谱法（IR）是基于物质对红外光区电磁辐射的特征吸收而建立起来的分析方法，是研究高聚物的结构及其化学与物理性质常用的物理方法之一。红外吸收光谱由物质分子振动能级的跃迁产生，同时伴随转动能级的跃迁，因此红外吸收光谱又称为分子振动转动光谱。分子振动是指分子中各原子在平衡位置附近作相对运动，振动形式有伸缩振动、弯曲振动（面内弯曲振动和面外弯曲振动），多原子分子有多种振动形式。

红外光在可见光区和微波光区之间，波长范围0.75～1000μm，相应的波数是12500～10cm^{-1}。根据仪器技术和应用不同，习惯上又将红外光区分为三个区：近红外区12500～4000cm^{-1}、中红外区4000～200cm^{-1}和远红外区200～10cm^{-1}。中红外光区吸收带是绝大多数有机化合物和无机离子的基带吸收带，目前用于聚合物的官能团分析的主要是中红外区。

红外光谱法的主要优点有：

① 不破坏被分析样品；

② 可以分析具有各种物理状态（气、液和固体）和各种外观形态（弹性、纤维状、薄膜、涂层状和粉末状）的有机和无机化合物；

③ 红外光谱的基础（分子振动光谱学）已经较成熟，因而对化合物的红外光谱的解释比较容易掌握。

（1）红外光谱产生的原理　当连续波长的红外光源照射样品时，样品分子中的某些基团或化学键的振动频率和光源的某些频率一致，两者产生共振，此时光的能量就通过分子偶极矩的变化传递给样品分子，这些基团或化学键吸收了相应频率的辐射后，会发生原子间的相对振动并伴随着分子的转动，进而产生振动能级和转动能级从基态到激发态的跃迁，被吸收区域的透射光强度减弱。物质分子对不同频率的红外光吸收程度不同，记录波长λ（nm）或波数σ（cm^{-1}）与吸光度A或透过率τ关系的曲线，即为该物质的红外吸收光谱。即产生红外吸收必须具备两个条件：

① 基团或化学键的振动频率与该红外光频率一致，即红外辐射的能量必须与分子振动能级跃迁时的能量相等，该红外光才能被分子吸收；

② 分子在振动过程中必须有偶极矩的变化（具有红外活性），如非极性的同核双原子分子 N_2、O_2、H_2 等，振动过程中偶极矩不发生变化，不会产生红外吸收谱带。

（2）聚合物官能团特征吸收峰　通常主要在中红外区 4000～400cm^{-1} 内根据得到的红外图谱对应的官能团进行定性分析。表 9-1 列出了高分子材料红外光谱中主要谱带的波数与结构的关系图，表 9-2 列出了不同类别聚合物主要对应的红外光谱区域，但具体情况还需依据红外光谱波数与链段结构及官能团的具体对应关系进行分析。

表 9-1　重要官能团特征吸收峰

序号	光谱区域/cm^{-1}	引起吸收的主要基团
1	4000～3000	O—H,N—H 伸缩振动
2	3300～2700	C—H 伸缩振动
3	2500～1900	—C≡C—,C≡N,C═C═C—,—C═C═O,—N═C═O 伸缩振动
4	1900～1650	C═O 伸缩振动及芳烃中 C—H 弯曲振动的倍频和合频
5	1675～1500	芳环、—C═C—、—C—N—伸缩振动
6	1500～1300	C—H 面内弯曲振动
7	1300～1000	C—O,C—F,Si—O 伸缩振动和 C—C 骨架振动
8	1000～650	C—H 面外弯曲振动,C—Cl 伸缩振动

表 9-2　不同类别聚合物主要对应的红外光谱区域

序号	光谱区域/cm^{-1}	聚合物类别
1	1800～1700	聚酯、聚碳酸酯\羧酸和聚酰亚胺等
2	1700～1500	聚酰胺、三聚氰胺-甲醛树脂\聚脲\多肽
3	1500～1300	饱和聚烃、极性基团取代的聚烃
4	1300～1200	芳香族聚醚、含氯化合物
5	1200～1000	聚醚、醇类\聚砜类\含氯类\含氮\含硅氟聚合物
6	1000～600	取代苯、不饱和双键和含氯聚合物以及含有硅和卤素的聚合物

（3）红外光谱在高分子材料研究中的应用　组成分子的各种基团都有其特定的红外吸收区域，根据红外光谱中出现的基团频率、特征吸收峰及其相对强度，再对照标准谱图等，就能对物质进行定性分析和结构分析。红外光谱的应用广泛，包括未知聚合物及其添加剂的分析、聚合物链结构和聚集态结构分析、聚合反应研究、聚合物与配合剂相互作用及并用聚合物之间相互作用的研究、结晶度和取向度的测定等。

采用红外光谱分析聚合物官能团是高分子材料的常规分析项目之一，可以用来定性聚合物材料的种类，是高分子材料质量控制的一种常用手段。例如聚苯乙烯薄膜，在进行红外光谱分析时，可以采用透射法，将聚苯乙烯薄膜固定在样品架上进行透射扫描，可以得到聚苯乙烯的红外吸收光谱图，如图 9-1 所示。

在进行聚合物分析时，将得到的红外光谱图与标准样品的红外光谱图进行比对，就可以分析出聚合物的种类，或者根据特征吸收峰分析特征结构，再根据特征结构分析出聚合物的种类，对图 9-1 进行解析如表 9-3 所示。

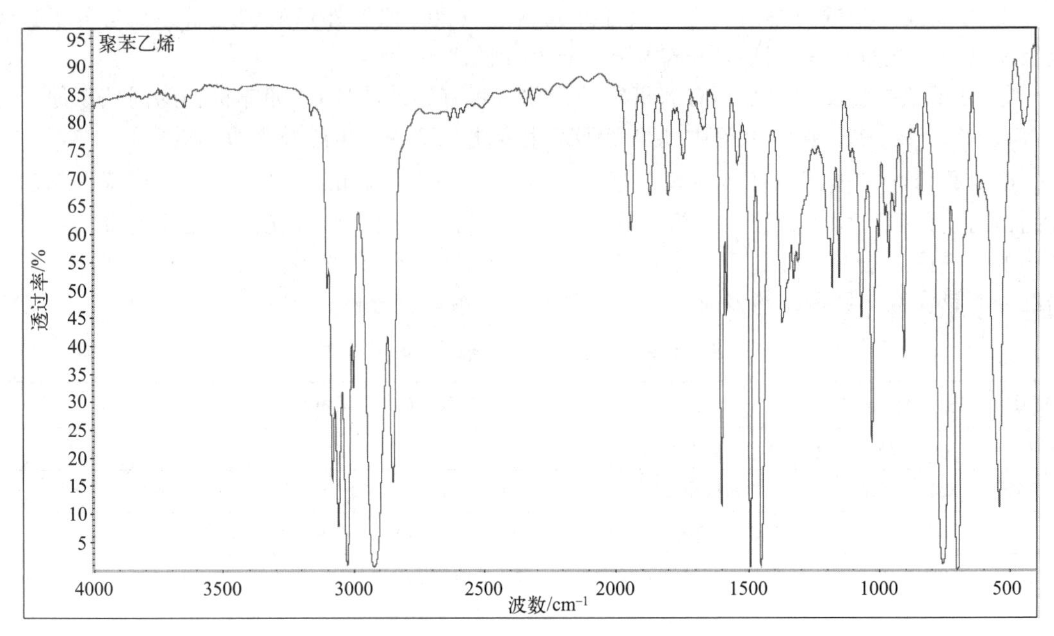

图 9-1 聚苯乙烯红外吸收光谱图

表 9-3 聚苯乙烯塑料主要特征峰和有关结构

波长/μm	波数/cm^{-1}	峰强度	有关结构
13.2,14.3	757,699	极强,双峰	苯环单取代
3.4,3.5	2923,2849	极强	饱和—CH_2—
3.22～3.33	3102,3081,3065,3025,3001	极强	不饱和 C—H
6.5	1493	强	苯环
6.9	1452	强	C—H
6.2	1601	中	苯环
9.3,9.7	1070,1028	中	苯环单取代

2. 红外光谱法分析聚合物分子链结构

（1）测试原理 组成分子的各种基团都有其特定的红外吸收区域，根据红外光谱中出现的基团频率、特征吸收峰及其相对强度，再对照标准谱图或根据标准谱图的谱带索引进行光谱解析等，分析未知聚合物的链结构。

（2）仪器设备 测试的主要设备为傅里叶变换红外光谱仪，设备及其工作原理如图 9-2 所示。由光源发出的红外光经准直为平行光束进入干涉仪，经干涉仪调制后得到一束干涉光。干涉光通过样品，获得含有光谱信号的干涉光，到达检测器。由检测器将干涉光信号变为电信号，并经放大器放大。通过模数转换器进入计算机，由计算机进行傅里叶变换的快速计算，即获得以波数为横坐标的红外光谱图。

① 红外光谱仪关键性能参数：波数范围 4000～400cm^{-1}；分辨率 0.4cm^{-1}；波数精度 0.005cm^{-1}；信噪比 55000∶1。

② 主要附属装置：a. 压片装置：透过测定时，将粉末样品添加溴化钾等卤化碱金属盐，加压成型，制成片剂的设备；b. 衰减全反射（ATR）测定装置：测定高吸收样品或样品表面时使用的装置；c. 显微红外测定装置：测定极少量样品的装置，可通过改变光路和光学镜，进行透过、反射、ATR、高灵敏度反射测定的装置。

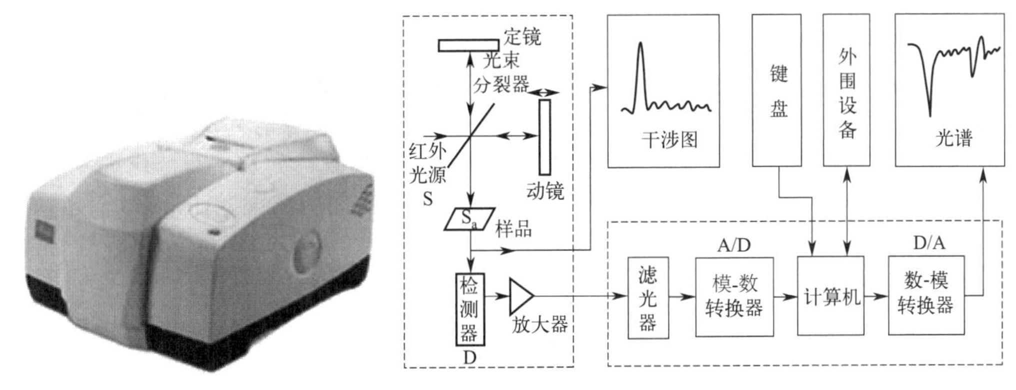

图 9-2 红外光谱仪及其工作原理

(3) 测试试样 测试试样可以为颗粒、粉末、薄膜等多种形态。测试时根据样品形态选择不同的预处理手段和制样方法。

红外光谱测试可用气体、液体和固体样品，根据高聚物的组成及状态，可选用的样品制备方法有：薄膜法、压片法、衰减全反射（ATR）等。

① 压片法：先将 1～3mg 聚合物样品粉碎成粉末，按照样品量与 KBr 的比例约 1∶100 混合进行压片。

② 薄膜法：根据样品特性选择合适的制样方式，如溶解涂膜法、裂解涂膜法、溶液铸膜法和热压成膜法。溶解涂膜法和溶液铸膜法是将样品溶于挥发性溶剂中，滴在盐片或玻璃片上，待溶剂挥发后成膜测定；裂解涂膜法是将热固性树脂或橡胶利用高温裂解后溶解成膜；热压成膜法是将热塑性塑料样品加热到软化或熔融，在一定压力下压成适当厚度的薄膜。

③ 衰减全反射（ATR）：对于块状样品，从块状样品表面切取约 0.5mm 厚的薄片；对于粉粒样品，可以将粉粒样品覆盖在衰减全反射装置的反射面，用压头压紧直接进行测试。

(4) 测试条件

① 检测器选择：热释电型（DTGS）、氘化 L-丙氨酸硫酸三苷肽热释电型（DLATGS）或光电导型（MCT）。

② 测试装置的选择：透过或反射。

③ 波数范围：透过测试 4000～450cm^{-1}，反射测试 4000～675cm^{-1}。

④ 光谱分辨率：4cm^{-1}。

⑤ 扫描次数：32 次。

(5) 测试步骤

① 样品制备。根据样品选择合适的制样方法，红外光谱的检测品质在很大程度上取决于制样。除了测量光谱选择参数是否适当外，样品厚度、粒度不当或不均匀、杂质的存在、未挥发尽的残留溶剂及干涉条纹都可能导致失去有效的光谱信息，甚至导致错误的谱带识别和判断。

② 样品测试

a. 按照红外光谱仪的操作流程开启仪器；

b. 等仪器通过自检后开启软件；

c. 安装合适的测试装置（透过装置，反射装置）；

d. 选择测试条件，进行背景扫描；

e. 将制备好的样品，放到测试装置上进行测试。

③ 保存测试结果，将得到的测试结果文件编辑唯一的文件名保存至指定的文件夹。

（6）测试结果　测试得到如图 9-1 所示的红外光谱图，根据聚合物类别主要对应的红外光谱区域分析聚合物的种类，再结合红外重要官能团特征吸收峰的八个峰区作进一步判别，确定好聚合物种类后，根据聚合物的结构式分析特征谱峰对应的聚合物官能团。

技术提示

（1）做好仪器维护保养，保证设备运行环境。

（2）样品制备

① 薄膜法：样品不能太厚，不然会出现平头峰。

② 溶解涂膜法：需要完全去除溶剂，避免溶剂干扰。

③ 压片法：按照样品量与 KBr 的比例约为 1∶100 混合进行压片。

④ ATR：需要确保样品能压实在反射面，具备好的反射效果。

（3）同一种官能团在红外光谱图上通常会出现几个特征峰，因此不能单凭一个特征吸收峰来确定官能团。

任务延伸

红外光谱仪操作安全和设备维护关键点。

（1）环境控制：实验室室内温度控制在 15～30℃，相对湿度控制在 65%以下。

（2）设备开机：打开红外光谱仪电源，等设备通过自检后再开启软件，进入软件操作。

（3）设备关机：先关闭软件，再关闭红外光谱仪电源（这样有利于仪器设备所有部件回复到初始位置）。

（4）仪器防潮处理：注意观察红外光谱仪上湿度指示纸的颜色，及时更换仪器内部的干燥剂（放入干燥剂前，需先确保干燥剂温度为室温）。

注：分子筛干燥剂的再生方法为 150℃下烘 4h；硅胶的再生方法为 120℃下烘至显蓝色。保持实验室的干湿度，必要时开启除湿机；仪器不用也要每周开机至少两次，每次半天。

（5）配备干燥器，将溴化钾粉末（或碎晶）、溴化钾窗片、玛瑙研钵、万能实验夹及红外压片模具放于干燥器中。

任务考核

一、判断题

1. 单原子分子、同核分子（如 He、N_2、O_2、Cl_2、H_2 等）有红外活性。　（　　）
2. 压片法制备红外样品时，KBr 粉末是作为固体样品的稀释剂。　（　　）
3. 制备红外试样时，熔融成膜法适用于所有熔点较低样品。　（　　）
4. 红外测试过程中样品含有水分对测试结果没有影响。　（　　）
5. 热固性塑料可采用溶解成膜法制备红外测试试样。　（　　）
6. 以下谱图说明试样中可能含有 OH 基团。　（　　）

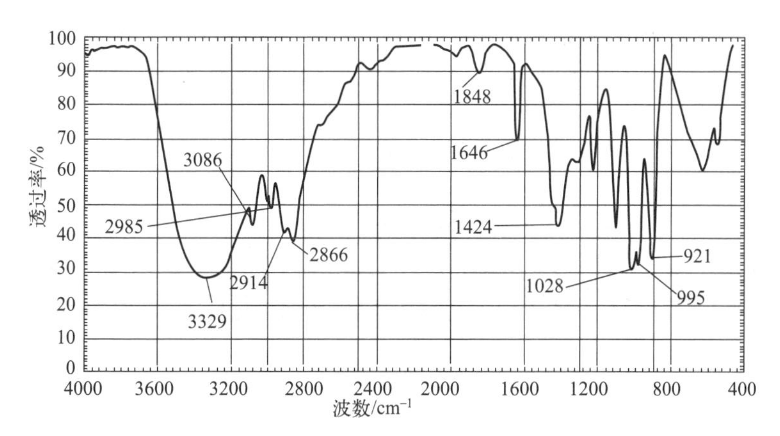

二、单项选择题

1. 一种能作为色散型红外光谱仪色散元件的材料为（　　）。

A. 玻璃　　B. 石英　　C. 卤化物晶体　　D. 有机玻璃

2. 红外光谱法，试样状态可以为（　　）。

A. 气体状态　　B. 固体，液体状态

C. 固体状态　　D. 气体，液体，固体状态都可以

3. 红外吸收光谱的产生是（　　）。

A. 分子外层电子的振动和转动能级的跃迁

B. 原子外层电子的振动和转动能级的跃迁

C. 分子振动-转动能级的跃迁

D. 分子外层电子的能级跃迁

素质拓展阅读

红外光谱测定化妆品中塑料微珠

塑料微珠又称塑料微粒或微塑料，通常是指直径小于 2mm 的塑料颗粒，常用原料有 PE（聚乙烯）、PP（聚丙烯）、PMMA（聚甲基丙烯酸甲酯）等等。塑料微珠在护肤品中通常起到清洁、磨砂、去角质等物理摩擦和改善肤感的作用，其生产简单、成本低廉，被广泛应用于洗面奶、按摩霜、去角质霜、牙膏、沐浴露等化妆品和个人护理品中。

由于塑料微珠不可降解，而且数量巨大，对海洋及整个生态系统有着强大的破坏力。比如一支磨砂洗面奶中所含的微珠就超过 30 万颗，而且体积微小，无法被污水处理厂过滤，导致处理非常困难。当其进入河流、湖泊和大海时，被鱼类等水中野生生物食用，一方面会影响动物的健康，另一方面塑料微珠还会大量吸收海洋内的有毒污染物，包括二氯二苯基三氯乙烷和多氯联二苯。如此一来，这些不易降解的物质，可能会通过食物链或其他途径进入人和动物体内。

各国相继出台相关法规，禁止塑料微珠在化妆品中使用。国家发改委编制的《产业结构调整指导目录》（2019 年本）要求，含塑料微珠的日化产品，到 2020 年 12 月 31 日禁止生产，到 2022 年 12 月 31 日禁止销售。同时，针对日化用品中塑料微珠检测的国家标准 GB/T 40146—2021《化妆品中塑料微珠的测定》于 2021 年 9 月 1 日正式实施，规定了采用傅里叶变换红外光谱法、傅里叶变换显微红外光谱法测定化妆品中塑料微珠。该标准的实施为塑料微珠禁令的执行提供了可靠的检测方法。

我们要向分析科研人员学习，主动发扬踏实严谨、吃苦耐劳的精神，秉持开放性思维，从身边的需求入手，利用专业技术特长，做一个善于解决生活中实际问题的人。

任务二 聚合物分子量及其分布测定

一、聚合物分子量及其分布

聚合物的英文表述为 polymer，polymer 源于希腊文字组合 poly 和 meros，含义是“many parts”，即聚合物是由小分子单体聚合而成的，虽然两者的化学结构相似，其物理性能却有很大差异，聚合物的许多优良性能是由于其分子量大而得来的，并且这些性能还随着分子量的增加而提高。不过，当分子量增加到一定数值后，聚合物的力学性能提高的速度减慢，最后趋向于某一极限值，且分子量增加到某种程度时，其熔融状态的流动性很差，给加工成型造成困难。因此，兼顾到使用性能和加工性能两方面的要求，需要对聚合物的分子量加以控制。

通过研究分子量及其分布，可以优选聚合条件，掌握分子量对材料的加工和使用性能的影响，还可以研究聚合物反应、老化裂解、结构与性能的机理等。

1. 聚合物分子量

聚合物的分子量比低分子大几个数量级，一般在 $10^3 \sim 10^7$ 之间，除了有限的几种蛋白质高分子外，聚合物分子量不均一，具有多分散性，因此聚合物的分子量只具有统计的意义，多数情况下，还是直接测定其平均分子量，然而，平均分子量又有各种不同的统计权重，因而具有各种不同的数值，现简单介绍如下。

假定在某一高分子试样中含有若干分子量不相等的分子，该种分子的总质量为 w，总物质的量为 n，种类序数用 i 表示。第 i 种分子的分子量为 m_i，物质的量为 n_i，质量数为 w_i，在整个试样中的质量分数为 W_i，摩尔分数为 N_i，常用的平均分子量有以下四种。

以数量为统计权重的平均分子量，定义为数均分子量：$\overline{M}_n = \dfrac{\sum_i n_i M_i}{\sum_i n_i} = \sum_i N_i M_i$

以质量为统计权重的平均分子量，定义为重均分子量：

$$\overline{M}_w = \frac{\sum_i n_i M_i^2}{\sum_i n_i M_i} = \frac{\sum_i w_i M_i}{\sum_i w_i} = \sum_i W_i M_i$$

以 Z 值统计的平均分子量（$Z_i = M_i w_i$），定义为 Z 均分子量：$\overline{M}_z = \dfrac{\sum_i Z_i M_i}{\sum_i Z_i} = \dfrac{\sum_i w_i M_i^2}{\sum_i w_i M_i}$

用稀溶液黏度法测得的平均分子量为黏均分子量：$\overline{M_\eta} = (\sum_i W_i M_i^\alpha)^{1/\alpha}$

同一个试样应用不同的统计方法所算出来的不同种类的平均分子量的数值是不同的。一般情况下，多分散样品的平均分子量次序为：$\overline{M_z}>\overline{M_w}>\overline{M_\eta}>\overline{M_n}$。

2. 分子量分布

分子量分布是指聚合物试样中各个组分的含量和分子量的关系。对于分子量分布不均一的高分子试样，称为多分散试样；分布均一的，则称为单分散试样。可以用分布宽度指数 σ^2 表示试样的多分散程度，分布宽度指数是试样中各个分子量与平均分子量之间的差值的平方平均值，又叫方差，显然，分布越宽，则 σ^2 越大，分布宽度指数又有数均与重均之别，分别用 σ_n^2 和 σ_w^2 表示。σ^2 与各种平均分子量之间的关系如下：

$$\sigma_n^2=\overline{[(M-\overline{M_n})^2]_n}=\overline{M}_n\overline{M}_w-\overline{M}_n^2=\overline{M}_n^2(\overline{M}_w/\overline{M}_n-1)$$

$$\sigma_w^2=\overline{[(M-\overline{M_w})^2]_w}=\overline{M_w^2}-\overline{M}_w^2=\overline{M}_w^2(\overline{M}_z/\overline{M}_w-1)$$

为了简单地表示分子量的多分散程度，可利用一个参数 d，其定义为 $d=\overline{M_w}/\overline{M_n}$，称为多分散性指数。显然，对于单分散试样，$d=1$；对于多分散试样，$d>1$，$d$ 值越大，表明分子量分布越宽。聚合物分子量分布类型与 d 值的关系如表 9-4 所示。

表 9-4 多分散性指数范围

分子量分布类型	d 值
单分布高分子	1.00
窄分布高分子	<1.20
适中分布高分子	<2.00
宽分布高分子	>2.00

二、聚合物分子量及其分布测试方法

聚合物分子量及其分布的分析方法

为了测定不同的平均分子量和分子量分布可以采用不同的测试方法。这些方法是利用稀溶液的性质，并且常常需要在若干浓度下测定，从而求取外推到浓度为零时的极限值，以便计算分子量。有些方法是绝对法，可以独立地测定分子量；有些方法是相对法，需要其他方法配合才能得到真正的分子量。不同的方法适合测定的分子量范围也不完全相同，表 9-5 汇总了常用的分子量测定方法，本任务重点介绍凝胶渗透色谱法。

表 9-5 常用的分子量测定方法

类型	方法	适用范围	分子量种类	方法类型
化学法	端基分析法	3×10^4 以下	$\overline{M_n}$	绝对
热力学法	冰点降低法	5×10^3 以下	$\overline{M_n}$	绝对
	沸点升高法	3×10^4 以下	$\overline{M_n}$	绝对
	气相渗透法	3×10^4 以下	$\overline{M_n}$	绝对
	膜渗透法	$2\times10^4\sim1\times10^6$	$\overline{M_n}$	绝对
光学法	光散射法	$1\times10^4\sim1\times10^7$	$\overline{M_w}$	绝对
动力学法	超速离心沉降平衡法	$1\times10^4\sim1\times10^6$	$\overline{M_w}$、$\overline{M_z}$	相对
	黏度法	$1\times10^4\sim1\times10^7$	$\overline{M_\eta}$	相对
色谱法	凝胶渗透色谱法(GPC)	$1\times10^3\sim1\times10^7$	各种平均分子量	相对

三、凝胶渗透色谱法

GPC 测试操作

1. 凝胶渗透色谱法概述

凝胶渗透色谱（GPC）也称作体积排斥色谱（SEC），是一种新型的液相色谱，用于测定聚合物分子量及其分布，可以通过一个测试得到整个分子量分布，是测定高分子材料分子量及其分布最常用、快速和有效的方法。除此之外，GPC 还广泛用于研究聚合物的支化度、共聚物的组成分布及高分子材料中微量添加剂的分析等方面。

（1）GPC 的基本原理　GPC 分离完全依赖于物理分离原理，其核心部件是一根装有多孔性颗粒的柱子，进行实验时，以某种溶剂充满色谱柱，使之占据颗粒之间的全部空隙和颗粒内部的空洞，然后以同样溶剂配成的聚合物溶液从柱头注入，再以这种溶剂自头至尾以恒定的流速淋洗，同时从色谱柱的尾端接收淋出液，GPC 分离过程如图 9-3 所示。计算淋出液的体积并测定淋出液中聚合物的浓度，自溶液试样进柱到被淋洗出来所接收到的淋出液总体积称为该聚合物的淋出体积 V_e。

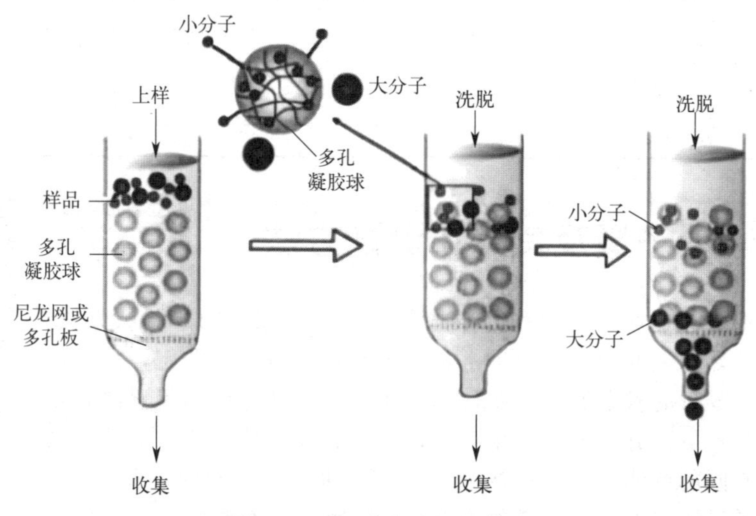

图 9-3　GPC 分离过程示意图

分子量越小，分子的体积越小，在流动过程中，不仅会从载体间较大空隙通过，还会从载体内部的小孔通过，经过的路程长，而体积大的大分子量的分子只能从载体间的空隙通过，经过的路程短，所以最大的分子最先被淋洗出来。

假定颗粒内部的空洞体积为 V_i，颗粒的粒间体积为 V_o，（V_o+V_i）是色谱柱内的空间。因为溶剂分子的体积很小，可以充满颗粒内的全部空间，它的淋出体积 $V_e=V_o+V_i$。对高分子来说，情况有所不同，假如高分子的体积比空洞的尺寸大，任何空洞它都进不去，只能从颗粒间流过，其淋出体积 $V_e=V_o$。假如高分子的体积很小，远小于所有的空洞尺寸，它在柱内活动的空间与溶剂分子相同，淋出体积 $V_e=V_o+V_i$。假如高分子的体积是中等大小，高分子可以进入较大的孔而不能进入较小的孔，这样它的淋出体积 $V_o<V_e<(V_o+V_i)$，以上说明高分子的分离是由于体积排除效应。当高分子的分子量不均一，就会被溶剂带着在色谱柱中逐渐地按其体积大小进行分离。

为了测定聚合物的分子量，不仅要把它按照分子量的大小分离出来，还需要测定各级分的含量和各级分的分子量。

(2) 凝胶渗透色谱仪 凝胶渗透色谱仪主要由泵系统、进样器、色谱柱、示差检测器、记录系统等组成，仪器及其典型结构示意图如图 9-4 所示。测试时试样溶解在淋洗液中，制备成待测试样溶液，将试样溶液注入 GPC 系统中，淋洗液中溶质从色谱柱洗脱，经检测器连续检测，其对应浓度通常由示差检测器（RI 检测器）测量，从而得到相应色谱图，使用该系统测定的校正曲线计算分子量分布、$\overline{M_n}$ 和 $\overline{M_w}$ 以及多分散性指数 d。

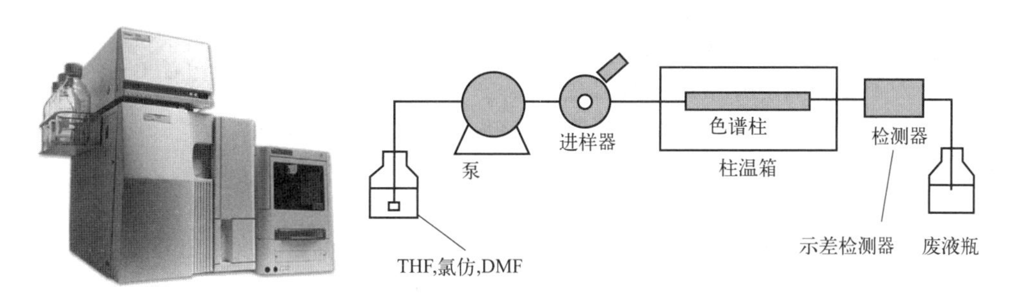

图 9-4 凝胶渗透色谱仪及其组成示意图

① 淋洗液储存器。淋洗液储存器应防止淋洗液受到外部的影响（接触空气、光线照射），必要时要在液体表面使用惰性气体防护。因泵系统抽取和进入检测器时减压会产生气泡，淋洗液在使用前应脱气；也可以在溶剂储存器和泵系统之间加装在线脱气机。排气原理（例如气泡沉淀、用氦气在线排气、真空排气）可以自由选择。

② 泵系统。泵系统应尽可能均匀和无脉动地将淋洗液输送过分离柱，四氢氟喃（THF）和N,N-二甲基甲酰胺（DMF）流速为 1mL/min，六氟异丙醇（HFIP）为 0.2mL/min。泵系统在该流速和系统反压下，处于理想的输送区域，泵系统的流速精密度偏差不允许超过 0.1%。

③ 进样系统。可以使用手动进样器，也可以使用自动进样器，在注入和输送淋洗液时应通过足够大的冲洗量，即使存在扩散效应也可以将进样管精确地使用试样溶液进行填充，接着毫无保留地排出。

④ 色谱柱。根据试样的情况使用一个或多个串联的填充有球状渗透填料的色谱柱组成（图 9-5），填料孔径与待测聚合物分子大小相匹配，典型填料是由聚合方法制成的苯乙烯-二乙烯苯共聚物（S-DVB），淋洗液通过该聚合物仅会造成微小变化，在设定流量的压力下也不会变形。

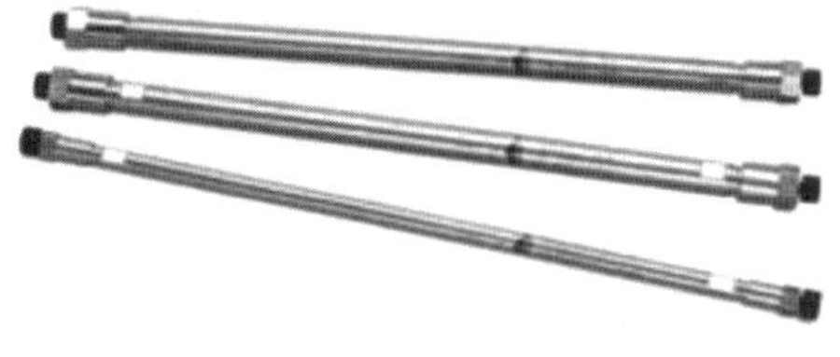

图 9-5 GPC 色谱柱

⑤ 恒温装置。淋洗液为 THF 时，在室温下（15～35℃），或者不超过 40℃的更高温度下进行分析；在分析过程中，色谱柱的温度变化不能超过 1℃。

⑥ 检测器。浓度检测器用于连续检测色谱柱淋出的各级分的含量，通常使用示差检测器（RI 检测器），检测池体积不大于 0.010mL。可以通过测定淋洗体积推测相应分子量、采用自动黏度检测器测定流出液的特性黏度 [η] 换算得到聚合物分子量或小角激光光散射检测器测定重均分子量。

(3) 凝胶渗透色谱谱图 凝胶渗透色谱谱图以横坐标代表色谱保留值，纵坐标为流出液的浓度。因此，横坐标的值表示了样品的淋洗体积或级分，这个值与分子量的对数值成比例，用于表征样品的分子量；纵坐标的值为流出液的浓度，与该级分的样品量有关，表征样品在某一级分下的质量分数。图 9-6 是典型的凝胶渗透色谱图。

2. 凝胶渗透色谱法测定聚合物分子量

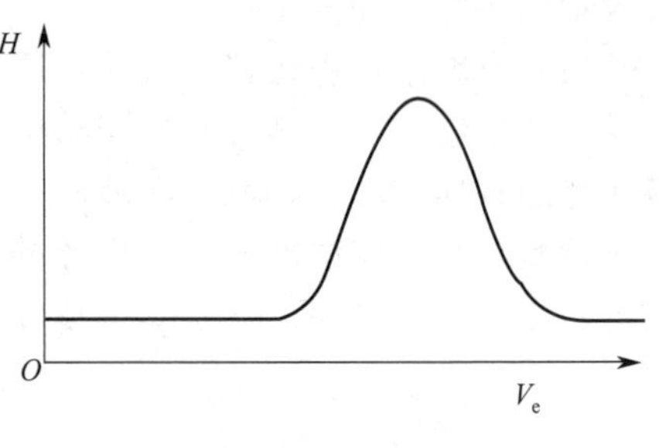

图 9-6 典型 GPC 谱图

(1) 原理 将聚合物样品溶解在适宜的溶剂中配制成稀溶液，将其注入流动相并进入具有相似或不同孔径的多孔非吸收小颗粒填充材料的凝胶渗透色谱柱。聚合物分子由于分子量不同或更精确地说，由于分子尺寸（即流体力学体积）不同而彼此分离。洗脱剂中聚合物的浓度，被浓度响应检测器连续地检测，从而得到相应的凝胶渗透色谱图。

(2) 测试设备 测试设备为凝胶渗透色谱仪，结构如图 9-4 所示。

(3) 测试试样

① 样品充分提纯和干燥。

② 配制稀溶液（2mg/mL 左右），保证信号强度足够即可，浓度不宜过高，防止过载。假定每根色谱柱进样体积<100μL，样品溶液浓度建议见表 9-6。

表 9-6 GPC 测试的样品溶液浓度配制建议

$\overline{M_w}$ 分子量范围	浓度/%	称重/(mg/mL)
<1000	0.20～0.30	2～3
1000～10000	0.15～0.20	1.5～2
10000～100000	0.10～0.15	1～1.5
100000～500000	0.05～0.10	0.5～1
500000～1×10^6	0.01～0.05	0.1～0.5
>1×10^6	0.005～0.01	0.05～0.1

③ 根据样品特性选择合适的溶解分散方式，如静置、搅拌、振荡等。

④ 对于溶解性不好的样品，适当提高溶解温度。

⑤ 使用 0.45μm 过滤膜过滤样品溶液。

(4) 测试条件 事先用淋洗液平衡仪器，基线漂移可以允许聚合物峰值最大高度 5%的偏差，干扰电平在最低可调节的阻尼下小于聚合物峰值最大高度的 1%。表 9-7 列出了部分聚合物材料 GPC 测试的试验条件。

表 9-7 聚合物材料 GPC 测试的试验条件举例

聚合物	淋洗液	柱温/℃	流速/(mL/min)	进样体积/μL
异戊二烯橡胶	THF	35	1	20
涂料样品	THF	35	1	20
胶黏剂	THF	35	1	20
聚酰胺酸	DMF	≥40	1	20
芳纶	DMF	≥40	1	20
六氟异丙醇	HFIP	35	0.2	20

(5) 测试步骤

① 标样及样品测试：选择合适的溶剂，使试样充分溶解，配制一系列不同分子量的窄分布标准样品溶液和样品溶液，进样测试，得到标准样品和待测样品的检测器信号响应值对保留时间的色谱图，标准样品叠加色谱图如图 9-7 所示。

② 标准曲线绘制及仪器校正：打开多个标样图谱，将不同分子量标样的峰值分子量（M_p）输入，以分子量的对数 $\lg M_p$ 对保留时间作图，得到一条分子量对应流出时间的校正

曲线，如图 9-8 所示。

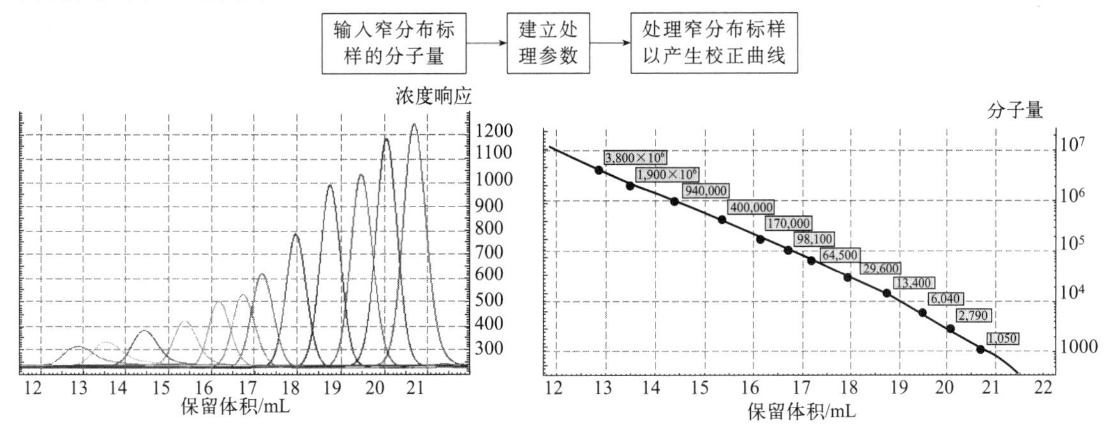

图 9-7 8～12 个窄分布标样叠加色谱图　　图 9-8 GPC 传统校正曲线

③ 用做好的校正曲线打开样品图谱，计算结果。见图 9-9。

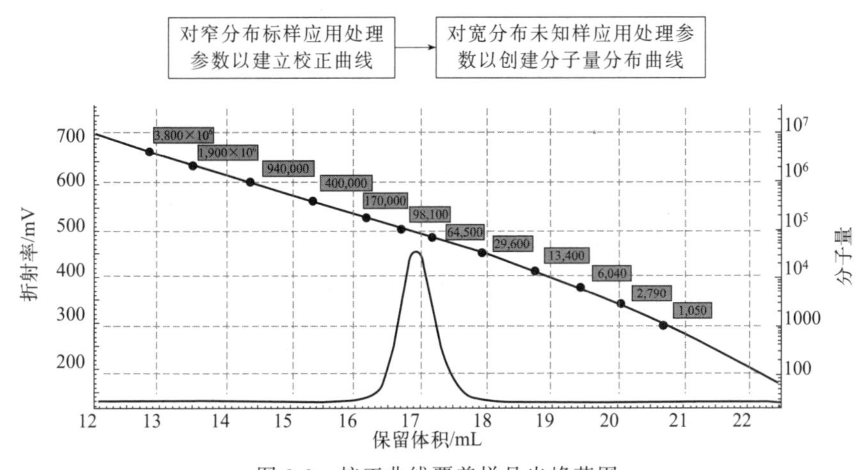

图 9-9 校正曲线覆盖样品出峰范围

（6）测试结果　对于未知聚合物样品，只要它能溶解在淋洗液相同的溶剂中，一旦测出它的淋出体积后，可以从标定曲线找出对应的 lg$M$（图 9-10），通过仪器软件计算出各类分子量及多分散性指数，如图 9-11 是典型样品的 GPC 测试结果。

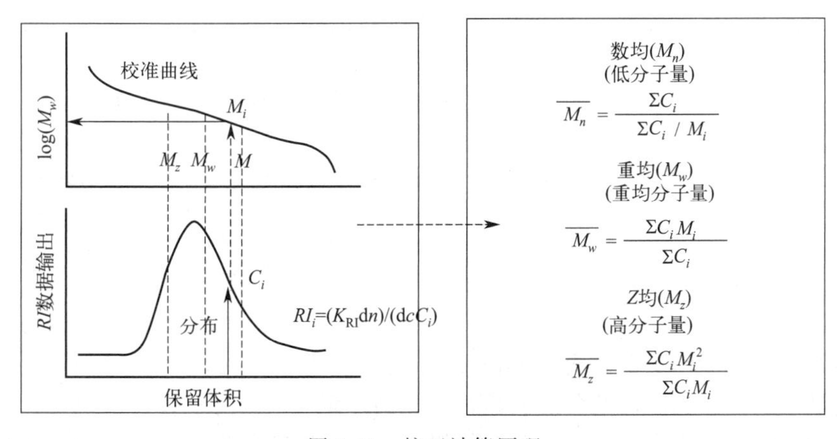

图 9-10 校正计算原理

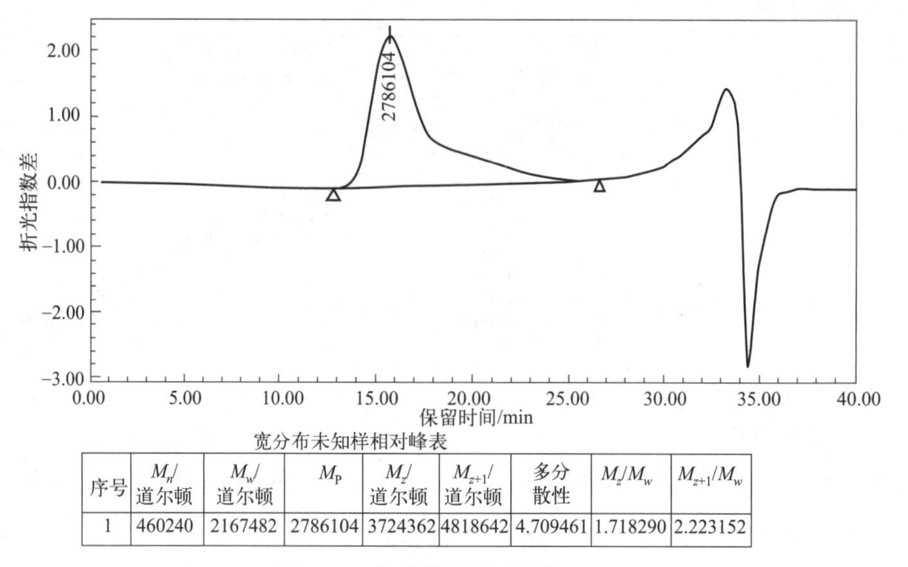

宽分布未知样相对峰表

序号	M_n/道尔顿	M_w/道尔顿	M_P	M_z/道尔顿	M_{z+1}/道尔顿	多分散性	M_z/M_w	M_{z+1}/M_w
1	460240	2167482	2786104	3724362	4818642	4.709461	1.718290	2.223152

图 9-11 典型样品测试结果

技术提示

（1）THF 作淋洗液过氧化物含量要少于 100ppm（1ppm＝1mg/kg），每 500mL 抗氧剂需要加入 0.1g 二丁基羟基甲苯（BHT）。

（2）DMF 作淋洗液有时需添加 0.05mol/L 的 LiBr 以消除电荷效应对色谱柱的影响。

（3）除非样品会发生剪切效应，聚合物溶液必须过滤，为了将剪切效应降至最小，滤膜孔径应不小于 0.45μm，DMF 作溶剂时需选用聚四氟乙烯（PTFE）材质的滤膜。

（4）测试得到的是相对分子量，只有样品与标样的分子密度一致时得到的才是准确的分子量。

四、主要影响因素

① 校正用的窄分布标样不同得到的校正曲线是不一样的，计算得到的样品相对分子量也会不同。

② 测试条件改变时，需要重新做校正曲线。测试温度、流速、流动相、色谱柱种类及数目，以上任何一个条件的改变都会改变测试结果。

③ 样品不是均一组分时，需要确保样品的每一组分完全溶解，才能测试得到样品的完整分子量及分布结果。

④ 样品溶解时不能使用微波和超声波助溶，防止改变聚合物分子链结状态，影响测试结果。

任务延伸

凝胶渗透色谱仪操作安全和设备维护关键点：

（1）色谱泵维护保养。色谱泵实验前，应先确认泵头内没有气体，如有气体要排气。

（2）流动相需要过滤脱气，以使色谱柱输液准确，减小脉动，保证保留时间和色谱峰面积的重现性提高。

(3) 为了得到最好的分离度和最长的柱使用寿命，流速不要超过2.0mL/min；避免GPC色谱柱受到机械冲击和振动；尽量避免GPC柱温循环升降；避免溶剂成分快速改变引起的反压的快速改变；必须确保GPC柱溶剂不干涸，长时间不用的话应卸下GPC柱，用两头的聚醚醚酮（PEEK）堵头把柱封好，放到柱盒中。

(4) 示差检测器是压力和温度敏感型检测器，注意保持泵压力的平衡和环境温度的恒定。

任务考核

一、判断题

1. 在凝胶渗透色谱实验中，样品溶液浓度必须准确配制。 （ ）
2. 分子量相同的样品，支化度大的分子比线性分子先流出色谱柱。 （ ）
3. 凝胶色谱法测定的是聚合物的实际分子量。 （ ）

二、简答题

1. GPC在何种条件下获得的是相对分子量？在何种条件下可获得绝对分子量？

2. 下图（左）作为GPC校正曲线时某聚合物标样的GPC曲线，图（右）为相隔一段时间后测得的某聚合物样品的GPC曲线。比较两曲线，你能发现什么问题？如何解决？

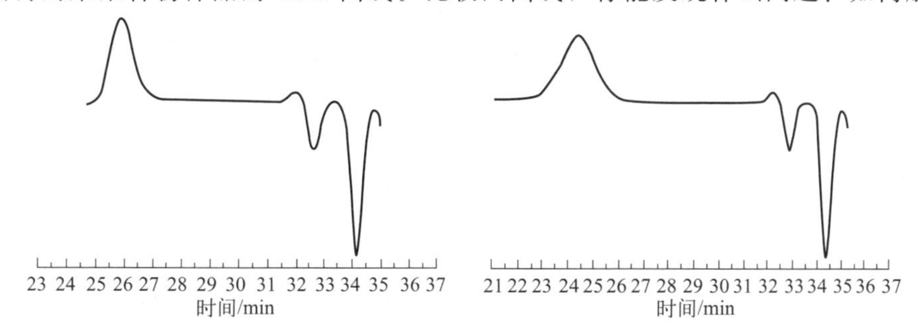

素质拓展阅读

超高分子量聚乙烯先进生产工艺技术突破国外垄断

2023年3月23日，上海化工研究院3万t/a淤浆环管连续法超高分子量聚乙烯装置在河南濮阳正式投产，此项目投产也标志着中国超高分子量聚乙烯生产工艺的重要突破。该项目采用全球首创的先进工艺，全流程装备均采用国产化设备，技术和工艺达到了国际先进水平，填补了技术空白，打破了国外垄断。

超高分子量聚乙烯（UHMWPE）是一种分子量极高的热塑性塑料，其摩擦系数小、磨耗低、耐冲击、耐腐蚀，能实现“以塑代钢”，被称为“21世纪的神奇塑料”，被广泛应用于国防军事、海洋工程、石化矿业、轨道交通、新能源汽车、生物医药等尖端领域。UHMWPE也是国家推广的高性能新材料之一，符合国家倡导的节能减排的政策导向。在我国及行业“十四五”规划中，都对UHMWPE产业提出“大力发展”“加快突破”“加快核心技术应用”等支持策略。

中国UHMWPE行业已经发展30余年，但在生产技术及催化剂上存在壁垒。在生产技术上，国内生产企业正在攻坚克难，通过自主创新或协同创新的方式将高端技术攻克，在高端核心领域进行突破；在催化剂方面，中石化奥达及上海化工研究院等已在超高催化剂领域取得了较大的成功，另外也有其他研究机构正在抓住这个新机遇，对“卡脖子”的技术进行突破，加速国产化催化剂的发展，做到不仅要“有”更要“优”。该项目的成功投产，将为未来更高品质的纤维、锂电池隔膜和熔融纺丝专用树脂的产业化和产品迭代升级发挥关键作用。

任务三
聚合物结晶度分析

一、聚合物结晶对材料性能的影响

结晶是指聚合物分子按一定的空间次序排列形成长程有序的过程。聚合物材料有结晶性聚合物材料和无定形（非结晶）聚合物材料之分。结晶性聚合物中通常同时包含晶区和非晶区两个部分，低于熔点时结晶部分分子链呈规则排列形成晶区，为了对这种状态作定量描述，提出了结晶度概念。聚合物结晶度是指结晶性聚合物材料结晶区域所占比例，即结晶度＝晶态部分/材料总体（晶态部分＋非晶态部分）。

聚合物结晶度变化范围很宽，一般为20%～85%。同一种聚合物材料结晶度越高，分子链排列越规则，就需要更高的温度来破坏，因此熔点也越高。常见的结晶性聚合物材料有聚乙烯（PE）、聚丙烯（PP）、聚甲醛（POM）、聚酰胺（PA）6、聚酰胺（PA）66、PET、PBT等。

聚合物结构与结晶能力关系表现为：①高分子链对称性高，柔性好，结晶能力强，如PE、PET；②主链含有不对称中心，且构型是无规的，将失去结晶能力，如PS、PMMA、PC；③分子间力使链柔顺性降低，使结晶能力下降，但氢键使结晶稳定，如PA；④支化和交联使链对称性、规整性及链的活动性下降，从而使结晶能力下降甚至消失；⑤无规共聚会降低链的对称性和规整性，使结晶能力下降，嵌段共聚保持各链段的相对独立性，能形成各嵌段的晶区。对于实际应用的高分子材料或制品，其使用性直接决定于在加工中形成的凝聚态结构，从此意义上可以说，链结构只是间接地影响聚合物材料的性能，而凝聚态结构才是直接影响其性能的因素。

结晶对材料性能的主要影响体现在以下方面。

（1）力学性能　结晶度对力学性能的影响要视聚合物的非晶区处于玻璃态还是橡胶态而定。当非晶区处于橡胶态时，聚合物的模量和硬度将随着结晶度的增加而升高。在玻璃化转变温度以下，结晶度对脆性的影响很大；当结晶度增加，分子链排列趋紧密，孔隙率下降，材料受到冲击后，分子链段没有活动的余地，冲击强度降低。玻璃化转变温度以上，结晶度的增加使分子间的作用力增加，因而抗张强度增加，但断裂伸长减小。

（2）光学性能　聚合物中晶区与非晶区的折射率不同，光线通过结晶聚合物时，在晶区界面上必然发生折射和反射，不能直接通过。所以两相并存的结晶聚合物通常呈乳白色，不透明，例如聚乙烯、PA等。当结晶度减小时，透明度增加。完全非晶的聚合物通常是透明的，如有机玻璃、聚苯乙烯等。结晶使材料透明度降低，通过减小球晶尺寸到一定程度从而减小了晶间缺陷，在提高材料强度的同时可提高材料透明度，因为当球晶尺寸小于波长时不会产生散射。

（3）热性能　对作为塑料使用的聚合物来说，在不结晶或结晶度低时，最高使用温度是玻璃化转变温度，当结晶度达到40%以上后，晶区相互连接，形成贯穿整个材料的连续相，在温度升高时不出现高弹态，因此在 T_g 以上，仍不至软化，温度升高至熔融温度时，呈现黏流态，其最高使用温度可提高到结晶熔点。

（4）其他性能　由于结晶中分子链作规整密堆积，与非晶区相比，它能更好地阻挡各种试剂的渗入。因此，聚合物结晶度的高低，将影响一系列与此有关的性能。晶区中的分子链排列规整，其密度大于非晶区，因而随着结晶度的增加，聚合物的密度增大。结晶使材料晶区部分分子链排列更加紧密，使聚合物材料耐溶剂性、渗透性等得到提高。

二、聚合物结晶度的测试方法

聚合物结晶度的分析方法

在一个样品中，实际上同时存在着不同程度的有序状态，这给准确确定结晶部分的含量带来了困难。由于各种测定结晶度的方法涉及不同的有序状态，各种方法对晶区和非晶区的理解方法不同，有时会有很大的出入。聚合物结晶度的测试方法有多种，有差示扫描量热法、X射线衍射法、密度法、红外光谱法以及核磁共振（NMR）吸收法。

差示扫描量热法是依据试样晶区熔融时吸收的熔融焓与完全结晶试样或已知结晶度的标准试样的熔融焓的对比来计算的。密度法的依据是分子在结晶中作有序密堆积，使晶区的密度高于非晶区的密度，如果用两相结构模型，并假定密度有加和性，那部分结晶聚合物试样的密度等于晶区的密度和非晶密度的线性加合。X射线衍射法是根据晶区和非晶区所造成的衍射点或弧和弥散环的强度来计算。红外光谱法是根据红外光谱上的结晶（或非晶）特征谱带的吸收强度与完全结晶和完全非晶试样的吸收强度的差别来推算的。

差示扫描量热法测试聚合物结晶度是最常用的，因该方法样品量少，操作简便。因此本任务重点介绍差示扫描量热法测试结晶度。

三、差示扫描量热法

聚合物结晶度分析操作（DSC法）

1. 差示扫描量热法的基本原理

差示扫描量热法（DSC）是试样和参比物在程序控制温度的相同环境下，测量输给样品和参比物功率差与温度关系的一种技术。根据测量方法的不同，又分为两种类型：功率补偿型DSC和热流型DSC，如图9-12和图9-13所示。功率补偿型DSC的主要特点是试样和参比物分别具有独立的加热器和传感器，通过功率补偿使样品和参比物的温度保持相同，进而从补偿功率计算得到热流率。热流型DSC中试样和参比物在同一个加热炉内，测试样品和参比样品受同一温度-时间程序时的温度差而产生的热流速率差随温度或时间的变化。

DSC曲线的横坐标为温度 T 或时间 t，纵坐标是试样与参比物的热量变化率 $\mathrm{d}H/\mathrm{d}t$，得到的 $(\mathrm{d}H/\mathrm{d}t)$-$T$ 曲线中出现的热量变化峰或基线突变的温度与聚合物的转变温度相对应。吸热效应用凸起正向的峰表示热焓增加，放热效应用凹下的谷表示热焓减少。典型的DSC曲线如图9-14所示。

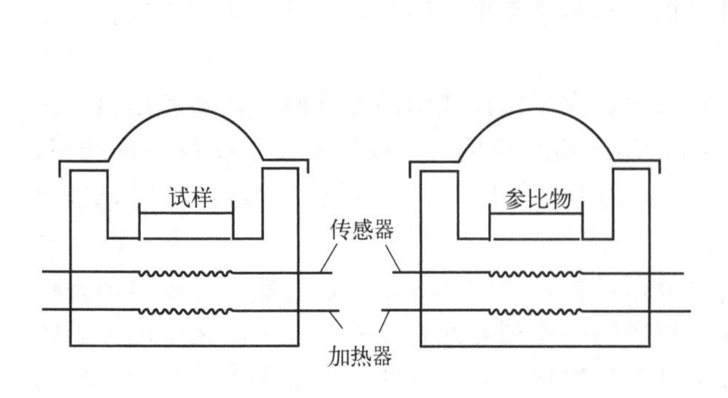

图 9-12 功率补偿型 DSC 原理示意图

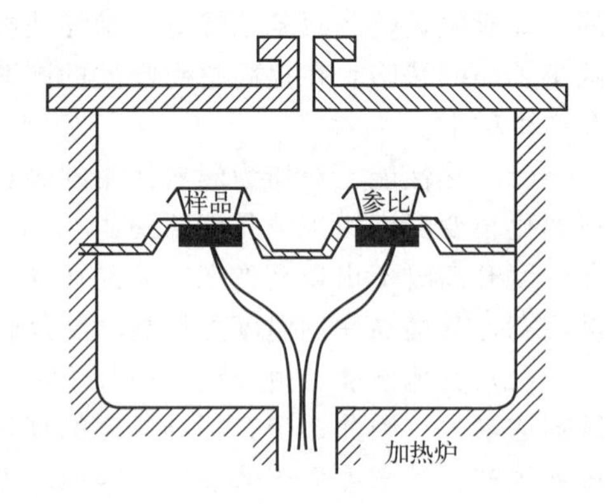

图 9-13 热流型 DSC 原理示意图

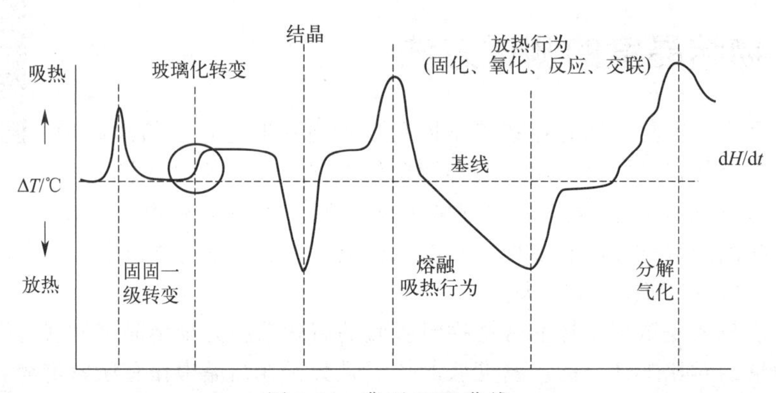

图 9-14 典型 DSC 曲线

差示扫描量热法测试的低温可达−175℃，高温可达 725℃，具有高分辨能力和灵敏度。能研究材料的熔融与结晶过程、结晶度、玻璃化转变、相转变、液晶转变、氧化稳定性（氧化诱导期 OIT.）、反应温度与反应热焓，测定物质的比热、纯度，研究高分子共混物的相容性、热固性树脂的固化过程，进行反应动力学研究等，在应用科学和理论研究中获得广泛的应用。

2. 差示扫描量热法测试聚合物结晶度

（1）测试原理　结晶一般是通过放热形成更稳定结构的过程，熔融是解除稳定结晶结构而吸热的过程，DSC 测试结晶度是根据结晶聚合物在熔融过程中的热效应计算得到。测试时，聚合物熔融只有其中的结晶部分发生变化，破坏结晶结构所需要的热量，通过测量熔融峰曲线和基线所包围的面积计算得到，可换算成热量，此热量为聚合物结晶部分熔融焓。聚合物熔融焓与其结晶度成正比，结晶度越高，熔融焓越大。结晶度计算如式(9-1) 所示。

$$C=\frac{\Delta H}{\Delta H_{100\%}}\times 100\% \tag{9-1}$$

式中，C 为材料的结晶度；ΔH 为测量得到的熔融热，J/g；$\Delta H_{100\%}$ 为 100%结晶度材料的熔融热（文献理论值），J/g。表 9-8 列举了部分聚合物熔融参数的文献值。

有些材料存在冷结晶现象，此时升温过程有热放出（冷结晶是结晶不充分的材料在升温至结晶温度附近可能会发生重结晶而放热）。对于存在冷结晶现象的材料，最终的熔融峰中有一部分是该重结晶部分的熔融焓，为了计算材料的结晶度，需要把冷结晶部分面积加以扣除（假设冷结晶部分结晶热焓与相应的熔融焓完全相等）。

表 9-8 部分聚合物熔融参数的文献值

聚合物	100%理论熔融焓/(J/g)	熔融峰近似温度/℃
低密度聚乙烯(PE)	293.6	110
高密度聚乙烯(PE)	293.6	135
聚丙烯(PP)	207.1	165
PA6	230.1	225
聚对苯二甲酸乙二醇酯(PET)	140.1	255
PA66	255.8	260

(2) 主要设备 测试的主要设备是差示扫描量热分析仪，如图 9-15 所示。

① 差示扫描量热分析仪参数。温度范围：－85～500℃。精度：温度＜±0.05℃；热焓精度±0.1%；比热精度＜2%。

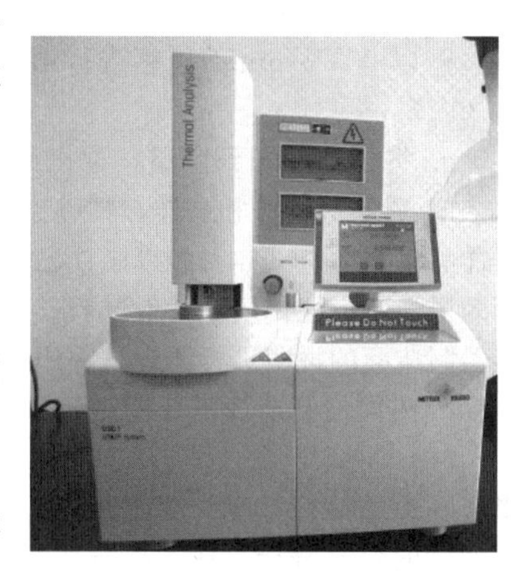

图 9-15 差示扫描量热分析仪

② 仪器试验要求

a. 能以 0.5～20℃/min 的速率，等速升温或降温；

b. 能保持试验温度恒定在±0.5℃内至少 60min；

c. 能够进行分段程序升温或其他模式的升温；

d. 气体流动速率范围在 10～50mL/min，偏差控制在±10%范围内；

e. 温度信号分辨能力在 0.1℃内，噪声低于 0.5℃；

f. 为便于校准和使用，试样量最小应为 1mg（特殊情况下，试样量可以更小）；

g. 仪器能够自动记录 DSC 曲线，并能对曲线和校准基线间的面积进行积分，偏差小于 2%。

(3) 测试试样

① 聚合物结晶度测试的样品可以是粉末、颗粒、细粒或从样品上切成的碎片状。

② 如果是从样片上切取试样时应小心，以防止聚合物受热重新取向或其他可能改变其性能的现象发生。

③ 应避免研磨等类似操作，以防止受热或重新取向和改变试样的热历史。

(4) 测试条件

① 测试前，接通仪器电源至少 1h，以便电气元件温度平衡。对于样品，应按材料相关标准规定或供需双方商定的方法对试样进行状态调节。

② 气体及流速：氮气 50mL/min（经有关双方的同意，可以采用其他惰性气体和流速）。

(5) 测试步骤

① 仪器准备。检查仪器和计算机的电路接头即数据传输接口良好，接通仪器电源，打开计算机和仪器，使其平衡至少 1h，以便电气元件温度平衡。打开气源，将气体流速调整至 50mL/min。对仪器进行温度和量热校正确保仪器测试准确。

② 称样。用分析天平称取样品在样品皿内，试样量采用 5～10mg，精确到 0.1mg。样品皿的底部应平整，且样品皿和试样支持器之间接触良好。不能用手直接处理试样或样品皿，要用镊子或戴手套处理试样。

③ 打开测量软件，把样品皿放入测试仪器内。

④ 编辑测试程序，包括温度程序（温度范围、升降温速率、恒温时间等），选择气氛，设置气流速度。适当的速率对观察细微的转变是重要的，经有关双方的同意，可以采用需要的升温和降温速率。

a. 在开始升温操作之前，用氮气预先清洁 5min。

b. 结晶度测试一般以 20℃/min 的速率开始升温并记录。将试样皿加热到高于熔融外推终止温度（T_{efm}）约 30℃。样品和试样的热历史及形态对聚合物的 DSC 测试结果有较大影响。因此进行预热循环并进行第二次升温扫描测量是非常重要的。若材料是反应性的或希望评定预处理前试样的性能，可取第一次热循环时的数据。试验报告中应记录与标准步骤的差别。

c. 恒温 5min。

d. 以 20℃/min 的速率开始降温并记录，直到比预期的结晶温度低约 50℃。

e. 恒温 5min。

f. 以 20℃/min 的速率进行第二次升温并记录，加热到高于熔融外推终止温度（T_{efm}）约 30℃。

g. 将仪器冷却到室温，取出试样皿，观察试样皿是否变形或试样是否溢出。

h. 重新称量皿和试样，精确到 0.1mg。如有任何质量损失，应怀疑发生了化学变化，打开样品皿并检查试样。如果试样已降解，舍弃此试验结果，选择较低的上限温度重新试验。变形的样品皿不能再用于其他试验。如果在测量过程中有试样溢出，应清理样品支持组件。按照仪器制造商的说明进行清理，并用至少一种标准样品进行温度和能量校正，确认仪器有效。

i. 按仪器制造商的说明处理数据，由使用者决定是否进行重复试验。

（6）测试结果　测量 DSC 曲线上的峰与基线之间的面积。先计算出熔融峰的面积，如果存在冷结晶峰；也计算出相应的面积，面积计算需要使用单独的面积计算按钮，而不能使用“峰的综合分析”或“部分面积”功能。图 9-16 为典型 DSC 熔融曲线。

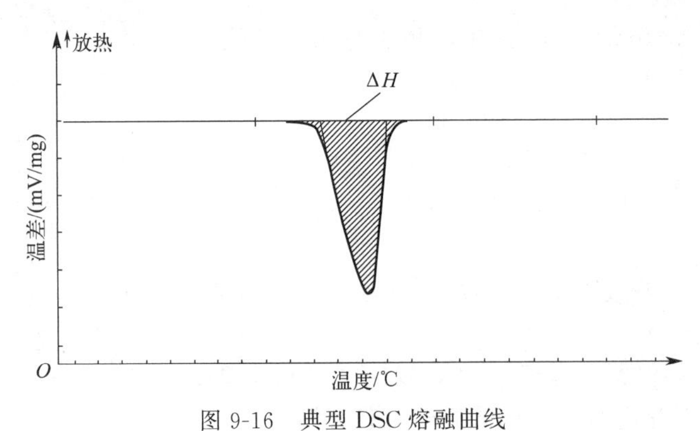

图 9-16　典型 DSC 熔融曲线

按式(9-1) 计算结晶度，结果用三位有效数字表示，小数点后最多保留两位小数。

技术提示

（1）为保证测量数据的准确性，取样时样品要有代表性，试样尽可能均匀。

（2）为保证测量中温度的准确性，建议每月对仪器用标准样品校准。

（3）若试验过程中出现意外（停电、仪器损坏等），必须关闭所有电源，等一切恢复正常，仪器经检查（有必要时要校正）后方可重复试验。

（4）仪器不要放在风口，并防止阳光直接照射。测量时，应避免环境温度、气压或电源电压剧烈波动。

四、分析测试主要影响因素

聚合物材料的结晶度与材料本身结构以及材料成型工艺条件有很大的关系。

（1）高分子链结构 结构越规整，越容易结晶，反之则越不容易结晶，成为无定形聚合物。结构因素是最主要的。要提高聚合物的结晶取向，从结构来说，可以增加分子链的对称性；增加分子链的立体规整性；增加重复单元的排列有序性，即等规共聚；增加分子链内的氢键；降低分子链的支化度或交联度等。

（2）压力 在冷却过程中如果有外力作用，能促进聚合物的结晶，故生产中可调高射出压力和保压压力来控制结晶性塑料的结晶度。

（3）成核剂 由于低温有利于快速成核，但却减慢了晶粒的成长，因此为了消除这一矛盾，在成型材料中加入成核剂，使塑料能在高模温下快速结晶。

（4）温度 聚合物结晶时，温度下降，黏度增加，分子链的活动性降低，当降温速率较快的时候，来不及进行位置调整的分子链段结晶不完全，使结晶停留在各个不同阶段上。一定范围内，降温速率越快，来不及调整位置的分子链段增加，因此结晶度越低，降温速率越慢，结晶度越高。

任务延伸

差示扫描量热分析仪操作安全和设备维护关键点。

1. 实验室应尽量远离振动源及大的用电设备。实验桌应尽量稳定避震。仪器可一直处于开机状态，尽量避免频繁开机关机。在之前关闭仪器的情况下，DSC 仪器建议开机半小时后进行测试。

2. DSC 炉体在 400℃以上必须用 N_2 保护，不能通入空气或氧气。尽量避免在仪器极限温度附近进行长时间恒温操作，试验完成后，建议等炉温降到 200℃以下后才能打开炉体。DSC 仪器原则上不做分解测试，以避免炉体污染。

3. 测试样品及其分解物不能对支架、热电偶造成污染［如 PVC、氯丁橡胶（CR）等分解会释放 HCl 气体腐蚀热电偶和炉体］。试验前应对样品的组成有大致了解，对于成分与分解物未知的热重测试，从安全角度可考虑加盖测试。如有危害性气体产生，试验要加大吹扫气的用量。金属样品的测试需查金属的蒸气压/温度。

4. 测试样品及其分解物不能与测量坩埚发生反应。铝坩埚测试，测试终止温度不能超过 600℃，绝对避免使用铂坩埚进行金属样品测试。氧化铝坩埚不适合用于测量硅酸盐、氧化铁、晶体材料及其他无机材料等的熔融。

5. 对于发生污染的 DSC 炉体可以采取以下措施：

① 使用棉花棒蘸上乙醇轻轻擦洗。

② 使用大流量惰性吹扫气氛空烧至 600℃（注意仪器的最高使用温度，如炉体最高使用温度为 500℃，则用 490℃空烧）。

③ 在日常使用温度范围内进行基线的验证测试，若基线正常无峰，传感器可继续使用。

④ 使用标样 In 与 Zn 进行温度与灵敏度的验证测试，若温度与热焓较理论值发生了较大偏差，需要重新进行校正。

6. DSC 样品称重天平要求：DSC 常规样品称重 5～10mg，建议配备精确到 0.01mg

（十万分之一）的天平。

任务考核

一、判断题

1. 热分析是指加热状态下记录物质物理性质随温度或时间变化的分析方法。 （ ）
2. 差热法是在程序控温下测量样品和参比物之间热功率差与温度或时间关系的技术。 （ ）

二、简答题

1. 功率补偿型 DSC 仪器的主要特点是什么？
2. 影响 DSC 测试的因素主要有哪些？

素质拓展阅读

高结晶度聚丙烯市场发展空间大

作为高性能树脂专用料，高结晶度聚丙烯（HCPP）具有高强度、高耐热、高刚性、高熔指、高模量等特点。相比于普通聚丙烯（PP）产品，HCPP 的结晶温度更高，其制品成型周期短，且能达到薄壁化、轻量化生产需求。HCPP 主要应用在汽车领域，近年来，随着国内汽车行业轻量化发展，HCPP 市场需求不断释放。

HCPP 可分为共聚 HCPP 和均聚 HCPP 两大类，其中共聚 HCPP 产品主要应用在汽车、家电等领域，均聚 HCPP 产品主要应用在食品包装、日用品领域。整体来看，汽车和包装是 HCPP 主要应用领域，两者合计消费占比超七成。

根据新思界产业研究中心发布的《2022—2027 年中国高结晶度聚丙烯（HCPP）行业市场深度调研及发展前景预测报告》显示，HCPP 是我国对外依存度较高的高端聚丙烯专用料之一，特别是多相共聚 HCPP 产品，对外依赖度达到 90%以上。现阶段，我国 HCPP 市场需求量达到 35 万 t/a，且将保持以 8%的年均复合增长率增长，未来市场前景广阔。

近年来，我国聚丙烯产能扩张迅速，现阶段，我国已成为全球聚丙烯生产大国，2020 年，我国聚丙烯新增产能达到 440 万 t/a，总产能接近 3300 万 t/a。我国聚丙烯产业存在结构性供应过剩问题，近年来，在中低端聚丙烯市场竞争加剧的背景下，高端聚丙烯成为国内企业新突破口，HCPP 国产化进程加快。随着相关工艺优化，目前我国已初步具备 HCPP 生产能力，个别牌号已经实现量化生产。目前均聚 HCPP 以国产产品为主，主要供应商包括洛阳石化、广州石化、盘锦华锦、镇海炼化、燕山石化等；共聚 HCPP 产品仍依赖进口，主要来源于韩国 SK、大韩油化、巴塞尔、中沙天津、韩华道达尔等企业，其中韩国 SK 是我国 HCPP 主要进口商，进口量达到 4.2 万 t/a。相比于国外产品，国产 HCPP 在加工性能、模量/冲击、气味、品质等方面仍存在一定提升空间。新思界行业分析人士表示，在聚丙烯产业高端化发展背景下，HCPP 市场发展空间大，尤其是共聚 HCPP。HCPP 下游应用涉及汽车、包装、日用品等领域，近年来，随着汽车行业轻量化发展，我国 HCPP 市场需求不断增长。我国具备 HCPP 量产能力，国产 HCPP 以均聚 HCPP 产品为主，但国产 HCPP 产品与进口 HCPP 产品仍存在一定差距，共聚 HCPP 仍依赖进口。

任务四 聚合物复合材料微观形貌分析

一、复合材料微观形态及其分析方法

复合材料是由两种或两种以上不同性质的材料，通过物理或化学的方法，在宏观上组成具有新性能的材料。各种材料在性能上互相取长补短，产生协同效应，使复合材料的综合性能优于原组成材料而满足各种不同的要求，其中纤维增强材料是应用最广、用量最大的复合材料。材料的结构形貌分为微观结构形貌和宏观结构形貌，微观结构形貌指的是材料在微观尺度上的聚集状态，如晶态、液晶态或取向态，以及晶体尺寸、纳米尺度相分散的均匀程度等；宏观结构形貌是指在宏观或亚微观尺度上高分子聚合物表面、断面的形态，以及所含微孔（缺陷）的分布状况。

复合材料的性能除了与主要组分基体树脂的性质以及填料的性质、形态、尺寸、浓度等密切有关外，填料或增强材料的分散状态、基体树脂的高分子聚集态结构、填料或增强材料等与基体树脂界面结构也有很大的影响。即复合材料的微观结构对其宏观上的力学、物理性质有重要影响。

通过观察复合材料表面、断面的形貌及内部的微相分离结构，微孔及缺陷的分布，晶体尺寸、性状及分布，以及纳米尺度相分散的均匀程度等微观形貌特点，为改进复合材料的加工制备条件、材料组分的选择和性能的优化提供数据。同时，通过对其表面形貌、组成、结构进行精准表征，获知其结构与性能的关系，有利于探索复合材料在聚合、修饰、复配、成型加工等实际应用各个阶段微观形态变化及相关机理研究，有利于开发新的功能高分子材料。

复合材料微观形态的分析方法有偏光显微镜、扫描电子显微镜（SEM）、透射电子显微镜（TEM）、扫描探针显微镜（STM）等。偏光显微镜是研究材料光学特性的仪器，可用于观察聚合物球晶及其生长过程；SEM 是利用电子束在样品表面扫描激发出来代表样品表面特征的信号成像的，广泛用于高分子材料表面和断面形貌、微观结构、微区化学成分分析等；TEM 用聚焦电子束作照明源，使用对电子束透明的薄膜试样，以透过试样的透射电子束或衍射电子束所形成的图像来分析试样内部的显微结构，可用于研究材料微观形貌、填充相形状和分布，另外还可用于晶体结构分析、晶体取向分析等；STM 利用探针在被测试样表面上进行纵、横向扫描引起相关检测量变化，其分辨率比 SEM、TEM 更高，甚至可以达到原子级，可表征聚合物形貌、聚合物与不同基底间的相互作用力。

SEM 是一种常见的复合材料形态结构分析方法，本任务以扫描电子显微镜为例，阐述其在复合材料微观形貌分析上的应用。

二、扫描电子显微镜

1. SEM 概述

SEM 是介于透射电子显微镜和光学显微镜之间的一种微观形貌观察手段，可直接利用样品表面材料的物质性能进行微观成像，通过得到的微观成像来测试复合材料的表面形态结构。通过形态结构可以了解增强材料与基体材料的分布情况、增强材料与基体材料之间的相界面形貌，以及复合材料的结构设计。

SEM 应用广泛，具有以下特点：

① 仪器分辨率高，通过二次电子像能够观察试样表面 6nm 左右的细节。

② 仪器放大倍数变化范围大（一般为 10～150000 倍），且能连续可调。因而，可根据需要任意选择不同大小的视场进行观察，同时在高放大倍数下，也可获得一般透射电镜较难达到的高亮度的清晰图像。

③ 观察试样的景深大，图像富有立体感。可直接观察起伏较大的粗糙表面。

④ 样品制备简单，只要将块状或粉末的、导电或不导电的样品稍加处理或不加处理，就可直接放到扫描电镜中进行观察。

⑤ 分析能力强，可安装多种附件，如 EDS、WDS 等。

（1）SEM 的成像原理　扫描电镜由电子枪发射出来的电子束（直径约 50μm），在加速电压的作用下，经过磁透镜系统汇聚，形成直径为 5nm 的电子束，聚焦在样品表面上，在第二聚光镜和物镜之间偏转线圈的作用下，电子束在样品上做光栅状扫描，电子和样品相互作用，产生信号电子。这些信号电子经探测器收集并转换为光子，再经过电信号放大器加以放大处理，最终成像在显示系统上。

（2）SEM 的结构　常用的扫描电子显微镜的结构系统如图 9-17 所示，主要由五部分组成：电子光学系统、扫描系统、信号检测系统、显示系统、电源和真空系统。

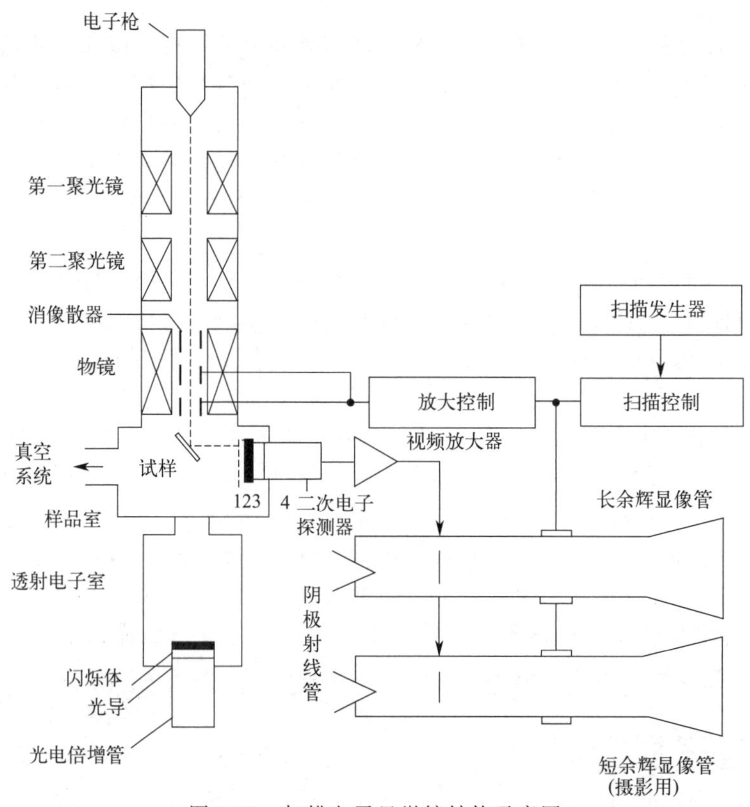

图 9-17　扫描电子显微镜结构示意图

电子光学系统由电子枪、电磁聚光镜、光阑、样品室等部件组成，用来获得扫描电子束，作为使样品产生各种物理信号的激发源。为了获得较高的信号强度和扫描像（尤其是二次电子像）分辨率，扫描电子束应具有较高的亮度和尽可能小的束斑直径。扫描系统的作用是驱使电子束以不同的速度和不同的方式在试样表面扫描，以适应各种观察方式的需要。信号检测系统是采用各种相应的信号探测器，对入射电子束和试样作用产生的各种不同的信号转换成电信号加以放大，最后在显像管上成像或用记录仪记录下来。显示系统的作用是把已放大的备检信号显示成相应的图像，并加以记录，通常用两个显像管来显示图像和记录图像。电源和真空系统用于提供扫描电子显微镜各部分所需的电源。真空系统的作用是提供能确保电子光学系统正常工作、防止样品污染所必需的真空度。

（3）SEM 的应用　在高分子材料研究领域，SEM 主要有以下几个方面的应用。

① 结晶高分子的形态结构研究。SEM 可以直接观察高分子材料的结晶形态，为了提高观察效果，通常对表面进行刻蚀和镀金处理。

② 高分子多相复合体系的形态结构研究。SEM 通过观察复合体系破裂表面来研究相态结构和相界面之间的相互作用对复合体系性能的影响，图 9-18 是玻璃纤维增强聚酰胺材料的断面图，可以看到玻璃纤维与基体聚酰胺树脂的界面结合较好。

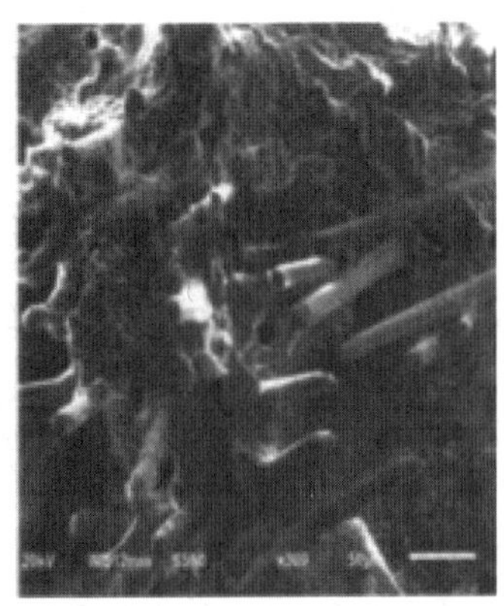

图 9-18　玻璃纤维增强聚酰胺断面图

③ 纤维和织物表面形态结构研究。研究纤维及其织物的表面形态是了解和改良纤维及其织物的重要环节。光学显微镜通常不能同时聚焦清楚整个纤维皮层、芯层及断裂面的形貌和经过后处理的形态结构变化，SEM 则可以清晰地进行这些观察。

④ 聚合物薄膜的表面形态研究。SEM 可以观察薄膜表面形态特征，有助于研究人员了解薄膜的形成过程、加工工艺条件等对薄膜的微观结构及性能的影响。

2. SEM 测试纤维增强复合材料微观形态

（1）测试原理　利用扫描电子显微镜经聚焦的、具有一定能量的电子束在复合材料断面扫描，从样品断面激发出二次电子，将二次电子收集处理后可获得样品断面形貌的扫描图像，即可观察到样品多相体系的微观形貌，从而判断增强纤维在聚合物中的分散情况和两者的界面结合情况。

（2）主要设备

① 设备：扫描电子显微镜，如图 9-19 所示；离子溅射仪，如图 9-20 所示。

② 常用制样工具：剪刀、镊子、洗耳球、斜口钳、锤子等。

③ 常用制样消耗材料：导电双面胶、银导电胶、脱脂棉、乙醇等。

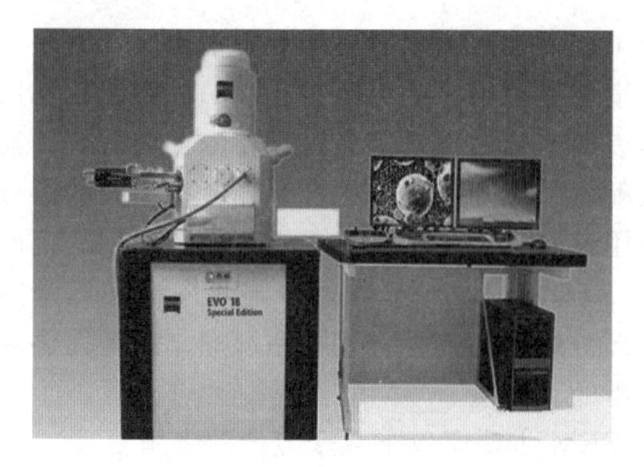

图 9-19 扫描电子显微镜

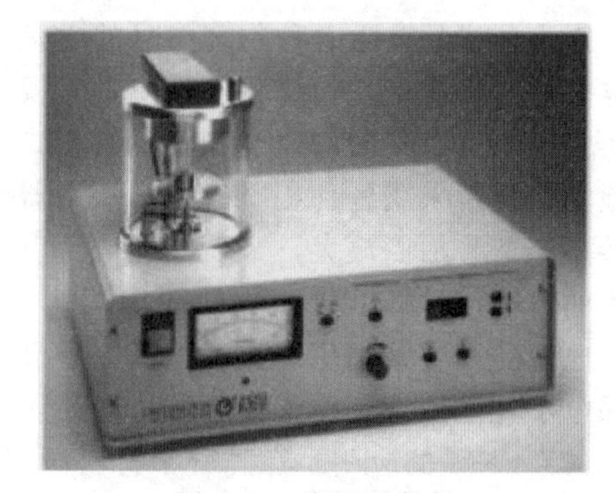

图 9-20 离子溅射仪

（3）测试试样　测试试样可以为颗粒、粉末、薄膜等多种形态，测试时根据样品形态选择不同的预处理手段和制样方法。样品制备方法有：

① 粉末样品的制备。对于粒径在（0.01～1）mm 的粉末样品，取少量样品均匀撒落在贴有双面胶样品台上，用洗耳球吹去未粘牢的颗粒即可。不导电样品表面需要蒸镀一层导电层。

② 固体块状样品的制备。对于导电的固体样品，只要取适合于样品台大小的试样块，注意不要损伤或污染所要观察的新鲜断面，用导电胶固定在样品台上，可直接放入扫描电镜中观察；对于导电性差或不导电的样品，采用同样的制样方法，制好的样品必须喷镀一层导电层后再放入扫描电镜中观察。

③ 纤维样品的制备。需要按观察要求将化纤、羊毛、棉纱等原丝或编织物横向（纵向）两端用胶带固定或纵向观察（观察断口或内部），也可以将纤维插进专业的套管或利用医学中常用的包埋法将其固定（不导电样品表面需要蒸镀一层导电层）。

（4）测试条件　扫描电镜测试条件选择如下。

① 亮度：固定在 50%；

② 衬度：调节衬度使图像亮暗合适；

③ 放大倍数：结合实际需要调节放大倍数；

④ 调焦：调节合适的焦距。

⑤ 加速电压：选择合适的加速电压。

（5）测试步骤

① 开机：接通电源，按 STANDBY，真空系统工作，整机处于待机状态，然后点击启动按钮（ON），所有系统开始工作，同时计算机自动启动，注册进入系统。

② 开启测试软件。

③ 放置样品：把处理好的样品放入样品舱，抽真空。

④ 等待真空度$<8\times10^{-5}$mbar（1mbar＝0.1kPa），真空状态许可出现（Vac Status＝Ready）（由于不同设备要求不同，真空度不同，达到设备许可值即可。）

⑤ 选择加速电压（EHT）和开电子枪，荧光屏上出现图像。

⑥ 如果需要，进行物镜光阑合轴，将图像放大到 5000 倍以上调焦，并消像散。调整图像亮度和衬度。

⑦ 选择样品感兴趣部位，调整到合适倍数，记录图像，选择较慢扫描速度，图像扫完一帧后将冻结（Freeze）在存储器中，以数字文档形式转存或打印。图像最终扫描时可以选用不同的降噪方式，提高图像信噪比。在冻结图像上可以输入文本或对特征物测量。

⑧ 关机：关电子枪，样品室放气取出样品，再抽真空；按提示关闭所有窗口与计算机，按 STANDBY，之后再关（OFF），电镜断电。

（6）测试结果　结果以图像形式保存在电脑存储器中。

技术提示

（1）样品选择与制备：含易挥发性物质的样品需先通过烘烤除去易挥发性物质；粉末样品需要在将样品放在导电胶上后去除黏结不牢的样品（用电吹风吹或其他手段）。

（2）换取样品、更换灯丝的过程中要使用无尘橡胶手套操作，切不可用手直接接触载物台和样品。

（3）放置样品台时，样品台一定要卡到位，否则载物台此时将会报警，严重时载物台会卡住舱门。

（4）在移动、升降或倾斜样品台时，一定要在 TV 模式下进行，确保样品台不会碰到物镜和探测器。尤其在样品台上升的过程中，一定要观察样品的高度，常用工作距离 WD>8mm。

任务延伸

扫描电镜操作安全和设备维护关键点。

1. 环境条件维护

温湿度控制：室内温度控制在 18～25℃，相对湿度小于 65%。

震动控制：在电镜室的隔间加装减震台、外围辅助设施。

2. 电子光学系统维护

（1）灯丝维护

① 尽量减少开关电子束高压和抽放真空的次数，保持镜筒的高真空度，减缓灯丝的氧化，延长使用寿命和效率；

② 采用低电压和小孔径的光阑，降低灯丝电流，可有效减缓灯丝的损耗；

③ 在日常使用中切勿关闭灯丝，影响灯丝寿命；

④ 待观察样品一定要干燥，不含水分和其他挥发性物质，以防引起灯丝熔断或骤灭。

（2）物镜光阑维护

① 采用较远的工作距离和合适的光阑孔径，保持光阑清洁；

② 尽量减少真空系统自身带来的污染，延长光阑的使用寿命，如机械泵定期换油，冷却循环水机要有足够的制冷量；

③ 磁性样品要预先消磁，因其会影响电子束运动轨迹，且容易吸附在真空腔体内部，污染光阑；

④ 不导电或导电性差的样品表面喷镀金属膜，提高样品的导电导热性能，减少电子束对样品的热损伤和热分解，避免影响电镜性能；

⑤ 断口或块状样品在测试前可用乙醇或丙酮冲洗，有效去除污渍，保证样品干净无污染物；

⑥ 粉末样品一定要粘牢，并用洗耳球或压缩气体吹扫，避免污染电镜光阑等部件；

⑦ 测试时注意检查光阑对中和检查像散情况。

3. 真空系统维护

为保证电子光学系统的正常工作，扫描电镜对镜筒内的真空度和样品室的真空度有一定的要求。真空度不足除了会引起样品被污染外，还会造成灯丝寿命下降、高压电极间放电等问题。扫描电镜的真空系统主要由前级无油机械泵、无油磁悬浮涡轮分子泵及离子泵三级真空泵组成，以维持电子光学系统的超高真空。

（1）日常维护

① 更换样品时，一定要将隔离阀（CIV）关闭，使镜筒与样品室隔开，以保持镜筒内的真空不被破坏；

② 长期保持镜筒在一定的真空状态，即使扫描电镜不工作期间，也要做到每周开机1～2次，以防镜筒内部锈蚀；

③ 检查真空泵工作时是否有异响，清洁真空泵的散热风扇和过滤器，定期更换真空泵的密封套件；

④ 有离子泵的定期对离子泵进行烘烤。

（2）附件设施维护

① 定期检查冷却循环水的状况；

② 定期检查空气压缩机的压力情况，确保出口气压处于5～6bar（$1bar=10^5 Pa$）；

③ 定期开启扫描电镜不常用的各功能系统，每次时间不小于1h，以防电子元件老化或受潮而发生故障。

（3）日常管理

① 电镜室必须保持干净整洁；

② 未经培训或管理人员同意使用仪器的其他人员，一律不得擅自上机操作；

③ 做好扫描电镜使用中各项参数（真空参数、电流参数）的检查和记录，保证故障的可追溯性，便于排除故障；

④ 电镜在运行中出现插线故障，操作人员应立即停止使用，在登记本上写明情况，并报告管理人员；

⑤ 观察结束后，一定要将重新设定的参数改回原始参数，关掉高压（EHT OFF），否则会影响灯丝寿命；

⑥ 如需回收样品，取出样品后必须立即抽真空，让样品室尽快回到高真空状态，不仅可以减少对样品室和镜筒的污染，缩短下次换样时抽真空的时间，同时也不会使水蒸气轻易地积聚在机械泵中，导致泵油混浊、质量变差或频繁维修；

⑦ 测试结果以电子邮件发送或刻录光盘，禁止使用U盘和移动硬盘拷贝。

4. 安全注意事项

① 按仪器功率要求配备不间断电源（UPS），确保设备在突然停电的情况下能运行30min；

② 使用扫描电镜时，一定要确保电源的持续和稳定，注意用电安全；

③ 严格按照开关机顺序进行开关机操作；

④ 更换灯丝时一定要严格按照顺序进行（关灯丝和软件—关电脑—STANDBY—OFF—更换灯丝）；

⑤ 正常测试时，不要碰到操纵杆，以免样品的高度和倾斜度发生变化，损坏物镜和探测器；

⑥ 在开关舱门时必须轻推，避免撞击或震动而损坏探测器；

⑦ 电镜室隔间的空调一定要保持打开状态，不能关闭，因隔间放有冷却循环水机、空气压缩机、机械泵、UPS等设备，其工作时散热很大，尤其在夏天，温度过高容易导致设备负荷太大而损坏；

⑧ 不要在电镜专用的电脑上私自安装其他软件，以防电脑系统崩溃；

⑨ 不要在电镜主机台面上放置尖锐小物件（如螺丝、螺丝刀等），以防破坏气垫；

⑩ 在中途不使用电镜时，在 Stage Navigation 里面的 Disable Joystick 前面打√，防止误操作而撞到物镜和探测器。

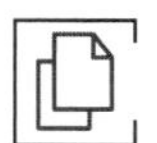

任务考核

一、单项选择题

1. 与光学显微镜比较，电子显微镜的优点是（　　）。

A. 可在常压下工作　　B. 可观察活细胞

C. 可观察到彩色图像　　D. 分辨率高

2. 提高显微镜分辨率的方法不包括（　　）。

A. 工作波长选择短波　　B. 工作波长选择长波

C. 采用浸液透镜　　D. 增大显微镜的数值孔径

二、简答题

1. 查阅资料，对比分析光学显微镜、X 射线衍射和电子显微镜在分析材料微观结构上的优缺点。

2. 粉末样品会对电镜产生哪些影响？应采取哪些措施？

素质拓展阅读

无损检测技术在碳纤维复合材料检测中的应用

碳纤维复合材料由多种新型材料组合而成。碳纤维复合材料优势明显，应用广泛，在军事领域和民用领域都可以看到碳纤维复合材料的身影，例如通过碳纤维复合材料制作导弹发动机壳体，用于动车刹车制作、汽车发动机与轴承制作等。

在碳纤维复合材料生产过程中，可能受到生产流程和人为因素影响，出现缺陷和损伤情况，因此需要采用严格的检测技术，了解碳纤维复合材料问题形成原因，制定针对性解决建议。传统的检测技术可能会对检测对象造成一定破坏，无法控制检测工作中出现的经济耗损。另外，传统检测技术检测功能较少，只能确定检测对象的形态与用途，无法满足检测对象综合分析需求，因此需要针对检测技术进行革新。

无损检测技术在先进物理设备与仪器的支持下，通过观察检测对象受光、热、磁影响发生的变化，在不改变检测对象的形状，也不影响检测对象的内部结构和性能的前提下，获得准确、可靠的检测结果，并且实现全程检测，为检测水平提升创造良好空间，已逐渐成为社会各界关注的重点。

碳纤维复合材料检测中常用的无损检测方法有超声波检测技术、红外线热波检测、渗透检测方法等。其中超声波检测技术应用概率较高，通过波形清晰判断复合材料存在的缺陷位置与缺陷类型。红外线热波检测的优势为，可以直接了解纤维层存在的缺陷，冲击损伤检测精度较高，同时可以了解碳纤维复合材料的内部情况。渗透检测方法使用渗透性较强的氯化金溶液，查看碳纤维复合材料的分层情况，通过系统完成分层建模，了解碳纤维复合材料的性能。

资料来源：《中国纤检》

拓展练习

1. 碳纤维和玻璃纤维增强的树脂基复合材料具有轻质、高强度、耐腐蚀等优点，在航空航天领域的应用越来越广泛，请你根据所学的内容说明如何判断增强纤维在树脂材料中的分散情况。

2. 请查找资料了解紫外和红外在化合物定性和定量分析中各有哪些优劣。

3. 已知聚合物样品中苯乙烯含量占比为25%，丁二烯基含量占比75%，请你根据所学知识并查阅资料，简述如何辨别该样品是共混物还是共聚物。

4. 红外衰减全反射（ATR）技术是红外光谱测试技术中应用非常广泛的光谱技术。请你查阅资料，简述ATR技术的优点。

5. 透射电子显微镜（TEM）和扫描电子显微镜（SEM）的成像原理有何区别？

项目十 成分分析

项目导言

高分子材料是以高分子化合物为基体，再配以其他添加剂（助剂）所构成的材料，结构成分复杂。聚合物基体决定材料的性能，改变基体能制造出不同功能、不同性质和不同使用目的的各种产品。添加剂可以改善材料性能，满足成型加工、应用和成本控制等要求，如硬质 PVC 用于建筑工业中的下水道管材和板材，软质 PVC 软管中加入了 40%～50%的增塑剂，可用于生产农用薄膜和软管以及电缆电线的外皮；橡胶、塑料制品在日光照射下容易发生光降解导致机械强度发生变化，为了解决这个问题必须加入光稳定剂；无机填料（如碳酸钙、云母、硅灰石、滑石、高岭土）具有独特的物理化学性质，能改善塑料的力学性能、加工性能和热性能等。

高分子材料的成分分析包括聚合物基体的鉴别分析、各类助剂和其他成分的定性或定量分析。通过对高分子材料进行成分分析，不仅能对原材料进行质量控制，还能剖析得到材料组成，为后续配方设计、新产品开发提供参考依据。同时，随着环保和安全意识的增强，材料挥发性有机物（VOC）和有害物质的含量分析也成为成分分析关注的重要内容。

高分子材料成分分析方法包括利用外观、燃烧等手段的常规分析方法，化学滴定分析法和仪器分析法。本项目介绍利用以上三类方法对高分子材料中的有机助剂、无机填料、VOC 和有害物质含量以及聚合物基体的种类进行定性或定量分析。其中有机助剂涉及化学滴定分析法、气相色谱法、气相色谱-质谱联用法；无机填料涉及马弗炉法、电感耦合等离子体发射光谱测试法；VOC 分析涉及气相色谱-质谱联用法；有害物质分析涉及 X 射线荧光光谱分析（XRF）、气相色谱-质谱联用法；高分子材料种类分析涉及常规分析方法和裂解气相色谱-质谱联用法。

项目目标

素质目标

- 增强材料的安全性认识，具有绿色环保意识。
- 具有跟进检测技术发展意识和进行检测技术创新的意识。
- 通过材料成分剖析，进一步增强材料创新意识，开拓创新思路。

知识目标

- 熟悉常规方法鉴别高分子材料、化学滴定法分析有机助剂和灰分测试的操作。
- 熟悉仪器分析法鉴别高分子材料、分析有机助剂和填料的原理。
- 熟悉高分子材料 VOC 的管控和有害物质相关法规知识。
- 了解仪器分析法在高分子材料 VOC 和有害物质分析中的应用。

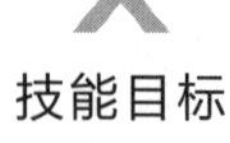

技能目标

- 能利用常规方法鉴别常见的高分子材料。
- 能进行基本的化学滴定操作，并测定有机助剂的酸值、碘值等。
- 能规范操作马弗炉，并测定塑料和橡胶的灰分。
- 会分析乘用车内 VOC 和有害物质管控要求。
- 能设计高分子材料成分分析测试方案。

任务一 高分子材料的鉴别分析

高分子化合物是高分子材料的基体，因此高分子化合物的种类对材料的性能具有决定性的作用。高分子材料的鉴别分析即通过分析仪器或外观、密度等常规方法对材料中高分子化合物的种类进行定性分析，在材料开发、质量管控、失效分析等工作中具有重要意义。

一、仪器分析法

仪器分析法即借助各类分析仪器对聚合物种类进行鉴别分析，通常塑料的鉴别可以结合红外光谱和差示扫描量热法，用红外光谱对塑料的结构进行测试分析，用 DSC 来测试材料的玻璃化转变和熔点，综合两种分析手段，来对塑料的种类进行准确鉴别；对于橡胶的鉴别，可以借助裂解气相色谱-质谱联用法对生胶、硫化胶等进行裂解，再对得到的质谱图进行解析得到橡胶种类。

以塑料为例，红外光谱对塑料的鉴别是根据聚合物在中红外区 $4000 \sim 400\mathrm{cm}^{-1}$ 内得到的红外光谱图来进行聚合物定性分析，将得到的红外光谱图与标准样品的红外光谱图进行比对分析出聚合物的种类，或者根据特征峰分析特征结构，再根据特征结构分析出聚合物的种类。具体测试操作过程可参考项目九任务一。

熔点和玻璃化转变温度是塑料的重要特性常数，经常被利用来做定性鉴别。对于无定形高分子，玻璃化转变温度是链段开始运动的表征，当加热到玻璃化转变温度时材料开始变软。对于部分结晶高分子，其无定形部分往往由于链段运动受到结晶区的束缚而在软化点观察不到变化，只有加热到结晶开始熔化时（即熔点）才观察到软化或流动，而且由于结构的复杂性，高分子材料的熔融温度常常是一个比较宽的温度范围（称为熔程）。另外，有些聚合物测不到熔点或玻璃化转变温度，如已交联或交联程度很高的热固性塑料和橡胶，加热这类材料直至分解也不会有玻璃化转变或熔融，有的高分子化合物虽然没有交联，但其分解温度低于玻璃化转变温度或熔点，同样也不会软化或熔融。DSC 的操作可参考项目九的任务三。表 10-1 和 10-2 列举了部分聚合物材料的熔点和玻璃化转变温度。

表 10-1 部分聚合物材料的熔点（T_m）

聚合物	T_m/℃	聚合物	T_m/℃
聚乙烯(PE)	110～140	聚酰胺 6(PA6)	220～230
聚丙烯腈(PAN)	310～320	聚酰胺 11(PA11)	180～190
聚醚醚酮(PEEK)	335～345	聚酰胺 12(PA12)	170～180
聚甲醛(POM)	160～180	聚酰胺 66(PA66)	250～260
聚丙烯(PP)	130～170	聚酰胺 610(PA610)	220～230
聚苯醚(PPE)	240～270	聚酰胺 46(PA46)	285～295
聚对苯二甲酸丁二醇酯(PBT)	220～230	聚四氟乙烯(PTFE)	327
聚对苯二甲酸乙二醇酯(PET)	240～260	聚苯硫醚(PPS)	280～300

表 10-2 部分聚合物材料的玻璃化转变温度（T_g）

聚合物	T_g/℃	聚合物	T_g/℃
聚丁二烯(PB)	−108	聚异丁烯(PIB)	−73
聚苯乙烯(PS)	100	聚异戊二烯(PIP)	−73
聚甲基丙烯酸甲酯(PMMA)	105	聚丙烯腈(PAN)	104
聚碳酸酯(PC)	149	聚醚酰亚胺(PEI)	220
聚硫橡胶	−50	聚丙烯腈(PAN)	100
硅橡胶	−123	聚醚砜(PES)	220
聚醚醚酮(PEEK)	143		

二、常规鉴别法（非仪器法）

高分子材料鉴别的非仪器分析法

高分子材料非仪器法鉴别是指在不借助仪器的前提下对高分子材料进行材质种类鉴别的方法。由于高分子材料的物理性能不同，制成的产品物理性能也不同，虽然某些助剂使聚合物的原始指标有所变化，但它们总会保持部分原有性能。避开易变指标，采用不变指标，这是用于区分混合高分子材料制品的常用方法，主要包括“看”“摸”“听”“闻”“沉”。

“看”“摸”“听”属于直观鉴别法，“看”是指用视觉通过产品的类型、回收标志、颜色、透明度、光泽等外观对材质进行鉴别。“摸”是用触觉通过产品的软硬、粗糙、光滑等触感对材质进行鉴别。“听”是指用听觉通过产品落地、敲打、碰撞、摩擦等情况下的不同声响对材质进行鉴别。

“闻”属于燃烧鉴别法，用火点燃高分子材料，从燃烧难易程度、烟的颜色、火焰特点、气味等现象对材料进行鉴别。有些高分子材料在非燃烧和熔融状态下也有独特的气味，也可通过闻气味进行鉴别，这时的“闻”可归纳为直观鉴别法。

“沉”属于密度鉴别法，是根据高分子材料密度不同，采用一种水相介质，使它们区分出来。

随着社会的进步，高分子材料制品千变万化，所用材质种类繁多，在很多情况下要区分具体材质并非一种方法就能实现，而是利用多种方法进行组合鉴别，在不断排除和确认下，最后才能得到理想的效果。下面详细介绍高分子材料非仪器法鉴别中的直观鉴别法、燃烧鉴别法和密度鉴别法。

1. 高分子材料直观鉴别法

高分子材料直观鉴别法，主要通过眼看、手摸和耳听来进行，对于混合高分子材料制品，可以通过以下步骤进行鉴别。

（1）对高分子材料制品分类　对于混合高分子材料制品，可以通过产品类型进行分类，如水桶、洗发水瓶等，一般情况下，同一类型的产品材质是一样的，所以先对制品分类，再进行材质鉴别，可以节约很多时间和成本。

（2）通过回收标识进行鉴别　美国塑料工业协会（Society of Plastics Industry，SPI）制定了塑料制品使用种类的代码，三个顺时针箭头组成的代表循环的三角形中间，加上数字的标志，以数字 1 到 7 和英文缩写来指代塑料所使用的树脂种类，具体见表 10-3，可用于鉴别塑料产品的材质。

表 10-3　数字 1～7 塑料回收标识

塑料标识符号	材料种类	常用范围
1 PET	聚对苯二甲酸乙二醇酯	矿泉水瓶、饮料瓶、包装盒等
2 HDPE	高密度聚乙烯	洗发水、沐浴露等清洁用品瓶，啤酒桶
3 PVC	聚氯乙烯	雨伞、雨衣、充气床、农用膜等
4 LDPE	低密度聚乙烯	保鲜膜、保鲜袋、包装盒等
5 PP	聚丙烯	包装袋、保鲜盒、饭盒、奶瓶等
6 PS	聚苯乙烯	泡面盒、白色泡沫快餐盒等
7 OTHER	其它	除了以上六种之外的其它塑料

随着人们环保意识的提高，为方便高分子材料制品使用后的分类回收，现在很多企业在制备产品时会在模具上刻蚀材料标识，因此，产品成型后在产品上也会留下对应的材料标识，方便回收利用。见图 10-1。

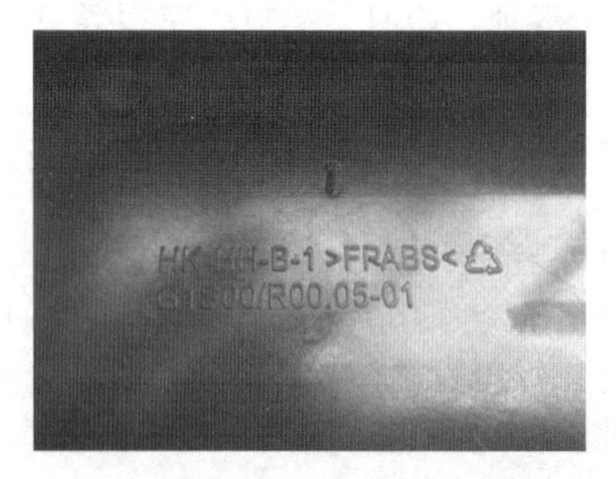

图 10-1　高分子材料制品上的材料标识

（3）通过“三觉”进行鉴别　“三觉”是指视觉、触觉和听觉，每种高分子材料都有自己的特点，它们在颜色、透明度、光泽和手感上会有一定的区别，可以通过眼看、手摸和耳听对其进行鉴别。常见高分子材料的“三觉”特点见表 10-4 和表 10-5。

表 10-4 常见树脂的“三觉”特点——颜色、透明度、手感、划痕、落地声

树脂名称	颜色	透明度	手感	划痕	落地声
聚乙烯(PE)	乳白色	透明性与结晶度有关	蜡状、滑腻	易划痕	低沉
聚丙烯(PP)	乳白色	半透明	光滑	无痕	响亮
聚氯乙烯(PVC)	白色	可做成透明产品	硬 PVC:坚硬 软 PVC:柔和	有痕	低沉
聚苯乙烯(PS)	无色	透明	坚硬	无痕	金属声
聚甲基丙烯酸甲酯(PMMA)	无色	透明	坚硬	难	低沉
聚酰胺(PA)	乳白色	不透明	光滑、坚硬	无痕	低沉
聚甲醛(POM)	白色	不透明	坚硬	难	低沉
聚对苯二甲酸乙二醇酯(PET)	无色	透明	光滑、坚硬	无痕	低沉
聚碳酸酯(PC)	无色	透明	刚硬	易划痕	清脆
丙烯腈-丁二烯-苯乙烯(ABS)	淡黄、米白	不透明	刚硬	无痕	清脆

表 10-5 常见纤维的“三觉”特点——手感、色泽及声音

纤维名称	手感	色泽及声音
棉	温暖、无弹性、柔软和干爽	光泽暗淡
亚麻	凉爽、无弹性、硬挺	光泽暗淡、偏黄
蚕丝	凉、光滑、柔软、有弹性	光泽明亮柔和、揉搓有“丝鸣”声
羊毛	温暖、粗糙、干爽蓬松	卷曲、光泽柔和优雅
涤纶(聚酯纤维)	凉爽有弹性、光滑	金属光泽、色泽淡雅
锦纶(又称聚酰胺)	凉爽有弹性、光滑	色泽鲜艳
腈纶	温暖、蓬松、干爽、顺滑、蜡感	牙咬有“吱吱”声
丙纶	干爽、硬挺、蜡感、顺滑	光泽柔和
维纶	凉爽、弹性差	光泽差
氨纶	柔软、弹性好	光泽差

2. 高分子材料燃烧鉴别法

高分子材料一般以碳氢元素为主，有的高分子材料中会含有氧、氮、硅、卤素等原子，还有的高分子材料上带有苯环或者不饱和键。不同的高分子材料由于所含元素、基团不同，燃烧过程中产生的现象也不同。因此可以根据高分子材料在空气中燃烧的难易程度、火焰颜色、是否有烟、烟的颜色、是否熔融滴落以及燃烧过程中产生的气味等对其进行材质鉴别。表 10-6 是常见高分子材料的燃烧现象。

表 10-6 常见高分子材料的燃烧现象

名称	燃烧难易程度	离火后现象	火焰特点	气味	其它现象
聚乙烯(PE)	易燃	继续燃烧	上黄下蓝、轻烟	石蜡味	滴落
聚丙烯(PP)	易燃	继续燃烧	上黄下蓝、轻烟	石油味	滴落、易拉丝
聚氯乙烯(PVC)	难燃	自熄	边绿芯橙、白烟	辛辣味	软化、能拉丝
聚苯乙烯(PS)	易燃	继续燃烧	下黄上蓝、黑烟	果香味	燃点起泡、滴落
聚甲基丙烯酸甲酯(PMMA)	易燃	继续燃烧	浅黄、有烟	花果味、腐烂蔬菜味	熔化起泡
聚酰胺(PA)	慢燃	缓慢自熄	下蓝、上黄、轻烟	毛发烧焦味	熔点起泡、滴落、可拉丝
聚甲醛(POM)	易燃	继续燃烧	下蓝上黄、少烟	甲醛刺激味、鱼腥味	滴落、熔化分裂成灰粉
聚对苯二甲酸乙二醇酯(PET)	易燃	继续燃烧	黄橙、黑烟	酸甜味	微微膨胀、滴落

续表

名称	燃烧难易程度	离火后现象	火焰特点	气味	其它现象
聚对苯二甲酸丁二醇酯(PBT)	易燃	继续燃烧	高光、黑烟	骨焦味	熔融起泡、滴落
聚碳酸酯(PC)	慢燃	缓慢自熄	黄色、黑烟	石灰味、花果臭味	成炭、滴落
丙烯腈-丁二烯-苯乙烯(ABS)	易燃	继续燃烧	黄色、黑烟	橡胶味	软化烧焦、滴落
乙酸纤维(CA)	易燃	继续燃烧	黄色、少烟	乙酸味	滴落
聚四氟乙烯(PTFE)	不燃	—	—	—	—
聚氨酯(PU)	易燃	继续燃烧	黄橙、黑烟	辛辣味	熔化、焦化
氯化聚乙烯(CPE)	难燃	自熄	绿色、黑烟	氯化氢味	滴落、可拉丝
聚酰亚胺(PI)	难燃	自熄	黄光、黑烟	氯化氢味	焦烧、开裂
聚砜(PSU)	难燃	自熄	黄光、黄褐色烟	橡胶焦味	焦烧、开裂
酚醛树脂(PF)	难燃	自熄	红光、黑烟	臭味	燃烧中分解
不饱和树脂(UP)	难燃	自熄	光亮、有炭粒喷出	甜味	燃烧中开裂
三聚氰胺(MF)	难燃	自熄	边白芯黄、黑烟	鱼腥味	膨胀开裂、焦化
氨基树脂(AF)	难燃	自熄	明亮、多烟	甲醛味	燃烧中爆裂
脲醛树脂(UF)	难燃	自熄	边缘浅蓝绿色、有烟	甲醛味	燃烧处白色
环氧树脂(EP)	缓慢燃烧	继续燃烧	黄色、黑烟	刺激气味	燃烧处变黑
液晶聚合物(LCP)	可燃	继续燃烧	黄光、白烟	轻臭味	软化、可拉丝
聚乙烯醇(PVA)	难燃	缓慢自熄	紫色边、有烟	乙酸气味	喷出火花
丁腈橡胶(NBR)	易燃	继续燃烧	淡黄色火焰、黑烟	蛋白质燃烧味道	残渣无黏性

3. 高分子材料密度鉴别法

由于不同高分子材料的密度不同，可以利用高分子材料的密度来区分高分子材料。这种方法除对原材料有用，也可用于一般的高分子材料制品（因产品性能需要，在加工过程中，材料密度发生较大变化的除外，如：阻燃和增强等改性后的材料）。密度法不仅是高分子材料鉴别的一种方法，也是混合高分子材料分离提纯过程中不可缺少的工艺步骤，其设备简单、投资少、效率高，在混合高分子材料分离提纯工艺中占有重要地位。

同一种高分子材料由于分子量及分子量分布差别，高分子材料的密度值不是固定的，而是在一个范围内波动，常见高分子材料密度见表 10-7。

表 10-7 常见高分子材料的密度

名称	密度/(g/cm^3)	名称	密度/(g/cm^3)
低密度聚乙烯(LDPE)	0.89～0.93	聚四氟乙烯(PTFE)	2.14～2.30
聚丙烯(PP)	0.85～0.91	聚氨酯(PU)	1.05～1.25
聚氯乙烯(PVC)	1.35～1.45	氯化聚乙烯(CPE)	1.20～1.24
聚苯乙烯(PS)	1.04～1.08	聚酰亚胺(PI)	1.39～1.45
聚甲基丙烯酸甲酯(PMMA)	1.16～1.20	聚砜(PSU)	1.22～1.25
聚酰胺 6(PA6)	1.13～1.15	聚硫橡胶(PR)	1.34～1.41
聚酰胺 66(PA66)	1.14～1.16	丙烯酸酯橡胶(ACM)	1.38～1.41
聚酰胺 12(PA12)	1.02～1.06	酚醛树脂(PF)	1.26～1.28
聚甲醛(POM)	1.41～1.43	高密度聚乙烯(HDPE)	0.93～0.97
聚对苯二甲酸乙二醇酯(PET)	1.38～1.41	不饱和树脂(UP)	1.10～1.40
聚对苯二甲酸丁二醇酯(PBT)	1.31～1.35	密胺树脂(MF)	1.30～1.60
聚碳酸酯(PC)	1.16～1.20	氨基树脂(AF)	1.20～1.40
聚丙烯腈-丁二烯-苯乙烯(ABS)	1.04～1.06	脲醛树脂(UF)	1.47～1.52
乙酸纤维(CA)	1.30～1.35	环氧树脂(EP)	1.10～1.40

续表

名称	密度/(g/cm^3)	名称	密度/(g/cm^3)
聚丙烯腈(PAN)	1.14～1.17	氯丁橡胶(CR)	1.23～1.28
液晶聚合物(LCP)	1.3～1.7	丁基橡胶(IIR)	0.91～0.93
聚乙烯醇(PVA)	1.19～1.31	丁腈橡胶(NBR)	0.96～1.02
丁腈橡胶(NBR)	0.91～0.93	三元乙丙橡胶(EPDM)	0.84～0.86
天然橡胶(NR)	0.90～0.93	硅橡胶(SR)	0.96～0.98
丁苯橡胶(SBR)	0.92～0.94	氟橡胶	1.40～1.95
异戊橡胶(IR)	0.93～0.95	聚苯醚(PPO)	1.06～1.08
顺丁橡胶(BR)	1.92～1.94		

水的密度约为1g/cm^3，用水作为介质，只能区分密度大于1g/cm^3（在水中下沉）和密度小于1g/cm^3（在水中上浮）的材质，对于密度小于1g/cm^{3}或密度大于1g/cm^{3}的混合高分子材料无法区分，这时可以在水中加入一些物质（如：乙醇、氯化钠、氯化钙、碳酸钙及硝酸钙等）调节水相的密度，达到分离、区分高分子材料的目的。表10-8列举了密度法鉴别聚合物的示例。

表10-8 密度鉴别法示例

溶液种类	密度/(g/cm^3)	组分与比例①	塑料在水相中的现象	
			上浮	下沉
自来水	1.0	自来水	PE、PP、丙二醇甲醚丙酸酯(PMP)、PIB	其它基本下沉
乙醇(58%)	0.925	乙醇+水	PP、LDPE、PMP	HDPE、PIB
盐水	1.19	氯化钠+水	PS、PA、ABS	PC、PVC、PET
氯化钙水	1.27	氯化钙+水	PS、PA、PPO、ABS、PC	PVC、PET、POM
硝酸钙	1.30～1.40	硝酸钙+水	轻于1.30的	重于1.40的

① 根据密度要求，按需调节组分比例。

微视角

水的密度是1.0g/cm^3，那么在用密度法鉴别ABS和PC/ABS时，水相介质的密度如何调节？

4. 主要影响因素

使用非仪器法鉴别塑料种类主要受到以下因素的影响：

① 大部分高分子材料易于着色，调色后的高分子材料改变了原有的颜色、透明度和光泽，对直观鉴别法有一定影响。

② 高分子材料改性后，由于组成成分的变化，其触感、落地声、密度和燃烧现象都有改变，对鉴别产生影响，如填充PP，其触感变硬，落地声变响，密度变大，燃烧时带火星，这些现象都与原有现象不同，此时应该结合多种鉴别方法进行综合判断。

③ 有些高分子材料在成型后，制品在水里的现象与原料不同，这与制品的结构和形状有关，如PET原料在水中是沉底的，而PET薄膜在水中是上浮的，所以用密度法鉴别高分子材料制品的材质时，应考虑制品的结构与形状。

任务考核

一、判断题

1. 为了鉴别混合塑料制品，可以先按产品进行分类，再鉴别，这样效率更高。（ ）

2. 高分子材料改性后不能用非仪器法进行鉴别。（ ）

3. 聚酰胺燃烧时，有毛发烧焦的味道。（ ）

4. 聚苯乙烯的透明度高，落地声很低沉。（ ）

5. 由美国塑料行业相关机构制定，三个顺时针箭头组成一个三角形，内部标上数字1～7，每个数字代表了不同的塑料材质，其中6表示聚丙烯。（ ）

二、单项选择题

1. 以下高分子材料具有自熄特性的是（ ）。

A. PP　　B. PE　　C. PS　　D. PVC

2. 以下高分子材料可以通过自来水区分的是（ ）。

A. PP和PE　　B. PP和ABS　　C. ABS和PS　　D. ABS和PA

3. 以下哪种材料落地声很清脆？（ ）

A. PP　　B. PE　　C. PVC　　D. ABS

三、简答题

1. 由SPI制定的塑料制品使用种类的代码，三个顺时针箭头组成一个三角形，内部标上数字1～7，每个数字分别代表哪类塑料材质？

2. 已知混合塑料制品中含有PP、ABS和PC/ABS材质，怎么分离得到纯度较高的单一组分。

素质拓展阅读

资源循环利用，助力碳中和

中国初级形态塑料生产在1950年至2010年期间总体呈指数增长态势，尽管自2010年增长率放缓，2020年中国初级形态塑料年产量仍突破亿吨，占全球总产量的28%。表观消费量约为1.3亿吨，进口4063万吨，依存度为25.5%。2020年中国塑料制品产量约为7603万吨（规模以上企业产量）。塑料制品大部分用于包装和建材，包装行业的塑料通常使用一次就丢弃，从制造到废弃的平均生命周期不到两年。

2020年，国内消费的塑料制品中约40%存留在系统之中，近50%被填埋或散落在自然之中，或因焚烧产生了温室气体排放，有效回收再利用比例仅为10%左右。塑料在其整个生命周期都会产生碳排放。在基准情景下，塑料全生命周期碳排放从2020年的5.6亿吨，将会增加到2030年的7.7亿吨、2050年的11.7亿吨。

未来中国化工行业的功能将发生重大转变，不应只是产品制造，而是制造和资源循环并重。塑料资源的循环利用是塑料行业有效减排方法之一，得到大量政策支持，2022年6月1日，生态环境部印发了《废塑料污染控制技术规范》。《“十四五”循环经济发展规划》也提出：加强塑料垃圾分类回收和再生利用，引导再生资源加工利用项目集聚发展。

资料来源：《中国塑料行业绿色低碳发展研究报告》

任务二　高分子材料用助剂的分析

一、高分子材料用助剂

高分子材料用有机助剂及其分析方法

在高分子材料制品中，除聚合物本身外，为了改善生产工艺条件、提高产品的使用性能和质量，或达到产品的特定目的（防止热氧老化、光老化、阻燃等），通常需要加入各种各样的辅助化学品（增塑剂、抗氧剂、紫外线吸收剂、阻燃剂等）。以橡胶制品为例，橡胶必须经过硫化，才具备优良的使用性能，因此配方中除主要胶种外，还要添加硫化剂、硫化促进剂；为了改善其加工性能，还要添加软化剂、增塑剂等加工助剂；为了某些特殊需要，还要添加防老剂、阻燃剂等。

这些成分虽然添加量较少，但对高分子材料的性能起着至关重要的作用。根据制品性能需求，常用的添加剂如表 10-9 所示。

表 10-9　常用的不同性能的添加剂

性能	助剂类型
加工性能	润滑剂、热稳定剂、加工助剂
力学性能	增塑剂、补强剂、增韧剂、固化剂
老化性能	抗氧剂、热稳定剂、光稳定剂
降低成本	填充剂
其它性能	发泡剂、阻燃剂、偶联剂、抗静电剂

高分子材料用助剂种类多，其质量直接影响高分子制品的最终质量，同时，部分助剂具有一定毒性或致癌性，已经限制或禁止使用，如多溴联苯和多溴联苯醚类物质。因此，助剂的分析对产品质量控制和逆向开发有着重要的意义。助剂分析的内容包括助剂物理化学指标的分析、纯度分析和未知助剂的分析，分析方法有多种，以下重点介绍化学滴定分析法、气相色谱法和气相色谱-质谱联用法。

二、化学滴定分析法

1. 化学滴定分析法及其应用

滴定分析是将一种已知准确浓度的试剂溶液（标准溶液），滴加到待测物质的溶液中，直到标准溶液与待测物质按照化学计量定量反应为止，然后根据标准溶液的浓度和消耗的体积，计算待测物质含量的化学方法。该方法是化学分析中常用的方法，适用于被测组分含量高于 1%的成分分析，快速、简便，准确度相对较高。

滴定分析法在高分子材料分析中主要应用于以下几个方面。

（1）聚合物不饱和度分析　不饱和度用于表征聚合物中的双键含量，如天然橡胶的不饱和度可基于氧化还原滴定方法中的碘量法，利用卤素与双键的反应测得；聚醚多元醇的不饱和度可以利用乙酸汞-甲醇溶液与双键反应测得。

（2）聚合物分子量分析　对于分子量不大且化学结构明确的聚合物，当其末端具有能够通过化学方法进行定量分析的基团时，可利用化学滴定分析一定重量的聚合物中端基数目来确定其分子量，即端基法分析测定聚合物分子量。如聚己内酰胺（PA6），其末端一端为氨基，一端为羧基。但随着线型聚合物结构单元数的增加，端基在分子链中的比例降低，实验误差会增加，故该方法不适用于分子量较大的聚合物。另外，如待测样品存在支链或交联结构，也不适用于该方法。

（3）聚合物和有机助剂的理化指标分析　如酸值是增塑剂的重要质量指标，酸值偏高，则得到的产品热稳定性差，易于分解。滴定分析可用于测定聚醚多元醇的羟值、环氧树脂的环氧值、增塑剂酸值、硬脂酸皂化值和碘值等，对制备工艺过程控制和保障产品质量有重要作用。

2. 化学滴定分析法测定有机助剂理化指标

上述分析可知，化学滴定分析法在有机助剂的质量控制方面有重要应用，下面以增塑剂酸值的滴定分析为例，详细阐述其具体测试原理与操作，具体可参考 GB/T 1668—2008《增塑剂酸值及酸度的测定》。酸值是增塑剂的一个重要质量指标，酸值偏高，则所得产品易于分解，热稳定性差。

（1）测试原理　用乙醇或石油醚-乙醇（无水）作溶解试样的溶剂，以酚酞为指示剂，用氢氧化钠或氢氧化钾-乙醇标准溶液滴定溶液试样。

（2）主要仪器和试剂

① 仪器：容量瓶、磨口锥形瓶、微量滴定管（分度不大于 0.02mL）、移液管等。

② 试剂：无水乙醇、95%乙醇、石油醚（馏程 90～120℃）、石油醚-乙醇混合液（混合体积比为 1∶1）、氢氧化钠标准滴定溶液（物质的量浓度为 0.05mol/L 和 0.1mol/L）、氢氧化钾-乙醇标准溶液（物质的量浓度为 0.02mol/L、0.05mol/L，用 95%乙醇配制）、酚酞指示液（10g/L，用稀碱调成微粉红色）、溴甲酚紫指示液（1g/L）。

（3）测试步骤

① 对含有易溶于乙醇和既不易溶于乙醇又不易溶于水的游离酸的增塑剂酸值及酸度的测定。

a. 取 50mL 乙醇或石油醚-乙醇混合液，加入 0.25mL 酚酞指示液或 1mL 溴甲酚紫指示液，用 0.1mol/L 氢氧化钠或 0.02mol/L 氢氧化钾中和至微粉红色或绿色，备用；

b. 用磨口锥形瓶称取易溶于乙醇的试样 50g（精确至 0.5g），不易溶于水又不易溶于乙醇的试样，称取 5～10g（精确至 0.01g），然后加入步骤 a 中和好的溶液，待试样完全溶解；

c. 用 0.1mol/L 氢氧化钠标准滴定溶液或 0.02mol/L（0.05mol/L）氢氧化钾-乙醇标准滴定溶液滴定试样（滴定需在 30s 内完成），直至微粉红色或绿色出现并保持 5s 不褪色即为终点。

② 对含有不易溶于乙醇，易溶于水的游离酸的增塑剂酸值及酸度的测定。

a. 用磨口锥形瓶称取试样 5～10g（精确至 0.01g），加入石油醚-乙醇混合液 40mL，待试样完全溶解；

b. 加入 50mL 无二氧化碳的水，加 5 滴酚酞指示液，用 0.05mol/L 氢氧化钠标准滴定溶液滴定至粉红色并保持 15s 不褪色即为终点，同时做空白试验。

（4）结果计算

① 酸值 X 以中和 1g 增塑剂所需氢氧化钾的质量（mg）计，按式(10-1）计算。

$$X=\frac{c\times M\times(V-V_0)}{m} \tag{10-1}$$

式中　X——试样的酸值（以 KOH 计），mg/g；

V——试样消耗氢氧化钠（氢氧化钾-乙醇）标准滴定溶液的体积，mL；

V_0——空白试验消耗氢氧化钠（氢氧化钾-乙醇）标准滴定溶液的体积，mL；

c——氢氧化钠（氢氧化钾-乙醇）标准滴定溶液的浓度，mol/L；

m——试样的质量，g；

M——氢氧化钾的摩尔质量，g/mol。

② 酸度 A 以增塑剂中相应游离酸的质量分数计，按式(10-2) 计算。

$$A=\frac{c\times M_A\times(V-V_0)}{10\times m\times n_A} \tag{10-2}$$

式中，A 为试样的酸度（质量分数），%；M_A 为相应酸的摩尔质量，g/mol；n_A 为相应酸含有的羧基数目；V、V_0、c、m 如上所述。

技术提示

（1）在某些滴定中，pH 值突跃范围很窄或在滴定终点时的颜色变化不鲜明，不易判断终点，需要选用混合指示剂。

（2）为了选择合适的指示剂，减少滴定误差，必须了解滴定过程中溶液 pH 值的变化，特别是化学计量点附近溶液 pH 值的变化。通常而言，酸碱溶液浓度越高，滴定突跃越大，可选择的指示剂就越多。实验室用滴定剂浓度一般为 0.05～0.5mol/L，工厂例行分析一般为 0.02～1.0mol/L。

三、气相色谱法

1. 气相色谱法概述

气相色谱（简称 GC）是以惰性气体为流动相的色谱分析法，气固色谱以表面积大且具有一定活性的固体吸附剂为固定相，气液色谱以载体及涂渍在载体上的高沸点固定液为固定相。

按照进样方式分为常规色谱、顶空色谱和裂解色谱等。常规色谱是利用微量注射器等常规手段进行进样分离。顶空色谱实际上属于气相萃取技术，即利用气体溶剂来萃取样品中的挥发性成分，在取样的同时能净化试样，大大简化了样品处理的过程且灵敏度高，现已被广泛采用。裂解色谱是利用裂解器通过加热将样品转化为另外一种或几种物质后，再用气相色谱法分离分析，尤其适用于大分子的有机化合物或聚合物，如树脂、涂料、橡胶等，一般无需复杂的样品预处理，可以直接进样分析。

（1）分离原理　当多组分的混合样品由流动相带动进入色谱柱后，由于固定相与各组分的相互作用（吸附、溶解等）不同，各组分在流动相和固定相之间进行了分配，经过一定时间后，各组分在色谱柱中的运行速度也就不同。与固定相吸附力弱（在固定相中溶解度低）的组分容易被解吸（挥发）出来，在色谱柱停留时间短；而吸附力强（在固定相中溶解度高）的组分最不容易被解吸（挥发）下来，在色谱柱停留时间长。如此，各组分得以在色谱柱中彼此分离，按出来的顺序进入检测器中被检测，记录得到仪器响应信号随时间变化的色谱流出曲线，即色谱图，如图 10-2 所示。涉及以下常用术语和色谱参数。

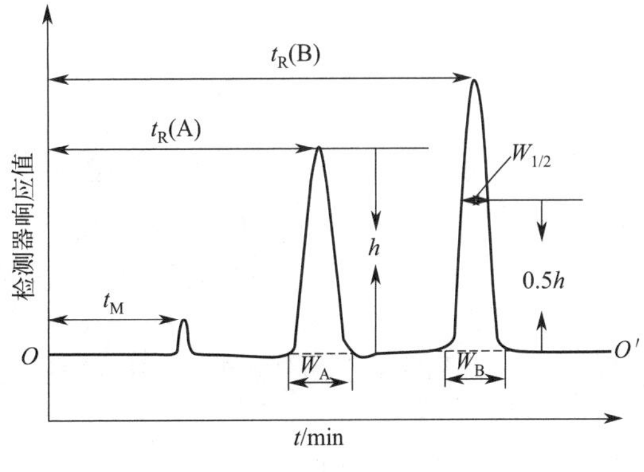

图 10-2　色谱图

① 基线 OO'：只有流动相（没有样品组分）进入检测器时检测器输出的响应信号随时间变化的曲线，稳定的基线是一条水平的直线。

② 峰高 h：从色谱峰顶点到基线之间的垂直距离。

③ 峰面积 A：色谱曲线与基线间所包围的面积。

④ 峰底宽 W：由色谱峰两侧的拐点作切线，与基线交点之间的距离。

⑤ 保留时间 t_R：从进样开始到组分在柱后出现浓度最大值时所需要的时间。

⑥ 死时间 t_M：不被固定相保留的组分（如空气、甲烷）从进样开始到柱后出现浓度最大值时所需要的时间。

⑦ 调整保留时间 t'_R：扣除死时间之后的保留时间，$t'_R=t_R-t_M$。

（2）设备结构与分析流程　气相色谱仪虽然种类繁多，但是不同型号的气相色谱仪基本结构是一致的，都是由气路系统、进样系统、分离系统、检测系统、信号处理系统、温度控制系统六大部分组成。常见的有单柱单气路和双柱双气路，如图 10-3 所示为单柱单气路气相色谱仪结构示意图。其分析流程为：载气钢瓶提供的载气经过减压阀进入净化干燥管，以除去载气中的杂质和水分；再经稳压阀和针形阀控制载气压力和流量，压力和流量数值由转子流量计和压力表显示；样品由进样器注入气化室，被载气带入色谱柱，在色谱柱中分离后依次进入检测器，检测器将各组分的浓度转化成电信号，经放大后通过记录仪得到相应的色谱图。

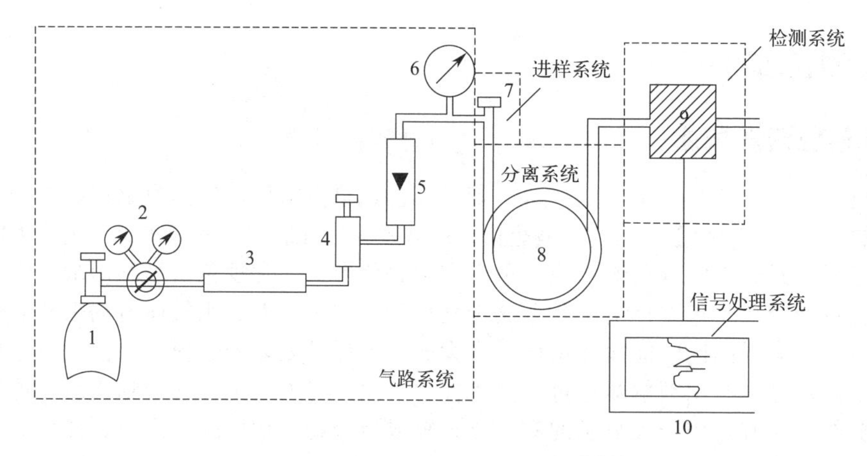

图 10-3　单柱单气路气相色谱仪结构示意图

1—载气钢瓶；2—减压阀；3—净化干燥管；4—针形阀；5—转子流量计；6—压力表；7—气化室；8—色谱柱；9—检测器；10—数据记录及处理

气相色谱仪的关键部件是色谱柱和检测器，混合组分能否完全分离决定于色谱柱，分离后的组分能否准确检测出来取决于检测器。色谱柱包括填充柱气相色谱和毛细管柱气相色谱两种。填充柱是固定相紧密填充在色谱柱内，是“实心”柱，而毛细管柱的固定相是附着在柱管内壁上的，是“空心”柱，其中毛细管柱更常用。常见的检测器有热导检测器(TCD)、氢火焰离子化检测器（FID)、电子捕获检测器（ECD）和火焰光度检测器(FPD)。

（3）气相色谱的应用

① 定性分析。定性分析是确定各色谱峰所代表的物质，进而确定样品的组成。其依据在于：在一定的固定相和色谱操作条件下，每种物质都有各自确定的保留值，且不受其他组分的影响。通常情况下，通过对比未知物保留值与已知物的保留值或已知物的文献保留值，

进行定性分析。然而，利用保留值定性有很大的局限性，在同一色谱条件下，不同的物质也可能具有相同或相似的保留值，因此对于未知物的定性比较困难。

定性分析通常仅限于验证或确证，当要鉴定完全未知的化合物时，需要与质谱法、红外光谱法、核磁共振波谱法等具有较强的定性能力的方法联用，利用气相色谱分离得到高纯度样品，再利用上述方法进行定性，则将会获得满意的定性结果。

② 定量分析。定量分析即确定混合样品中各组分的准确含量。其依据在于：在一定的色谱操作条件下，色谱峰的峰高 h_i 或峰面积 A_i（检测器的响应信号）与待测组分 i 质量（或浓度）呈正比，其关系如式(10-3) 所示。

$$w_i = f_i A_i \text{ 或 } c_i = f_i h_i \tag{10-3}$$

式中，w_i 为组分 i 的质量；c_i 为组分 i 的浓度；f_i 为组分 i 的校正因子；A_i 为 i 组分的峰面积；h_i 为 i 组分的峰高。在色谱定量过程中，利用峰面积还是峰高定量，要根据具体情况而定。

2. 气相色谱法分析有机助剂纯度

有机助剂纯度分析（GC 法）

气相色谱法在高分子材料中可应用于分析有机助剂的纯度，实现对原料进行质量控制。下面以橡胶防老剂对苯二胺的纯度分析为例，详细阐述气相色谱法的具体分析过程，具体参照 GB/T 20646—2006《橡胶配合剂 对苯二胺（PPD）防老剂试验方法》。

（1）原理 对苯二胺类橡胶防老剂，可作为主要添加剂用于轮胎和其他机械橡胶制品中，对臭氧具有防护作用，可提高抗疲劳断裂性能，也可作为其他用途的防老剂。

在一个确定的色谱条件下，每种物质只有一个确定的保留值，因此在相同的条件下，未知物的保留值和已知物保留值相同时，则可认为未知物和对照的已知物为同一物质，并且色谱峰的峰面积 A_i 与待测组分 i 质量呈正比。因此，以适当的溶剂溶解防老剂样品，利用气相色谱进行分析，计算与已知对苯二胺类防老剂保留值相同的色谱峰面积与除溶剂外总的峰面积之比，即可得到对苯二胺类防老剂的纯度。

（2）仪器与试剂

① 仪器：微量注射器、气相色谱仪（色谱柱为毛细管色谱柱，检测器为氢火焰离子化检测器）。

② 试剂：二氯乙烷。

（3）测试试样 为保证试样的均匀性，称量前需用研钵将固体抽检试样磨碎。当存在液态试样时，称样前将抽检试样放在 50～60℃的炉上。

（4）测试条件 气相色谱的操作条件参考表 10-10。

表 10-10 气相色谱操作条件

参数	设置条件
柱子尺寸,长度×内径×厚度	30m×0.32mm×1μm
载气	氢气或氦气
载气流量/(mL/min)	1.9
检测器温度/℃	300
气化室温度/℃	300
燃烧气(氢气)流量/(mL/min)	30
助燃气(空气)流量/(mL/min)	300
补偿气	氦气
补偿气流量/(mL/min)	29

续表

参数		设置条件
分流比		30∶1
升温程序	初始柱温/℃	80
	保持时间/min	0
	升温速率/(℃/min)	8
	最终温度/℃	300
	最终温度保持时间/min	20
定量方法		面积归一法
测试样品浓度/(g/L)		10～12

(5) 测试步骤

① 称取对苯二胺类防老剂样料 0.10～0.12g 置于 10mL 清洁、干燥的容量瓶中，用二氯甲烷溶解并稀释至刻度，摇匀；

② 启动仪器，待仪器各项操作条件稳定后，进样 1μL，出峰完毕后，由数据处理机或工作站测量各组分的峰面积，并给出对苯二胺类防老剂的面积百分比，或进行下列结果计算。

(6) 结果计算　对苯二胺类防老剂的纯度 X，数值以%表示，按式(10-4) 计算。

$$X=\frac{A_C}{A_T}\times 100 \tag{10-4}$$

式中，A_C 为对苯二胺类防老剂的峰面积；A_T 为除溶剂外总的峰面积。测定结果取两次平行测定结果的算术平均值，平行测定结果间的差值不大于 0.3%。

四、气相色谱-质谱联用法

1. 质谱法（MS）

(1) 质谱法的原理及质谱图　质谱分析法是通过对被测样品离子的质荷比测定来进行分析。被分析样品首先要离子化，即将气态化的物质分子裂解成离子，不同质荷比（m/z，离子质量与其所带电荷之比）的离子经加速电场的作用形成离子束进入质量分析器，再利用不同离子在电场或磁场中的运动行为不同，按质荷比分开而依次进入检测器，经检测和数据处理系统得到离子的质荷比和相对强度的谱图（质谱图），如图 10-4 所示。

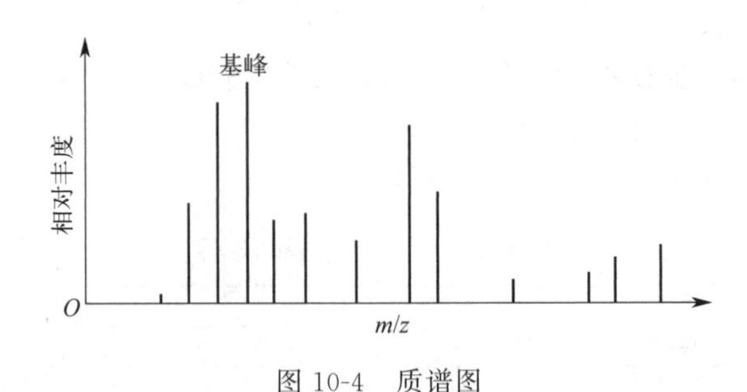

图 10-4　质谱图

质谱图的横坐标表示质荷比，纵坐标表示相对丰度，以质谱图中指定质荷比范围内最强峰的高度作为 100%，然后用最强峰的高度去除其他各峰的高度，这样得到的百分数称作相对丰度。用相对丰度表示各峰的高度，其中最强峰称为基峰。质谱图提供了有关物质的分子量、元素组成及分子结构的重要信息，据此鉴定物质的分子结构。通过样品的质谱和相关信息，可得到样品的定性定量结果。

(2) 质谱仪的结构　质谱仪的基本组成包括进样系统、离子源、质量分析器、数据处理系统和真空系统，其结构示意图如图 10-5 所示。进样系统能高效重复地将样品引入离子源而不破坏真空系统；离子源将待测物质电离，得到带有样品信息的离子，并将离子汇聚成离子束进入质量分析器；质量分析器将离子按质荷比大小顺序分开，将相同质荷比的离子聚焦在一起，是质谱仪的核心，常用的质量分析器有四极杆质量分析器（QMF/QMA）、飞行时间质量分析器（TOF）和离子阱质量分析器（IT）等；检测器将离子束信号放大并检测。

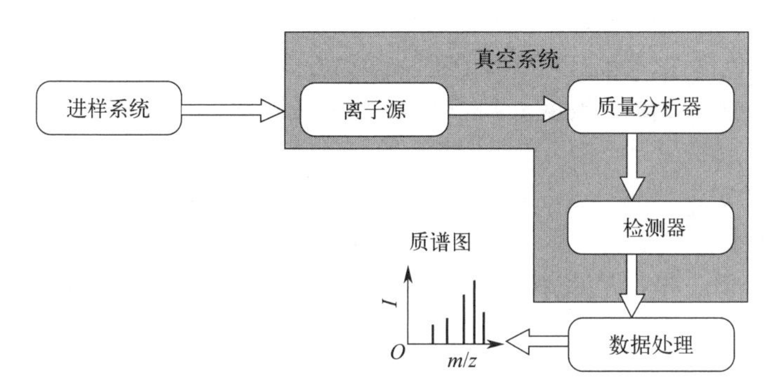

图 10-5　质谱仪的结构示意图

2. 气相色谱-质谱联用法概述

(1) 气相色谱-质谱联用法（GC-MS）及其工作流程　气相色谱鉴定完全未知的化合物的能力有限，需要与质谱法、红外光谱法、核磁共振波谱法等具有较强的定性能力的方法联用。利用气相色谱对混合物的高效分离能力和质谱对纯化合物的准确鉴定能力而开发的分析仪器称气相色谱-质谱联用仪，简称 GC-MS。在 GC-MS 中，气相色谱是质谱的样品预处理器，质谱则是气相色谱的检测器。

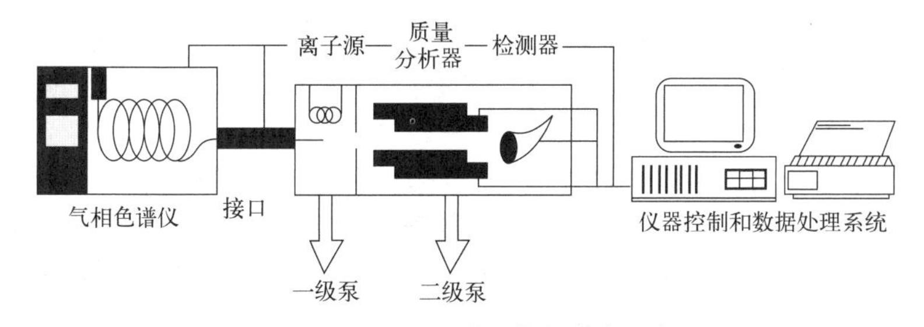

图 10-6　GC-MS 联用仪的基本组成

GC-MS 联用仪的系统一般由图 10-6 所示的各部件组成。其基本工作流程：气相色谱仪分离样品中的混合组分，起着样品制备的作用；接口把气相色谱流出的各组分送入质谱仪进行检测，起着气相色谱和质谱之间适配器的作用，质谱仪对接口依次引入的各组分进行分析，成为气相色谱仪的检测器；仪器控制和数据处理系统交互式地控制气相色谱、接口和质谱仪，进行数据采集和处理，是 GC-MS 的中央控制单元。

(2) GC-MS 的数据采集　GC-MS 有全扫描（SCAN）和选择离子检测（SIM）两种数据采集方式。

SCAN 方式在某一设定的质量数范围内（如 30～800aum[1]）快速地以固定时间间隔不

---

[1] aum 被定义为碳 12 原子质量的 1/12。

断重复扫描时，每扫描完一次，得到该结束时刻的一张质谱图，质谱图上所有离子的绝对丰度之和即为该时间的检测值。不同时刻的检测值，构成了一张总离子流图（TIC）。在总离子流图上，横坐标表示时间，纵坐标表示总离子流强度。

全扫描工作方式（SCAN）适应于未知化合物的定性分析。而对目标化合物的寻找，应采用选择离子检测工作方式（SIM）以提高检测灵敏度。SIM 方式下，质量分析器只在表征某一（或某组）目标化合物的数个特征离子（如分子离子、官能团离子或强的碎片离子等）的状态之间跳跃扫描，从而检测在色谱柱进样条件下，这数个选定质量离子流随时间变化的谱图，即质量离子色谱图。由于选择离子检测工作方式，扫描部件只在选定的数个质量峰上跳跃扫描，大大增加了检测灵敏度（约可提高两个数量级），但 SIM 方式的定性能力不如 SCAN 方式。

（3）GC-MS 的定性分析　GC-MS 定性分析其实就是质谱谱图的解析，可分为人工解析图谱和质谱图库检索。

① 人工解析图谱。根据质谱谱图中的各种信息，如分子离子峰、碎片离子峰、同位素离子峰、亚稳离子峰、多电荷离子峰等的质荷比及强度，各种离子产生的机理，如离子碎裂的基本机理，来推测未知物的结构。

② 质谱图库检索。将在标准电离条件（电子轰击离子源，70eV 电子束轰击）下得到的，已被分离成纯化合物的未知化合物质谱图与质谱图库内的质谱图按一定的程序进行比较，将匹配度高的一些化合物检出。目前常用的质谱库有 NIST 库、Wiley 库和 NIST/EPA/NIH 库。为了使检索结果正确，在使用谱库检索时应注意以下几个问题。

a. 质谱图库中的标准质谱图都是在电子轰击离子源中，用 70eV 电子束轰击得到的，所以被检索的质谱图也必须是同一实验条件下得到的，否则检索结果不可靠。

b. 质谱图库中的标准质谱图都是用纯化合物得到的，所以被检索的质谱图也应该是纯化合物的。本底的干扰有时会使被检索的质谱图发生畸变，所以扣除本底的干扰对检索的准确十分重要。此外可以利用分析软件中的“显示峰纯度”工具来判断总离子谱图中的峰是否为纯化合物，如果峰是纯的，匹配度却不高，可能是谱库里没有该化合物的信息。如果峰不纯，可以将怀疑的碎片提取出来，通过在合适的位置扣背景得到纯净的质谱图后再进行检索；或者改变色谱条件，使峰分开后再进行检索。

c. 要注意检索后给出的匹配度最高的化合物并不一定就是要检索的化合物，还要根据被检索质谱图中的基峰、分子离子峰及其已知的某些信息（如是否含某些特殊元素，如 F、Cl、Br、I、S、N 等，该物质的稳定性、气味等），从检索后给出的一系列化合物中确定被检索的化合物。

3. GC-MS 定性分析有机助剂

GC-MS 可以用于分析高分子材料中增塑剂、抗氧剂、防老剂等有机助剂种类，为配方设计提供重要参考。

（1）原理　高分子材料中常常含有各种有机助剂，分析这些助剂的最佳方法是选择合适的溶剂将高分子材料进行抽提或超声萃取，再将萃取液浓缩，用 GC-MS 进行分析。

通过热解或溶剂抽提处理橡胶中的防老剂，然后通过气相色谱-质谱联用仪进行测定，防老剂类型通过质谱进行鉴定。如果需要，可以使用保留指数作为辅助的鉴定方法。

（2）主要仪器和试剂

① 仪器：气相色谱-质谱联用仪（图 10-7），电子分析天平，超声波清洗器（图 10-8），旋转蒸发仪，冷冻粉碎机。

② 试剂：丙酮，分析纯；二氯甲烷，分析纯；正己烷，分析纯；混合溶剂：丙酮＋二氯甲烷＋正己烷（体积比为 1∶1∶1）。

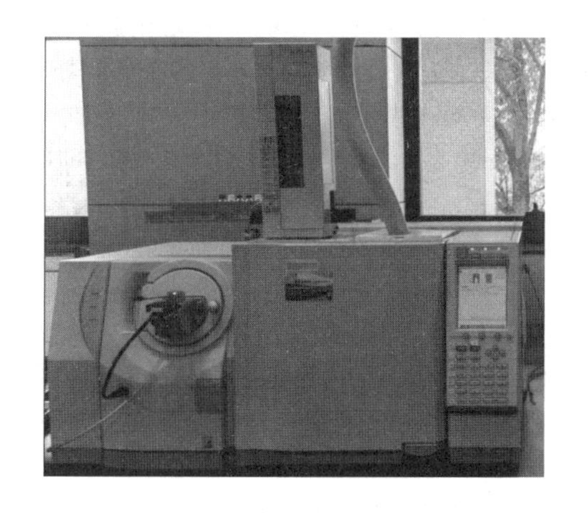

图 10-7 GC-MS

图 10-8 超声波清洗器

（3）测试试样 通常将所测高分子材料溶解在良溶剂中配成液体制成试样。测试前按照测试标准对试样进行状态调节。

（4）测试条件 在 GC-MS 分析过程中，色谱分离与质谱数据的采集同时进行，为了使待测组分得到理想的分离和分析结果，必须设置合适的色谱条件和质谱条件。

① 色谱条件。包括色谱柱的类型（填充柱或毛细管柱）、载气种类及流量、进样口温度、进样方式及进样量、分流比（分流进样时）。要求使待测组分在较短的时间内完全分离。通常优先使用毛细管柱分离，极性样品采用极性毛细管柱，非极性样品采用非极性毛细管柱。未知样品可先用中等极性的毛细管柱，试用后再调整。

② 质谱条件。质谱条件与质谱仪的类型有关，通常包括离子源温度、接口温度、扫描方式及质量范围、扫描时间、溶剂延迟等，要根据实际样品情况和测试需求进行设定。在分析有机助剂时测试条件设置如表 10-11 所示。

表 10-11 GC-MS 测试条件

参数	具体要求
色谱柱	毛细管柱 Rxi-5MS 或 Rtx-5MS(30m×0.25mm×0.25μm)
载气	氦气，纯度≥99.999%
进样口温度	250℃
进样量	1μL
进样方式	分流进样
分流比	50∶1
接口温度	280℃
离子源温度	230℃
升温程序	50℃保持 1min，以 10℃/min 升至 280℃保持 20min
质量扫描范围	30～800amu(SCAN 方式)
溶剂延迟时间	3.5min

（5）测试步骤及测试结果

① 样品预处理。用冷冻研磨仪将硫化橡胶样品粉碎成粒径不大于 500μm 的颗粒。准确

称取 1g 样品（精确至 0.0001g）于 60mL 的螺口样品瓶中（也可用孔径为 45μm 的 304 不锈钢筛网将样品包裹好后放入样品瓶中）。

再加入 30mL 混合溶剂于样品瓶中，盖紧瓶盖，包上封口膜，于 60℃水浴中超声萃取 1h。待溶液冷却至室温后用平板玻璃抽滤漏斗进行抽滤，滤液收集至 150mL 的平底烧瓶中，再用旋转蒸发仪将提取液浓缩至 1～2mL，若浓缩后烧瓶内壁有防护蜡析出，则再加入约 2mL 正己烷将析出的防护蜡溶解并摇匀，最终的溶液经 0.45μm 有机系针筒过滤器过滤，取 1mL 滤液于色谱小瓶中。

② 上机测试。将样品预处理后的色谱小瓶和空白一起放置在自动进样器中，设置批处理，按照表 10-11 设置的 GC-MS 条件进行测试。

③ 数据分析。利用 NIST 谱库和自建库对 GC-MS 采集的总离子流图的峰逐一进行分析，并结合各种助剂硫化前后的变化规律（表 10-12），推断样品中所使用的各种有机助剂，并出具报告。实验结果证明硫化促进剂、防焦剂、过氧化物硫化剂在硫化反应后，大多分解为其它化合物。例如，使用噻唑类的促进剂 M（二巯基苯并噻唑）、DM（二硫化二苯并噻唑），在橡胶抽提液中均能看到巯基苯并噻唑，使用二硫化二甲基秋兰姆（TMTD），则会与 ZnO 反应生成二甲基二硫代氨基甲酸锌（PZ），这样就无法判断到底是用的秋兰姆类的促进剂 TMTD，还是用的硫代氨基甲酸盐类的促进剂 PZ。尽管如此，通过 GC-MS 的分析，可将促进剂的种类限定在两种之内，配方实验人员通过自己的经验并结合硫化胶的各种物理性能数据和用途来综合考虑，依然可以大大缩短新胶料的开发周期。

表 10-12 配合剂种类和硫化反应后产物

种类	硫化反应后的产物
噻唑类促进剂(如:促进剂 M、DM)	巯基苯并噻唑
次磺酰胺类促进剂[如:N-环己基-2-苯并噻唑次磺酰胺(促进剂 CZ)]	巯基苯并噻唑,胺类
秋兰姆类促进剂[如:促进剂 TMTD、TETD(二硫化四乙基二胺)、TBTD(四苄基秋兰姆化二硫)]	对应的二硫代氨基甲酸锌
二硫代氨基甲酸锌促进剂[如:促进剂 PZ、二正丁基二硫代氨基甲酸锌(促进剂 BZ)]	无变化
硫脲类促进剂[如:1,2-亚乙基硫脲(促进剂 NA-22)]	无变化
胍类促进剂[如:二苯胍(促进剂 D)、N,N'-二邻甲苯胍(促进剂 DOTG)]	无变化
胺类促进剂[如:六亚甲基四胺(促进剂 H)]	无变化
防焦剂 CTP(N-环己基硫代邻苯二甲酰亚胺)	邻苯二甲酰胺
过氧化物硫化剂 DCP(过氧化二异丙苯)	苯乙酮,2-甲基-2-苯基丙烷
过氧化物硫化剂双 25	2,5-二甲基-2,5 己二醇
活性剂 TAIC(三烯丙基异氰脲酸酯)	不变
发泡剂 OBSH(4,4'-氧代双苯磺酰肼)	二苯醚
抗氧剂 1010	3-(3,5-二叔丁基-4-羟苯基)丙酸
抗氧剂 1076	无变化
硬脂酸	硬脂酸和软脂酸(硬脂酸本身即两者的混合物)

五、有机助剂的其他分析方法

除化学滴定分析法、气相色谱法、气相色谱-质谱联用法之外，有机助剂的分析方法还有红外光谱、薄层色谱和热脱附气相色谱-质谱联用法。红外光谱基于对官能团的分析得到助剂结构；薄层色谱是以涂布于支持板上的支持物作为固定相，以合适的溶剂为流动相，对有机助剂进行分离、鉴定和定量分析；热脱附气相色谱-质谱联用法属于裂解气相色谱-质谱法，将高分子样品在适当温度区间进行加热，使小分子的有机助剂热脱附出来，再利用气相色谱-质谱法对助剂进行定性分析。

化学滴定和红外光谱对混合物的分析能力有限，薄层色谱需要有标准品进行对照。因此目前应用最为广泛的方法是气相色谱-质谱联用法和热脱附气相色谱-质谱联用法。

任务延伸

气相色谱-质谱联用仪（GC-MS）操作安全和设备维护关键点：

（1）开机两个小时以上，待仪器稳定后方可进行调谐。

（2）点击“放空”以后，要待分子涡轮泵转速降至50%以下，离子源和四极杆温度均降至100℃以下，才能关闭仪器。

（3）仪器正在运行时，必须避免突然断电，当遇到紧急停电且停电时间超过UPS的供电时间时，应严格按照关机步骤关闭仪器，避免损坏分子涡轮泵。

（4）温度设定不能超过各部件的最高使用温度。

（5）定期对仪器进行自动调谐，以确认各项指标是否合格。检查周期一般为2个月。如动过质谱部分，应抽真空后进行调谐。

（6）在对进样口和接口进行防漏检查和维护时，需要佩戴手套，等柱温箱、进样口、接口等处温度降低至安全温度后再进行相关操作。

（7）操作该仪器的人员要比较了解仪器原理并能熟练操作仪器。

任务考核

一、判断题

1. 酸式滴定管可以用于装氧化剂溶液。（　）
2. 能够增加高分子材料耐燃性的物质叫阻燃剂。（　）
3. 加入高分子材料中用来防止高分子材料氧化老化的物质叫作抗氧剂。（　）
4. 气相色谱仪可以直接分离聚合物试样进行组分分析。（　）
5. 气相色谱分析时进样时间应控制在1s以内。（　）
6. 气相色谱固定液必须不能与载体、组分发生不可逆的化学反应。（　）
7. 气固色谱利用被分离组分与固定液吸附力不同对组分进行分离。（　）
8. 气相色谱分析中与固定相相互作用大的组分先流出色谱柱。（　）

二、不定项选择题

1. 浓度均为0.10mol/L的下列水溶液，可以利用酸碱滴定法准确滴定的为（　）。

A. H_3BO_3　　B. NH_4Cl　　C. NaAc　　D. HCOOH

2. 以下移液管的操作正确的是（　　）。

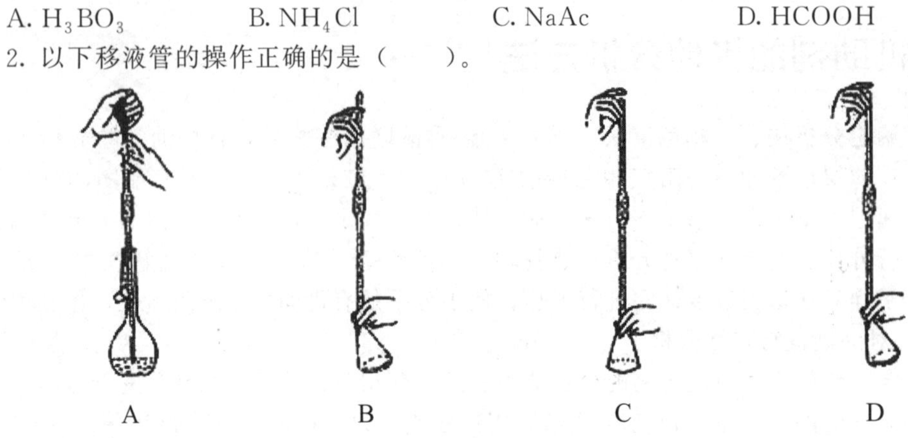

3. 用硼砂标定 HCl 时，准确称取硼砂（$Na_2B_2O_7 \cdot 10H_2O$）0.4526g，用 HCl 溶液 24.05mL 滴定终点，则 c(HCl) 为（　　）mol/L。[$M(Na_2B_2O_7 \cdot 10H_2O)=381.4$g/mol]

A. 0.9868　　B. 0.09868　　C. 9.868　　D. 0.09868

4. 气相色谱测试时试样的气化在（　　）进行。

A. 进样系统　　B. 分离系统　　C. 温控系统　　D. 气路系统

5. 在气液色谱中，首先流出色谱柱的组分是（　　）。

A. 吸附能力小的　　B. 吸附能力大的　　C. 溶解能力大的　　D. 溶解能力小的

6. 在气液色谱系统中，被分离组分与固定液分子的类型越相似，它们之间（　　）。

A. 作用力越小，保留值越小　　B. 作用力越小，保留值越大

C. 作用力越大，保留值越大　　D. 作用力越大，保留值越小

三、简答题

1. 影响指示剂变色范围的因素有哪些？

2. 塑料常用助剂有哪些？

3. 请查阅资料了解国家标准 GB/T 1668—2008 的前期版本有哪些？与前期版本相比，现在使用的标准修改处主要有哪些？

4. 请查阅资料了解常见苯二胺类防老剂型号有哪些？并写出各自的主要成分化学式。

素质拓展阅读

以标准守护产业发展

增塑剂，用于增加聚合物的塑性，是高分子材料中常用的有机助剂，普遍应用于玩具、食品包装材料、清洁剂、润滑油和个人护理用品等产品中。增塑剂按化学结构分类有苯二甲酸酯类、脂肪族二元酸酯类、苯多酸酯类、苯甲酸酯类等，其中邻苯二甲酸酯类增塑剂是使用最广泛、性能最好也最廉价的增塑剂。但某些类别的邻苯二甲酸酯增塑剂已被证明是一种类雌性激素，具有影响生物体内分泌和导致癌细胞增殖的风险。因此，1999 年起美国、欧盟纷纷出台政策限制其应用。

中国是世界玩具制造和出口大国，但在 2014 年以前，中国的出口玩具企业生产过程一直以来受制于其他国家的标准，在生产技术、质量控制、标准研究方面，长期在国际上被牵着鼻子走，企业们一直承担着生产成本和质量回收的巨大风险。2014 年 8 月，首个由中国主导制定的国际标准 ISO 8124-6《玩具和儿童用品中特定邻苯二甲酸酯增塑剂》（ISO 8124-

6：2014 Safety of toys-Part 6：Certain phthalate esters in toys and children's products）正式发布。该标准在玩具的范围、限制玩具增塑剂种类、控制检测成本、保证检测精度并提高操作方法便利性等方面取得了实质性突破，为玩具生产商和测试实验室提供了可操作性的指引。此国际标准的发布，意味着我国在玩具国际标准化领域取得了一个突破性进展。它不仅填补了中国玩具产业在ISO领域的空白，也标志着我国在全球玩具生产领域拥有了话语权，能够保护中国企业的利益。截至2023年，我国继续牵头制（修）定并发布了五个玩具国际标准，强化了中国玩具产业在ISO标准化领域的分量。

任务三
无机填料的分析

一、高分子材料用无机填料

随着现代社会的高速发展，对高分子材料制品的要求也越来越高。为了满足不同用途的需求，除了积极发展新的高分子材料之外，还应该在现有的高分子材料基础上，利用化学或物理的方法去改变材料的一些性能，以达到预期的目的，这就是高分子材料的改性，无机填料在高分子材料改性中发挥了重要的作用。在聚合物基体中添加无机粉体填料，不仅可以降低材料的成本，更重要的是能提高材料的力学性能、热性能和加工性能等，并赋予材料某些特殊的物理化学性能，如耐磨性、导电性、导热性、阻燃性、耐腐蚀性、气密性等。高分子材料中常用到的无机填料及无机促进剂如表10-13所示。

表10-13　常用无机填料及无机促进剂的种类

化学名称	俗称	成分
水合硅酸铝	陶土、高岭土	二氧化硅40%～69%，三氧化二铝21.5%～40.5%，氧化钾、氧化钠、三氧化二铁、氧化钛、氧化钙、氧化镁、锰等
重质碳酸钙	石灰石粉、大理石粉、白垩粉、贝壳粉	碳酸钙98%
碳酸钙镁	白云石粉	氧化钙26.6%，氧化镁19.3%，氧化硅11.3%，氧化铝1.5%，氧化铁等
偏硅酸钙	硅灰石粉	二氧化硅、氧化钙
硅酸镁	滑石粉、海泡石粉、石棉	二氧化硅、氧化镁、氧化铝、氧化铁
硅酸铝钾	云母粉	铝、钾、钠、镁、铁等，主要是硅酸钾、铝
无水碱性硅酸铝	长石粉	二氧化硅67.8%，氧化铝19.4%，氧化钠7%，氧化钾3.8%，氧化钙1.7%。根据钠、钾、钙的含量不同分为钠长石、钾长石、钙长石
二氧化硅	硅藻土、硅土粉、硅粉	二氧化硅
硅酸铝镁钠	凹凸棒土粉	二氧化硅55.8%～61.4%，氧化铝12.3%～14.3%，氧化铁5.6%～6.2%，氧化钙1.6%～2.1%，氧化锰、氧化镁、氧化钠、氧化钾、二氧化钛少量
硫酸钡	重晶石粉	硫酸钡
硫酸钙	石膏粉	硫酸钙（生石膏二水合硫酸钙，熟石膏半水合硫酸钙）

续表

化学名称	俗称	成分
硅酸铝	粉煤灰	主要是炭黑，其次是二氧化硅、氧化铝
沉淀法水合二氧化硅	白炭黑	二氧化硅
轻质碳酸钙、活性碳酸钙	—	碳酸钙
水合硅酸铝钠	—	二氧化硅，氧化铝和氧化钠
硅酸钙	硅白粉	二氧化硅 65%，氧化钙 19%
轻质碳酸镁	碱式碳酸镁	碳酸镁，氢氧化镁
锌钡白	立德粉	硫化锌和硫酸钡
氧化锌	—	氧化锌
二氧化钛	钛白粉	二氧化钛
氧化镁	—	氧化镁
氧化铁	铁红	三氧化二铁
磁粉	—	铝镍钴体、铝镍铁体、钡铁氧体

二、高分子材料灰分含量分析

在高温灼烧的时候，聚合物会发生一系列化学和物理变化，最后有机成分挥发逸散，而无机成分（无机盐和氧化物）则会残留下来，这些残留物统称为灰分。灰分主要来自聚合物材料中的硅石、碳酸钙、滑石粉、玻璃纤维、钛白粉等一些无机矿物质，少量来自外来杂质（主要是泥沙和铁锈等）。因此，通过灰分的测定，可以大致分析材料中无机填料的总量，也可以判断是否有外来杂质。橡胶中外来杂质往往是导致灰分含量过高的主要原因，灰分含量高，会降低橡胶制品的耐老化性能，特别是铜、锰、铁等金属离子影响极大。因此，灰分是塑料和橡胶材料的质量控制指标，也是橡胶分级的依据之一。

灰分测定方法有马弗炉法和热失重法，本任务介绍马弗炉法测定橡胶中的灰分含量，参考 GB/T 4498.1—2013《橡胶　灰分的测定　第 1 部分：马弗炉法》，热失重法在此不详细阐述（请参考 GB/T 4498.2—2017《橡胶　灰分的测定　第 2 部分：热重分析法》），塑料灰分的测定参考 GB/T 9345 系列标准。

1. 测试原理

马弗炉法测灰分分为方法 A 和方法 B。

方法 A 的原理：将已称量样品放入坩埚中，在调温电炉上加热，待挥发性的分解产物逸去后，将坩埚转移至马弗炉中继续加热直至含碳物质全部烧尽，并达到质量恒定。该方法不适用于测定含氯、溴或碘的各种混炼胶和硫化橡胶的灰分。

方法 B 的原理：将已称量样品放入坩埚中，在硫酸存在下用调温电炉加热，然后放入马弗炉内灼烧，直至含碳物质被全部烧尽，并达到质量恒定。该方法适用于测定含氯、溴或碘的各种混炼胶和硫化橡胶，但不适用于未混炼橡胶的灰分。

2. 主要仪器和试剂

（1）仪器　坩埚、调温炉、马弗炉（图 10-9）。其中坩埚为陶瓷坩埚、石英坩埚或铂坩埚，对于含锂和氟的橡胶应使用铂坩埚。

马弗炉工作原理是将电能转化为热能，通过电阻发热来加热物料，由炉体结构、加热器结构和控制系统几个部分构成。

（2）试剂　方法 B 中需要使用硫酸（$\rho = 1.84 g/cm^3$）。

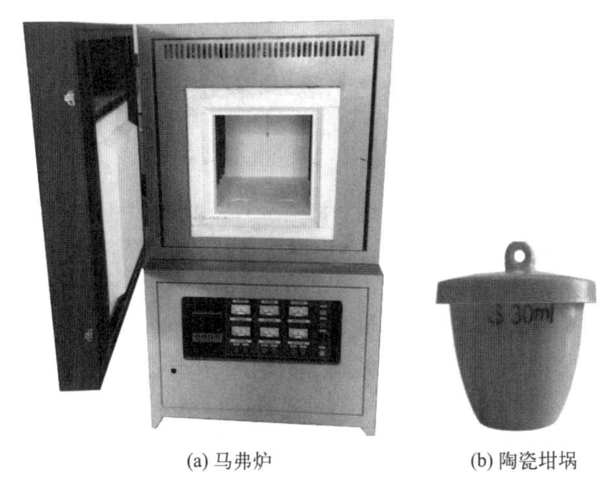

(a) 马弗炉　　(b) 陶瓷坩埚

图 10-9 马弗炉和陶瓷坩埚

3. 测试试样

天然生橡胶试样应均化后切取，合成生橡胶试样应从测定挥发分后的干胶中切取，混炼胶手工剪碎，硫化橡胶试样应在开炼机上压成薄片或压碎，或手工剪碎。

4. 测试条件

马弗炉炉温为(550±25)℃或(950±25)℃。

5. 测试步骤

(1) 方法 A

① 将空坩埚放在温度为(550±25)℃的马弗炉内加热约 30min，取出放入干燥器中冷却至室温，称量，精确至 0.1mg。

② 根据估计的灰分量，称取约 5g 生橡胶试样或 1～5g 混炼胶或硫化橡胶试样，精确至 0.1mg，剪成边长不大于 5mm 的颗粒。

③ 将试样放入坩埚内，在通风橱中，用调温电炉慢慢加热坩埚，如果试样因溅出或溢出而损失，必须按照上述步骤重新试验。

④ 将橡胶分解炭化后，逐渐升高温度直至挥发性分解物质排出，留下干的炭化残余物。将盛有残余物的坩埚移入炉温(550±25)℃马弗炉中，加热 1h 后微启炉门通入足量的空气使残余物氧化，继续加热直至炭化残余物变成灰为止。

⑤ 从炉中取出坩埚，放入干燥器中冷却至室温，称量，精确至 0.1mg。

⑥ 将此坩埚再放入(550±25)℃的马弗炉中加热约 30min，取出放入干燥器中冷却至室温，再称量，精确至 0.1mg。对于生橡胶，前后两次质量之差不应大于 1mg；对于混炼胶和硫化橡胶，不应大于灰分的 1%。如果达不到此要求，重新加热，冷却、称量，直至连续两次称量结果之差符合上述要求为止。

对于生橡胶和部分混炼胶、硫化橡胶，可采用直接灰化法。将已称量试样用直径为 11～15cm 的定量滤纸包裹，置于预先在(550±25)℃恒重的坩埚内，将坩埚直接放入温度为(550±25)℃马弗炉中，迅速关闭炉门，加热 1h 后微启炉门通入足量的空气，继续加热直至含碳物质被全部烧尽，并达到上述质量恒定。

（2）方法 B

① 将清洁而规格适当的空坩埚放在温度为(950±25)℃的马弗炉内加热约 30min，取出放入干燥器中冷却至室温，称量，精确至 0.1mg。

② 称取 1～5g 混炼胶或硫化橡胶试样，精确至 0.1mg，剪成边长不大于 5mm 的颗粒。

③ 将试样放入坩埚内，加入约 3.5mL 浓硫酸，使橡胶完全润湿。将坩埚置于耐热隔热板孔内，在通风橱中，用调温电炉慢慢加热。如果反应开始阶段，混合物膨胀严重，则撤掉热源以避免试样的损失。

④ 当反应变得较为缓慢时，升高温度直到过量的硫酸挥发掉，留下干的炭化残余物。将盛有残余物的坩埚移入温度为(950±25)℃的马弗炉中加热约 1h，直到被氧化成净灰。

⑤ 从马弗炉中取出盛灰的坩埚放入干燥器中冷却至室温，称量，精确至 0.1mg。

⑥ 再将此坩埚放入(950±25)℃的马弗炉中，加热约 30min 后，取出放入干燥器中冷却至室温，再称量，精确至 0.1mg。如果两次称量之差大于灰分的 1%，则重复加热、冷却和称量操作步骤，直至连续两次称量之差小于灰分的 1%为质量恒定。

6. 测试结果

灰分含量 χ 以试样的质量分数计，按式（10-5）进行计算

$$\chi = \frac{m_2 - m_1}{m_0} \times 100\% \qquad (10\text{-}5)$$

式中，m_2 为坩埚与灰分质量，g；m_1 为空坩埚质量，g；m_0 为试样的质量，g。

取两次平行测定结果的平均值作为试样结果，所得结果表示至两位小数。

技术提示

（1）每次试验装样前必须先称取空坩埚的质量。

（2）灰分测定取样量不能太少，否则影响结果准确性。

（3）测试过程中注意安全，防止高温烫伤。

三、无机填料的定性定量分析

无机填料通常分为离子化合物和金属氧化物，对于离子化合物，可以综合 X 射线荧光光谱仪（XRF）和电感耦合等离子体发射光谱仪（ICP-OES）得到的元素含量及傅里叶红外光谱仪（FTIR）得到的阴离子的种类来推测化合物的含量；对于金属氧化物，可以综合 X 射线荧光光谱仪（XRF）和电感耦合等离子体发射光谱仪（ICP-OES）得到的金属元素的含量及傅里叶红外光谱仪（FTIR）得到的金属氧化物的红外光谱图来准确定量金属氧化物。常见的无机物阴离子红外特征吸收如表 10-14 所示。

表 10-14 常见无机物阴离子的红外吸收

基团	吸收位置/cm^{-1}	强度	基团	吸收位置/cm^{-1}	强度
CO_3^{2-} ①	1450～1400	极强	SiO_3^{2-}	1010～970	强宽
	880～860	中等	SiO_4^{2-}	1175～860	强宽
SO_4^{2-} ②	1150～1080	极强	PO_4^{3-}	1120～940	强宽
	680～610	中至强	HPO_4^{2-}	1100～1000	强宽

续表

基团	吸收位置/cm^{-1}	强度	基团	吸收位置/cm^{-1}	强度
NO_3^{2-}	1380～1350	极强	$H_2PO_4^-$	1150～1040	强宽
	840～815	中等	MnO_4^-	950～870	强宽
NO_2^-	1250～1230	极强	CN^-	2200～2000	强
	840～800	弱	SCN^-		
CrO_7^{2-}	990～880	强	OCN^-		
	840～720	强	NH_4^+	3300～3030	极强
CrO_4^{2-}	930～850	强宽		1430～1390	弱、尖

① $CaCO_3$ 的两个吸收带出现在 1430 和 876cm^{-1}，$PbCO_3$ 是个例外，它出现在 840cm^{-1}，极弱，很多碳酸盐在 750～700cm^{-1} 还会出现一个弱吸收带，碱式碳酸盐呈复杂吸收。

② 在 K、Mg、Mn 化合物中，610cm^{-1} 吸收带为单峰，Ca、Cu、Be、Ba 盐为双峰，在碱式硫酸盐中，呈现复杂吸收。

氧化物的红外光谱都具有较低的透过率，吸收峰较少，短波部分没有吸收，长波部分也只有两三个吸收。尽管如此，常见氧化物的红外光谱还是不一样的。表 10-15 列举了常见金属氧化物的红外吸收峰。

表 10-15 常见金属氧化物的红外吸收峰

金属氧化物	特征吸收峰/cm^{-1}
CaO	3600 以前的尖吸收，720 尖的弱吸收，870、900、1420 是钝的弱吸收
ZnO	550～400(三个宽吸收带，分辨不好)
TiO_2	750～550(两个宽吸收带)
SiO_2(无定形)	约 1100(宽、强)，800(弱)，470
SiO_2(结晶、石英)	约 1100(宽、强)，800(双峰)，690(尖锐)
Al_2O_3	900～400(两个宽吸收带，分辨不好)
Sb_2O_3	742
Fe_2O_3	470 和 500～400(有两个强吸收)，720(弱吸收)
Fe_3O_4	580

高分子材料无机填料的定性定量测定中，金属元素含量测定依据 US EPA 3052：1996《依据硅酸盐和有机物基质微波辅助酸消解法》和 US EPA 6010D：2014《电感耦合等离子体发射光谱法》，其中 US EPA 3052：1996 为微波消解样品预处理方法，US EPA 6010D：2014 为 ICP-OES 仪器测定方法。

1. 测试原理

通过 X 射线荧光光谱仪（XRF）可定性测定橡胶中的主要元素，再采用电感耦合等离子体发射光谱仪（ICP-OES）对其中主要的金属元素含量进行准确定量，最后结合傅里叶红外光谱仪（FTIR），得到相应的无机物的含量。

2. 主要设备

测试的主要设备是 X 射线荧光光谱仪（XRF）、电感耦合等离子体发射光谱仪（ICP-OES）和傅里叶红外光谱仪（FTIR），见图 10-10 和图 10-11。

原子核外的电子在不同状态下所具有的能量，可用能级来表示。离核较远的称为高能级，离核较近的称为低能级。在一般情况下，原子处于最低能量状态，称为基态（即最低能级）。当原子获得足够的能量后，就会使外层电子从低能级跃迁至高能级，这种状态叫激发态。原了外层电了处于激发态时是不稳定的，它的寿命小于 10^{-8}s，当它从激发态跃迁回基态时，就要释放出多余的能量，若此能量以光的形式出现，便得到发射光谱。

由于每一种元素的原子受到激发光源激发时，会发射出特有的原子光谱，检测试样中是否出现该元素的特征谱线，便可以确定该元素是否存在，这就是光谱定性分析。

发射光谱仪主要由三部分组成：激发光源、分光系统、检测系统。由激发光源发出的光经分光系统色散后成为单色光，再由检测系统测量光的波长和强度，完成试样成分的定性、定量分析。

电感耦合等离子体发射光谱仪（ICP-OES）具有高温、环状通道、惰性气氛、自吸现象小等特点，因而具有基体效应小、检出限低、线性范围宽等优点，是分析液体试样的最佳光源。目前，此光源可用于测定元素周期表中绝大多数元素（约 70 种），检出限可达 10^{-3}～10^{-4} ppm 级，精密度在 1%左右，并可对百分之几十的高含量元素进行测定。

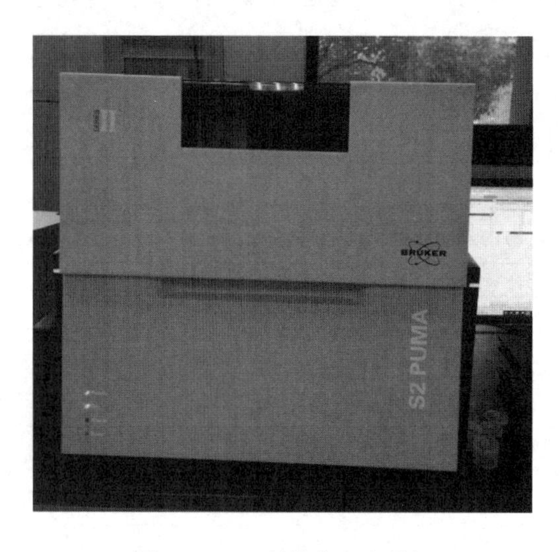

图 10-10 X 射线荧光光谱仪

图 10-11 电感耦合等离子体发射光谱仪

3. 测试试样

(1) X 射线荧光光谱仪（XRF）制样要求 固体样品可根据样品杯的大小，裁成相应大小的片状样品进行测试，如果无法裁剪，可制成粉末进行测试；粉末样品需放入仪器，厚度不低于 5mm；液体样品需进行防漏测试 30min，方可放入样品杯中进行测试。

(2) 微波消解对试样的要求 橡胶、塑料等固体样品，需要将样品用剪刀剪成直径＜1mm 的碎片；含溶剂的液体样品，需提前在电热板上将样品中的溶剂蒸干，再取样进行消解。

(3) 傅里叶红外光谱仪（FTIR）制样要求 根据聚合物的组成及状态，可选用的样品制备方法有：薄膜法（溶解涂膜法、裂解涂膜法、溶液铸膜和热压成膜）、压片法、悬浮法、溶液法等。

4. 测试条件

(1) X 射线荧光光谱仪（XRF）测试条件 根据样品的状态和性质选择相应的测试方法和测试氛围，比如橡胶片状样品，选择真空氛围；液体和粉末颗粒样品，选择氦气氛围。

(2) 电感耦合等离子体发射光谱仪（ICP-OES）测试条件 不同品牌仪器，测试参数可能会有差异，表 10-16 为供参考的测试参数。

表 10-16 ICP-OES 测试参数

项目	测试参数	项目	测试参数
射频(RF)功率	1142W	冷却气	12.5L/min
辅助气	0.5L/min	雾化气	0.63L/min
氩气量	0.55MPa		

5. 测试步骤

以某橡胶样品为例，介绍无机填料分析的流程。

(1) XRF 定性分析无机元素 首先将橡胶样品进行 XRF 定性分析，测试结果如表 10-17 所示。

表 10-17 XRF 定性分析橡胶样品的结果

原子序数	元素符号	强度	浓度/%
30	Zn	2809382F	7.313
20	Ca	273706F	4.211
14	Si	13242F	0.4897
16	S	111810F	0.3788
15	P	32696F	0.3083
26	Fe	21900F	0.1844

XRF 测试结果显示该样品中主要含 Zn 和 Ca 元素。对 Zn 和 Ca 元素，可采用 ICP-OES 进行准确定量。

(2) ICP-OES 定量分析金属元素

① 样品消解。参照项目二任务二中的微波消解法进行样品预处理。

② 标准溶液配制。分别准确移取 5mL 1000μg/mL 的 Ca、Zn 单元素标准溶液于 50mL 容量瓶中，用 5% HNO_3 溶液定容至刻度，配制成 Ca、Zn 浓度为 100μg/mL 混合标准储备液。

准确移取 0.0mL、1.0mL、2.5mL、5.0mL、10.0mL，100μg/mL Ca、Zn 混合标储备液于 50mL 容量瓶中，用 5% HNO_3 溶液定容至刻度，得到浓度为 0.0μg/mL、2.0μg/mL、5.0μg/mL、10.0μg/mL、20.0μg/mL 的 Ca、Zn 系列标准溶液。

③ 仪器测试。采用电感耦合等离子体发射光谱仪 (ICP-OES) 分别测试标准溶液，仪器会以谱线强度对应浓度自动绘制出工作曲线，然后测试样品溶液中待测元素浓度值。

④ 绘制标准工作曲线，如图 10-12 所示。

⑤ 结果计算。

$$w=\frac{(c-c_0)\times V}{m}$$

式中，w 为元素的含量，mg/kg；c 为样品溶液的测试浓度，μg/mL；c_0 为空白溶液的测试浓度，μg/mL；V 为定容体积，mL；m 为称取样品的质量，g。

结果取两次平行测定的平均值。

(3) 傅里叶红外光谱仪 (FTIR) 定性分析金属氧化物或阴离子 通过 ICP-OES 的结果分析，可得到橡胶样品中 Zn 和 Ca 元素的含量，但是 Zn 和 Ca 以何种形式存在于样品中尚未知晓。需要结合红外分析的结果进一步对化合物进行定性。红外光谱图结果显示该样品中含有氧化锌和氧化钙 (图 10-13)。

6. 测试结果

综合以上结论，该橡胶样品中无机填料主要为氧化锌和氧化钙，氧化锌和氧化钙的具体

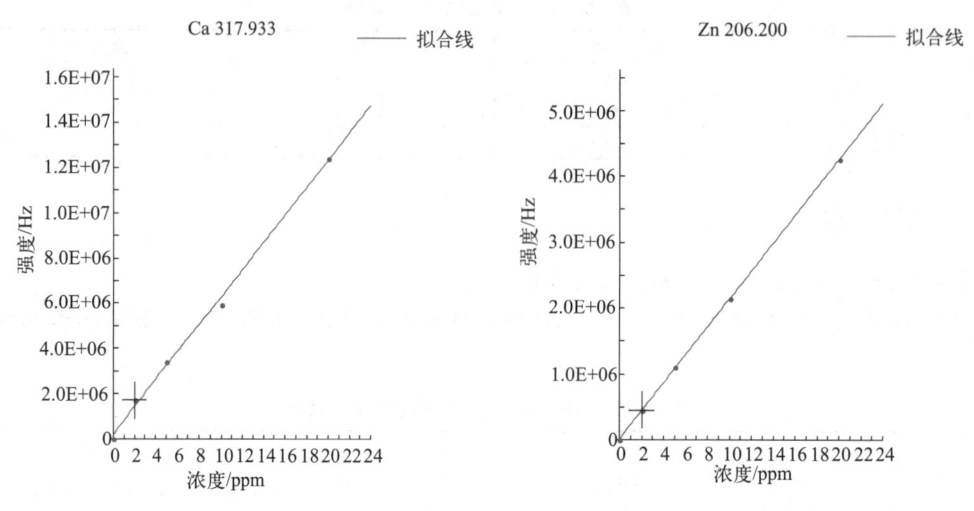

图 10-12 Ca 和 Zn 元素标准工作曲线

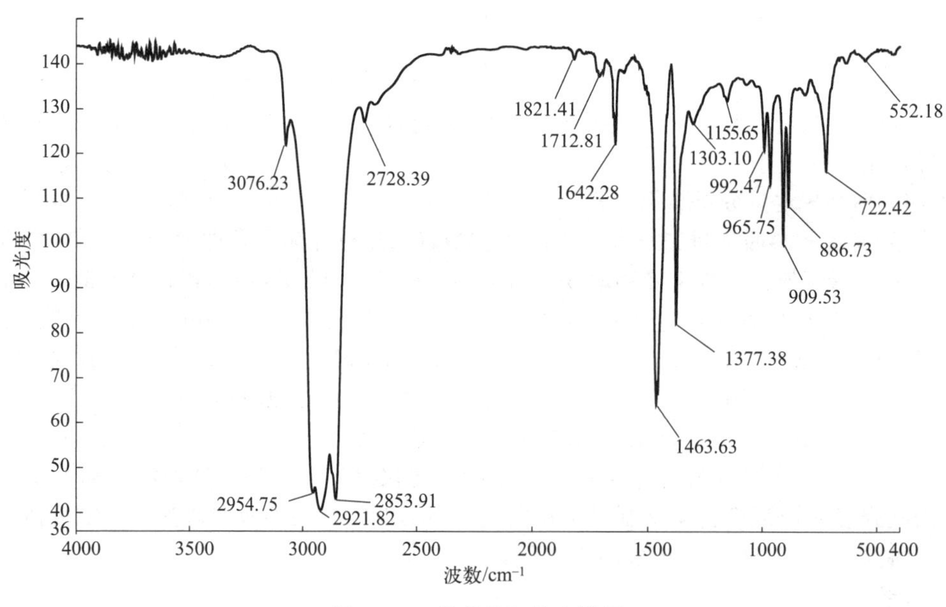

图 10-13 样品的红外光谱图

含量可通过 Zn 和 Ca 元素的含量换算而得到。

技术提示

（1）对于某些含有强氧化剂，或者无机填料含量较高的样品，在消解罐中高温高压条件下反应剧烈，建议在正式消解之前先在电热板上进行预消解，以降低反应强度，减少爆罐的风险。

（2）ICP-OES 准确测定聚合物中的元素含量的前提是样品在微波消解仪中能消解完全，若样品消解不完全，测试结果与实际含量可能会有差异。

7. 影响因素分析

（1）基体干扰　XRF 为定性半定量测试，仪器通过内置的标准曲线对样品中的元素含量进行计算，基体对结果计算影响较大，因此，XRF 主要用于定性，定量的结果仅供参考。

（2）样品预处理　聚合物中无机元素定量测定一般采用微波消解仪进行样品预处理，微波消解仪相比于传统的湿法消解，消解效率更高，并能消解许多湿法消解不能消解的样品，样品完全消解是准确定量的前提。

任务延伸

XRF 和 ICP-OES 操作安全和设备维护。

1. X 射线荧光光谱仪（XRF）

（1）本设备运行启动时，X 射线闸门应紧闭，不得随意打开，否则会发生 X 射线外泄，过量暴露在 X 射线中会对人体产生危害。

（2）频繁开关机会降低光管使用寿命，正常工作日一般不需要关机，也不用退出软件，样品测试完毕只需关闭电脑显示器，以下情况之一才需要关机：①长时间不使用仪器（三天及以上）；②停电超过半小时；③仪器故障需重启。

（3）测试完成后务必检查样品仓是否有样品，严禁长时间放置样品在探测器上方。

（4）测量液体样品需要进行 30min 的检漏实验，观察 30min 无泄漏后重新制作样品放入测量室进行测量。

2. 电感耦合等离子体发射光谱仪（ICP-OES）

（1）定期清洗炬管，一般在炬管变脏（表面变黑）时须拆卸下来，用 8%～10%的稀硝酸浸泡过夜，然后用去离子水冲洗干净，晾干装上。

（2）定期更换冷却循环水，经常开机情况下，一般半年至一年应对冷却循环水进行更换。

（3）样品测定完成后，先用 3%～5%的稀硝酸冲洗 2～3min，然后再用去离子水冲洗 2～3min 后熄灭等离子体，松开泵夹。

（4）遇停气熄火，应立即更换上供气，让电荷注入检测器（CID）在常温（20℃）状态下吹扫 2～4h 后，方可重新点火分析测定。不能更换上新气源后立即点火分析。

任务考核

一、判断题

1. 当马弗炉第一次使用或长期停用后再次使用时，可以直接进行加热使用。（　　）
2. 马弗炉的使用环境没有要求。（　　）
3. 原子发生光谱是由热能使气态原子内层电子激发。（　　）
4. 无机矿物填料的化学活性、表面性质以及热性能、光性能、电性能、磁性能等很大程度上取决于物质的物理性能。（　　）

二、单项选择题

1. 下列无机矿物填料中导电性最佳的是（　　）。

A. 石墨　　B. 碳酸钙　　C. 氧化铝　　D. 二氧化硅

2. 吸油值是无机矿物填料的主要性能指标之一，通常吸油值与下列哪种性质没有直接关系？(　　)

A. 粒度大小及分布　B. 颗粒形状　　C. 硬度大小　　D. 比表面积

3. 使电极间击穿而发生自持放电的最小电压是（　　）。

A. 燃烧电压　　B. 击穿电压　　C. 电离电压　　D. 阻抗电压

4. 实验室所使用的 ICP 光谱仪，正常蠕动泵流速为（　　）。

A. 1.0mL/min　　B. 2.0mL/min　　C. 1.5mL/min　　D. 2.5mL/min

三、简答题

1. 为什么利用 ICP-OES 法分析时要考虑分析试液中的总固体溶解量？

2. 试简述 ICP-OES 分析的优点。

3. 请查阅聚丙烯纤维及制品无机填料含量测定方法的行业标准，并与本项目中高分子材料无机填料含量标准对照学习。

素质拓展阅读

标准国际化，彰显技术实力

中国是全球合成橡胶第一大产销国，但 ISO/TC45 发布的橡胶与橡胶制品国际标准 442 项，主要由美国、日本、法国等主导制定。2018 年 7 月 25 日，国际标准化组织（ISO）官方网站正式发布了由中国石油石油化工研究院主导制订的《橡胶灰分的测定第 2 部分：热重分析法（TGA）》。该标准是中国石油炼化领域首个自主制订的国际标准。

橡胶灰分是存在于橡胶本身的无机盐和外来杂质的燃烧产物，灰分是橡胶产品的一项重要技术指标。石化院兰州化工研究中心人员在工作实践中发现原来的橡胶灰分测定标准存在诸多不足，例如测定步骤烦琐、耗时长、需高温操作等。随即，该中心科研人员通过艰苦的工作，创新分析检测技术，制订了一整套 TGA 测定橡胶灰分的全新方法和标准。该标准将分析时间由原来的 6h 缩短为 40min，同时避免了化学试剂、高温操作对人身健康造成的伤害，实现了橡胶灰分分析检测的绿色化。

新国际标准的发布，使橡胶灰分的测定实现了安全、快速、准确、环保，推动了全球橡胶灰分分析检测效率和效益的提升，进一步提升了我国橡胶行业在国际标准化工作中的话语权和影响力，彰显了我国作为世界主要合成橡胶供应商的技术实力。我们在工作和学习过程中也要认真思考现有技术的不足，积极发挥钻研精神，不断进行方法和技术创新。

任务四
挥发性有机化合物分析

VOC/VOCs 是挥发性有机化合物的英文缩写，通常指在常温下容易挥发的有机化合物。较常见的有苯、甲苯、二甲苯、乙苯、苯乙烯、甲醛、酮类等。TVOC 是总挥发性有机物的缩写，是熔点低于室温而沸点在 50～260℃的挥发性有机化合物的总称。我国《挥发性有机物无组织排放控制标准》中对于TVOC则这样表述："采用规定的监测方法，对废气中的单项VOCs物质进行测量，加和得到VOCs物质的总量，以单项VOCs物质的质量浓度之和计。"

VOC对人体健康有影响，高浓度VOC会使人出现乏力、头晕等症状；同时，多环芳烃和许多含氯有机化合物具有致癌、致畸和致突变性；在紫外线的作用下，部分VOC成分会与环境中的氮氧化物发生反应，产生臭氧等物质，进而造成光化学污染。

VOC是涂料和胶黏剂产品的典型检测项目，随着汽车工业的不断发展，车内环境逐步成为消费者关注的焦点。本任务以乘用车为例，阐述VOC测试方法。车内VOC含量测试为初期选用更环保的原材料，采用环保生产工艺，进而研发具有低VOC含量的高分子材料具有重要作用。

VOC测试操作

一、乘用车VOC及其管控

乘用车已经成为人们出行必不可少的选择，汽车内饰中高分子材料如地毯、仪表板的塑料件、车顶毡、座椅等的存在是车内VOC含量高的重要因素。各种塑料和橡胶部件、织物、油漆涂料、保温材料、黏合剂等材料中含有的有机溶剂、助剂、添加剂等挥发性成分释放到车内环境，造成空气污染。由于汽车空间窄小，车内空气量本就不多，加上汽车密闭性好，因此汽车内有害气体超标比房屋室内有害气体超标对人体的危害程度更大。

目前从主机厂来看，车内空气状况直接关系到消费者直观驾乘体验，改善车内空气状况能够直接提升市场竞争力，各国政府也加大对车内VOC管控力度。只有进行严格管控才能更好地保护驾乘人员身体健康。

2008年3月1日，由国家环境保护总局科技标准司牵头制定的行业标准HJ/T 400—2007《车内挥发性有机物和醛酮类物质采样测定方法》实施，该标准规定了车内挥发性有机物和醛酮类物质的采样点设置、采样环境条件要求、采样方法和设备、相应的测量方法和设备、数据处理、质量保证等。2011年，环境保护部与国家质量监督检验检疫总局联合发布GB/T 27630—2011《乘用车内空气质量评价指南》(简称《指南》)国家标准，并于2012年3月1日正式实施，填补了我国车内空气质量长期无标准的空白，使我国市场上的乘用车车内空气质量有法可依。

《指南》对车内空气中有机物浓度提出明确要求，规定了车内空气中苯、甲苯、二甲苯、乙苯、苯乙烯、甲醛、乙醛、丙烯醛的浓度要求，其与世界卫生组织（WHO）及日本汽车工业协会（JAMA）限值的对比情况见表10-18。

表10-18 我国整车VOC极限值与WHO与JAMA对比

序号	物质	我国限值/(mg/m^3)	WHO限值/(mg/m^3)	日本JAMA限值/(mg/m^3)
1	苯	0.11	—	—
2	甲醛	0.10	0.10	0.10
3	甲苯	1.10	—	0.26
4	二甲苯	1.50	4.8(24h)	0.87
5	乙苯	1.50	22(1a)	3.80
6	苯乙烯	0.26	0.26	0.22

续表

序号	物质	我国限值/(mg/m³)	WHO限值/(mg/m³)	日本JAMA限值/(mg/m³)
7	乙醛	0.05	0.05	0.048
8	丙烯醛	0.05	0.05	—

二、乘用车零部件及材料 VOC 的测试方法

汽车 VOC 含量测试主要从整车 VOC、总成（车内零部件）VOC 以及材料 VOC 出发，常见的 VOC 测试方法有采样袋法（袋子法）、检测舱法、顶空法、热解析和甲醛挥发法，采样袋法是目前测定部件、材料 VOC 较为完善的方法。

本任务采用 10L 袋子法进行 VOC 取样，参考标准是 ISO 11219-2。然后参照 HJ/T 400—2007 中附录 B 利用热脱附气相色谱-质谱联用法测试挥发性有机组分 TVOC 含量（即利用 Tenax 等吸附剂采集，并用极性指数小于 10 的气相色谱柱分离，保留时间在正己烷到正十六烷之间的具有挥发性的化合物的总称）。标准还规定了采用高效液相色谱法测定醛酮组分的方法，此处不作介绍。

1. 测试原理

模拟样品在车内的使用情况，试件放在密封的采样袋里，通入一定体积高纯氮气，加热让试件的 VOC 挥发到袋子里，利用 Tenax 管采集一定体积的气体样品，样品中的挥发性有机组分被捕集在采样管中。用干燥的惰性气体吹扫采样管后经二级脱附进入毛细管气相色谱-质谱联用仪，进行定性定量分析。

2. 主要设备

测试用到的主要设备与要求如表 10-19 和图 10-14、图 10-15 所示。

表 10-19 乘用车零部件及材料 VOC 测试主要试验设备与要求

类别	名称	规格及要求
采样袋	采样袋	采样袋材料应为聚氟乙烯或聚四氟乙烯-六氟丙烯共聚物
气体采集系统	恒流气体采样器	流量在 100～1000mL/min 范围内可调，流量稳定
	皂膜流量计	流量校准器，用来认证空气流量从 1～30L/min 采样泵的一级标准精度和性能
	吸附管老化炉	温度范围是室温～400℃，精度 1℃，可以控制加热时间
	采样导管	聚四氟乙烯或硅胶管
	填充柱采样管	采集挥发性有机组分的 Tenax 管或活性炭管
分析仪器	ATD-GCMS	热脱附-气相色谱质谱联用仪（ATD-GCMS），分析挥发性有机组分

3. 测试试样

① 样品应在生产后 4 周内测试，试样的表面积通常为 100cm（例如 10cm×10cm），试样厚度未规定，但应报告。

② 接收样品后，立即将样品用铝箔袋封装，接收的试样应在十天内分析完毕。样件在试验前，需进行调节，调节要求为：维持样品的包装状态，在温度为 (25±2)℃，相对湿度 (50±10)% 的恒温恒湿箱中存放不少于 24h。

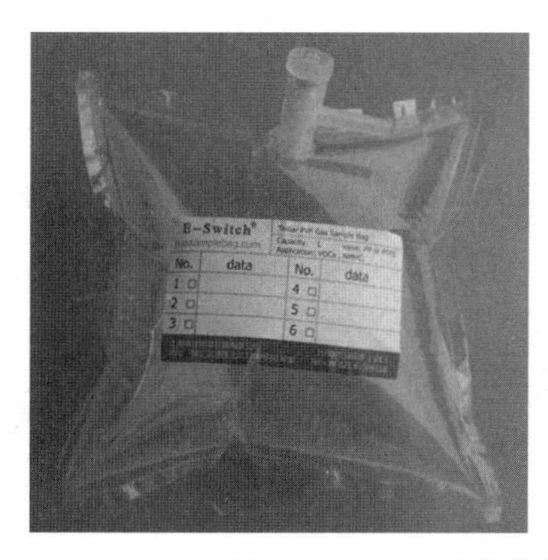

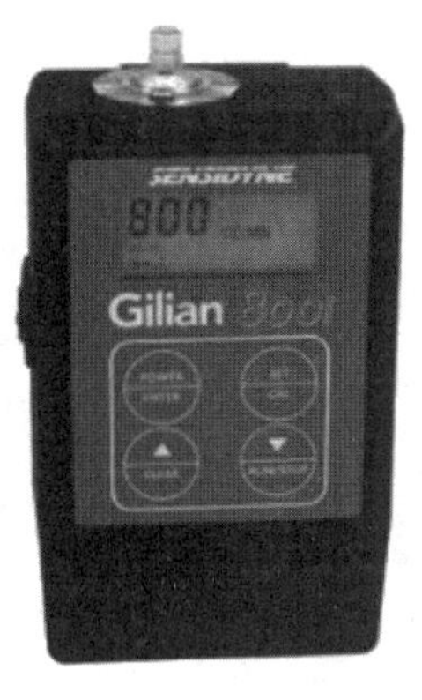

图 10-14 VOC 采样袋和采样泵

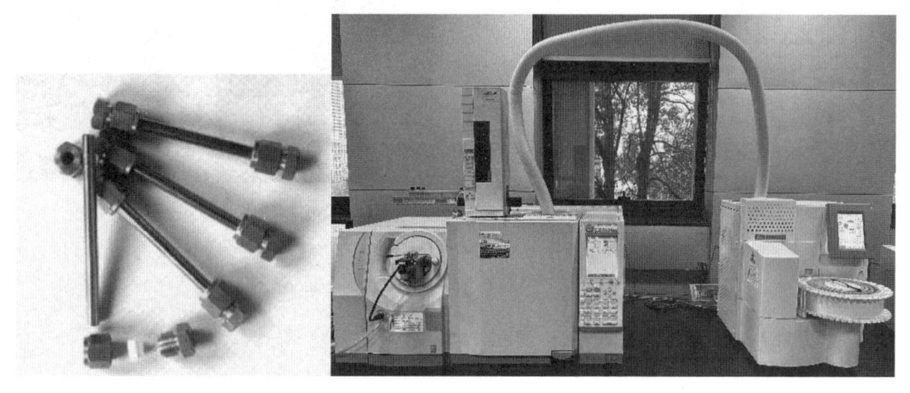

图 10-15 Tenax 管和热脱附-气相色谱质谱联用仪

4. 测试条件

(1) 样品加热温度和加热时间 (65±1)℃；2h±5min。

(2) 取样袋充气量 5L 纯净干燥的 N_2。

(3) 热脱附条件 如表 10-20 所示。

表 10-20 样品热脱附条件

项目	参数设置	项目	参数设置	项目	参数设置
样品管脱附温度	250℃	脱附时间	10min	脱附流量	40mL/min
捕集阱	−30℃	加热温度	255℃	升温速率	40℃/s
阀	260℃	传输线	270℃	色谱柱流量	2L/min
入口分流	70mL/min	出口分流	65mL/min	注入	1.1%

(4) GC-MS 条件（五苯分析）

① 选用极性指数<10 的毛细管，可选择柱长 50～60m，内径 0.20～0.32mm，膜厚 0.2～1.0μm。

② 柱箱升温程序：50℃保持 10min，以 5℃/min 升温至 250℃。

③ 扫描方式：全扫描；扫描范围：35～350aum；溶剂延迟：3min。

④ 接口温度：250℃。

⑤ 离子源：230℃。

5. 测试步骤

VOC 测试步骤分为采集和上机测试，图 10-16 为 VOC 的采集流程示意图。

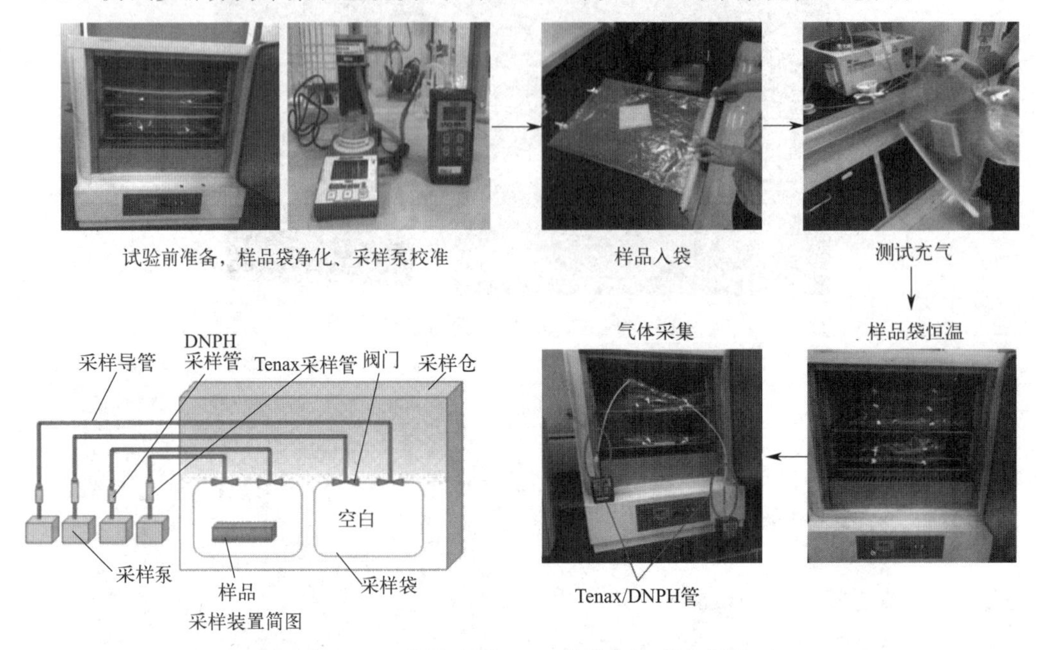

图 10-16 袋子法测 VOC 的采集流程示意图

具体的测试步骤如下。

（1）Tenax 管老化

① 打开高纯氮气瓶，为吸附管老化炉提供载气。

② 打开吸附管老化炉电源开关。

③ 打开位于后面板的两通开关阀，调节前面板压力调节旋钮，使压力为 0.1MPa，以保证每根吸附管的流量在 85～95mL/min。

④ 安装 Tenax 采样管：取下两端的吸附管堵头，按照与 Tenax 采样管采样方向一致的方向（即箭头朝上）插入加热孔中，插入底部后稍作旋转以保证其密封性。如果一次老化的采样管不足 6 根时，应将剩余的加热孔用空管补充满，并在空管上套上堵头，以节约氮气。

⑤ 设置老化温度 300℃，加热时间 90min，通氮气干吹 3min 后，打开加热开关。

⑥ 当老化完成后，仪器会自动停止加热，进入冷却阶段。当冷却到常温后，可以取下样品管。

（2）采样袋清洗　将采样袋中充注约 4L 的高纯氮气，于 80℃恒温烘箱中恒温 3h，迅速排出袋内气体。重复上述步骤 3 次确保采样袋内无 VOC 气体；试验中所使用的配管在 100℃洁净空气中加热 6h。

（3）采样泵校准　采用皂膜流量计分别对两个采样泵进行校准。用于醛酮类物质采集的采样泵流速校正至 500mL/min，用于苯系物采集的采样泵流速校正至 200mL/min。

（4）样品的封装及恒温加热培养　将样品投入处理好的采样袋中，密封。向样品袋内充入 3L 左右的纯氮气后，用泵将气体抽出，重复上述步骤 2 次，之后在 23℃注入 5L 左右的纯氮气。进行气体捕集前将封装好的样品袋投入（65±1）℃的恒温箱内放置 2h±5min。

（5）样品采集　将袋内气体摇匀，装上配管，两个出口分别连接 DNPH 管和 Tenax 管，用两个泵分别采集醛酮类物质和苯系物，打开阀门，开启采样泵，按照校正后的流速进行采样，其中 Tenax 管采集 5min，共 1L 气体，DNPH 管采集 6min，共 3L 气体。同时进行平行试验并采集空白袋中的气体制作样品空白。

（6）样品后处理及上机检测 Tenax 管采集完样品后直接进行热脱附 GC-MS 测试，用于苯系物及 TVOC 组分分析。GC-MS 测试操作过程见本项目任务二。

6. 测试结果

按照制作标准工作曲线的方法，测试采集了样品的 Tenax 管，依据标准工作曲线计算出五种苯系物浓度，并依据式(10-6)计算出采样袋中的苯系物含量。对正己烷和正十六烷之间的所有峰进行积分，按照对甲苯的响应因子为 1，计算出各种 VOC 的含量，其加和为 TVOC 含量。

$$c=\frac{m_{A}-m_{A0}}{V}\times 1000 \tag{10-6}$$

式中，c 为样品中挥发性有机组分的含量，mg/m^3；m_A 为采样管所采集到的挥发性有机组分的质量，mg；m_{A0} 为空白管中挥发性有机组分的质量，mg；V 为采样体积，L。

根据 ISO 12219-2：2012（E）要求，V 是按照 23℃换算采样管内所捕集的气体量，而我们在高温实验过程中实际的采样温度为 65℃，故须换算为 23℃的实际的采样体积，假设 65℃的采样体积为 V_1，23℃时的采样体积为 V_2，根据理想状态气体方程：

$$PV=nRT$$

$$\text{则有}\ \frac{V_2}{V_1}=\frac{T_2}{T_1}\text{，所以}\ V_2=V_1\frac{T_2}{T_1}=\frac{(273.15+23)\times 1}{(273.15+65)}\approx 0.8758\,(\text{L})$$

所以，高温实验中换算为 23℃的实际采样体积为 0.8758L。

技术提示

（1）Tenax 管老化完成后，请注意不要在高温下取出样品管，一是避免高温烫伤，二是防止吸附管在高温下被氧化。

（2）已采集完的 Tenax 管应立即进行定量分析，在无法立即分析的情况下，应用密封卡套密封管的两端，再用铝箔纸包好采样管，并做好标记，在冰箱中冷藏（4～10℃）保管（保管期限不超过 1 周）。

三、主要影响因素

① 由于乙腈中含有的甲醛可定量转化为腙，使样品中甲醛测定浓度值偏高，因此，在质量控制程序内，乙腈中甲醛应进行检查，甲醛的浓度应小于 1.5mg/mL。

② 甲醛和丙酮为实验室常用试剂，容易带来背景干扰。

③ 采样袋及采样管的空白残留将对样品测试结果的平行性产生较大影响，因此，采样袋应严格按照清洗程序，清洗至少三遍；随着采样袋使用次数的增加，密封性降低，应及时更换密封压条或直接更换采样袋。

任务延伸

热脱附-气相色谱-质谱联用的操作安全和设备维护关键点。

热脱附仪操作安全和设备维护关键点见表 10-21。

表 10-21 热脱附仪操作安全和设备维护关键点

项目	频率
更换密封件中 O 形圈	按需要
系统检漏	按需要
更换冷阱	按需要
更换阱过滤板	每当更换或重装冷阱
校准采样泵流量	按需要
重新填充样品管	每两年一次或按需要
更换熔融硅胶线	按需要
清洗转盘	按需要

（1）温度设定不能超过各部件的最高使用温度。

（2）开始任何维护保养前，一定要关闭主机，切断主回路电源，让仪器热部件冷却下来。

（3）因样品管和柱温箱需要进行加热，所以存在烫伤风险，样品管需冷却后才能取下，开始维护保养前要让仪器部件冷却下来。

（4）清洁仪器时，请用拧干的软布擦拭表面，不可使用化学试剂。

任务考核

一、判断题

1. 气相色谱测试中用于稀释试样的溶剂不应含有任何干扰测试的物质，其纯度至少为99%。（　）

2. 气相色谱固定相可分为气液色谱固定相和气固色谱固定相两类。（　）

3. 气相色谱测试时，载气纯度不符合要求时，会使基线不稳，噪声增大。（　）

4. 我国现有职业卫生检测标准中，采用气相色谱法检测的有害物质为大部分的有机化合物及部分无机化合物。（　）

二、单项选择题

1. 根据 WHO（世卫组织）规定的分类方法，沸点低于 50℃的有机物为高挥发性有机物（WOC），下列不属于 WOC 的是（　）。

A. 甲醛　B. 二氯甲烷　C. 甲硫醇　D. 乙醇

2. 下列不属于职业卫生检测中气相色谱分析常用的测定方法的是（　）。

A. 溶剂解吸法　B. 热解吸　C. 间接进样　D. 直接进样

3. 进行色谱分析时，进样的时间过长会导致半峰宽（　）。

A. 没有变化　B. 变宽　C. 变窄　D. 不成线性

4. 用气相色谱法定量分析多组分样品时，分离度至少为（　）。

A. 0.50　B. 0.75　C. 1.00　D. 1.5　E. >1.5

三、简答题

1. 在进行气相色谱测定 VOC 时，进样后不出 VOC 物质的峰，请说出可能的原因。

2. WHO 根据沸点对 VOC 进行了几个种类的分类？请分类举例。

3. 请查阅室内和室外空气中总挥发性有机物（TVOC）浓度检测细则，了解室内和室外 VOC 的主要来源及区别。

素质拓展阅读

汽车涂装 VOC 检测方案

汽车涂装是 VOC 的排放大户。对于汽车总装行业，通过对涂装原料中 VOC 含量进行控制、污染源排放点的监测以及推进先进涂装工艺和新技术的应用、末端治理等多手段结合来减少 VOC 的排放。对于汽车零部件行业，主要对涂装原料中 VOC 含量进行管控。汽车总装/零部件 VOC 排放标准及典型检测方案如表 10-22 所示。

表 10-22 汽车总装/零部件 VOC 排放标准及典型检测方案

污染物排放标准	监控点	污染物项目	检测方法标准号	检测方案
DB31/859—2014	(1)污染源排气筒； (2)厂界排放监控； (3)涂装车间或排气口	苯、甲苯、二甲苯、苯系物	HJ 583—2010 HJ 584—2010 HJ 644—2013 HJ 734—2014 气袋采样-气相色谱法	TD-GC-FID； 活性炭-CS_2，GC-FID； TD-GC-MS； 气袋-1mL+GC-FID
		非甲烷总烃	HJ/T 38	GC-FID
DB31/859—2014； GB 24409—2020	涂料原料中 VOC 检测；汽车零部件、行业涂料原料中 VOC 含量检测	水性涂料中 VOC 含量	先测试水分 水分含量≥70%， GB/T 23986—2023； 水分含量＜70%， GB/T 1725—2007	GC-TCD； GC-FID/GC-MS/FTIR； 称重法
		溶剂型涂料中 VOC	GB/T 1725—2007	称重法
		辐射固化涂料中 VOC	GB/T 34675—2017	称重法
		苯含量、甲苯与二甲苯 (含乙苯)总和含量	GB/T 23990—2009 中 A 法检测	GC-FID
		苯系物总和含量	GB/T 23990—2009 中 B 法检测	
		卤代烃总和含量	GB/T 23992—2009	GC-ECD/GC-MS/FTIR
		乙二醇醚及醚酯总和含量	GB/T 23986—2023	GC-FID/GC-MS/FTIR
DB31/859—2014	收集净化	非甲烷总烃	HJ 38—2017	GC-FID

任务五 有害物质检测

有害物质即给人、其他生物或环境带来潜在危害特性的物质，如镉、铅、汞等重金属及其化合物，部分增塑剂等。通过有害物质检测对其进行管理控制，确保原材料和产品符合不含有毒或低毒环保要求及各国环保之法律法规，使产品走进国内外市场，并能满足客户要求及环保发展的趋势。

一、有害物质管控法规

为了确保材料的安全性，各国颁布了相应的法规。RoHS全称《关于限制在电子电器设备中使用某些有害成分的指令》(Restriction ofhazardous Substances)，是由欧盟立法制定的一项强制性标准，主要用于规范电子电器产品的材料及工艺标准，使之更有利于人体健康及环境保护。RoHS指令已于2006年7月1日开始正式实施，用于管控铅（Pb）、镉（Cd）、汞（Hg）、六价铬（Cr^{6+}）、多溴联苯（PBBs）和多溴二苯醚（PBDEs）的限量。2019年7月22日新版RoHS2.0已强制实行，从而使有害物质限制种类为10项，相比之前新增四项即邻苯二甲酸二正丁酯（DBP）、邻苯二甲酸正丁基苄酯（BBP）、邻苯二甲酸（2-乙基）己酯（DEHP）、邻苯二甲酸二异丁酯（DIBP）。各物质限量要求如表10-23所示。

表10-23 RoHS2.0指令对有害物质的限量要求

序号	物质名称	限量要求	换算百分比
1	镉(Cd)	<100ppm	<0.01%
2	铅(Pb)	<1000ppm	<0.1%
3	汞(Hg)	<1000ppm	<0.1%
4	六价铬(Cr Ⅵ)	<1000ppm	<0.1%
5	多溴联苯(PBB)	<1000ppm	<0.1%
6	多溴联苯醚(PBDE)	<1000ppm	<0.1%
7	邻苯二甲酸(2-己基)己酯(DEHP)	<1000ppm	<0.1%
8	邻苯二甲酸正丁基苄酯(BBP)	<1000ppm	<0.1%
9	邻苯二甲酸二正丁酯(DBP)	<1000ppm	<0.1%
10	邻苯二甲酸二异丁酯(DIBP)	<1000ppm	<0.1%

注：ppm是用溶质质量占全部溶液质量的百万分比来表示的浓度单位，也称百万分比浓度。

备受企业关注的中国RoHS新版配套检测标准部分已于2020年12月14日发布，已于2021年7月1日正式实施。我国是全球最大的电器电子产品生产国、消费国和出口国，《2020年全球电子垃圾监测报告》显示，自2014年以来，全球电子废弃物的总产生量逐年增长，至2019年增加了920万吨，每年增长近200万吨，2019年产生了约5360万吨电子废弃物（不包括光伏电池板）。大量电器电子产品废弃后，若得不到妥善处置，其中含有的有害物质最终进入土壤和水中，危害环境和人体健康。中国RoHS新版配套检测标准实施是我国电器电子行业实现绿色高质量发展的重要举措。

中国RoHS共公布了GB/T 39560 9个系列标准中的5个标准，GB/T 39560系列标准实施后将取代现行的中国RoHS配套检测标准。对GB/T 26125—2011（现行中国RoHS配套检测标准，等同采用IEC 62321：2008）进行修订并等同采用IEC 62321修订发布的系列标准是为了适应产业对新种类有害物质限制的要求和新型检测技术发展，同时保持我国RoHS检测技术及结果与国际一致。在推动实现中国RoHS与国际的对接互认，努力成为全球电气电子行业绿色发展的参与者、引领者的过程中起到了重要的作用。

二、有害物质分析

本任务参照GB/T 39560系列标准进行材料RoHS分析。检测流程为，先用XRF对铅、镉、汞、总铬、总溴进行筛选，依据 GB/T 39560.301—2020，针对聚合物基材，设定低于限值的 30%，即 70%的安全限度作为铅、镉、汞、铬筛选过程的阈值，而溴的限量值是基于多溴联苯/多溴二苯醚的常见同类物的化学计量学为基础的计算值，30%的安全限度作为多溴联苯/多溴二苯醚筛选过程的阈值。如果五种元素的筛选结果均在筛选阈值以下，可以直接判定 RoHS 六项检测合格，如果铅、镉、汞、总铬、总溴中的某一项≥筛选限度值，则需要做进一步的定量分析。汞依据 GB/T 39560.4—2021 进行测试，铅、镉依据 GB/T 39560.5—2021 进行测试，六价铬依据 GB/T 39560.702—2021 进行测试，多溴联苯/多溴二苯醚依据 GB/T 39560.6—2020，四种邻苯二甲酸酯则采用 GB/T 39650.8—2021 进行测试。

根据筛选的结果，选用的测试方法不同，本任务参照 GB/T 39560.301—2020《电子电气产品中某些物质的测定　第 3-1 部分：X 射线荧光光谱法筛选铅、汞、镉、总铬和总溴》对 X 射线荧光光谱法筛选铅、汞、镉、总铬和总溴的方法进行阐述。

1. 测试原理

（1）原理概述　筛选是确定产品的代表性部分或部件中是否含有某些物质的分析方法，该方法通过与物质存在、不存在和进一步检测设定的对应限值比对以确定物质存在、不存在或需要进一步检测。如果筛选方法测得的值不能判定是否含有待测物质，则可能需要进行进一步的确证分析或采用其他流程做出最终存在或不存在的决定。建立“筛选”的概念是为了减少检测量。筛选作为其他检测分析之前的分析，其主要目的是快速判断下列情况：

① 当所筛选产品部件或产品部分的某种物质的含量明显高于所选定判定标准值，就可以判断不合格；

② 当所筛选产品部件或产品部分的某种物质的含量明显低于所选定判定标准值，就可以判断合格；

③ 当所筛选产品部件或产品部分的某种物质的含量接近所选定判定标准值，在考虑了所有可能的测量误差与安全系数后还是不能就某种物质含量是否合格给出判定，需要后续采取包括使用验证检测程序做进一步分析判断在内的检测。

本检测方法主要适用于筛选电子电气产品均质材料中的铅、汞、镉、铬和溴（Pb、Hg、Cd、Cr、Br）。在通常情况下，通过 XRF 只能获得样品中每种元素的总量信息，不能获得相应化合物的信息或元素价态信息。因此，当对铬和溴进行筛选时，应特别注意筛选结果反映的只是所含总铬和总溴的信息。六价铬或溴化阻燃剂（多溴联苯或多溴二苯醚）存在与否，应通过确证检测方法来确认。当把这种方法应用到所接收的电子件样品时，由于样品本身设计就是非均质的，所以对检测结果的解释应格外谨慎。同样，由于镀层衬底材料含有铬和（或）对通常很薄的镀层（几百纳米）中铬灵敏度不足，导致对镀层中铬的分析变得非常困难。

筛选分析可以使用下列两种方法的一种来进行。

① 非破坏性分析：对收到的样品直接分析；

② 破坏性分析：样品经过一次或多次制样后再进行分析。

对于后一种情况，使用人员应按 IEC 62321 所述样品制备程序进行制样。本检测方法将指导使用人员选择合适的样品提交方式。

（2）原理方案　将被测样品放入 XRF 的测量舱内或测量孔待测位置，或者将手持式、便携式 XRF 的测量窗口/测量孔与被测样品表面完全平齐接触。使用 XRF 原级 X 射线束在预先选择的时间内照射样品表面，从而逐一激发被测样品产生所含元素的特征射线，通过探测器检测所产生的特征 X 射线强度，并通过 XRF 的校准转化为被测样品所含元素的质量分数或含量。

2. 主要仪器设备和材料

（1）XRF　XRF 如图 10-10 所示。包括 X 射线激发源、可放置样品的测试台、X 射线探测器、数据处理器和控制系统。X 射线激发源通常采用 X 射线管或同位素放射源；X 射线探测器（探测系统）可以将 X 射线光子的能量转化为与光子能量相对应的电脉冲的装置，其电脉冲幅度与光子能量成比例关系。

（2）材料与工具　制备 XRF 筛选用样品的材料不应受到污染，特别是不能受到本检测方法所要分析元素的污染。这意味着所有的研磨材料、溶剂、助熔剂等均不得含有可检出量的 Pb、Hg、Cd、Cr 和/或 Br。

样品的处理应选择受所测元素污染最小的工具，任何清洁工具的操作程序都不得引入污染物。

3. 测试试样

（1）取样方法　一般有两种取样方法。一种是非破坏性方法，以 XRF 检测区域确定样品的待测部分；另外一种是破坏性方法，从材料的大面积部分取出待测部分，待测部分可以作为样品直接进行测量，或者按规定的程序进行破坏性制样。

① 非破坏性方法。本检测方法的使用人员应：

a. 确定 XRF 的观测（光斑）区域，并且将被测样品置于观测（光斑）区域内；特别需要注意的是，要保证不会探测到来自待测样品以外的材料所发出的荧光 X 射线。通常情况下，光谱仪观测区域可以描述为仪器测量窗口的形状和边界线。

b. 确保在 XRF 和待测部分之间建立可实现可重复间距和可重复测量的几何结构。

c. 记录从大件样品拆分获得待测样品的每个步骤。

② 破坏性方法。使用破坏性方法时，应考虑以下几点：

a. 使用人员应针对破坏性方式获得检测样品的方法建立文件化作业指导书并加以遵守，这种制样信息对于检测结果的正确表述是至关重要的。

b. 制成粉末的过程要求加工后材料的颗粒尺寸已知或可控；对于材料颗粒具有不同的化学组分、物相或矿物结构的情况，重要的是通过充分减小材料颗粒尺寸来减少不同吸收效应的影响。

c. 对于将样品材料溶解进液态基体的过程，要求对被溶解材料的量和物理特性进行控制并加以记录。要求所配制的样品溶液是完全均匀的。对于不能溶解的部分的处理应提供指导，以便对检测结果给出正确的表述。应为以可重复的方式将试样溶液置于光谱仪的方法提供指导，例如：放入规定结构和尺寸的液体容器。

d. 对于将样品材料熔融或压制成固态基体的过程，要求对样品材料的量和物理特性进行控制并加以记录。要求制备的固体样品（熔融片或压片）是完全均匀的。对于未混合部分的处理应提供操作指南，以便对检测结果进行正确的表述。

（2）均质材料取样部位的确定　虽然市售“均质材料”具有相同的物理特性或化学特性，但是它们的成分并非始终完全相同。如果检测所需的样品质量不超过材料可用质量的一半，则应在多个部位进行取样。例如，应从不同的区域选择取样部位，其中至少包括一处几何中心和两条对角线的端部。

高分子材料一般认为是均质材料，故按均质材料方法取样。

（3）样品量与检出限　样品量多少和检出限之间存在一种相反的关系。随着可用于分析的样品量减少，目标物质检测方法的检出限增大。

如果继续对最小均质材料进行拆分，则分析所需的材料数量取决于特定分析方法所需的最小样品数量，其中特定分析方法涉及样品类型、样品制备方法和分析方法。

根据实践经验，最小样品量在极大程度上取决于仪器、几何结构和材料。对于聚合物样品和铝基材样品，可能需要几毫米的厚度，而对于其他金属，只需要 1mm 左右或更小。

4. 测试条件

将仪器测试条件设置成仪器制造厂商或实验室之前建立的最佳测量条件，一般需要选择具有最佳灵敏度和最小光谱干扰的条件，激发条件可能因材料、分析物和 X 射线能力而异。

5. 测试步骤

① XRF 的准备。接通电源，待设备达到稳定状态；将仪器测量条件设置成最佳检验条件。

② 待测样品的制备。按试样的取样方法取样，并测量试样的质量和尺寸，记录所取试样与取自电子电气产品原始部件之间的相互关系。

③ 仪器校准。检测前应进行仪器校准，在校准时应考虑基体效应和其他影响 X 射线荧光强度测量的效应。

XRF 主要有两种校准方法。

a. 基本参数法：使用纯元素物质、纯化合物、化合物的混合物或基体成分明确的标准物质进行校准。就 XRF 校准而言，所用校准物质与被测样品基体越接近，其准确度越高。

b. 经验系数法（经典方法）：基于影响系数建立的模型进行校准，影响系数可以通过使用一组接近未知样品的校准物质的试验数据来获得，也可以通过基本参数法建立。

④ 检测。将检测样品放置到 XRF 的正确测量位置，并进行检测。

⑤ 整理清洁台面，并记录数据。

6. 结果表示

根据工作站软件中报告的结果记录待测元素的含量和检出限，并判断筛选是否合格，是否需要进行下一步的定量分析测试。

技术提示

（1）仪器应在温度 5～30℃，相对湿度不大于 80%的环境中使用。

（2）测试完成后务必检查样品仓是否有样品，严禁长时间放置样品在探测器上方。

（3）测量液体需要进行 30min 的检漏试验，观察 30min 无泄漏后重新制作样品放入测量室进行测量。

（4）禁止随便修改仪器参数，修改仪器参数需经过实验室负责人同意。

三、主要影响因素

在使用 XRF 分析方法时，有多种因素可能影响分析结果质量，其中一些因素如下所示：

① 为确保定量分析结果是可靠的，应保证待测样品是均质的。

② 需要确保只有样品上的相关区域位于分析仪的测定区域（窗口）之内。

③ 为了正确地解释所得到的结果，应研究 X 射线荧光在分析材料中的穿透深度。

④ 在分析多层样品时，应使用可以适当考虑每层厚度与成分的专用软件。

任务考核

一、判断题

1. RoHS 指令是由欧盟议会和欧盟理事会在 2003 年 1 月 23 日发布的。（　）

2. RoHS 指令的强制实施期限是 2006 年 6 月 30 日。（　）

3. 要实现 RoHS 制程，首先要求供应厂商必须提供 RoHS 零件/部件。（　）

4. RoHS 制程规定必须要单独使用设备和生产线，否则，是不符合规定的。（　）

5. RoHS 制程中最主要的是对 RoHS 材料部件设备工具随时确认是否有 RoHS 标签。（　）

6. RoHS 材料和非 RoHS 材料，只要有标识了，就可以混放在一起。（　）

7. 使用的镊子在使用前必须用乙醇擦拭干净才能使用。（　）

8. 每个 RoHS 制程涉及点必须注意清洁、隔离、标识等动作。（　）

9. 对于 RoHS 人员培训，只要已经培训过一次了，就不需要再作培训。（　）

10. 对于客户退回的产品的处理，应该保证其处理环境的 RoHS 化，保证不发生后来的外物污染。（　）

二、单项选择题

1. RoHS 对下列哪些物质有限量要求？（　）

A. 镉、铅、汞、六价铬、溴、多溴联苯醚

B. 镉、铅、汞、六价铬、多溴联苯、多溴联苯醚

C. 镉、铅、汞、六价铬、多溴联苯、碘

D. 氟、铅、汞、六价铬、多溴联苯、多溴联苯醚

2. “铅”对人体的危害，下列叙述正确的是（　）。

A. 铅是具有神经毒素的重金属元素　　B. 铅和铅笔同一元素，对人体无害

C. 铅有毒素，但对人体无损害　　D. 过量接触铅会导致皮肤腐烂

3. 关于为什么要执行 RoHS 指令的理由，以下说法哪项是错误的？（　）

A. 这些成分有可能对人类健康和环境形成危险

B. 构建绿色的生产制造体系，使贯穿整个供应商→客户→消费者的供应链成为“绿色供应链”

C. 是对电子电气产品的一种过度要求

D. 关系到产品的安全性能

4. 以下不是 RoHS 涵盖的危害物质的是（　）。

A. Pb 铅　　B. Hg 汞　　C. Cd 镉　　D. Al 铝

5. 一般“RoHS”中要求的物质，哪些是用作阻燃剂的？（　）

A. 镉及镉化合物　　B. 汞及汞化合物　　C. 多溴联苯和多溴联苯醚　　D. 铅及铅化合物

三、简答题

1. RoHS 的中文意思是什么？它与“无铅产品”在概念上的区别是什么？

2. 当制作样品的过程中发现环境管理物质超标时该怎么做？

3. RoHS指令限制使用哪些有害物质？

素质拓展阅读

智能高分子材料的灵敏检测技术研究进展

及时发现、检测出对环境及人体健康有重大影响或危害的微量生物或化学物质（如重金属离子、葡萄糖、疾病标志物等），对环境保护、疾病诊断与疫情防控有重要意义。检测这些微量物质的关键是高效地将这些生物、化学信号转换并放大为方便人们读取的信号。传统的检测技术如原子吸收/发射光谱、电感耦合等离子体光谱、荧光方法等，可有效准确地测定待分析物质的含量，但通常要依赖大型昂贵的仪器和专业人员的操作，设备购置成本、运行成本和技术要求较高。智能高分子材料是一种可感知和响应环境刺激，使自身特性发生改变的功能材料。

（1）利用智能高分子材料将检测信号转化为电信号的检测技术　场效应晶体管是一种利用电场效应控制输出电流的半导体器件，可通过施加在源极和漏极上的驱动电压获得电流，通过改变中间栅极的电导率则可控制器件电流。将智能高分子材料结合到栅极上，响应待测物质后的反应过程，使栅极表面电荷变化，从而使场效应晶体管的输出电流发生相应变化，通过检测该电流变化，可检测待测物质浓度。场效应晶体管被广泛应用于检测领域。

（2）利用智能高分子材料将检测信号转化为流量信号的检测技术

① 智能开关膜检测技术：智能开关膜是一类新型功能膜材料，由膜基材和可响应环境刺激的高分子功能开关组成。智能开关膜响应环境刺激后高分子功能开关的构象发生改变，从而使开关膜的有效孔径和渗透性发生改变。

② 智能微流控芯片检测技术：微流控是在微米尺度的微通道内实现对微量流体精确处理和操控的科学与技术，由于其具有体积小、集成化程度高、分析时间短、样品消耗量少、检测灵敏度高等优点，被广泛应用于分析检测等领域。将智能微凝胶结合到微流控芯片中，可将微凝胶响应刺激信号后的体积等性质变化转换为流体流量、流向等变化，从而有利于定量化表征智能微凝胶的微小刺激变化。

（3）利用智能高分子材料将检测信号转化为光信号的检测技术

① 智能光子晶体检测技术：光子晶体是由2种或2种以上具有不同介电常数的介质材料在空间上按一定周期顺序排列成有序结构的材料。当入射光照射在光子晶体上时，由光子晶体内部存在的周期性三维结构导致的布拉格衍射光会被反射出来。制备智能光子晶体通常是将单分散的胶体颗粒分散在凝胶预聚合液中，利用胶体颗粒的自组装形成高度有序的结构，最后将凝胶预聚合液聚合即可。智能凝胶识别检测物质后体积会收缩或溶胀，导致光子晶体内部胶体颗粒间距变化，进而引起布拉格晶格常数变化，最终导致入射光衍射波长位移。利用分光光度计可定量检测出衍射峰的红移或蓝移，若衍射光的波长处于可见光范围内，还可通过肉眼感知光子晶体颜色变化。

② 智能凝胶光栅检测技术：智能凝胶光栅是利用微加工技术将智能微凝胶在基底上构建周期性光栅结构，在被检测物质存在下，使一束激光照射至光栅表面，由于衍射作用，其透射光束会形成与光栅结构参数对应的衍射图案。不同级数的衍射光对应一定的强度分布，相应的衍射效率可定义为该级数的衍射光强与衍射光总强度的比值。当检测环境中被检测物质与凝胶光栅接触并发生相互作用时，凝胶光栅的起伏高度和折射率随之变化，引起衍射光强度和衍射效率变化。通过实时监测凝胶光栅衍射效率可实现对被分析物质的传感检测。

拓展练习

1.《“十四五”循环经济发展规划》提出要加强塑料垃圾分类回收和再生利用，对于在生活中如何更好地践行垃圾分类，请结合所学知识谈谈你的观点。

2. 某企业收购了一批废塑料，里面含有 PP、PS、PC、PET、PBT、PC/ABS 六种塑料类型，为得到单一类型的塑料，请用浮沉法（密度法）设计合理的分离工艺流程。

3. 增塑剂能增加高分子材料的塑性，对于材料中增塑剂的鉴别除采用气相色谱-质谱联用法等仪器分析方法外，利用其密度、折射率的不同也可以进行鉴别。请你查阅资料，列出几种典型邻苯二甲酸酯类增塑剂的密度和折射率。

4. 热重法是测定高分子材料灰分的重要方法，请学习 GB/T 4498.2—2017，设计橡胶灰分测定方案。

5. 分析汽车 VOC 的主要来源，并提出降低 VOC 含量的方案。

6. RoHS 指令和 REACH 法规都是环保方面的重要法规，请查阅资料，简述两者的异同。

参考文献

[1] 陈志明．高分子材料性能测试手册．北京：机械工业出版社，2015.

[2] 高炜斌．高分子材料分析与测试．3 版．北京：化学工业出版社，2018.

[3] 陈晓峰，甘争艳．高分子材料结构、性能与测试．北京：化学工业出版社，2016.

[4] 谭寿再．塑料测试技术．北京：中国轻工业出版社，2013.

[5] 温变英．塑料测试技术．北京：化学工业出版社，2019.

[6] 杨中文，刘西文．塑料测试技术疑难解答．北京：化学工业出版社，2016.

[7] 杜爱华，吴明生．橡胶原材料检测与性能测试．北京：化学工业出版社，2015.

[8] 付丽丽．高分子材料分析检测技术．北京：化学工业出版社，2014.

[9] 张琳，刘志琴．高分子材料分析技术．北京：化学工业出版社，2018.

[10] 曾幸荣．高分子材料近代测试分析技术．广州：华南理工大学出版社，2007.

[11] 张倩．高分子近代分析方法．2 版．成都：四川大学出版社，2015.

[12] 杨中文．实用塑料测试技术．北京：印刷工业出版社，2011.

[13] 黄开胜，赵彦，张锡辉，等．高分子材料生物降解性检测方法研究进展．中国测试，2022，48（10）：16-24.

[14] 梁飞飞．基于高分子材料分析检测技术的探讨．中国新技术新产品，2019（7）：19-20.

[15] 蒋滨莲，刘强，黄玮．荧光探针在灵敏表征高分子材料老化中的研究进展．高分子通报，2023，36（7）：823-843.

[16] 李文龙．关于实验室资质认定（cmA/CAL）未来的思考．中国检验检测，2018（1）：3-8.

[17] 吕泉福，储晓刚，李竞．浅谈我国第三方检测机构的现状和发展．检验检疫学刊，2011，21（3）：13-15.

[18] 陈欢，万坤，牛波，等．废弃塑料化学回收及升级再造研究进展．化工进展，2022，41（3）：1453-1469.

[19] 郑强．塑料与“白色污染”刍议．高分子通报，2022，4：1-10.

[20] 曹诺，万超，王玲，等．废弃电器电子产品中塑料老化及其性能修复研究．日用电器，2021（07）：11-16.

[21] 李伟斌，焦蓬，殷志敏．柔性导热材料研究进展．化工新型材料，2021，49（S1）：35-38.

[22] 刘丹凤，薛飞，江楠．高分子材料对车内 VOC 含量的影响及控制．汽车工艺与材料，2019（12）：44-48.

[23] GB/T 17037.1—2019. 塑料　热塑性塑料材料注塑试样的制备　第 1 部分：一般原理及多用途试样和长条形试样的制备．

[24] GB/T 17037.3—2003. 塑料　热塑性塑料材料注塑试样的制备　第 3 部分：小方试片．

[25] GB/T 9352—2008. 塑料　热塑性塑料材料试样的压塑．

[26] GB/T 5471—2008. 塑料　热固性塑料试样的压塑．

[27] GB/T 11997—2008. 塑料　多用途试样．

[28] GB/T 39812—2021. 塑料　试样的机加工制备．

[29] GB/T 15340—2008. 天然、合成生胶取样及其制样方法．

[30] GB/T 6038—2006. 橡胶试验胶料的配料、混炼和硫化设备及操作程序．

[31] GB/T 2941—2006. 橡胶物理试验方法试样制备和调节通用程序．

[32] GB/T 2918—2018. 塑料　试样状态调节和试验的标准环境．

[33] GB/T 1033.1—2008. 塑料　非泡沫塑料密度的测定　第 1 部分：浸渍法、液体比重瓶法和滴定法．

[34] GB/T 1033.2—2010. 塑料　非泡沫塑料密度的测定　第 2 部分：密度梯度柱法．

[35] GB/T 1033.3—2010. 塑料　非泡沫塑料密度的测定　第 3 部分：气体比重瓶法．

[36] GB/T 1034—2008. 塑料　吸水性的测定．

[37] GB/T 16582—2008. 塑料　用毛细管法和偏光显微镜法测定部分结晶聚合物熔融行为（熔融温度或熔融范围）．

[38] GB/T 1040.1—2018. 塑料　拉伸性能的测定　第 1 部分：总则．

[39] GB/T 1040.2—2022. 塑料　拉伸性能的测定　第 2 部分：模塑和挤塑塑料的试验条件．

[40] GB/T 1040.3—2006. 塑料　拉伸性能的测定　第 3 部分：薄塑和薄片的试验条件．

[41] GB/T 1040.4—2006. 塑料　拉伸性能的测定　第 4 部分：各向同性和正交各向异性纤维增强复合材料的试验条件．

[42] GB/T 1040.5—2008. 塑料　拉伸性能的测定　第 5 部分：单向纤维增强复合材料的试验条件．

[43] GB/T 1041—2008. 塑料　压缩性能的测定．

[44] GB/T 9341—2008. 塑料　弯曲性能的测定．

[45] GB/T 1843—2008. 塑料　悬臂梁冲击强度的测定．

[46] GB/T 21189—2007. 塑料简支梁、悬臂梁和拉伸冲击试验用摆锤冲击试验机的检验．

[47] GB/T 1043.1—2008. 塑料　简支梁冲击性能的测定　第 1 部分：非仪器化冲击试验．

[48] GB/T 2411—2008. 塑料和硬橡胶 使用硬度计测定压痕硬度（邵氏硬度）.
[49] GB/T 3398.1—2008. 塑料 硬度测定 第1部分：球压痕法.
[50] GB/T 3398.2—2008. 塑料 硬度测定 第2部分：洛氏硬度.
[51] GB/T 1634.1—2019. 塑料 负荷变形温度的测定 第1部分：通用试验方法.
[52] GB/T 1634.2—2019. 塑料 负荷变形温度的测定 第2部分：塑料和硬橡胶.
[53] GB/T 1634.3—2004. 塑料 负荷变形温度的测定 第3部分：高强度热固性层压材料.
[54] GB/T 1633—2000. 热塑性塑料维卡软化温度（VST）的测定.
[55] GB/T 1036—2008. 塑料 －30℃～30℃线膨胀系数的测定 石英膨胀计法.
[56] GB/T 3681.1—2021. 塑料 太阳辐射暴露试验方法 第1部分：总则.
[57] GB/T 3511—2018. 硫化橡胶或热塑性橡胶 耐候性.
[58] GB/T 7141—2008. 塑料热老化试验方法.
[59] GB/T 16422.1—2019. 塑料 实验室光源暴露试验方法 第1部分：总则.
[60] GB/T 3682.1—2018. 塑料 热塑性塑料熔体质量流动速率（MFR）和熔体体积流动速率（MVR）的测定 第1部分：标准方法.
[61] GB/T 3682.2—2018. 塑料 热塑性塑料熔体质量流动速率（MFR）和熔体体积流动速率（MVR）的测定 第2部分：对时间-温度历史和（或）湿度敏感的材料的试验方法.
[62] GB/T 12828—2006. 生胶和未硫化混炼胶 塑性值和复原值的测定 平行板法.
[63] GB/T 3510—2023. 未硫化胶 塑性的测定 快速塑性计法.
[64] GB/T 1232.1—2016. 未硫化橡胶 用圆盘剪切黏度计进行测定 第1部分：门尼黏度的测定.
[65] GB/T 2408—2021. 塑料 燃烧性能的测定 水平法和垂直法.
[66] GB/T 2406.2—2009. 塑料 用氧指数法测定燃烧行为 第2部分：室温试验.
[67] GB 3399—1982. 塑料导热系数试验方法 护热平板法.
[68] GB/T3139—2005. 纤维增强塑料导热系数试验方法.
[69] GB/T 10294—2008. 绝热材料稳态热阻及有关特性的测定 防护热板法.
[70] GB/T 10295—2008. 绝热材料稳态热阻及有关特性的测定 热流计法.
[71] GB/T 10297—2015. 非金属固体材料导热系数的测定 热线法.
[72] GB/T 1692—2008. 硫化橡胶 绝缘电阻率的测定.
[73] GB/T 40719—2021. 硫化橡胶或热塑性橡胶 体积和/或表面电阻率的测定.
[74] GB/T 19277.1—2011. 受控堆肥条件下材料最终需氧生物分解能力的测定 采用测定释放的二氧化碳的方法 第1部分：通用方法.
[75] GB/T41010—2021. 生物降解塑料与制品降解性能及标识要求.
[76] GB/T 19811—2005. 在定义堆肥化中试条件下塑料材料崩解程度的测定.
[77] GB/T 41008—2021. 生物降解饮用吸管.
[78] GB/T 6040—2019. 红外光谱分析方法通则.
[79] GB/T 7764—2017. 橡胶鉴定 红外光谱法.
[80] DB32/T 3159—2016. 塑料种类鉴定 红外光谱法.
[81] GB/T 36214.1—2018. 塑料 体积排除色谱法测定聚合物的平均分子量和分子量分布 第1部分 通则.
[82] GB/T 19466.3—2004 塑料 差示扫描量热法（DSC） 第3部分 熔融和结晶温度及热焓的测定.
[83] GB/T 36422—2018. 化学纤维 微观形貌及直径的测定 扫描电镜法.
[84] GB/T 34692—2017. 热塑性弹性体 卤素含量的测定 氧弹燃烧-离子色谱法.
[85] EN14582：2016（E）. 废弃物特性-卤素和硫含量-封闭系统中的氧气燃烧和测定方法.
[86] GB/T 4498.1—2013. 橡胶 灰分的测定 第1部分：马弗炉法.
[87] US EPA 3052：1996. 依据硅酸盐和有机物基质微波辅助酸消解法.
[88] US EPA 6010D：2014. 电感耦合等离子体发射光谱法.
[89] GB/T 39560.5—2021. 电子电气产品中某些物质的测定 第5部分：AAS、AFS、ICP-OES和ICP-MS法测定聚合物和电子件中镉、铅、铬以及金属中镉、铅的含量.
[90] GB/T 33078—2016. 橡胶 防老剂的测定 气相色谱-质谱法.